本书第一版被教育部列为

普通高等教育“十五”国家级规划教材

本书第一版被列为

北京市高等教育精品教材立项项目

本书第二版被教育部列为

普通高等教育“十一五”国家级规划教材

本书为国家级精品课程配套教材

内 容 简 介

本书是综合大学、师范院校高等代数课程教学用书。此教材有两个特色：一是贴切课堂教学和学生自学的实际，由浅入深，从具体到抽象，由生动直观到理性推理，使学生较为顺利地进入代数学的抽象领域；二是以代数学的研究对象和基本思想、基本方法作为全书的主线，从而保证学生受到较充分的代数学训练，在理论上达到足够的深度和高度。其科学内容符合作为现代代数学入门课程的教材所应达到的水准。

全书共十二章，分上、下两册出版。上册（第一章至第五章）是线性代数的基础教材，内容包括向量空间、矩阵、行列式、线性空间与线性变换、双线性函数与二次型。下册（第六章至第十二章）包括三方面内容：一是带度量的线性空间及若尔当标准形；二是有理整数环及一元、多元多项式环，介绍群、环和域的基本概念；三是 n 维仿射空间与 n 维射影空间，张量积与外代数。本书每个章节都安排了相当数量的习题作为课外练习或习题课上选用，其中的计算题在书末附有答案，较难的题则有提示。

本书可作为综合大学、高等师范院校数学系、力学系、应用数学系大学生高等代数课程的教材或教学参考书；对于青年教师、数学工作者，本书也是很好的教学参考书或学习用书。**本书有配套的学习辅导书《高等代数学习指南》（书号：ISBN 978-7-301-12905-0），供读者参考。**

作 者 简 介

蓝以中　北京大学数学科学学院教授。1963 年毕业于北京大学数学力学系，长期从事代数学和数论的科学研究和教学工作。

北京大学数学教学系列丛书

高等代数简明教程

（下　册）

（第　三　版）

蓝以中　编著

北京大学出版社
PEKING UNIVERSITY PRESS

图书在版编目（CIP）数据

高等代数简明教程．下册 / 蓝以中编著．—3 版．—北京：北京大学出版社，2023.8

（北京大学数学教学系列丛书）

ISBN 978-7-301-34315-9

Ⅰ．①高…　Ⅱ．①蓝…　Ⅲ．①高等代数－高等学校－教材　Ⅳ．①O15

中国国家版本馆 CIP 数据核字(2023)第 148724 号

书　　名　高等代数简明教程（下册）（第三版）
GAODENG DAISHU JIANMING JIAOCHENG (XIACE) (DI-SAN BAN)

著作责任者　蓝以中　编著

责任编辑　尹照原

标准书号　ISBN 978-7-301-34315-9

出版发行　北京大学出版社

地　　址　北京市海淀区成府路 205 号　100871

网　　址　http://www.pup.cn

电子邮箱　zpup@pup.cn

新浪微博　@北京大学出版社

电　　话　邮购部 010-62752015　发行部 010-62750672
编辑部 010-62752021

印 刷 者　河北博文科技印务有限公司

经 销 者　新华书店

880 毫米×1230 毫米　A5　9.625 印张　291 千字

2002 年 8 月第 1 版　2007 年 7 月第 2 版

2023 年 8 月第 3 版　2024 年 9 月第 2 次印刷

定　　价　40.00 元

目　　录

第六章　带度量的线性空间

本章的内容，是利用第五章关于对称双线性函数和二次型的理论，在实数域和复数域上的线性空间中引进度量，使线性空间的理论得以发展提高. 与之相应的，是深入讨论这类线性空间中与度量性质密切联系的一些特殊类型的线性变换，从而使线性变换理论也得以前进一步.

§1　欧几里得空间的定义和基本性质

1. 欧几里得空间的定义

定义　设 V 是实数域 $\mathbb{R}$ 上的线性空间. 如果 V 内任意两个向量 α,β 都按某一法则对应于 $\mathbb{R}$ 内一个唯一确定的数，记作 (α,β)，且满足：

(i) 对任意 $k_1,k_2\in\mathbb{R}$ 和任意 $\alpha_1,\alpha_2,\beta\in V$，有

$$(k_1\alpha_1+k_2\alpha_2,\beta),=k_1(\alpha_1,\beta)+k_2(\alpha_2,\beta);$$

(ii) 对任意 $\alpha,\beta\in V$，有

$$(\alpha,\beta)=(\beta,\alpha);$$

(iii) 对任意 $\alpha\in V$，有 $(\alpha,\alpha)\geqslant 0$，且 $(\alpha,\alpha)=0$ 的充要条件是 $\alpha=0$，

则称 (α,β) 为向量 α,β 的**内积**. 定义了这种内积的实数域上线性空间称为**欧几里得空间**，简称**欧氏空间**.

从性质(i)和(ii)可知，对任意 $l_1,l_2\in\mathbb{R}$ 和任意 $\alpha,\beta_1,\beta_2\in V$，有

$$\begin{aligned}(\alpha,l_1\beta_1+l_2\beta_2)&=(l_1\beta_1+l_2\beta_2,\alpha)\\&=l_1(\beta_1,\alpha)+l_2(\beta_2,\alpha)\\&=l_1(\alpha,\beta_1)+l_2(\alpha,\beta_2).\end{aligned}$$

把这性质和(i)，(ii)结合起来就可以看出，(α,β) 实际上是 V 内一个对称双线性函数. 如果 V 是有限维的线性空间，那么性质(iii)表明

(α,α)是一个正定二次型函数，即(α,β)在V的任一组基下的矩阵都是正定矩阵. 反过来，如果在V内给定一个对称双线性函数$f(\alpha,\beta)$，且$f(\alpha,\alpha)$是一个正定二次型函数，则只要把V内两个向量的内积定义为

$$(\alpha,\beta)=f(\alpha,\beta),$$

那么，V关于这个内积成一欧氏空间. 由此可知：$\mathbb{R}$上有限维欧氏空间的内积概念和正定二次型概念之间有密切的关系.

如果把三维几何空间（是$\mathbb{R}$上三维线性空间）中向量的点乘定义为其内积，即定义$(a,b)=a\cdot b$，则三维几何空间即是欧氏空间. 现在对一般欧氏空间，我们可以利用内积来给出向量的长度和夹角的概念，所用的办法与三维几何空间中用向量点乘定义其向量的长度、夹角的办法相同.

Ⅰ. 向量的长度

对任意$\alpha\in V$，定义

$$|\alpha|=\sqrt{(\alpha,\alpha)},$$

称为α的**长度**或**模**. 从内积的性质(iii)可知，$|\alpha|=0$的充要条件是$\alpha=0$. $|\alpha|=1$时，称α为**单位向量**.

对任一$k\in\mathbb{R}$，有

$$|k\alpha|=\sqrt{(k\alpha,k\alpha)}=|k|\cdot|\alpha|.$$

由此知，当$\alpha\neq 0$时，$\left|\frac{1}{|\alpha|}\alpha\right|=\frac{1}{|\alpha|}\cdot|\alpha|=1$，即$\frac{1}{|\alpha|}\alpha$为一单位向量，我们称它为$\alpha$的**单位化**.

Ⅱ. 向量的夹角

为了定义一般欧氏空间V内向量夹角的概念，我们需要如下的命题：

命题 1.1　对欧氏空间V内任意两个向量α,β，有

$$|(\alpha,\beta)|\leqslant|\alpha|\cdot|\beta|,$$

等号成立的充要条件是：α,β线性相关.

证　当$\alpha=0$时，命题显然正确. 现设$\alpha\neq 0$. 令$\gamma=t\alpha+\beta$，则

$$0\leqslant(\gamma,\gamma)=(t\alpha+\beta,\ t\alpha+\beta)$$

$$=(\alpha,\alpha)t^2+2(\alpha,\beta)t+(\beta,\beta).$$

上式右端是 t 的二次多项式，其值恒 $\geqslant 0$，故它没有相异的实根（否则，因 t^2 项系数 $(\alpha,\alpha)>0$，它在两实根之间函数值为负）. 因而，其判别式

$$[2(\alpha,\beta)]^2-4(\alpha,\alpha)(\beta,\beta)\leqslant 0,$$

故

$$|(\alpha,\beta)|\leqslant|\alpha|\cdot|\beta|.$$

显然等号成立（判别式等于零）的充要条件是：上述二次多项式有实根（二重根）$t=k$. 如果上述二次三项式有实根 $t=k$，这表示

$$(k\alpha+\beta,k\alpha+\beta)=0,$$

由内积的性质(iii)推知 $k\alpha+\beta=0$，即 α,β 线性相关. 反之，若 α,β 线性相关，于是有不全为零的实数 u,v，使 $u\alpha+v\beta=0$. 若 $v=0$，则 $u\alpha=0$，而 $\alpha\neq 0$，则 $u=0$，与假设矛盾. 故 $v\neq 0$，于是 $\frac{u}{v}\alpha+\beta=0$. 而这表示 $t=\frac{u}{v}$ 是上述二次三项式的一个实根，则其判别式为零，即命题中的不等式等号成立. ▌

命题 1.1 称为**柯西-布尼亚科夫斯基**（Cauchy-Буняковский）**不等式**.

现在可以给出欧氏空间 V 内向量夹角的定义. 对 V 内任意两个非零向量 α,β，由命题 1.1，$\left|\frac{(\alpha,\beta)}{|\alpha|\cdot|\beta|}\right|\leqslant 1$，所以可以定义

$$\langle\alpha,\beta\rangle=\arccos\frac{(\alpha,\beta)}{|\alpha|\cdot|\beta|},$$

称之为 α 与 β 的**夹角**. 注意这样定义的两向量的夹角总介于 0 与 π 之间. 零向量与其他向量的夹角认为是不确定的.

如果 $(\alpha,\beta)=0$，则称 α 与 β **正交**，记作 $\alpha\perp\beta$. 当 $\alpha\neq 0,\beta\neq 0$ 时，这与 $\langle\alpha,\beta\rangle=\frac{\pi}{2}$ 等价. 显然，零向量与任意向量正交.

下面举几个例子.

例 1.1 考虑实数域上 n 维向量空间 $\mathbb{R}^n$，对

$$\alpha=(a_1,a_2,\cdots,a_n),\quad \beta=(b_1,b_2,\cdots,b_n),$$

定义

$$(\alpha,\beta)=a_1b_1+a_2b_2+\cdots+a_nb_n.$$

显然，二元函数(α,β)满足内积定义中的条件(i)～(iii)，于是 $\mathbb{R}^n$ 关于这个内积成一欧氏空间. 我们约定：今后凡称 $\mathbb{R}^n$ 为欧氏空间时，其内积都是按上述法则定义的(除了有特别声明的情况而外).

我们知道 $\mathbb{R}^n$ 有一组基

$$\begin{aligned}\varepsilon_1&=(1,0,\cdots,0),\\ \varepsilon_2&=(0,1,\cdots,0),\\ &\cdots\cdots\cdots\cdots\\ \varepsilon_n&=(0,0,\cdots,1).\end{aligned}$$

显然有$|\varepsilon_i|=1(i=1,2,\cdots,n)$，即 $\varepsilon_1,\varepsilon_2,\cdots,\varepsilon_n$ 都是单位向量. 另一方面，不难算出$(\varepsilon_i,\varepsilon_j)=0(i\neq j)$. 故这 n 个向量两两正交. 上面两条性质可简记为

$$(\varepsilon_i,\varepsilon_j)=\delta_{ij}.$$

在欧氏空间 $\mathbb{R}^n$ 内，向量的长度和夹角可分别用公式表示如下：

$$|\alpha|=\sqrt{a_1^2+a_2^2+\cdots+a_n^2};$$

$$\langle\alpha,\beta\rangle=\arccos\frac{a_1b_1+a_2b_2+\cdots+a_nb_n}{\sqrt{a_1^2+a_2^2+\cdots+a_n^2}\cdot\sqrt{b_1^2+b_2^2+\cdots+b_n^2}}.$$

而柯西-布尼亚科夫斯基不等式可具体写成

$$\begin{aligned}&|a_1b_1+a_2b_2+\cdots+a_nb_n|\\ &\leqslant\sqrt{a_1^2+a_2^2+\cdots+a_n^2}\cdot\sqrt{b_1^2+b_2^2+\cdots+b_n^2}.\end{aligned}$$

例 1.2 考虑闭区间$[a,b]$上全体实连续函数所组成的实数域上线性空间 $C[a,b]$. 对任意 $f,g\in C[a,b]$，定义

$$(f,g)=\int_a^b f(x)g(x)\mathrm{d}x.$$

二元函数(f,g)显然满足内积定义中的条件(i)与(ii). 另一方面，显然有$(f,f)\geqslant 0$. 而当

$$(f,f)=\int_a^b f^2(x)\mathrm{d}x=0$$

时，由定积分的知识知，在$[a,b]$内 $f(x)\equiv 0$. 即 $f(x)$为区间$[a,b]$上的零函数，从而是 $C[a,b]$中的零向量. 因而内积的三个条件均满

足.于是 $C[a,b]$关于这个内积成一欧氏空间.在这欧氏空间内,柯西-布尼亚科夫斯基不等式可具体写成

$$\left|\int_a^b f(x)g(x)\mathrm{d}x\right| \leqslant \sqrt{\int_a^b f^2(x)\mathrm{d}x}\cdot\sqrt{\int_a^b g^2(x)\mathrm{d}x}.$$

例 1.3 考察 $\mathbb{R}[x]_n$.用两种方式在这个线性空间内定义内积:

(i) 对任意 $f,g\in\mathbb{R}[x]_n$,定义

$$(f,g)=\int_0^1 f(t)g(t)\mathrm{d}t.$$

内积条件(i),(ii)显然满足,且$(f,f)\geqslant 0$.当

$$(f,f)=\int_0^1 f^2(t)\mathrm{d}t=0$$

时,在$[0,1]$内 $f(x)\equiv 0$. $f(x)$不恒等于零时其次数$<n$,最多有 $n-1$ 个根,故必定在$(-\infty,\infty)$内 $f(x)\equiv 0$.于是 $\mathbb{R}[x]_n$ 关于上述内积成一欧氏空间.

(ii) 对任意 $f,g\in\mathbb{R}[x]_n$,定义

$$(f,g)=\sum_{k=1}^n f(k)g(k).$$

二元函数(f,g)显然满足内积条件(i)与(ii),且$(f,f)\geqslant 0$.而当

$$(f,f)=\sum_{k=1}^n f^2(k)=0$$

时,有 $f(1)=f(2)=\cdots=f(n)=0$.即 $f(x)$有 n 个不同实根,而 $f(x)$不为零多项式时,其次数$\leqslant n-1$,矛盾.故 $f(x)\equiv 0$.于是 $\mathbb{R}[x]_n$ 关于这个新内积也成为一个欧氏空间.

对于实数域上的同一个线性空间 V,当我们用不同的方法来定义它的内积时,所得的欧氏空间认为是互不相同的.

2. 有限维的欧氏空间

设 V 是一个 n 维欧氏空间,而

$$\varepsilon_1,\varepsilon_2,\cdots,\varepsilon_n$$

是它的一组基.令

$$G=\begin{bmatrix}(\varepsilon_1,\varepsilon_1) & (\varepsilon_1,\varepsilon_2) & \cdots & (\varepsilon_1,\varepsilon_n)\\(\varepsilon_2,\varepsilon_1) & (\varepsilon_2,\varepsilon_2) & \cdots & (\varepsilon_2,\varepsilon_n)\\ \vdots & \vdots & & \vdots\\(\varepsilon_n,\varepsilon_1) & (\varepsilon_n,\varepsilon_2) & \cdots & (\varepsilon_n,\varepsilon_n)\end{bmatrix},$$

称 G 为内积(α,β)在基 $\varepsilon_1,\varepsilon_2,\cdots,\varepsilon_n$ 下的**度量矩阵**,它实际上就是对称双线性函数(α,β)在这组基下的矩阵. 因此,它必定是一个实对称矩阵. 而且有

1）根据内积的条件(iii),(α,β)在任一组基下的度量矩阵都是正定矩阵;

2）如果(α,β)在另一组基 $\eta_1,\eta_2,\cdots,\eta_n$ 下的度量矩阵为 $\overline{G}=((\eta_i,\eta_j))$,而

$$(\eta_1,\eta_2,\cdots,\eta_n)=(\varepsilon_1,\varepsilon_2,\cdots,\varepsilon_n)T,$$

则 $\overline{G}=T'GT$,即内积在不同基下的度量矩阵互相合同;

3）内积可用其度量矩阵

$$G=(g_{ij}),\quad g_{ij}=(\varepsilon_i,\varepsilon_j)\ (i,j=1,2,\cdots,n)$$

表达如下:

$$(\alpha,\beta)=X'GY=\sum_{i=1}^{n}\sum_{j=1}^{n}g_{ij}x_iy_j,$$

其中

$$\alpha=x_1\varepsilon_1+x_2\varepsilon_2+\cdots+x_n\varepsilon_n,$$

$$\beta=y_1\varepsilon_1+y_2\varepsilon_2+\cdots+y_n\varepsilon_n.$$

上面三条都是把第五章中关于双线性函数所获得的一般结论应用于内积(α,β)这一特殊的双线性函数而得到的.

现在我们给出有限维欧氏空间 V 中的类似于三维几何空间中的直角坐标系的一个重要概念. 我们先证一个命题.

命题 1.2　设欧氏空间 V 内 s 个非零向量 $\alpha_1,\alpha_2,\cdots,\alpha_s$ 两两正交,则它们线性无关.

证　若

$$k_1\alpha_1+k_2\alpha_2+\cdots+k_s\alpha_s=0,$$

两边用 $\alpha_i(i=1,2,\cdots,s)$做内积,有

$$k_1(\alpha_1,\alpha_i)+k_2(\alpha_2,\alpha_i)+\cdots+k_s(\alpha_s,\alpha_i)=k_i(\alpha_i,\alpha_i)=0.$$

因 $\alpha_i\neq 0$，故 $(\alpha_i,\alpha_i)\neq 0$，即有 $k_i=0$. 这表明 $\alpha_1,\alpha_2,\cdots,\alpha_s$ 线性无关.

▌

定义 n 维欧氏空间 V 中 n 个两两正交的单位向量

$$\varepsilon_1,\varepsilon_2,\cdots,\varepsilon_n$$

称为 V 的一组**标准正交基**.

由命题 1.2 知，标准正交基是 V 的一组基. 显然，V 内 n 个向量 $\varepsilon_1,\varepsilon_2,\cdots,\varepsilon_n$ 是一组标准正交基，等价于

$$(\varepsilon_i,\varepsilon_j)=\delta_{ij}\quad(i,j=1,2,\cdots,n),$$

即等价于内积 (α,β) 在这组基下的度量矩阵是单位矩阵 E.

上面例 1.1 中已给出 $\mathbb{R}^n$ 中的一组标准正交基.

下面我们讨论有关标准正交基的几个问题.

Ⅰ. 标准正交基的存在性

设 V 是 n 维欧氏空间，在 V 内任取一组基

$$\xi_1,\xi_2,\cdots,\xi_n,$$

已知内积在这组基下的度量矩阵 G 是一个正定矩阵. 由第五章命题 4.1 知，G 合同于单位矩阵，即有实可逆矩阵 T，使 $T'GT=E$. 令

$$(\varepsilon_1,\varepsilon_2,\cdots,\varepsilon_n)=(\xi_1,\xi_2,\cdots,\xi_n)T,$$

则 (α,β) 在基 $\varepsilon_1,\varepsilon_2,\cdots,\varepsilon_n$ 下的度量矩阵为 E，从而 $\varepsilon_1,\varepsilon_2,\cdots,\varepsilon_n$ 是 V 的一组标准正交基. 这证明任一有限维欧氏空间都存在标准正交基.

Ⅱ. 两组标准正交基间的过渡矩阵

定义 设 $\mathbb{R}$ 上一个 n 阶方阵 T 满足

$$T'T=E,$$

亦即 $T'=T^{-1}$，则称 T 为**正交矩阵**.

显然，定义中的 $T'T=E$ 也可换成 $TT'=E$.

例如二维几何平面上两个直角坐标系的坐标变换矩阵

$$T=\begin{bmatrix}\cos\theta & -\sin\theta\\ \sin\theta & \cos\theta\end{bmatrix}$$

就满足 $T'T=E$，所以这是一个二阶正交矩阵. 对一般有限维欧氏空

间,我们有与此相应的结论.

命题 1.3　在 n 维欧氏空间 V 内给定一组标准正交基

$$\varepsilon_1,\varepsilon_2,\cdots,\varepsilon_n,$$

令

$$(\eta_1,\eta_2,\cdots,\eta_n)=(\varepsilon_1,\varepsilon_2,\cdots,\varepsilon_n)T,$$

则 $\eta_1,\eta_2,\cdots,\eta_n$ 是一组标准正交基的充要条件是: T 是一个正交矩阵.

证　*必要性*　若 $\eta_1,\eta_2,\cdots,\eta_n$ 与 $\varepsilon_1,\varepsilon_2,\cdots,\varepsilon_n$ 都是标准正交基,则 (α,β) 在这两组基下的度量矩阵都是 E,而且它们合同: $T'ET=E$,即 $T'T=E$,于是 $T'=T^{-1}$,即 T 为正交矩阵.

充分性　若 T 是正交矩阵,则 T 可逆,于是 $\eta_1,\eta_2,\cdots,\eta_n$ 也是 V 的一组基. (α,β) 在这组基下的矩阵 G 与它在 $\varepsilon_1,\varepsilon_2,\cdots,\varepsilon_n$ 下的度量矩阵 E 合同: $G=T'ET=T'T=E$. 故 $\eta_1,\eta_2,\cdots,\eta_n$ 是 V 的一组标准正交基. ▌

命题 1.3 给出了正交矩阵的一个等价定义: 正交矩阵就是标准正交基之间的过渡矩阵. 下面再给出一个等价表述. 设

$$T=\begin{bmatrix} t_{11} & t_{12} & \cdots & t_{1n} \\ t_{21} & t_{22} & \cdots & t_{2n} \\ \vdots & \vdots & & \vdots \\ t_{n1} & t_{n2} & \cdots & t_{nn} \end{bmatrix},$$

把 T 的行向量组

$$\alpha_i=(t_{i1},t_{i2},\cdots,t_{in})\quad(i=1,2,\cdots,n)$$

看作欧氏空间 $\mathbb{R}^n$ 中的向量组,按 $\mathbb{R}^n$ 中内积的定义(对应坐标相乘后连加), $TT'=E$ 用矩阵 T 的元素具体写出来是

$$t_{i1}t_{j1}+t_{i2}t_{j2}+\cdots+t_{in}t_{jn}=\delta_{ij},$$

它等价于 $(\alpha_i,\alpha_j)=\delta_{ij}$,于是 $\alpha_1,\alpha_2,\cdots,\alpha_n$ 是 $\mathbb{R}^n$ 内一组标准正交基. 如把 T 的列向量组写出:

$$\beta_i=\begin{bmatrix} t_{1i} \\ t_{2i} \\ \vdots \\ t_{ni} \end{bmatrix}\quad(i=1,2,\cdots,n).$$

把它们也看作 $\mathbb{R}^n$ 中向量组，则 $T'T=E$ 等价于

$$(\beta_i,\beta_j)=t_{1i}t_{1j}+t_{2i}t_{2j}+\cdots+t_{ni}t_{nj}=\delta_{ij},$$

即 $\beta_1,\beta_2,\cdots,\beta_n$ 也是$\mathbb{R}^n$ 中的一组标准正交基. 把上面的讨论综合起来，得如下命题：

命题 1.4 实数域上的 n 阶方阵 T 是正交矩阵的充要条件是下面各条件之一成立：(i) $T'=T^{-1}$；(ii) $T'T=E$；(iii) $TT'=E$；(iv) T 为 n 维欧氏空间 V 内两组标准正交基间的过渡矩阵；(v) T 的行向量组为欧氏空间 $\mathbb{R}^n$ 的一组标准正交基；(vi) T 的列向量组为欧氏空间 $\mathbb{R}^n$ 的一组标准正交基.

Ⅲ. 标准正交基的求法

下面我们介绍具体寻求欧氏空间 V 的标准正交基的方法，这个方法通常称为**施密特**(Schmidt)**正交化方法**.

我们把问题提得更一般一些：给定 V 中一个线性无关的向量组

$$\alpha_1,\alpha_2,\cdots,\alpha_s. \tag{Ⅰ}$$

要求作出一个新向量组

$$\varepsilon_1,\varepsilon_2,\cdots,\varepsilon_s, \tag{Ⅱ}$$

满足如下两个条件：

(i) $L(\varepsilon_1,\cdots,\varepsilon_i)=L(\alpha_1,\cdots,\alpha_i)\ (i=1,2,\cdots,s)$；

(ii) $\varepsilon_1,\varepsilon_2,\cdots,\varepsilon_s$ 两两正交.

向量组(Ⅱ)可用如下办法给出

$$\varepsilon_1=\alpha_1,$$

$$\varepsilon_2=\alpha_2-\frac{(\alpha_2,\varepsilon_1)}{(\varepsilon_1,\varepsilon_1)}\varepsilon_1,$$

$$\varepsilon_3=\alpha_3-\frac{(\alpha_3,\varepsilon_1)}{(\varepsilon_1,\varepsilon_1)}\varepsilon_1-\frac{(\alpha_3,\varepsilon_2)}{(\varepsilon_2,\varepsilon_2)}\varepsilon_2,$$

……………………………………

$$\varepsilon_{i+1}=\alpha_{i+1}-\frac{(\alpha_{i+1},\varepsilon_1)}{(\varepsilon_1,\varepsilon_1)}\varepsilon_1-\frac{(\alpha_{i+1},\varepsilon_2)}{(\varepsilon_2,\varepsilon_2)}\varepsilon_2-\cdots-\frac{(\alpha_{i+1},\varepsilon_i)}{(\varepsilon_i,\varepsilon_i)}\varepsilon_i,$$

……………………………………………………………

$$\varepsilon_s=\alpha_s-\frac{(\alpha_s,\varepsilon_1)}{(\varepsilon_1,\varepsilon_1)}\varepsilon_1-\frac{(\alpha_s,\varepsilon_2)}{(\varepsilon_2,\varepsilon_2)}\varepsilon_2-\cdots-\frac{(\alpha_s,\varepsilon_{s-1})}{(\varepsilon_{s-1},\varepsilon_{s-1})}\varepsilon_{s-1}.$$

不难看出，上面构造出来的向量组 $\varepsilon_1,\varepsilon_2,\cdots,\varepsilon_s$ 具有所要求的条件：

(i) 把上述等式右方带负号的项移到左端，即可看出向量组(Ⅰ)的前 i 个向量 $\alpha_1,\cdots,\alpha_i$ 可由向量组(Ⅱ)的前 i 个向量 $\varepsilon_1,\cdots,\varepsilon_i$ 线性表示. 反过来，因为 $\varepsilon_1=\alpha_1$，而

$$\varepsilon_2=\alpha_2-\frac{(\alpha_2,\varepsilon_1)}{(\varepsilon_1,\varepsilon_1)}\varepsilon_1=\alpha_2-\frac{(\alpha_2,\varepsilon_1)}{(\varepsilon_1,\varepsilon_1)}\alpha_1,$$

由此递推不难看出 $\varepsilon_1,\cdots,\varepsilon_i$ 可由 $\alpha_1,\cdots,\alpha_i$ 线性表示，于是两个向量组等价，即

$$L(\varepsilon_1,\cdots,\varepsilon_i)=L(\alpha_1,\cdots,\alpha_i)\quad(i=1,2,\cdots,s).$$

因为 $\alpha_1,\cdots,\alpha_i$ 线性无关，从上式可知，$\varepsilon_1,\cdots,\varepsilon_i$ 也线性无关，因而其中不会出现零向量，故 $(\varepsilon_i,\varepsilon_i)\neq 0$. 在上面的各公式中用 $(\varepsilon_i,\varepsilon_i)$ 作分母是有意义的.

(ii) 显然有

$$(\varepsilon_2,\varepsilon_1)=(\alpha_2,\varepsilon_1)-\frac{(\alpha_2,\varepsilon_1)}{(\varepsilon_1,\varepsilon_1)}(\varepsilon_1,\varepsilon_1)=0.$$

假设 $\varepsilon_1,\varepsilon_2,\cdots,\varepsilon_i$ 两两正交，则对 $1\leqslant k\leqslant i$，有

$$(\varepsilon_{i+1},\varepsilon_k)=(\alpha_{i+1},\varepsilon_k)-\frac{(\alpha_{i+1},\varepsilon_k)}{(\varepsilon_k,\varepsilon_k)}(\varepsilon_k,\varepsilon_k)=0,$$

故 ε_{i+1} 与每个 $\varepsilon_1,\varepsilon_2,\cdots,\varepsilon_i$ 正交，从而 $\varepsilon_1,\varepsilon_2,\cdots,\varepsilon_s$ 两两正交.

如果在 V 中任取一组基 $\alpha_1,\alpha_2,\cdots,\alpha_n$，利用施密特正交化方法求得与之等价的向量组 $\varepsilon_1',\varepsilon_2',\cdots,\varepsilon_n'$，这是 V 的一组基，两两正交. 只要把每个向量 ε_i' 单位化，即得 V 的一组标准正交基.

例 1.4 在欧氏空间 $\mathbb{R}^4$ 中取定一组基

$$\alpha_1=(1,1,0,0);\qquad \alpha_2=(1,0,1,0);$$
$$\alpha_3=(-1,0,0,1);\quad \alpha_4=(1,-1,-1,1).$$

把它们正交化：

$$\varepsilon_1'=\alpha_1=(1,1,0,0),$$

$$\varepsilon_2'=\alpha_2-\frac{(\alpha_2,\varepsilon_1')}{(\varepsilon_1',\varepsilon_1')}\varepsilon_1'=\left(\frac{1}{2},-\frac{1}{2},1,0\right),$$

$$\varepsilon_3' = \alpha_3 - \frac{(\alpha_3, \varepsilon_1')}{(\varepsilon_1', \varepsilon_1')}\varepsilon_1' - \frac{(\alpha_3, \varepsilon_2')}{(\varepsilon_2', \varepsilon_2')}\varepsilon_2' = \left(-\frac{1}{3}, \frac{1}{3}, \frac{1}{3}, 1\right),$$

$$\varepsilon_4' = \alpha_4 - \frac{(\alpha_4, \varepsilon_1')}{(\varepsilon_1', \varepsilon_1')}\varepsilon_1' - \frac{(\alpha_4, \varepsilon_2')}{(\varepsilon_2', \varepsilon_2')}\varepsilon_2' - \frac{(\alpha_4, \varepsilon_3')}{(\varepsilon_3', \varepsilon_3')}\varepsilon_3'$$

$$= (1, -1, -1, 1).$$

再把每个向量单位化，得

$$\varepsilon_1 = \frac{1}{|\varepsilon_1'|}\varepsilon_1' = \left(\frac{1}{\sqrt{2}}, \frac{1}{\sqrt{2}}, 0, 0\right),$$

$$\varepsilon_2 = \frac{1}{|\varepsilon_2'|}\varepsilon_2' = \left(\frac{1}{\sqrt{6}}, -\frac{1}{\sqrt{6}}, \frac{2}{\sqrt{6}}, 0\right),$$

$$\varepsilon_3 = \frac{1}{|\varepsilon_3'|}\varepsilon_3' = \left(-\frac{1}{\sqrt{12}}, \frac{1}{\sqrt{12}}, \frac{1}{\sqrt{12}}, \frac{3}{\sqrt{12}}\right),$$

$$\varepsilon_4 = \frac{1}{|\varepsilon_4'|}\varepsilon_4' = \left(\frac{1}{2}, -\frac{1}{2}, -\frac{1}{2}, \frac{1}{2}\right).$$

这就得到 $\mathbb{R}^4$ 内的一组标准正交基. 如以它们为列向量(或行向量)排成一个四阶方阵

$$T = \begin{bmatrix} \frac{1}{\sqrt{2}} & \frac{1}{\sqrt{6}} & -\frac{1}{\sqrt{12}} & \frac{1}{2} \\ \frac{1}{\sqrt{2}} & -\frac{1}{\sqrt{6}} & \frac{1}{\sqrt{12}} & -\frac{1}{2} \\ 0 & \frac{2}{\sqrt{6}} & \frac{1}{\sqrt{12}} & -\frac{1}{2} \\ 0 & 0 & \frac{3}{\sqrt{12}} & \frac{1}{2} \end{bmatrix},$$

那么，按命题 1.4，这是一个正交矩阵，$T'T = TT' = E$.

例 1.5 在 $\mathbb{R}[x]_4$ 内定义内积

$$(f, g) = \int_0^1 f(t)g(t)\,\mathrm{d}t,$$

使之成一欧氏空间. 给定线性无关向量组

$$1,\ x,\ x^2,$$

把它正交化：

$$\begin{aligned}
\varepsilon_1' &= 1,\\
\varepsilon_2' &= x - \frac{(x,\varepsilon_1')}{(\varepsilon_1',\varepsilon_1')}\varepsilon_1' = x - \frac{1}{2},\\
\varepsilon_3' &= x^2 - \frac{(x^2,\varepsilon_1')}{(\varepsilon_1',\varepsilon_1')}\varepsilon_1' - \frac{(x^2,\varepsilon_2')}{(\varepsilon_2',\varepsilon_2')}\varepsilon_2'\\
&= x^2 - x + \frac{1}{6}.
\end{aligned}$$

于是得到 $\mathbb{R}[x]_4$ 中与之等价的两两正交向量组

$$1,\ x-\frac{1}{2},\ x^2-x+\frac{1}{6}.$$

应当指出,如果向量组 $\alpha_1,\alpha_2,\cdots,\alpha_s$ 已经两两正交,那么按上述正交化方法把它正交化的结果是得到同一个向量组,因为

$$\begin{aligned}
\varepsilon_1 &= \alpha_1,\\
\varepsilon_2 &= \alpha_2 - \frac{(\alpha_2,\varepsilon_1)}{(\varepsilon_1,\varepsilon_1)}\varepsilon_1 = \alpha_2,\\
&\cdots\cdots\cdots\cdots\cdots\cdots\cdots\cdots.
\end{aligned}$$

Ⅳ. 在标准正交基下内积的计算公式

设 V 中取定一组标准正交基

$$\varepsilon_1,\varepsilon_2,\cdots,\varepsilon_n,$$
$$(\varepsilon_i,\varepsilon_j)=\delta_{ij}\quad (i,j=1,2,\cdots,n).$$

命

$$\alpha = x_1\varepsilon_1 + x_2\varepsilon_2 + \cdots + x_n\varepsilon_n,$$
$$\beta = y_1\varepsilon_1 + y_2\varepsilon_2 + \cdots + y_n\varepsilon_n.$$

则有

$$\begin{aligned}
(\alpha,\beta) &= \sum_{i=1}^{n}\sum_{j=1}^{n}(\varepsilon_i,\varepsilon_j)x_iy_j = \sum_{i=1}^{n}\sum_{j=1}^{n}\delta_{ij}x_iy_j\\
&= x_1y_1 + x_2y_2 + \cdots + x_ny_n.
\end{aligned}$$

因此,在标准正交基下内积恰好等于两个向量的对应坐标相乘再相加.这与三维几何空间中向量内积(点乘)在直角坐标系下的计算公式相符.

3. 正交补

设 V 是一个 n 维欧氏空间,M 是它的一个子空间,易知 M 关于 V 的内积也成一欧氏空间.定义 V 的一个子集

$$M^{\perp}=\{\alpha\in V \mid \text{对一切 } \beta\in M \text{ 有}(\alpha,\beta)=0\},$$

称 $M^{\perp}$ 为 M 的**正交补**.显然,$M^{\perp}$ 关于 V 中向量的加法以及数乘运算是封闭的,故 $M^{\perp}$ 也是 V 的子空间.

命题 1.5 设 M 是 n 维欧氏空间 V 的一个子空间,则 V 可分解为 M 与 $M^{\perp}$ 的直和

$$V=M\oplus M^{\perp}.$$

证 设 $\alpha\in M\cap M^{\perp}$,由正交补的定义,有$(\alpha,\alpha)=0$.所以 $\alpha=0$.这说明 $M\cap M^{\perp}=\{0\}$,即 $M+M^{\perp}$ 是直和.取 M 的一组标准正交基 $\varepsilon_1,\cdots,\varepsilon_r$,先把它扩充为 V 的一组基 $\varepsilon_1,\varepsilon_2,\cdots,\varepsilon_r,\alpha_{r+1},\cdots,\alpha_n$,再运用施密特正交化方法把它正交化再单位化,得出 V 的一组标准正交基,因 $\varepsilon_1,\cdots,\varepsilon_r$ 为两两正交的单位向量,保持不动,故所得 V 的标准正交基为 $\varepsilon_1,\cdots,\varepsilon_r,\varepsilon_{r+1},\cdots,\varepsilon_n$.显然 $\varepsilon_{r+1},\cdots,\varepsilon_n$ 均与 M 中所有向量正交(因为它们与 M 的一组基 $\varepsilon_1,\cdots,\varepsilon_r$ 正交),故 $\varepsilon_{r+1},\cdots,\varepsilon_n\in M^{\perp}$.于是

$$V=L(\varepsilon_1,\cdots,\varepsilon_r)+L(\varepsilon_{r+1},\cdots,\varepsilon_n)\subseteq M+M^{\perp}\subseteq V,$$

由此得 $V=M+M^{\perp}$,亦即 $V=M\oplus M^{\perp}$. ▍

推论 n 维欧氏空间 V 中任一两两正交单位向量组

$$\varepsilon_1,\varepsilon_2,\cdots,\varepsilon_s$$

都可扩充成 V 的一组标准正交基.

证 命 $M=L(\varepsilon_1,\varepsilon_2,\cdots,\varepsilon_s)$,则 $V=M\oplus M^{\perp}$.再在 $M^{\perp}$ 内取一组标准正交基 $\varepsilon_{s+1},\cdots,\varepsilon_n$,则

$$\varepsilon_1,\cdots,\varepsilon_s,\varepsilon_{s+1},\cdots,\varepsilon_n$$

是 V 内一个两两正交的单位向量组,即为 V 的一组标准正交基. ▍

最后,我们简单介绍一下欧氏空间的同构概念.

定义 设 V_1,V_2 是两个欧氏空间.如果存在 V_1 到 V_2 的一个映射 σ,满足如下条件:

(i) σ 是 V_1 到 V_2 的线性空间同构映射(即 $\sigma(\alpha+\beta)=\sigma(\alpha)$

$+\sigma(\beta)$, $\sigma(k\alpha)=k\sigma(\alpha)$,且 σ 是 V_1 到 V_2 的一一对应);

(ii) σ 保持内积关系,即对任意 $\alpha,\beta\in V_1$,有

$$(\sigma(\alpha),\sigma(\beta))=(\alpha,\beta),$$

则称 σ 为欧氏空间 V_1 到欧氏空间 V_2 的**同构映射**. 此时称 V_1 与 V_2 **同构**.

同构的欧氏空间具有相同的代数性质和度量性质. 如果其中一个是有限维的,那么另一个也一定是有限维的,且两者维数相同. 对 V_1 中一向量组 $\varepsilon_1,\cdots,\varepsilon_s$, $\sigma(\varepsilon_1),\cdots,\sigma(\varepsilon_s)$ 为 V_2 中一向量组. 因为 $(\varepsilon_i,\varepsilon_j)=(\sigma(\varepsilon_i),\sigma(\varepsilon_j))$,故若 $\varepsilon_1,\cdots,\varepsilon_s$ 为 V_1 中两两正交单位向量组,则 $(\sigma(\varepsilon_i),\sigma(\varepsilon_j))=(\varepsilon_i,\varepsilon_j)=\delta_{ij}$,即 $\sigma(\varepsilon_1),\cdots,\sigma(\varepsilon_s)$ 为 V_2 中两两正交单位向量组. 反之,若已知 $\sigma(\varepsilon_1),\cdots,\sigma(\varepsilon_s)$ 为 V_2 中两两正交单位向量组,那么,同样推知 $\varepsilon_1,\cdots,\varepsilon_s$ 为 V_1 中两两正交单位向量组. 因此,在 σ 下,V_1 与 V_2 中的标准正交基是一一对应的.

现在设 V_1,V_2 是两个 n 维欧氏空间. 在 V_1 内取一组标准正交基 $\varepsilon_1,\varepsilon_2,\cdots,\varepsilon_n$,在 V_2 内取一组标准正交基 $\varepsilon_1',\varepsilon_2',\cdots,\varepsilon_n'$. 定义 V_1 到 V_2 的映射 σ 如下:若

$$\alpha=a_1\varepsilon_1+a_2\varepsilon_2+\cdots+a_n\varepsilon_n,$$

则令

$$\sigma(\alpha)=a_1\varepsilon_1'+a_2\varepsilon_2'+\cdots+a_n\varepsilon_n'.$$

容易验证,σ 是 V_1 到 V_2 的欧氏空间同构映射(具体验证留给读者作为练习). 因此,对于有限维的欧氏空间来说,只要维数相同就彼此同构.

现设 V 为 n 维欧氏空间,$\varepsilon_1,\cdots,\varepsilon_n$ 为其一组标准正交基. 对任意 $\alpha\in V$,设 $\alpha=(\varepsilon_1,\cdots,\varepsilon_n)X$,定义 $\sigma(\alpha)=X$. 在第四章 §3 已知 σ 为 V 到 $\mathbb{R}^n$ 的线性空间同构. 按照 V 中内积在标准正交基下的计算公式及 $\mathbb{R}^n$ 中内积的定义,我们有 $(\alpha,\beta)=(\sigma(\alpha),\sigma(\beta))$,即 σ 为 V 到 $\mathbb{R}^n$ 的欧氏空间同构.

习　题　一

1. 设 A 是 n 阶正定矩阵. 在 $\mathbb{R}^n$ 中定义二元函数 (α,β) 如下:若

$$\alpha=(x_1,x_2,\cdots,x_n),\quad \beta=(y_1,y_2,\cdots,y_n),$$

则令

$$(\alpha,\beta)=\alpha A\beta'.$$

证明：

(1) (α,β)满足内积条件(i)～(iii)，从而 $\mathbb{R}^n$ 关于这个内积也成一欧氏空间；

(2) 写出这个欧氏空间的柯西-布尼亚科夫斯基不等式.

2. 在 $M_n(\mathbb{R})$中考虑全体 n 阶对称矩阵所成的子空间 V. 在 V 中定义二元函数如下：

$$(A,B)=\mathrm{Tr}(AB).$$

证明：这个函数满足内积条件，从而 V 关于它成一欧氏空间.

3. 在欧氏空间 $\mathbb{R}^4$ 中求向量 α,β 的夹角：

(1) $\alpha=(2,1,3,2)$, $\beta=(1,2,-2,1)$；

(2) $\alpha=(1,2,2,3)$, $\beta=(3,1,5,1)$；

(3) $\alpha=(1,1,1,2)$, $\beta=(3,1,-1,0)$.

4. 证明：在欧氏空间中两向量 α,β 正交的充要条件是：对任意实数 t，有

$$|\alpha+t\beta|\geqslant|\alpha|.$$

5. 在欧氏空间 V 内证明：

(1) $|\alpha+\beta|\leqslant|\alpha|+|\beta|$；

(2) 令 $d(\alpha,\beta)=|\alpha-\beta|$，则

$$d(\alpha,\gamma)\leqslant d(\alpha,\beta)+d(\beta,\gamma).$$

6. 在欧氏空间 $\mathbb{R}^4$ 中求一单位向量与

$$\alpha=(1,1,-1,1),\quad \beta=(1,-1,-1,1),\quad \gamma=(2,1,1,3)$$

正交.

7. 设 $\alpha_1,\alpha_2,\cdots,\alpha_n$ 是欧氏空间 V 的一组基，证明：

(1) 若$(\beta,\alpha_i)=0$ $(i=1,2,\cdots,n)$，则 $\beta=0$；

(2) 若$(\beta_1,\alpha_i)=(\beta_2,\alpha_i)$ $(i=1,2,\cdots,n)$，则 $\beta_1=\beta_2$.

8. 设 $\varepsilon_1,\varepsilon_2,\varepsilon_3$ 是三维欧氏空间中一组标准正交基，证明：

$$\eta_1=\frac{1}{3}(2\varepsilon_1+2\varepsilon_2-\varepsilon_3),$$

$$\eta_2=\frac{1}{3}(2\varepsilon_1-\varepsilon_2+2\varepsilon_3),$$

$$\eta_3=\frac{1}{3}(\varepsilon_1-2\varepsilon_2-2\varepsilon_3)$$

也是一组标准正交基.

9. 设 $\varepsilon_1,\varepsilon_2,\varepsilon_3,\varepsilon_4,\varepsilon_5$ 是 5 维欧氏空间 V 的一组标准正交基,而

$$\alpha_1=\varepsilon_1+\varepsilon_5,\quad \alpha_2=\varepsilon_1-\varepsilon_2+\varepsilon_4,\quad \alpha_3=2\varepsilon_1+\varepsilon_2+\varepsilon_3,$$

求 $L(\alpha_1,\alpha_2,\alpha_3)$的一组标准正交基.

10. 求齐次线性方程组

$$\begin{cases}2x_1+x_2-x_3+x_4-3x_5=0,\\ x_1+x_2-x_3\qquad\;+x_5=0\end{cases}$$

的解空间(作为欧氏空间 $\mathbb{R}^5$ 的子空间)的一组标准正交基.

11. 考虑欧氏空间 $C[-\pi,\pi]$(参看本节例 1.2),在其中给定向量组

$$1,\ \cos x,\ \sin x,\ \cos 2x,\ \sin 2x,\ \cdots,\ \cos nx,\ \sin nx.$$

证明:

(1) 这个向量组的向量两两正交;

(2) 求这个向量组生成的子空间 M 的一组标准正交基.

12. 在 $\mathbb{R}[x]_4$ 中定义内积

$$(f,g)=\int_{-1}^{1}f(t)g(t)\mathrm{d}t,$$

试求出它的一组标准正交基.

13. 在欧氏空间 $\mathbb{R}^4$ 内给定向量组 $\alpha_1,\alpha_2,\alpha_3$,利用施密特正交化方法先把它正交化,再单位化.

(1) $\alpha_1=(1,2,-1,0)$; $\alpha_2=(1,-1,1,1)$;

$\alpha_3=(-1,2,1,1)$.

(2) $\alpha_1=(2,1,0,1)$; $\alpha_2=(0,1,2,2)$;

$\alpha_3=(-2,1,1,2)$.

14. 用本节例 1.3 在 $\mathbb{R}[x]_3$ 内所定义的两种内积将向量组 $1,x,x^2$ 正交化再单位化,使分别成为两种欧氏空间的标准正交基.

15. 设 $\alpha_1,\alpha_2,\cdots,\alpha_s$ 是欧氏空间 V 内一个向量组,令

$$D=\begin{bmatrix}(\alpha_1,\alpha_1) & (\alpha_1,\alpha_2) & \cdots & (\alpha_1,\alpha_s)\\(\alpha_2,\alpha_1) & (\alpha_2,\alpha_2) & \cdots & (\alpha_2,\alpha_s)\\ \vdots & \vdots & & \vdots\\(\alpha_s,\alpha_1) & (\alpha_s,\alpha_2) & \cdots & (\alpha_s,\alpha_s)\end{bmatrix}.$$

证明：$\alpha_1,\alpha_2,\cdots,\alpha_s$ 线性无关的充要条件是 $\det(D)\neq 0$.

16. 给定两个四维向量

$$\alpha_1=\left(\frac{1}{3},-\frac{2}{3},0,\frac{2}{3}\right),$$

$$\alpha_2=\left(-\frac{2}{\sqrt{6}},0,\frac{1}{\sqrt{6}},\frac{1}{\sqrt{6}}\right),$$

求做一个四阶正交矩阵 T，以 α_1,α_2 作为它的前两个列向量.

17. 证明：实上三角矩阵为正交矩阵时，必为对角矩阵，且对角线上的元素为 ± 1.

18. 设 A 是一个 n 阶实方阵，$|A|\neq 0$. 证明：A 可分解为一个正交矩阵 Q 和一个上三角矩阵

$$T=\begin{bmatrix}t_{11} & t_{12} & \cdots & t_{1n}\\ & t_{22} & \cdots & t_{2n}\\ & & \ddots & \vdots\\ & 0 & & t_{nn}\end{bmatrix}\quad (t_{ii}>0,i=1,2,\cdots,n)$$

的乘积：$A=QT$，并证明这种分解是唯一的.

19. 设 A 是 n 阶正定矩阵，证明：存在一个上三角矩阵 T，使 $A=T'T$.

20. 设 $f(\alpha)$ 是 n 维欧氏空间 V 内的一个线性函数，证明：在 V 内存在一个固定向量 β，使对一切 $\alpha\in V$，有

$$f(\alpha)=(\alpha,\beta).$$

21. 设 M 是欧氏空间 V 的一个子空间. 对任意 $\alpha\in V$，$\alpha+M$ 称为 V 内一个**线性流形**. 对任意 $\beta\in V$，向量 $\beta-\xi$，当 ξ 取 $\alpha+M$ 内一切向量时，其长度 $|\beta-\xi|$ 的最小值称为 β 到线性流形 $\alpha+M$ 的**距离**. 若

$$\beta-\alpha=\beta_1+\beta_2\quad (\beta_1\in M,\beta_2\in M^{\perp}).$$

证明：β 到 $\alpha+M$ 的距离等于 β_2 的长度 $|\beta_2|$.

22. 在欧氏空间 V 内给定两个子空间 M,N，又设 α,β 是 V 内两个向量. 令

$$d=\min\{|\xi-\zeta| \mid \xi\in\alpha+M,\zeta\in\beta+N\},$$

d 称为 $\alpha+M,\beta+N$ 之间的**距离**. 设

$$\beta-\alpha=\beta_1+\beta_2\quad(\beta_1\in M+N,\beta_2\in(M+N)^{\perp}).$$

证明：$d=|\beta_2|$.

23. 在实数域上线性空间 $\mathbb{R}[x]_{n+1}$ 内定义内积：若 $f(x)$，$g(x)\in\mathbb{R}[x]_{n+1}$，令

$$(f(x),g(x))=\int_{-1}^{1}f(x)g(x)\mathrm{d}x,$$

则 $\mathbb{R}[x]_{n+1}$ 成为一欧氏空间. 证明：下面的 Legendre 多项式

$$P_0(x)=1,$$

$$P_k(x)=\frac{1}{2^k k!}\frac{\mathrm{d}^k}{\mathrm{d}x^k}[(x^2-1)^k]\quad(k=1,2,\cdots,n)$$

是 $\mathbb{R}[x]_{n+1}$ 的一组正交基.

24. 证明 Legendre 多项式 $P_k(x)$ 为 x 的 k 次多项式. 若

$$P_k(x)=a_0x^k+a_1x^{k-1}+\cdots+a_k,$$

求出 $P_k(x)$ 的一个递推公式.

25. 在欧氏空间 $\mathbb{R}^{2n}$ 中求下列齐次线性方程组

$$x_1-x_2+x_3-x_4+\cdots+x_{2n-1}-x_{2n}=0$$

的解空间的一组标准正交基.

§2　欧几里得空间中的特殊线性变换

本节的内容是讨论欧氏空间中与度量紧密相关的线性变换，即正交变换与对称变换.

1. 正交变换

定义　设 V 是 n 维欧氏空间，$\boldsymbol{A}$ 是 V 内的一个线性变换. 如果对任意 $\alpha,\beta\in V$ 都有

$$(\boldsymbol{A}\alpha,\boldsymbol{A}\beta)=(\alpha,\beta),$$

则称 **A** 为 V 内的一个**正交变换**.

对 V 内任意线性变换 **A**,定义 V 内二元函数

$$f(\alpha,\beta)=(\boldsymbol{A}\alpha,\boldsymbol{A}\beta).$$

我们有:

(i) $f(k_1\alpha_1+k_2\alpha_2,\beta)=(\boldsymbol{A}(k_1\alpha_1+k_2\boldsymbol{\alpha}_2),\boldsymbol{A}\beta)$

$=(k_1\boldsymbol{A}\alpha_1+k_2\boldsymbol{A}\alpha_2,\boldsymbol{A}\beta)$

$=k_1(\boldsymbol{A}\alpha_1,\boldsymbol{A}\beta)+k_2(\boldsymbol{A}\alpha_2,\boldsymbol{A}\beta)$

$=k_1f(\alpha_1,\beta)+k_2f(\alpha_2,\beta)$;

(ii) $f(\beta,\alpha)=(\boldsymbol{A}\beta,\boldsymbol{A}\alpha)=(\boldsymbol{A}\alpha,\boldsymbol{A}\beta)=f(\alpha,\beta)$.

由此立知 $f(\alpha,\beta)$为 V 内对称双线性函数. 在 V 内取定一组基 $\varepsilon_1,\varepsilon_2,\cdots,\varepsilon_n$,设

$$\alpha=(\varepsilon_1,\varepsilon_2,\cdots,\varepsilon_n)X,\quad \beta=(\varepsilon_1,\varepsilon_2,\cdots,\varepsilon_n)Y.$$

又设 **A** 在此组基下的矩阵为

$$(\boldsymbol{A}\varepsilon_1,\boldsymbol{A}\varepsilon_2,\cdots,\boldsymbol{A}\varepsilon_n)=(\varepsilon_1,\varepsilon_2,\cdots,\varepsilon_n)A.$$

在第四章命题 3.8 已指出

$$\boldsymbol{A}\alpha=(\varepsilon_1,\varepsilon_2,\cdots,\varepsilon_n)AX,$$
$$\boldsymbol{A}\beta=(\varepsilon_1,\varepsilon_2,\cdots,\varepsilon_n)AY.$$

如设基 $\varepsilon_1,\varepsilon_2,\cdots,\varepsilon_n$ 的度量矩阵为 G,则

$$(\alpha,\beta)=X'GY.$$
$$f(\alpha,\beta)=(AX)'G(AY)=X'(A'GA)Y.$$

于是我们有(参看第五章命题 1.1 的推论)

A 为正交变换$\Longleftrightarrow f(\alpha,\beta)\equiv(\alpha,\beta)\Longleftrightarrow A'GA=G$. 由此立即推出下面三条结论:

1) 如果 $\varepsilon_1,\varepsilon_2,\cdots,\varepsilon_n$ 为标准正交基,则 $G=E$,于是 $A'A=E$,即 A 为正交矩阵,故

A 为正交变换 $\Longleftrightarrow$**A** 在标准正交基下的矩阵 A 为正交矩阵;

2) 如果 $\varepsilon_1,\varepsilon_2,\cdots,\varepsilon_n$ 为标准正交基,而

$$(\boldsymbol{A}\varepsilon_1,\boldsymbol{A}\varepsilon_2,\cdots,\boldsymbol{A}\varepsilon_n)=(\varepsilon_1,\varepsilon_2,\cdots,\varepsilon_n)A,$$

则由命题 1.3,有

A 为正交变换$\Longleftrightarrow A$ 为正交矩阵

$\Longleftrightarrow\boldsymbol{A}\varepsilon_1,\boldsymbol{A}\varepsilon_2,\cdots,\boldsymbol{A}\varepsilon_n$ 为 V 的标准正交基;

3）由第五章§1知对称双线性函数由其对应的二次型函数唯一决定，故我们有：

$$|\boldsymbol{A}\alpha|\equiv|\alpha| \Longleftrightarrow (\boldsymbol{A}\alpha,\boldsymbol{A}\alpha)\equiv(\alpha,\alpha)\Longleftrightarrow Q_f(\alpha)\equiv(\alpha,\alpha)$$

$$\Longleftrightarrow f(\alpha,\beta)\equiv(\alpha,\beta)\Longleftrightarrow \boldsymbol{A}\text{ 为正交变换}.$$

把上面三条综合起来，得到下面命题.

命题 2.1　设 V 是 n 维欧氏空间，$\boldsymbol{A}$ 是 V 内一个线性变换，则下列命题等价：

(i) $\boldsymbol{A}$ 是正交变换；

(ii) $\boldsymbol{A}$ 在标准正交基下的矩阵为正交矩阵；

(iii) $\boldsymbol{A}$ 把 V 的标准正交基 $\varepsilon_1,\varepsilon_2,\cdots,\varepsilon_n$ 变为标准正交基 $\boldsymbol{A}\varepsilon_1,\boldsymbol{A}\varepsilon_2,\cdots,\boldsymbol{A}\varepsilon_n$；

(iv) 对任意 $\alpha\in V$，$|\boldsymbol{A}\alpha|=|\alpha|$.

上面命题中的四条中任一条都可以作为正交变换的定义.

设 V 是一个 n 维欧氏空间，命 $O(n)$ 表示 V 中全体正交变换所成的集合. 我们有

命题 2.2　$O(n)$ 具有如下性质：

(i) $\boldsymbol{E}\in O(n)$；

(ii) 若 $\boldsymbol{A},\boldsymbol{B}\in O(n)$，则 $\boldsymbol{AB}\in O(n)$；

(iii) 若 $\boldsymbol{A}\in O(n)$，则 $\boldsymbol{A}$ 可逆，且 $\boldsymbol{A}^{-1}\in O(n)$.

证　(i) 是显然的. 只证(ii)与(iii).

(ii) 对任意 $\alpha,\beta\in V$，有

$$(\boldsymbol{AB}\alpha,\boldsymbol{AB}\beta)=(\boldsymbol{A}(\boldsymbol{B}\alpha),\boldsymbol{A}(\boldsymbol{B}\beta))=(\boldsymbol{B}\alpha,\boldsymbol{B}\beta)=(\alpha,\beta).$$

故 $\boldsymbol{AB}$ 是正交变换.

(iii) 正交变换 $\boldsymbol{A}$ 在任一组标准正交基下的矩阵都是正交矩阵，而正交矩阵都可逆，故 $\boldsymbol{A}$ 也可逆. 对任意 $\alpha,\beta\in V$，有

$$(\alpha,\beta)=(\boldsymbol{E}\alpha,\boldsymbol{E}\beta)=(\boldsymbol{A}(\boldsymbol{A}^{-1}\alpha),\boldsymbol{A}(\boldsymbol{A}^{-1}\beta))=(\boldsymbol{A}^{-1}\alpha,\boldsymbol{A}^{-1}\beta),$$

即 $\boldsymbol{A}^{-1}$ 是一正交变换.　▌

由命题 2.2 立即知道：两个正交矩阵的乘积还是正交矩阵，正交矩阵的逆矩阵也是正交矩阵. 另外，若 A 为正交矩阵，由 $A'A=E$ 立知 $|A'A|=|A|^2=|E|=1$，即 A 的行列式 $|A|=\pm1$. 如果 $\boldsymbol{A}$ 是一个正交变换，则 $\boldsymbol{A}$ 在 V 的标准正交基下矩阵的行列式为 ±1，由于

A 在不同基下矩阵相似，相似矩阵的行列式相同，故 **A** 在任一组基下的矩阵行列式或为 1，或为 −1. 如果 **A** 在任一组基下矩阵行列式为 1，则 **A** 称为**第一类正交变换**或称为 V 内一个**旋转**. 如果 **A** 在任一组基下矩阵的行列式为 −1，则 **A** 称为**第二类正交变换**.

下面来讨论正交变换的特征值.

为了下面的讨论需要，对一个 $\mathbb{C}$ 上 $m\times n$ 矩阵 A，用记号 $\overline{A}$ 表示对 A 的每个元素取复共轭. 显然，若 $B\in M_{n,s}(\mathbb{C})$，那么，按复共轭运算法则，有 $\overline{AB}=\overline{A}\cdot\overline{B}$.

命题 2.3 设 A 是一个 n 阶正交矩阵. λ_0 是 A 的特征多项式 $f(\lambda)=|\lambda E-A|$ 的一个根，则 $|\lambda_0|=1$.

证 由已知 A 可逆，故 $\lambda_0\neq 0$（因 $|0\cdot E-A|=|-A|\neq 0$）. 齐次线性方程组 $(\lambda_0 E-A)X=0$ 在 $\mathbb{C}^n$ 内有一非零解向量 X_0，于是 $AX_0=\lambda_0 X_0$，两边取复共轭再转置，得 $\overline{X}'_0 A'=\overline{\lambda}_0\overline{X}'_0$（$A$ 为实矩阵，$\overline{A}=A$）. 但 $A'=A^{-1}$，故得

$$\overline{X}'_0=\overline{\lambda}_0\overline{X}'_0 A \Longrightarrow \overline{X}'_0 A=\frac{1}{\overline{\lambda}_0}\overline{X}'_0.$$

上面右式两边右乘 X_0，利用 $AX_0=\lambda_0 X_0$，得

$$\frac{1}{\overline{\lambda}_0}\overline{X}'_0 X_0=\overline{X}'_0 AX_0=\lambda_0\overline{X}'_0 X_0.$$

现设

$$X_0=\begin{bmatrix}x_1\\x_2\\\vdots\\x_n\end{bmatrix}\neq 0,$$

则

$$\overline{X}'_0 X_0=(\bar{x}_1,\bar{x}_2,\cdots,\bar{x}_n)\begin{bmatrix}x_1\\x_2\\\vdots\\x_n\end{bmatrix}=|x_1|^2+|x_2|^2+\cdots+|x_n|^2\neq 0.$$

于是立得 $\lambda_0\cdot\overline{\lambda}_0=1$，即 $|\lambda_0|=1$. ▌

因为正交变换 $\mathbf{A}$ 是实数域上线性空间内的线性变换，其特征值（如果有的话）只能为实数，按命题 2.3，可知有

推论 1　正交变换的特征值只能是 ± 1.

推论 2　奇数维欧氏空间 V 内的第一类正交变换 $\mathbf{A}$ 必有一特征值 1，从而存在 V 内非零向量 ε，使 $\mathbf{A}\varepsilon=\varepsilon$.

证　$\mathbf{A}$ 在 V 的一组标准正交基下的矩阵为正交矩阵 A，由命题 2.3 知 A 的特征多项式 $f(\lambda)$ 的复根 λ_0 满足 $\lambda_0 \cdot \overline{\lambda_0}=1$. 因 $f(\lambda)$ 为实系数多项式，由第一章命题 2.4，其复根必成对出现，即 $f(\lambda)$ 恰有偶数个非实根，两两乘积为 1. 根据方程根与系数的关系（第一章命题 2.3）及第四章命题 4.2，$f(\lambda)$ 的所有根连乘等于 $|A|=1$. 于是 $f(\lambda)$ 的实根（都为 ± 1）连乘等于 1，而 $f(\lambda)$ 为奇次多项式，故其实根为奇数个，连乘等于 1，其中必有一个为 1. ▌

研究线性变换的一个基本课题是如何在线性空间中找出一组基，使它的矩阵尽可能简化. 下面对正交变换来讨论这一课题.

命题 2.4　设 $\mathbf{A}$ 是 n 维欧氏空间 V 内的一个正交变换. $\mathbf{A}$ 在 V 的一组标准正交基 $\varepsilon_1, \varepsilon_2, \cdots, \varepsilon_n$ 下的矩阵为 A. 若 $f(\lambda)=|\lambda E-A|$ 有一复根 $\lambda_0=e^{i\varphi}=\cos\varphi+i\sin\varphi\ (\varphi\neq k\pi)$，则在 V 内存在互相正交的单位向量 η_1, η_2，使

$$\begin{cases}\mathbf{A}\eta_1=\cos\varphi\cdot\eta_1-\sin\varphi\cdot\eta_2,\\ \mathbf{A}\eta_2=\sin\varphi\cdot\eta_1+\cos\varphi\cdot\eta_2.\end{cases}$$

于是 $M=L(\eta_1, \eta_2)$ 为 V 的二维不变子空间，$\mathbf{A}|_M$ 在 M 的标准正交基 η_1, η_2 下的矩阵为 2 阶正交矩阵

$$S=\begin{bmatrix}\cos\varphi & \sin\varphi\\ -\sin\varphi & \cos\varphi\end{bmatrix}.$$

证　$\mathbb{C}$ 上齐次线性方程组 $(\lambda_0 E-A)X=0$ 有一非零解

$$X_0=\begin{bmatrix}x_1\\ x_2\\ \vdots\\ x_n\end{bmatrix}=\begin{bmatrix}u_1\\ u_2\\ \vdots\\ u_n\end{bmatrix}+i\begin{bmatrix}w_1\\ w_2\\ \vdots\\ w_n\end{bmatrix}=U+iW\neq 0,$$

其中 U, W 属于 $\mathbb{R}^n$. 这里 $U\neq 0$，否则 $W\neq 0$，而 $AW=\lambda_0 W$，与 λ_0 非实数矛盾. 因为 X_0 乘以非零实数 k 后 $kX_0=kU+ikW$ 仍为该方程

的非零解,因此可假设 U 为欧氏空间 $\mathbb{R}^n$ 中的单位向量,即设

$$U'U=(u_1,u_2,\cdots,u_n)\begin{bmatrix}u_1\\u_2\\\vdots\\u_n\end{bmatrix}=u_1^2+u_2^2+\cdots+u_n^2=1.$$

现在有 $AX_0=\lambda_0X_0$.

令

$$\eta_1=(\varepsilon_1,\varepsilon_2,\cdots,\varepsilon_n)U,\quad \eta_2=(\varepsilon_1,\varepsilon_2,\cdots,\varepsilon_n)W.$$

我们下面分两步来证明 η_1,η_2 满足命题的要求.

(i) 我们有

$$A(U+\mathrm{i}W)=(\cos\varphi+\mathrm{i}\sin\varphi)(U+\mathrm{i}W),$$

比较两边的实部和虚部,即得

$$\begin{cases}AU=\cos\varphi\cdot U-\sin\varphi\cdot W,\\AW=\sin\varphi\cdot U+\cos\varphi\cdot W.\end{cases}$$

于是

$$\begin{aligned}\mathbf{A}\eta_1&=(\varepsilon_1,\varepsilon_2,\cdots,\varepsilon_n)AU\\&=(\varepsilon_1,\varepsilon_2,\cdots,\varepsilon_n)(\cos\varphi U-\sin\varphi W)\\&=\cos\varphi(\varepsilon_1,\varepsilon_2,\cdots,\varepsilon_n)U-\sin\varphi(\varepsilon_1,\varepsilon_2,\cdots,\varepsilon_n)W\\&=\cos\varphi\cdot\eta_1-\sin\varphi\cdot\eta_2;\\\mathbf{A}\eta_2&=(\varepsilon_1,\varepsilon_2,\cdots,\varepsilon_n)AW\\&=(\varepsilon_1,\varepsilon_2,\cdots,\varepsilon_n)(\sin\varphi U+\cos\varphi W)\\&=\sin\varphi\ (\varepsilon_1,\varepsilon_2,\cdots,\varepsilon_n)U+\cos\varphi\ (\varepsilon_1,\varepsilon_2,\cdots,\varepsilon_n)W\\&=\sin\varphi\cdot\eta_1+\cos\varphi\cdot\eta_2.\end{aligned}$$

(ii) 下面证 η_1,η_2 为互相正交的单位向量,即$(\eta_1,\eta_1)=(\eta_2,\eta_2)=1$,$(\eta_1,\eta_2)=0$,根据 V 的内积在标准正交基 $\varepsilon_1,\varepsilon_2,\cdots,\varepsilon_n$ 下的计算公式,这只要证 U,W 是欧氏空间$\mathbb{R}^n$ 内的正交单位向量即可. 由于 $AX_0=\lambda_0X_0$,$A'A=E$,两边左乘 A' 得 $X_0=\lambda_0A'X_0$,又由 $\lambda_0\cdot\overline{\lambda}_0=1$,推知 $A'X_0=\overline{\lambda}_0X_0$,两边左乘 X_0',得

$$X'_0A'X_0=\overline{\lambda}_0X'_0X_0. \tag{1}$$

现在再把原式 $AX_0=\lambda_0X_0$ 两边取转置,得 $X_0'A'=\lambda_0X_0'$,两边

右乘 X_0 得

$$X'_0A'X_0=\lambda_0X'_0X_0. \tag{2}$$

比较(1),(2)两式,得 $\bar{\lambda}_0X'_0X_0=\lambda_0X'_0X_0$. 因为 $\lambda_0=\cos\varphi+\mathrm{i}\sin\varphi\neq\bar{\lambda}_0$. 故 $X'_0X_0=0$,即

$$(U'+\mathrm{i}W')(U+\mathrm{i}W)=U'U-W'W+\mathrm{i}(U'W+W'U)=0$$
$$\Longrightarrow U'U-W'W=0,\quad U'W+W'U=0.$$

于是,U,W 作为欧氏空间 $\mathbb{R}^n$ 中向量,有

$$(U,U)=U'U=1,\quad (W,W)=W'W=U'U=1.$$

因为 $U'W=(U,W)=(W,U)=W'U$,故由 $U'W+W'U=0$ 立即推知 $(U,W)=0$.

这表明 U,W 为 $\mathbb{R}^n$ 中两个正交单位向量,从而 η_1,η_2 为 V 中两个正交单位向量. ▌

命题 2.5　设 $\boldsymbol{A}$ 是 n 维欧氏空间 V 内的正交变换. 如果 M 是 $\boldsymbol{A}$ 的不变子空间,则 $M^{\perp}$ 也是 $\boldsymbol{A}$ 的不变子空间.

证　因为 $V=M\oplus M^{\perp}$. 在 M 和 $M^{\perp}$ 内分别取一组标准正交基 $\varepsilon_1,\cdots,\varepsilon_r;\varepsilon_{r+1},\cdots,\varepsilon_n$. 合并后为 V 内 n 个两两正交单位向量,即为 V 的一组标准正交基. 按命题 2.1,$\boldsymbol{A}\varepsilon_1,\cdots,\boldsymbol{A}\varepsilon_r,\boldsymbol{A}\varepsilon_{r+1},\cdots,\boldsymbol{A}\varepsilon_n$ 也是 V 的一组标准正交基. 因 $\boldsymbol{A}|_M$ 为 M 的正交变换,故同理 $\boldsymbol{A}\varepsilon_1,\cdots,\boldsymbol{A}\varepsilon_r$ 为 M 的一组标准正交基. 现在 $\boldsymbol{A}\varepsilon_{r+j}$ 与每个 $\boldsymbol{A}\varepsilon_1,\cdots,\boldsymbol{A}\varepsilon_r$ 正交,故 $\boldsymbol{A}\varepsilon_{r+j}\in M^{\perp}(j=1,2,\cdots,n-r)$. 对任一 $\alpha\in M^{\perp}$,有 $\alpha=k_{r+1}\varepsilon_{r+1}+\cdots+k_n\varepsilon_n$,故 $\boldsymbol{A}\alpha=k_{r+1}\boldsymbol{A}\varepsilon_{r+1}+\cdots+k_n\boldsymbol{A}\varepsilon_n\in M^{\perp}$. 这表明 $M^{\perp}$ 是 $\boldsymbol{A}$ 的不变子空间. ▌

下面我们可以证明关于正交变换的基本结果了.

定理 2.1　设 $\boldsymbol{A}$ 是 n 维欧氏空间 V 内的正交变换,则在 V 内存在一组标准正交基,使 $\boldsymbol{A}$ 在该组基下的矩阵成如下准对角形:

$$J=\begin{bmatrix}\lambda_1&&&&&&\\&\lambda_2&&&&&\\&&\ddots&&&0&\\&&&\lambda_k&&&\\&&&&S_1&&\\&&0&&&\ddots&\\&&&&&&S_l\end{bmatrix},$$

其中 $\lambda_i=\pm1(i=1,2,\cdots,k)$，而

$$S_j=\begin{bmatrix}\cos\varphi_j & -\sin\varphi_j\\ \sin\varphi_j & \cos\varphi_j\end{bmatrix}\quad(\varphi_j\neq k\pi,\ j=1,2,\cdots,l).$$

证 对 n 做数学归纳法.

当 $n=1$ 时，$\boldsymbol{A}$ 在 V 的任一组基(可取为一个单位向量，即 V 的一标准正交基)下的矩阵为一阶实方阵 $A=(a_{11})$，而 $|A|=a_{11}=\pm1$，定理成立.

当 $n=2$ 时，若 $\boldsymbol{A}$ 有一特征值 λ_1，则 $\lambda_1=\pm1$. 取 λ_1 相对应的单位特征向量 ε_1，令 $M=L(\varepsilon_1)$，则 $M^{\perp}$ 为一维子空间，且为 $\boldsymbol{A}$ 的不变子空间，在 $M^{\perp}$ 内任取一单位向量 ε_2，则 $\boldsymbol{A}\varepsilon_2=\lambda_2\varepsilon_2$，$\lambda_2=\pm1$，现 ε_1，ε_2 为 V 的一组标准正交基，在此基下 $\boldsymbol{A}$ 的矩阵为

$$J=\begin{bmatrix}\lambda_1 & 0\\ 0 & \lambda_2\end{bmatrix}.$$

若 $\boldsymbol{A}$ 无特征值，则 $\boldsymbol{A}$ 在 V 的一组标准正交基下的矩阵为二阶正交矩阵，其特征多项式 $f(\lambda)$ 有一复根 $\lambda_0=\mathrm{e}^{-\mathrm{i}\varphi}$，那么由命题 2.4 (注意，在那里是假设 $\lambda_0=\mathrm{e}^{\mathrm{i}\varphi}$)，$V$ 内存在一组标准正交基，使 $\boldsymbol{A}$ 在该组基下的矩阵为

$$S=\begin{bmatrix}\cos\varphi & -\sin\varphi\\ \sin\varphi & \cos\varphi\end{bmatrix}.$$

下面设对维数 $<n$ 的欧氏空间内的正交变换命题已成立. 当 $\boldsymbol{A}$ 为 n 维欧氏空间 V 内的正交变换时，分两种情况讨论.

(i) 若 $\boldsymbol{A}$ 有一特征值 λ_1，则 $\lambda_1=\pm1$. 找出与 λ_1 对应的单位特征向量 ε_1：$\boldsymbol{A}\varepsilon_1=\lambda_1\varepsilon_1$，$|\varepsilon_1|=1$. 令 $M=L(\varepsilon_1)$，则 $M^{\perp}$ 为 $\boldsymbol{A}$ 的 $n-1$ 维不变子空间，$\boldsymbol{A}|_{M^{\perp}}$ 为 $M^{\perp}$ 内正交变换，按归纳假设，在 $M^{\perp}$ 内存在一组标准正交基 $\varepsilon_2,\cdots,\varepsilon_n$，$\boldsymbol{A}$ 在此组基下的矩阵 J_1 具有定理所要求的准对角形. 现 $\varepsilon_1,\varepsilon_2,\cdots,\varepsilon_n$ 为 V 的标准正交基，在此基下 $\boldsymbol{A}$ 的矩阵为

$$J=\begin{bmatrix}\lambda_1 & 0\\ 0 & J_1\end{bmatrix}$$

已符合定理要求.

(ii) 若 $\boldsymbol{A}$ 无特征值，则此时 $\boldsymbol{A}$ 在 V 的任一组标准正交基下的矩

阵为正交矩阵 A,它有一复根 $e^{-i\varphi}(\varphi\neq k\pi)$. 按命题 2.4,$V$ 内存在正交单位向量 η_1,η_2,$M=L(\eta_1,\eta_2)$,M 为 $\boldsymbol{A}$ 的不变子空间,$\boldsymbol{A}|_M$ 在标准正交基 η_1,η_2 下的矩阵为

$$S=\begin{bmatrix}\cos\varphi & -\sin\varphi\\ \sin\varphi & \cos\varphi\end{bmatrix}\quad(\varphi\neq k\pi).$$

现在 $M^{\perp}$ 为 $\boldsymbol{A}$ 的 $n-2$ 维不变子空间,$\boldsymbol{A}|_{M^{\perp}}$ 为 $M^{\perp}$ 内正交变换,按归纳假设,在 $M^{\perp}$ 内存在一组标准正交基 $\varepsilon_1,\cdots,\varepsilon_{n-2}$,使 $\boldsymbol{A}|_{M^{\perp}}$ 在此组基下的矩阵 J_1 满足定理要求. 现在 $\varepsilon_1,\cdots,\varepsilon_{n-2},\eta_1,\eta_2$ 为 V 的一组标准正交基,$\boldsymbol{A}$ 在此组基下的矩阵

$$J=\begin{bmatrix}J_1 & 0\\ 0 & S\end{bmatrix}$$

已符合定理要求. ▌

我们已经知道三维几何空间是实数域上的 3 维线性空间,向量的点乘 $\boldsymbol{a}\cdot\boldsymbol{b}$ 是其内积,关于此内积它成为 3 维欧氏空间. 根据命题 2.3 的推论 2,三维几何空间的旋转 $\boldsymbol{A}$ 必有一特征值 $\lambda_1=1$. 根据定理 2.1,在三维几何空间中存在一组标准正交基 η_1,η_2,η_3,使 $\boldsymbol{A}$ 在此组基下的矩阵为下列三种矩阵之一(注意它们的行列式为 1)

$$E=\begin{bmatrix}1&0&0\\0&1&0\\0&0&1\end{bmatrix},\quad F=\begin{bmatrix}1&0&0\\0&-1&0\\0&0&-1\end{bmatrix}$$

$$J=\begin{bmatrix}1&0&0\\0&\cos\varphi&-\sin\varphi\\0&\sin\varphi&\cos\varphi\end{bmatrix}.$$

于是三维几何空间的旋转 $\boldsymbol{A}$,或为恒等变换 $\boldsymbol{E}$,或为绕某一转动轴(由 η_1 决定的直线)沿逆时针方向旋转 π 角或 $\varphi(\neq k\pi)$角.

2. 对称变换

现在研究 n 维欧氏空间 V 内另一类重要的线性变换.

定义 设 $\boldsymbol{A}$ 是 n 维欧氏空间 V 内的一个线性变换,如果对 V 中

任意向量 α,β,都有

$$(\boldsymbol{A}\alpha,\beta)=(\alpha,\boldsymbol{A}\beta),$$

则称 $\boldsymbol{A}$ 为 V 内一个**对称变换**.

对 V 内任意线性变换 $\boldsymbol{A}$,定义

$$f(\alpha,\beta)=(\boldsymbol{A}\alpha,\beta),$$
$$g(\alpha,\beta)=(\alpha,\boldsymbol{A}\beta).$$

在 V 内取一组基 $\varepsilon_1,\varepsilon_2,\cdots,\varepsilon_n$,设其度量矩阵为 G,又设

$$\alpha=(\varepsilon_1,\varepsilon_2,\cdots,\varepsilon_n)X,\quad \beta=(\varepsilon_1,\varepsilon_2,\cdots,\varepsilon_n)Y;$$
$$(\boldsymbol{A}\varepsilon_1,\boldsymbol{A}\varepsilon_2,\cdots,\boldsymbol{A}\varepsilon_n)=(\varepsilon_1,\varepsilon_2,\cdots,\varepsilon_n)A.$$

那么,我们有

$$\boldsymbol{A}\alpha=(\varepsilon_1,\varepsilon_2,\cdots,\varepsilon_n)AX,\quad \boldsymbol{A}\beta=(\varepsilon_1,\varepsilon_2,\cdots,\varepsilon_n)AY;$$
$$f(\alpha,\beta)=(\boldsymbol{A}\alpha,\beta)=(AX)'GY=X'(A'G)Y,$$
$$g(\alpha,\beta)=(\alpha,\boldsymbol{A}\beta)=X'G(AY)=X'(GA)Y.$$

于是(参看第五章命题 1.1 的推论)

$$\boldsymbol{A}\text{ 为对称变换 }\Longleftrightarrow f(\alpha,\beta)\equiv g(\alpha,\beta)$$
$$\Longleftrightarrow X'(A'G)Y\equiv X'(GA)Y\Longleftrightarrow A'G=GA.$$

如果 $\varepsilon_1,\varepsilon_2,\cdots,\varepsilon_n$ 为标准正交基,则其度量矩阵 $G=E$,故 $\boldsymbol{A}$ 为对称变换$\Longleftrightarrow A'=A$.

命题 2.6 n 维欧氏空间 V 内的线性变换 $\boldsymbol{A}$ 是对称变换的充要条件是 $\boldsymbol{A}$ 在标准正交基下的矩阵是实对称矩阵.

命题 2.6 说明,当取定 V 的一组标准正交基之后,V 中的全体对称变换所成的集合和 n 阶实对称矩阵所成的集合之间就可以建立起一一对应的关系. 因而,在研究对称变换时可以利用实对称矩阵的性质;反之,研究实对称矩阵时也可以利用对称变换的结果,这两者相辅相成.

我们证明:对 n 维欧氏空间 V 内的一个对称变换 $\boldsymbol{A}$,我们一定可以找出一组标准正交基,使 $\boldsymbol{A}$ 在这组基下的矩阵成对角形. 这就是对称变换的基本定理.

命题 2.7 实对称矩阵 A 的特征多项式的根都是实数.

证 A 的特征多项式 $f(\lambda)=|\lambda E-A|$ 在复数域内的任一根设

为 λ_0. 我们证明 λ_0 必为实数.

设 X 为复的 n 维列向量, $X\neq 0$, 满足

$$AX=\lambda_0 X. \tag{3}$$

两边取复共轭, 再取转置. 因为 $\overline{A}=A$, $A'=A$, 有

$$\overline{X}'A=\overline{\lambda}_0\overline{X}'.$$

两边以 X 右乘, 得

$$\overline{X}'AX=\overline{\lambda}_0\overline{X}'X. \tag{4}$$

再以 $\overline{X}'$ 左乘等式(3), 得

$$\overline{X}'AX=\lambda_0\overline{X}'X. \tag{5}$$

比较(4)与(5), 得

$$\overline{\lambda}_0\overline{X}'X=\lambda_0\overline{X}'X. \tag{6}$$

因为 $\overline{X}'X$ 是 X 分量的模的平方和, 即

$$\overline{X}'X=|x_1|^2+|x_2|^2+\cdots+|x_n|^2,$$

而 $X\neq 0$, 故 $\overline{X}'X\neq 0$. 由(6)式即得 $\lambda_0=\overline{\lambda}_0$, 于是, λ_0 为实数. ▌

推论　欧氏空间 V 内任一对称变换 $\boldsymbol{A}$ 至少有一个特征值.

证　$\boldsymbol{A}$ 在某一组标准正交基下的矩阵 A 为实对称矩阵, 由命题 2.7 知, A 的特征多项式的根全是实数, 因而全是 $\boldsymbol{A}$ 的特征值. 故 $\boldsymbol{A}$ 至少有一个特征值. ▌

命题 2.8　设 $\boldsymbol{A}$ 是欧氏空间 V 内的一个对称变换, 则 $\boldsymbol{A}$ 的对应于不同特征值 λ_1,λ_2 的特征向量 ξ_1,ξ_2 互相正交.

证　根据命题的条件, $\lambda_1\neq\lambda_2$, 且

$$\boldsymbol{A}\xi_1=\lambda_1\xi_1,\quad \boldsymbol{A}\xi_2=\lambda_2\xi_2,$$

于是　$\lambda_1(\xi_1,\xi_2)=(\boldsymbol{A}\xi_1,\xi_2)=(\xi_1,\boldsymbol{A}\xi_2)=\lambda_2(\xi_1,\xi_2).$

移项得,

$$(\lambda_1-\lambda_2)(\xi_1,\xi_2)=0.$$

因 $\lambda_1-\lambda_2\neq 0$, 故 $(\xi_1,\xi_2)=0$. ▌

命题 2.9　设 $\boldsymbol{A}$ 是 n 维欧氏空间 V 内的对称变换, 若 M 是 $\boldsymbol{A}$ 的不变子空间, 则 $M^{\perp}$ 也是 $\boldsymbol{A}$ 的不变子空间.

证　任给 $\alpha\in M$, $\beta\in M^{\perp}$, 因 $\boldsymbol{A}\alpha\in M$, 我们有

$$0=(\boldsymbol{A}\alpha,\beta)=(\alpha,\boldsymbol{A}\beta),$$

上式表明 $\boldsymbol{A}\beta\in M^{\perp}$，故 $M^{\perp}$ 也是 $\boldsymbol{A}$ 的不变子空间.

定理 2.2 设 $\boldsymbol{A}$ 是 n 维欧氏空间 V 内的一个对称变换，则在 V 内存在一组标准正交基，使 $\boldsymbol{A}$ 在此组基下的矩阵成对角形.

证 对 V 的维数 n 做数学归纳法.

当 $n=1$ 时命题是显然的. 现设命题对 $n-1$ 维的欧氏空间成立，证明它对 n 维欧氏空间也成立.

从命题 2.7 的推论知：$\boldsymbol{A}$ 在 V 内必有一特征值 λ_1. 设对应于 λ_1 的单位特征向量为 η_1，即

$$\boldsymbol{A}\eta_1=\lambda_1\eta_1,\quad (\eta_1,\eta_1)=1.$$

现在令 $M=L(\eta_1)$. M 为 $\boldsymbol{A}$ 的一维不变子空间. 按命题 2.9，$M^{\perp}$ 为 $\boldsymbol{A}$ 的 $n-1$ 维不变子空间. $\boldsymbol{A}$ 限制在 $M^{\perp}$ 仍为对称变换. 按归纳假设，在 $M^{\perp}$ 内存在一组标准正交基 $\eta_2,\cdots,\eta_n$，使

$$\boldsymbol{A}\eta_i=\lambda_i\eta_i\quad (i=2,3,\cdots,n).$$

易知 $\eta_1,\eta_2,\cdots,\eta_n$ 为 V 的一组标准正交基，它们满足

$$\boldsymbol{A}\eta_i=\lambda_i\eta_i\quad (i=1,2,\cdots,n),$$

故 $\boldsymbol{A}$ 在此组基下的矩阵成对角形. ▌

推论 设 A 是一个 n 阶实对称矩阵，则存在 n 阶正交矩阵 T，使

$$T^{-1}AT=T'AT=D$$

为对角矩阵.

证 把 A 看作 n 维欧氏空间 V 内一个对称变换 $\boldsymbol{A}$ 在标准正交基 $\varepsilon_1,\varepsilon_2,\cdots,\varepsilon_n$ 下的矩阵. 从定理 2.2 知，在 V 内存在标准正交基 $\eta_1,\eta_2,\cdots,\eta_n$，使 $\boldsymbol{A}$ 在这组基下的矩阵成对角形 D. 令

$$(\eta_1,\eta_2,\cdots,\eta_n)=(\varepsilon_1,\varepsilon_2,\cdots,\varepsilon_n)T,$$

则 T 为正交矩阵，且 $T^{-1}AT=T'AT=D$. ▌

定理 2.3 给定 n 个未知量 $x_1,x_2,\cdots,x_n$ 的实二次型

$$f=\sum_{i=1}^{n}\sum_{j=1}^{n}a_{ij}x_ix_j\quad (a_{ij}=a_{ji}),$$

则存在一个 n 阶正交矩阵 T，使在线性变数替换 $X=TZ$ 下二次型化为标准形

$$\lambda_1 z_1^2+\lambda_2 z_2^2+\cdots+\lambda_n z_n^2,$$

且 $\lambda_1,\lambda_2,\cdots,\lambda_n$ 除了可能差一个排列次序外，是被 f 唯一确定的.

证 二次型 f 的矩阵 $A=(a_{ij})$ 是一个实对称矩阵，根据定理 2.2 的推论，存在正交矩阵 T，使

$$T'AT=D=\begin{bmatrix}\lambda_1 & & & \\ & \lambda_2 & & \\ & & \ddots & \\ & & & \lambda_n\end{bmatrix}.$$

而

$$\begin{aligned} f&=X'AX \xlongequal{X=TZ}(TZ)'A(TZ)\\ &=Z'(T'AT)Z=Z'DZ\\ &=\lambda_1 z_1^2+\lambda_2 z_2^2+\cdots+\lambda_n z_n^2,\end{aligned}$$

其中 $\lambda_1,\lambda_2,\cdots,\lambda_n$ 是矩阵 A 的全部特征值，除了排列次序可任意外，是由 f 唯一确定的. ▌

对一个实二次型 $f=X'AX$ 作线性变数替换 $X=TY$，如果 T 是一个正交矩阵，则称为**正交线性变数替换**. 上面定理的意思是：每个实二次型都可经正交线性变数替换化为标准形，而且这样的标准形在不计排列次序的情况下是唯一的.

3. 用正交矩阵化实对称矩阵成对角形

给定 n 阶实对称矩阵 A，我们已知存在 n 阶正交矩阵 T，使 $T^{-1}AT=T'AT=D$ 成对角形. 在许多理论和实际问题中，都需要把 T 和 D 具体计算出来. 本段的任务，是来阐明 T 和 D 的实际计算方法.

我们把 A 看作 n 维欧氏空间 V 内一对称变换 $\mathbf{A}$ 在标准正交基 $\varepsilon_1,\varepsilon_2,\cdots,\varepsilon_n$ 下的矩阵. 为了简便，我们把 V 取为欧氏空间 $\mathbb{R}^n$，而这组标准正交基就取为例 1.1 已经选定的

$$\begin{aligned}&\varepsilon_1=(1,0,\cdots,0),\\ &\varepsilon_2=(0,1,0,\cdots,0),\\ &\cdots\cdots\cdots\cdots\cdots\cdots\\ &\varepsilon_n=(0,\cdots,0,1).\end{aligned}$$

此时 $\mathbb{R}^n$，也就是 V 中一个向量在此组基下的坐标恰为它自己，即

$$\begin{aligned} X &= (x_1, x_2, \cdots, x_n) \\ &= x_1\varepsilon_1 + x_2\varepsilon_2 + \cdots + x_n\varepsilon_n. \end{aligned}$$

设 A 的特征多项式 $f(\lambda)=|\lambda E-A|$ 的全部互不相同的根(都是实数)是 $\lambda_1,\lambda_2,\cdots,\lambda_k$，它们是 $\mathbf{A}$ 的全部特征值. 因为 $\mathbf{A}$ 的矩阵可对角化，根据第四章定理 4.2，

$$V=V_{\lambda_1}\oplus V_{\lambda_2}\oplus\cdots\oplus V_{\lambda_k}.$$

再根据命题 2.8，V_{λ_i} 与 V_{λ_j} $(i\neq j)$ 的向量互相正交，这可简单表为 $(V_{\lambda_i},V_{\lambda_j})=0$. 因此，只要在每个 V_{λ_i} 中取一组标准正交基(全由特征值为 λ_i 的特征向量组成)，合并后为 V 内 n 个两两正交的单位向量组，即为 V 的一组标准正交基，在此基下 $\mathbf{A}$ 的矩阵成对角形 D，而 T 即为从 $\varepsilon_1,\varepsilon_2,\cdots,\varepsilon_n$ 到此组基的过渡矩阵，T 的列向量组即为此组基的 n 个向量在 $\varepsilon_1,\varepsilon_2,\cdots,\varepsilon_n$ 下的坐标. 按照上面的说明，它恰为把这组标准正交基自身作为列向量依次排列，即为所寻求的正交矩阵 T.

在第四章 §4 已指出求每个 V_{λ_i} 的一组基的方法，现在 V_{λ_i} 为欧氏空间，只要把这组基正交化再单位化，就得 V_{λ_i} 的一组标准正交基，它们构成 T 的一部分列向量.

根据以上的分析，我们把 T 和 D 的具体计算法归纳为以下几个步骤：

1) 计算特征多项式 $f(\lambda)=|\lambda E-A|$，并求出它的全部根(两两不同者)$\lambda_1,\lambda_2,\cdots,\lambda_k$；

2) 对每个 λ_i，求齐次线性方程组 $(\lambda_i E-A)X=0$ 的一个基础解系 $X_{i1},X_{i2},\cdots,X_{it_i}$. 它们即为解空间 V_{λ_i} 的一组基；

3) 在欧氏空间 $\mathbb{R}^n$ 内将 $X_{i1},X_{i2},\cdots,X_{it_i}$ 正交化：

$$\begin{aligned} Y_{i1} &= X_{i1}, \\ Y_{i2} &= X_{i2}-\frac{(X_{i2},Y_{i1})}{(Y_{i1},Y_{i1})}Y_{i1}, \end{aligned}$$

$$Y_{i3}=X_{i3}-\frac{(X_{i3},Y_{i1})}{(Y_{i1},Y_{i1})}Y_{i1}-\frac{(X_{i3},Y_{i2})}{(Y_{i2},Y_{i2})}Y_{i2},$$

$$\cdots\cdots\cdots\cdots\cdots\cdots\cdots\cdots\cdots\cdots\cdots\cdots$$

再把所得的 $Y_{i1},Y_{i2},\cdots,Y_{it_i}$ 在 $\mathbb{R}^n$ 内单位化，得 V_{λ_i} 的一组标准正交基 $Z_{i1},Z_{i2},\cdots,Z_{it_i}$. 所寻找的 V 内标准正交基就是

$$Z_{11},Z_{12},\cdots,Z_{1t_1},Z_{21},Z_{22},\cdots,Z_{2t_2},\cdots,Z_{k1},Z_{k2},\cdots,Z_{kt_k}.$$

只要把上述向量(写成竖列形式)作为列向量依次排列，即得正交矩阵 T，而此时相应的对角矩阵 D 应为

$$D=\begin{bmatrix}\lambda_1 & & & & & & & & \\ & \ddots & & & & & & & \\ & & \lambda_1 & & & & & & \\ & & & \lambda_2 & & & & & \\ & & & & \ddots & & & & \\ & & & & & \lambda_2 & & & \\ & & & & & & \ddots & & \\ & & & & & & & \lambda_k & \\ & & & & & & & & \ddots \\ & & & & & & & & & \lambda_k\end{bmatrix}\begin{matrix}\left.\vphantom{\begin{matrix}1\\1\\1\end{matrix}}\right\} t_1\\ \left.\vphantom{\begin{matrix}1\\1\\1\end{matrix}}\right\} t_2\\ \vdots\\ \left.\vphantom{\begin{matrix}1\\1\\1\end{matrix}}\right\} t_k\end{matrix}.$$

例 2.1　给定实对称矩阵

$$A=\begin{bmatrix}0 & 1 & 1 & -1\\ 1 & 0 & -1 & 1\\ 1 & -1 & 0 & 1\\ -1 & 1 & 1 & 0\end{bmatrix},$$

求正交矩阵 T，使 $T'AT$ 成对角形.

解　(i) 求 A 的全部特征值.

$$|\lambda E-A|=\begin{vmatrix}\lambda & -1 & -1 & 1\\ -1 & \lambda & 1 & -1\\ -1 & 1 & \lambda & -1\\ 1 & -1 & -1 & \lambda\end{vmatrix}=(\lambda-1)^3(\lambda+3).$$

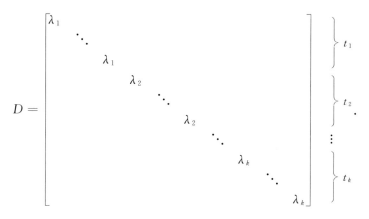

故 A 的互不相同的特征值为 $\lambda_1=1,\lambda_2=-3$.

(ii) 求每个特征值对应的线性无关特征向量.

当 $\lambda_1=1$ 时,

$$\lambda_1E-A=\begin{bmatrix}1&-1&-1&1\\-1&1&1&-1\\-1&1&1&-1\\1&-1&-1&1\end{bmatrix}$$

$$\to\begin{bmatrix}1&-1&-1&1\\0&0&0&0\\0&0&0&0\\0&0&0&0\end{bmatrix}$$

$$\Longleftrightarrow x_1-x_2-x_3+x_4=0.$$

移项,得

$$x_1=x_2+x_3-x_4.$$

基础解系为(此时向量改写为行的形式,下面作正交化时较为方便)

$$X_{11}=(1,1,0,0),\quad X_{12}=(1,0,1,0),\quad X_{13}=(-1,0,0,1).$$

当 $\lambda_2=-3$ 时,

$$\lambda_2E-A=\begin{bmatrix}-3&-1&-1&1\\-1&-3&1&-1\\-1&1&-3&-1\\1&-1&-1&-3\end{bmatrix}$$

$$\to\begin{bmatrix}1&-1&-1&-3\\0&1&0&1\\0&0&1&1\\0&0&0&0\end{bmatrix}$$

$$\Longleftrightarrow\begin{cases}x_1-x_2-x_3-3x_4=0,\\ \quad x_2+x_4=0,\\ \quad x_3+x_4=0.\end{cases}$$

它的基础解系是

$$X_{21}=(1,-1,-1,1).$$

(iii) 把 X_{11},X_{12},X_{13} 正交化.

$\alpha_1=X_{11}=(1,1,0,0)$,

$$\alpha_1 = X_{12} - \frac{(X_{12},\alpha_1)}{(\alpha_1,\alpha_1)}\alpha_1 = \left(\frac{1}{2},-\frac{1}{2},1,0\right),$$

$$\alpha_3 = X_{13} - \frac{(X_{13},\alpha_1)}{(\alpha_1,\alpha_1)}\alpha_1 - \frac{(X_{13},\alpha_2)}{(\alpha_2,\alpha_2)}\alpha_2 = \left(-\frac{1}{3},\frac{1}{3},\frac{1}{3},1\right).$$

再把 $\alpha_1,\alpha_2,\alpha_3$ 和 X_{21} 分别单位化：

$$\eta_1 = \frac{1}{|\alpha_1|}\alpha_1 = \left(\frac{1}{\sqrt{2}},\frac{1}{\sqrt{2}},0,0\right),$$

$$\eta_2 = \frac{1}{|\alpha_2|}\alpha_2 = \left(\frac{1}{\sqrt{6}},-\frac{1}{\sqrt{6}},\frac{2}{\sqrt{6}},0\right),$$

$$\eta_3 = \frac{1}{|\alpha_3|}\alpha_3 = \left(-\frac{1}{\sqrt{12}},\frac{1}{\sqrt{12}},\frac{1}{\sqrt{12}},\frac{3}{\sqrt{12}}\right),$$

$$\eta_4 = \frac{1}{|X_{21}|}X_{21} = \left(\frac{1}{2},-\frac{1}{2},-\frac{1}{2},\frac{1}{2}\right).$$

(iv) 以 $\eta_1,\eta_2,\eta_3,\eta_4$ 为列向量组排成矩阵

$$T = \begin{bmatrix} \frac{1}{\sqrt{2}} & \frac{1}{\sqrt{6}} & -\frac{1}{\sqrt{12}} & \frac{1}{2} \\ \frac{1}{\sqrt{2}} & -\frac{1}{\sqrt{6}} & \frac{1}{\sqrt{12}} & -\frac{1}{2} \\ 0 & \frac{2}{\sqrt{6}} & \frac{1}{\sqrt{12}} & -\frac{1}{2} \\ 0 & 0 & \frac{3}{\sqrt{12}} & \frac{1}{2} \end{bmatrix},$$

则有

$$T'AT = D = \begin{bmatrix} 1 & 0 & 0 & 0 \\ 0 & 1 & 0 & 0 \\ 0 & 0 & 1 & 0 \\ 0 & 0 & 0 & -3 \end{bmatrix}.$$

下面，我们讨论如何将上面所得的结果应用于实二次型

$$f=\sum_{i=1}^{n}\sum_{j=1}^{n}a_{ij}x_ix_j \quad (a_{ij}=a_{ji}).$$

f 的矩阵为 $A=(a_{ij})$. 因 $T'AT=D$ 为对角矩阵,故二次型 f 在正交线性变数替换 $X=TZ$ 下化为标准形

$$\lambda_1z_1^2+\lambda_2z_2^2+\cdots+\lambda_nz_n^2.$$

其计算步骤如下:

1) 写出二次型矩阵 A;

2) 求出正交矩阵 T,使 $T'AT=D$ 为对角形;

3) 做变数替换 $X=TZ$ 后二次型化为标准形.

例 2.2 给定实二次型

$$f=2x_1x_2+2x_1x_3-2x_1x_4-2x_2x_3+2x_2x_4+2x_3x_4,$$

用正交线性变数替换将它化为标准形.

解 (i) 写出二次型矩阵

$$A=\begin{bmatrix}0&1&1&-1\\1&0&-1&1\\1&-1&0&1\\-1&1&1&0\end{bmatrix}.$$

(ii) 求正交矩阵 T,使 $T'AT=D$ 为对角形. 这已在例 2.1 中算出:

$$T=\begin{bmatrix}\frac{1}{\sqrt{2}}&\frac{1}{\sqrt{6}}&-\frac{1}{\sqrt{12}}&\frac{1}{2}\\\frac{1}{\sqrt{2}}&-\frac{1}{\sqrt{6}}&\frac{1}{\sqrt{12}}&-\frac{1}{2}\\0&\frac{2}{\sqrt{6}}&\frac{1}{\sqrt{12}}&-\frac{1}{2}\\0&0&\frac{3}{\sqrt{12}}&\frac{1}{2}\end{bmatrix}.$$

做变数替换 $X=TZ$:

$$\begin{cases} x_1=\frac{1}{\sqrt{2}}z_1+\frac{1}{\sqrt{6}}z_2-\frac{1}{\sqrt{12}}z_3+\frac{1}{2}z_4, \\ x_2=\frac{1}{\sqrt{2}}z_1-\frac{1}{\sqrt{6}}z_2+\frac{1}{\sqrt{12}}z_3-\frac{1}{2}z_4, \\ x_3=\qquad\frac{2}{\sqrt{6}}z_2+\frac{1}{\sqrt{12}}z_3-\frac{1}{2}z_4, \\ x_4=\qquad\frac{3}{\sqrt{12}}z_3+\frac{1}{2}z_4. \end{cases}$$

二次型化为标准形

$$z_1^2+z_2^2+z_3^2-3z_4^2.$$

* **例 2.3** 用正交线性变数替换将下面实二次型

$$f=n\sum_{i=1}^{n}x_i^2-\left(\sum_{i=1}^{n}x_i\right)^2$$

化为标准形.

解 在欧氏空间 $\mathbb{R}^n$ 内选取标准正交基

$$\varepsilon_1=(1,0,0,\cdots,0),$$
$$\varepsilon_2=(0,1,0,\cdots,0),$$
$$\cdots\cdots\cdots\cdots$$
$$\varepsilon_n=(0,\cdots,0,1).$$

又设

$$F=\varepsilon_1+\varepsilon_2+\cdots+\varepsilon_n=(1,1,\cdots,1),$$
$$X=x_1\varepsilon_1+x_2\varepsilon_2+\cdots+x_n\varepsilon_n=(x_1,x_2,\cdots,x_n).$$

定义 $\mathbb{R}^n$ 内二次型函数 $Q_f(X)$,使它在基 $\varepsilon_1,\varepsilon_2,\cdots,\varepsilon_n$ 下具有解析表达式

$$Q_f(X)=n\sum_{i=1}^{n}x_i^2-\left(\sum_{i=1}^{n}x_i\right)^2=n(X,X)-(X,F)^2.$$

那么,$Q_f(X)$对应的$\mathbb{R}^n$ 内对称双线性函数为

$$f(X,Y)=\frac{1}{2}[Q_f(X+Y)-Q_f(X)-Q_f(Y)]$$

$$=\frac{1}{2}[n(X+Y,X+Y)-(X+Y,F)^2-n(X,X)$$
$$+(X,F)^2-n(Y,Y)+(Y,F)^2]$$
$$=n(X,Y)-(X,F)(Y,F).$$

现在只要找出 $\mathbb{R}^n$ 的一组标准正交基 $\eta_1,\eta_2,\cdots,\eta_n$，使 $f(X,Y)$ 在此组基下的矩阵成对角形 D，令

$$(\eta_1,\eta_2,\cdots,\eta_n)=(\varepsilon_1,\varepsilon_2,\cdots,\varepsilon_n)T,$$

则二次型 f 在正交线性变数替换 $X=TY$ 下变为标准形.

我们有

$$f(F,F)=n(F,F)-(F,F)(F,F)=n^2-n^2=0.$$

令 $M=L(F)$，则 $M^{\perp}$ 为 $\mathbb{R}^n$ 的 $n-1$ 维子空间. 当 $X\in M^{\perp}$ 时，$f(X,F)=n(X,F)-(X,F)(F,F)=n(X,F)-n(X,F)=0$. 故只要在 $M^{\perp}$ 内找出 $\mathbb{R}^n$ 的 $n-1$ 个两两正交单位向量，使 $f(X,Y)$ 在 $M^{\perp}$ 的这组标准正交基下矩阵成对角形就可以了.

当 $X,Y\in M^{\perp}$ 时，$(X,F)=(Y,F)=0$. 此时

$$f(X,Y)=n(X,Y).$$

故只要 $M^{\perp}$ 内任意 $n-1$ 个两两正交单位向量即可使 $f(X,Y)$ 的矩阵成对角形.

因为

$$M^{\perp}=\{X\in\mathbb{R}^n\mid(X,F)=0\},$$

它显然有一组基

$$\alpha_1=(1,-1,0,0,\cdots,0),$$
$$\alpha_2=(1,0,-1,0,\cdots,0),$$
$$\cdots\cdots$$
$$\alpha_{n-1}=(1,0,\cdots,0,-1).$$

把它们按施密特正交化方法正交化得

$$\beta_1=(1,-1,0,0,\cdots,0),$$
$$\beta_2=\left(\frac{1}{2},\frac{1}{2},-1,0,\cdots,0\right),$$

$$\beta_3=\left(\frac{1}{3},\frac{1}{3},\frac{1}{3},-1,0,\cdots,0\right),$$

$$\cdots\cdots\cdots\cdots\cdots\cdots\cdots\cdots$$

$$\beta_{n-1}=\left(\frac{1}{n-1},\frac{1}{n-1},\cdots,\frac{1}{n-1},-1\right).$$

再单位化,得

$$\eta_i=\left(\frac{1}{\sqrt{i(i+1)}},\cdots,\frac{1}{\sqrt{i(i+1)}},-\frac{i}{\sqrt{i(i+1)}},0,\cdots,0\right)$$

$$(i=1,2,\cdots,n-1),$$

其中每个 η_i 前 $i+1$ 个坐标非零. 令

$$\eta_n=\frac{1}{|F|}F=\left(\frac{1}{\sqrt{n}},\frac{1}{\sqrt{n}},\cdots,\frac{1}{\sqrt{n}}\right),$$

则 $\eta_1,\eta_2,\cdots,\eta_n$ 为 $\mathbb{R}^n$ 的一组标准正交基,且

$$f(\eta_i,\eta_j)=n\delta_{ij}\quad(i,j=1,2,\cdots,n-1),$$

$$f(\eta_i,\eta_n)=f(\eta_n,\eta_i)=0\quad(i=1,2,\cdots,n).$$

即 $f(X,Y)$ 在此基下矩阵为对角形 D, D 的主对角线上前 $n-1$ 个元素都是 n,最后一元素为 0. 从标准正交基 $\varepsilon_1,\varepsilon_2,\cdots,\varepsilon_n$ 到标准正交基 $\eta_1,\eta_2,\cdots,\eta_n$ 的过渡矩阵为

$$T=\begin{bmatrix}\frac{1}{\sqrt{2}} & \frac{1}{\sqrt{6}} & \cdots & \cdots & \frac{1}{\sqrt{(n-1)n}} & \frac{1}{\sqrt{n}}\\ \frac{-1}{\sqrt{2}} & \frac{1}{\sqrt{6}} & \cdots & \cdots & \frac{1}{\sqrt{(n-1)n}} & \frac{1}{\sqrt{n}}\\ 0 & \frac{-2}{\sqrt{6}} & \cdots & \cdots & \frac{1}{\sqrt{(n-1)n}} & \frac{1}{\sqrt{n}}\\ \vdots & \vdots & & & \vdots & \vdots\\ 0 & 0 & \cdots & \cdots & \frac{1}{\sqrt{(n-1)n}} & \frac{1}{\sqrt{n}}\\ 0 & 0 & \cdots & 0 & \frac{-(n-1)}{\sqrt{(n-1)n}} & \frac{1}{\sqrt{n}}\end{bmatrix}.$$

在 $X=TY$ 下, f 化为如下标准形

$$ny_1^2+ny_2^2+\cdots+ny_{n-1}^2.$$

习　题　二

1. 设 η 是 n 维欧氏空间 V 内的一个单位向量，定义 V 内一个线性变换如下：

$$\boldsymbol{A}\alpha=\alpha-2(\eta,\alpha)\eta \quad (\alpha\in V),$$

称这样的线性变换 $\boldsymbol{A}$ 为一个**镜面反射**. 证明：

(1) $\boldsymbol{A}$ 是正交变换；

(2) $\boldsymbol{A}$ 是第二类的；

(3) $\boldsymbol{A}^2=\boldsymbol{E}$；

(4) 设 $\boldsymbol{B}$ 是 V 内一个第二类正交变换，则必有

$$\boldsymbol{B}=\boldsymbol{A}\cdot\boldsymbol{B}_1,$$

其中 $\boldsymbol{B}_1$ 是 V 内的一个第一类正交变换.

2. 设 V 是一个 n 维欧氏空间，V 中一个正交变换 $\boldsymbol{A}$ 有特征值 $\lambda_0=1$，且 $\dim V_{\lambda_0}=n-1$，证明：$\boldsymbol{A}$ 是一个镜面反射.

3. 设 $\alpha_1,\alpha_2,\cdots,\alpha_s$ 和 $\beta_1,\beta_2,\cdots,\beta_s$ 是 n 维欧氏空间 V 中两个向量组，证明：存在一个正交变换 $\boldsymbol{A}$，使

$$\boldsymbol{A}\alpha_i=\beta_i \quad (i=1,2,\cdots,s)$$

的充要条件是

$$(\alpha_i,\alpha_j)=(\beta_i,\beta_j) \quad (i,j=1,2,\cdots,s).$$

4. 设 α,β 是欧氏空间中两个不同的单位向量，证明：存在一个镜面反射 $\boldsymbol{A}$，使 $\boldsymbol{A}\alpha=\beta$.

5. 证明：n 维欧氏空间中任一正交变换都可以表成一系列镜面反射的乘积.

6. 设 $\boldsymbol{A}$ 是欧氏空间 V 内的一个变换，对任意 $\alpha,\beta\in V$，有 $(\boldsymbol{A}\alpha,\boldsymbol{A}\beta)=(\alpha,\beta)$，证明：$\boldsymbol{A}$ 是一个正交变换.

7. 设 V 是 n 维欧氏空间，$\boldsymbol{A}$ 是第 1 题中定义的镜面反射，$\boldsymbol{B}$ 是 V 内一正交变换，证明：$\boldsymbol{B}^{-1}\boldsymbol{A}\boldsymbol{B}$ 也是 V 内一镜面反射.

8. 设 $\boldsymbol{A}$ 是 n 维欧氏空间 V 内一镜面反射. 令

$$f(\alpha,\beta)=(\boldsymbol{A}\alpha,\beta) \quad (\forall\,\alpha,\beta\in V).$$

证明：$f(\alpha,\beta)$ 为 V 内对称双线性函数.

9. 给定如下正交矩阵

(1) $A=\begin{bmatrix} \frac{2}{3} & -\frac{1}{3} & \frac{2}{3} \\ \frac{2}{3} & \frac{2}{3} & -\frac{1}{3} \\ -\frac{1}{3} & \frac{2}{3} & \frac{2}{3} \end{bmatrix}$,

(2) $A=\begin{bmatrix} \frac{1}{2} & \frac{1}{2} & \frac{1}{2} & \frac{1}{2} \\ \frac{1}{2} & \frac{1}{2} & -\frac{1}{2} & -\frac{1}{2} \\ -\frac{1}{2} & \frac{1}{2} & -\frac{1}{2} & \frac{1}{2} \\ -\frac{1}{2} & \frac{1}{2} & \frac{1}{2} & -\frac{1}{2} \end{bmatrix}$,

试求一正交矩阵 T,使 $T^{-1}AT=J$ 为定理 2.1 中所指出的准对角矩阵,并写出 J.

10. 设 V 为 n 维欧氏空间,$\boldsymbol{A}$ 与 $\boldsymbol{A}^*$ 为 V 内两个线性变换. 如果对任意 $\alpha,\beta\in V$ 有

$$(\boldsymbol{A}\alpha,\beta)=(\alpha,\boldsymbol{A}^*\beta),$$

则称 $\boldsymbol{A}^*$ 为 $\boldsymbol{A}$ 的**共轭变换**. 证明:$\boldsymbol{A}$ 与 $\boldsymbol{A}^*$ 在 V 的任一组标准正交基下的矩阵互为转置.

11. 续上题.(1) 证明:对 V 内每个线性变换 $\boldsymbol{A}$,其共轭变换是存在且唯一的,而且 $(\boldsymbol{A}^*)^*=\boldsymbol{A}$.(2) 证明 $\boldsymbol{A}$ 是对称变换的充要条件是 $\boldsymbol{A}^*=\boldsymbol{A}$.

12. 证明:对 n 维欧氏空间 V 内任一线性变换 $\boldsymbol{A}$,$\boldsymbol{A}+\boldsymbol{A}^*$ 是一个对称变换.

13. 设 $\boldsymbol{A}$ 是 n 维欧氏空间 V 中的一个线性变换,如果 $\boldsymbol{A}^*=-\boldsymbol{A}$,即对任意 $\alpha,\beta\in V$,有

$$(\boldsymbol{A}\alpha,\beta)=-(\alpha,\boldsymbol{A}\beta),$$

则称 $\boldsymbol{A}$ 是一个**反对称变换**. 证明:

(1) $\boldsymbol{A}$ 为反对称变换的充要条件是:$\boldsymbol{A}$ 在某一组标准正交基下的矩阵是反对称矩阵;

(2) 如果 M 是反对称变换 $\mathbf{A}$ 的不变子空间，则 M 的正交补 $M^{\perp}$ 也是 $\mathbf{A}$ 的不变子空间.

14. 求正交矩阵 T，使 $T'AT$ 成对角形：

(1) $A=\begin{bmatrix}2&-2&0\\-2&1&-2\\0&-2&0\end{bmatrix}$； (2) $A=\begin{bmatrix}2&2&-2\\2&5&-4\\-2&-4&5\end{bmatrix}$；

(3) $A=\begin{bmatrix}0&0&4&1\\0&0&1&4\\4&1&0&0\\1&4&0&0\end{bmatrix}$； (4) $A=\begin{bmatrix}-1&-3&3&-3\\-3&-1&-3&3\\3&-3&-1&-3\\-3&3&-3&-1\end{bmatrix}$；

(5) $A=\begin{bmatrix}1&1&1&1\\1&1&1&1\\1&1&1&1\\1&1&1&1\end{bmatrix}$.

15. 用正交线性变数替换化下列实二次型成标准形：

(1) $f=x_1^2+2x_2^2+3x_3^2-4x_1x_2-4x_2x_3$；

(2) $f=x_1^2-2x_2^2-2x_3^2-4x_1x_2+4x_1x_3+8x_2x_3$；

(3) $f=2x_1x_2+2x_3x_4$；

(4) $f=x_1^2+x_2^2+x_3^2+x_4{}^2-2x_1x_2+6x_1x_3-4x_1x_4$
$\quad -4x_2x_3+6x_2x_4-2x_3x_4$；

(5) $f=\sum_{i=1}^{n}(x_i-\overline{x})^2,\overline{x}=\frac{1}{n}(x_1+x_2+\cdots+x_n)$.

16. 设 A 是 n 阶实对称矩阵，证明：A 正定的充要条件是，A 的特征多项式的根全大于零.

17. 设 A,B 都是 n 阶实对称矩阵，证明：存在正交矩阵 T，使 $T^{-1}AT=B$ 的充要条件是 A 与 B 的特征多项式相同.

18. 设 A,B 是 n 阶实对称矩阵，A 正定，证明：存在一可逆矩阵 T，使 $T'AT$ 和 $T'BT$ 同时成对角形.

19. 设 A 为正定矩阵，B 为实数矩阵.

(1) 证明：对于任意正整数 k，A^k 也正定；

(2) 如果对于某一正整数 r 有 $A^rB=BA^r$，证明：

$$AB=BA.$$

20. 设 V 是 n 维欧氏空间，$\boldsymbol{A}$ 是 V 内一个变换，如果对任意 $\alpha,\beta\in V$ 都有 $(\boldsymbol{A}\alpha,\beta)=(\alpha,\boldsymbol{A}\beta)$，证明：$\boldsymbol{A}$ 是 V 内的对称变换.

21. 设 $\boldsymbol{A}$ 是 n 维欧氏空间 V 内的一个线性变换，证明：$\boldsymbol{A}$ 是反对称变换的充要条件是对任意 $\alpha\in V$，$(\boldsymbol{A}\alpha,\alpha)=0$.

22. 设 A 是一个 n 阶实对称矩阵. 证明：A 半正定的充要条件是存在 n 阶实对称矩阵 B，使 $A=B^2$.

23. 设 A 是实数域上的一个 n 阶方阵，证明：存在实数域上的 n 阶对称方阵 B，使得 $A'A=B^2$.

24. 设 $\boldsymbol{A},\boldsymbol{B}$ 是 n 维欧氏空间 V 内的两个对称变换. 证明：V 内存在一组标准正交基 $\varepsilon_1,\varepsilon_2,\cdots,\varepsilon_n$，使 $\boldsymbol{A},\boldsymbol{B}$ 在此组基下的矩阵同时成对角形的充要条件是 $\boldsymbol{AB}=\boldsymbol{BA}$.

25. 设 A 是实 n 阶方阵且 $AA'=A'A$. 令 λ_0 为 A 的特征多项式 $f(\lambda)=|\lambda E-A|$ 的一个根，又设 X 为 $\mathbb{C}$ 上 $n\times 1$ 矩阵，使 $AX=\lambda_0 X$. 证明：$A'X=\bar{\lambda}_0 X$.

26. 设 $\boldsymbol{A}$ 是 n 维欧氏空间 V 内的一个线性变换. 如果 M 是 $\boldsymbol{A}$ 的不变子空间，证明 $M^{\perp}$ 是 $\boldsymbol{A}$ 的共轭变换 $\boldsymbol{A}^*$ 的不变子空间.

27. 设 $\boldsymbol{A}$ 是 n 维欧氏空间 V 内的一个线性变换. 若 $\boldsymbol{AA}^*=\boldsymbol{A}^*\boldsymbol{A}$，则 $\boldsymbol{A}$ 称为 V 内的**正规变换**.

设 $\boldsymbol{A}$ 是 V 内的一个正规变换. 证明：V 内存在一组标准正交基，使 $\boldsymbol{A}$ 在该组标准正交基下的矩阵成如下准对角形

$$D=\begin{bmatrix} D_1 & & & & & & \\ & D_2 & & & & 0 & \\ & & \ddots & & & & \\ & & & D_r & & & \\ & & & & \lambda_{r+1} & & \\ & 0 & & & & \ddots & \\ & & & & & & \lambda_s \end{bmatrix},\quad D_i=\begin{bmatrix} a_i & b_i \\ -b_i & a_i \end{bmatrix}.$$

而 $\lambda_{r+1},\cdots,\lambda_s$ 为 $\boldsymbol{A}$ 的特征值.

28. 设 $\boldsymbol{A}$ 是 n 维欧氏空间 V 内的一个正规变换. 如果 M 是 $\boldsymbol{A}$

的不变子空间,证明:$M^{\perp}$也是 $\boldsymbol{A}$ 的不变子空间.

29. 设U是n维欧氏空间,V是m维欧氏空间($m\geqslant3$).在U内取定一组标准正交基$\varepsilon_1,\varepsilon_2,\cdots,\varepsilon_n$.

(1) 在 Hom(U,V)内定义内积如下:对任意 $f,g\in$ Hom(U,V),令

$$(f,g)=\sum_{i=1}^{n}(f(\varepsilon_i),g(\varepsilon_i)),$$

证明:Hom(U,V)关于此内积成为欧氏空间;

(2) 在上题所定义的欧氏空间 Hom(U,V)内,对于任意 $\boldsymbol{A}\in$ End(U),定义

$$(\boldsymbol{T}(\boldsymbol{A})f)(\alpha)=f(\boldsymbol{A}\alpha)\quad(\forall f\in \mathrm{Hom}(U,V),\alpha\in U),$$

则 $\boldsymbol{T}(\boldsymbol{A})$是 Hom($U$,$V$)内的一个线性变换.证明:$\boldsymbol{T}(\boldsymbol{A})$是Hom($U$,$V$)内的正交变换的充要条件是 $\boldsymbol{A}$ 是 U 内的正交变换.

§3 酉 空 间

在有了欧几里得空间的知识之后,很自然会提出这样的问题:能不能在复数域上的线性空间内设法定义内积,使它具有与欧氏空间相类似的性质呢?回答是肯定的,本节就解决这个问题.

1. 酉空间的基本概念

定义 设V是复数域$\mathbb{C}$上的线性空间.如果给定一个法则,使V内任意两个向量α,β都按照这个法则对应于$\mathbb{C}$内一个唯一确定的数,记作(α,β),且满足:

(i) 对任意 $k_1,k_2\in\mathbb{C},\alpha_1,\alpha_2,\beta\in V$,有

$$(k_1\alpha_1+k_2\alpha_2,\beta)=k_1(\alpha_1,\beta)+k_2(\alpha_2,\beta);$$

(ii) $(\alpha,\beta)=\overline{(\beta,\alpha)}$(取复数共轭),因此,对任意$\alpha\in V$,$(\alpha,\alpha)$都是实数;

(iii) 对任意$\alpha\in V$,$(\alpha,\alpha)\geqslant0$,且$(\alpha,\alpha)=0\Longleftrightarrow\alpha=0$,

则称二元函数(α,β)为V内向量α,β的**内积**.定义了这种内积的$\mathbb{C}$上线性空间称为**酉空间**.

从内积的性质(i)与(ii)可得：对任意 $l_1,l_2\in\mathbb{C},\alpha,\beta_1,\beta_2\in V$，有

$$\begin{aligned}(\alpha,l_1\beta_1+l_2\beta_2)&=\overline{(l_1\beta_1+l_2\beta_2,\alpha)}\\&=\overline{l_1(\beta_1,\alpha)+l_2(\beta_2,\alpha)}\\&=\bar{l}_1\overline{(\beta_1,\alpha)}+\bar{l}_2\overline{(\beta_2,\alpha)}\\&=\bar{l}_1(\alpha,\beta_1)+\bar{l}_2(\alpha,\beta_2).\end{aligned}$$

由此可以看出，(α,β)对第二个变元 β 不是线性的，所以它不是双线性函数. 这是酉空间的内积与欧氏空间内积的一个重要区别. 其所以如此，是由于内积的性质(ii)与欧氏空间内积的相应性质有不同，而性质(ii)是保证(α,α)为实数的必需条件.

例 3.1 在复数域上线性空间 $\mathbb{C}^n$ 内定义内积如下：若

$$\alpha=(x_1,x_2,\cdots,x_n),\quad \beta=(y_1,y_2,\cdots,y_n),$$

则令$(\alpha,\beta)=x_1\bar{y}_1+x_2\bar{y}_2+\cdots+x_n\bar{y}_n=\alpha\cdot\bar{\beta}'$. 容易验证，$\mathbb{C}^n$ 关于这内积成为酉空间.

我们约定：今后凡是把 $\mathbb{C}^n$ 看作酉空间时，其内积的定义都如上述.

Ⅰ. 向量的长度

在一个酉空间 V 内，对任意 $\alpha\in V$，(α,α)总是一个非负实数，我们定义

$$|\alpha|=\sqrt{(\alpha,\alpha)},$$

称为向量 α 的**模**或**长度**. $|\alpha|=1$ 时，α 称为**单位向量**. 我们有：对一切 $k\in\mathbb{C}$，

$$|k\alpha|=\sqrt{(k\alpha,k\alpha)}=\sqrt{k\bar{k}(\alpha,\alpha)}=|k|\cdot|\alpha|.$$

由此即知，对任一非零向量 α，$\dfrac{1}{|\alpha|}\alpha$ 为一单位向量，我们称之为 α 的**单位化**.

Ⅱ. 向量的正交性

在酉空间内两向量的内积(α,β)一般是一个复数，所以向量间没有夹角的概念，但却可以有正交的概念.

定义　一个酉空间 V 内两个向量 α 与 β 满足$(\alpha,\beta)=0$ 时称为互相**正交**，记作 $\alpha\perp\beta$.

注意$(\alpha,\beta)=0$时自然有

$$(\beta,\alpha)=\overline{(\alpha,\beta)}=0.$$

另外，显然零向量与任意向量都正交.

Ⅲ. 内积的存在性

在有了酉空间内积的定义之后，自然会产生这样一个问题：

满足条件(i)～(iii)的二元函数(α,β)是否存在呢？我们现在对有限维线性空间来回答这一问题.

设V是$\mathbb{C}$上的n维线性空间，在V内任取一组基

$$\varepsilon_1,\varepsilon_2,\cdots,\varepsilon_n.$$

又设

$$\alpha=x_1\varepsilon_1+x_2\varepsilon_2+\cdots+x_n\varepsilon_n,$$

$$\beta=y_1\varepsilon_1+y_2\varepsilon_2+\cdots+y_n\varepsilon_n.$$

在V内定义二元函数如下：

$$(\alpha,\beta)=x_1\overline{y}_1+x_2\overline{y}_2+\cdots+x_n\overline{y}_n.$$

不难验证，这个二元函数即满足内积条件(i)～(iii). 显然，这时有

$$(\varepsilon_i,\varepsilon_j)=\delta_{ij}\quad(i,j=1,2,\cdots,n).$$

Ⅳ. 酉空间的标准正交基

上一段的分析还给了我们这样一个启示，即在酉空间内可以有类似于欧氏空间中的标准正交基的概念. 为了引进这一重要概念，我们先指出一个简单的事实.

命题 3.1 酉空间V内两两正交的非零向量$\alpha_1,\alpha_2,\cdots,\alpha_s$所组成的向量组线性无关.

这个命题的证明与欧氏空间中的相应命题的证明相同，留给读者作为练习.

定义 在n维酉空间V内n个两两正交的单位向量组成的向量组称为V的一组**标准正交基**.

根据这个定义，V内n个向量$\varepsilon_1,\varepsilon_2,\cdots,\varepsilon_n$是一组标准正交基，等价于

$$(\varepsilon_i,\varepsilon_j)=\delta_{ij}\quad(i,j=1,2,\cdots,n).$$

如果$\varepsilon_1,\varepsilon_2,\cdots,\varepsilon_n$是一组标准正交基，设

$$\alpha=x_1\varepsilon_1+x_2\varepsilon_2+\cdots+x_n\varepsilon_n,$$

$$\beta = y_1\varepsilon_1 + y_2\varepsilon_2 + \cdots + y_n\varepsilon_n,$$

则

$$\begin{aligned}(\alpha,\beta) &= \left(\sum_{i=1}^{n} x_i\varepsilon_i, \sum_{j=1}^{n} y_j\varepsilon_j\right) \\ &= \sum_{i=1}^{n}\sum_{j=1}^{n} x_i\bar{y}_j(\varepsilon_i,\varepsilon_j) \\ &= \sum_{i=1}^{n}\sum_{j=1}^{n}\delta_{ij}x_i\bar{y}_j = \sum_{i=1}^{n} x_i\bar{y}_i.\end{aligned}$$

这就是在标准正交基下内积的表达式.它与欧氏空间中内积在标准正交基下的表达形式相似,只是现在第二个向量 β 的坐标要取复共轭.

V. 标准正交基的求法

在酉空间内有与欧氏空间相同的施密特正交化方法.给定酉空间内一个线性无关向量组

$$\alpha_1,\alpha_2,\cdots,\alpha_s.$$

令

$$\varepsilon_1 = \alpha_1,$$

$$\varepsilon_2 = \alpha_2 - \frac{(\alpha_2,\varepsilon_1)}{(\varepsilon_1,\varepsilon_1)}\varepsilon_1,$$

…………………………………

$$\varepsilon_{i+1} = \alpha_{i+1} - \frac{(\alpha_{i+1},\varepsilon_1)}{(\varepsilon_1,\varepsilon_1)}\varepsilon_1 - \frac{(\alpha_{i+1},\varepsilon_2)}{(\varepsilon_2,\varepsilon_2)}\varepsilon_2 - \cdots - \frac{(\alpha_{i+1},\varepsilon_i)}{(\varepsilon_i,\varepsilon_i)}\varepsilon_i,$$

…………………………………………………………………

$$\varepsilon_s = \alpha_s - \frac{(\alpha_s,\varepsilon_1)}{(\varepsilon_1,\varepsilon_1)}\varepsilon_1 - \frac{(\alpha_s,\varepsilon_2)}{(\varepsilon_2,\varepsilon_2)}\varepsilon_2 - \cdots - \frac{(\alpha_s,\varepsilon_{s-1})}{(\varepsilon_{s-1},\varepsilon_{s-1})}\varepsilon_{s-1}.$$

那么,同样有如下两条性质:

(i) $L(\varepsilon_1,\cdots,\varepsilon_i)=L(\alpha_1,\cdots,\alpha_i)$ $(i=1,2,\cdots,s)$;

(ii) $(\varepsilon_i,\varepsilon_j)=0$ $(i\neq j)$.

利用施密特正交化方法把一个有限维酉空间的一组基正交化后再单位化,就得到它的一组标准正交基.

VI. 标准正交基间的过渡矩阵

给定复数域上的一个 n 阶方阵 $A=(a_{ij})$,我们前面使用记号

$$\overline{A}=\begin{bmatrix}\overline{a}_{11} & \overline{a}_{12} & \cdots & \overline{a}_{1n}\\ \overline{a}_{21} & \overline{a}_{22} & \cdots & \overline{a}_{2n}\\ \vdots & \vdots & & \vdots\\ \overline{a}_{n1} & \overline{a}_{n2} & \cdots & \overline{a}_{nn}\end{bmatrix}$$

表示对 A 的每个元素取复共轭.

定义 设 U 是一个 n 阶可逆复矩阵. 如果 $\overline{U}'=U^{-1}$,则称 U 是一个**酉矩阵**.

如果把实数矩阵也看成一个复矩阵,它的每个元素取复共轭后没有变化. 由此可知,正交矩阵当作复矩阵看时就是酉矩阵. 所以,酉矩阵是正交矩阵的推广. 在欧氏空间中两组标准正交基之间的过渡矩阵是正交矩阵,对于酉空间,我们有类似的结果.

命题 3.2 设 V 是一个 n 维酉空间,$\varepsilon_1,\varepsilon_2,\cdots,\varepsilon_n$ 是 V 的一组标准正交基,U 是一个 n 阶复方阵. 令

$$(\eta_1,\eta_2,\cdots,\eta_n)=(\varepsilon_1,\varepsilon_2,\cdots,\varepsilon_n)U,$$

则 $\eta_1,\eta_2,\cdots,\eta_n$ 是标准正交基的充要条件是: U 是一个酉矩阵.

证 *必要性* 若 $\eta_1,\eta_2,\cdots,\eta_n$ 是标准正交基,则

$$(\eta_i,\eta_j)=\delta_{ij}\quad(i,j=1,2,\cdots,n).$$

设 $U=(u_{ij})$,U 的第 j 个列向量为 η_j 在 $\varepsilon_1,\varepsilon_2,\cdots,\varepsilon_n$ 下的坐标,而 $\varepsilon_1,\varepsilon_2,\cdots,\varepsilon_n$ 为标准正交基,故

$$(\eta_i,\eta_j)=u_{1i}\overline{u}_{1j}+u_{2i}\overline{u}_{2j}+\cdots+u_{ni}\overline{u}_{nj}=\delta_{ij}.$$

这表示 $U'\overline{U}=E$,两边取复共轭,得 $\overline{U}'U=E$,即 $\overline{U}'=U^{-1}$,故 U 为酉矩阵.

充分性 若 U 为酉矩阵,则 $\overline{U}'U=E$,亦即 $U'\overline{U}=E$. 于是有

$$(\eta_i,\eta_j)=u_{1i}\overline{u}_{1j}+u_{2i}\overline{u}_{2j}+\cdots+u_{ni}\overline{u}_{nj}=\delta_{ij}.$$

故 $\eta_1,\eta_2,\cdots,\eta_n$ 为 V 的一组标准正交基. ▌

下面,我们介绍酉空间中一个子空间的正交补的概念.

首先,容易看出: 酉空间 V 的任意子空间 M 关于 V 的内积仍为酉空间.

定义 设 V 是一个 n 维酉空间,M 是 V 的子空间. 令

$$M^{\perp}=\{\alpha \in V \mid (\alpha, m)=0, \text{对一切 } m \in M\},$$

称 $M^{\perp}$ 为 M 的**正交补**.

容易验证：$M^{\perp}$ 是 V 的子空间. 我们有

命题 3.3 $V=M \oplus M^{\perp}$.

证 在酉空间内，$(\alpha,\alpha)=0$ 等价于 $\alpha=0$. 因此，$M \cap M^{\perp}=\{0\}$，即 $M+M^{\perp}$ 是直和. 如果在 M 中取一组标准正交基 $\varepsilon_1, \varepsilon_2, \cdots, \varepsilon_r$，扩充成 V 的一组标准正交基(根据施密特正交化方法，这总是可以办到的)

$$\varepsilon_1, \cdots, \varepsilon_r, \varepsilon_{r+1}, \cdots, \varepsilon_n.$$

任给 $\alpha \in V$，有

$$\alpha=(k_1\varepsilon_1+\cdots+k_r\varepsilon_r)+(k_{r+1}\varepsilon_{r+1}+\cdots+k_n\varepsilon_n),$$

其中

$$k_1\varepsilon_1+\cdots+k_r\varepsilon_r \in M; \quad k_{r+1}\varepsilon_{r+1}+\cdots+k_n\varepsilon_n \in M^{\perp}.$$

故 $M+M^{\perp}=V$，即 $V=M \oplus M^{\perp}$. ▎

2. 酉变换

定义 设 $\boldsymbol{U}$ 是酉空间 V 内的一个线性变换，满足

$$(\boldsymbol{U}\alpha, \boldsymbol{U}\beta)=(\alpha, \beta) \quad (\text{对一切 } \alpha, \beta \in V),$$

则称 $\boldsymbol{U}$ 是一个**酉变换**.

酉变换不改变向量的内积，所以它应当与欧氏空间中的正交变换有类似的性质. 我们把这些性质概括为如下的命题.

命题 3.4 设 $\boldsymbol{U}$ 是 n 维酉空间 V 内的一个线性变换，则下列命题等价：

(i) $\boldsymbol{U}$ 是一个酉变换；

(ii) 对任意 $\alpha \in V$，有 $|\boldsymbol{U}\alpha|=|\alpha|$；

(iii) $\boldsymbol{U}$ 把标准正交基变为标准正交基；

(iv) $\boldsymbol{U}$ 在标准正交基下的矩阵是酉矩阵.

证 采用轮转证法.

(i)$\Longrightarrow$(ii). 显然.

(ii)$\Longrightarrow$(iii). 设 $\varepsilon_1, \varepsilon_2, \cdots, \varepsilon_n$ 是 V 的一组标准正交基. 由假设知 $|\boldsymbol{U}\varepsilon_i|=|\varepsilon_i|=1$，故只要证 $(\boldsymbol{U}\varepsilon_i, \boldsymbol{U}\varepsilon_j)=0\ (i \neq j)$. 对任意 $\alpha \in V$，有

$$(\boldsymbol{U}\alpha,\boldsymbol{U}\alpha)=|\boldsymbol{U}\alpha|^2=|\alpha|^2=(\alpha,\alpha).$$

以 $\alpha=k\varepsilon_i+\varepsilon_j$ 代入上式，展开后消去两边相等的项，得

$$k(\boldsymbol{U}\varepsilon_i,\boldsymbol{U}\varepsilon_j)+\overline{k}(\boldsymbol{U}\varepsilon_j,\boldsymbol{U}\varepsilon_i)=k(\varepsilon_i,\varepsilon_j)+\overline{k}(\varepsilon_j,\varepsilon_i)=0.$$

取 $k=1$ 及 i，得

$$(\boldsymbol{U}\varepsilon_i,\boldsymbol{U}\varepsilon_j)+(\boldsymbol{U}\varepsilon_j,\boldsymbol{U}\varepsilon_i)=0$$

及

$$\mathrm{i}(\boldsymbol{U}\varepsilon_i,\boldsymbol{U}\varepsilon_j)-\mathrm{i}(\boldsymbol{U}\varepsilon_j,\boldsymbol{U}\varepsilon_i)=0.$$

由此易知 $(\boldsymbol{U}\varepsilon_i,\boldsymbol{U}\varepsilon_j)=0$.

(iii)$\Longrightarrow$(iv). 设 $\varepsilon_1,\varepsilon_2,\cdots,\varepsilon_n$ 是 V 的一组标准正交基，$\boldsymbol{U}$ 在此组基下的矩阵为 U. 矩阵 U 即是由基 $\varepsilon_1,\varepsilon_2,\cdots,\varepsilon_n$ 到基 $\boldsymbol{U}\varepsilon_1,\boldsymbol{U}\varepsilon_2,\cdots,\boldsymbol{U}\varepsilon_n$ 的过渡矩阵. 由假设，$\boldsymbol{U}\varepsilon_1,\boldsymbol{U}\varepsilon_2,\cdots,\boldsymbol{U}\varepsilon_n$ 也是 V 的一组标准正交基. 根据命题 3.2，即知 U 是酉矩阵.

(iv)$\Longrightarrow$(i). 设 $\boldsymbol{U}$ 在标准正交基 $\varepsilon_1,\varepsilon_2,\cdots,\varepsilon_n$ 下的矩阵 U 是酉矩阵. 由命题 3.2 知，$\boldsymbol{U}\varepsilon_1,\boldsymbol{U}\varepsilon_2,\cdots,\boldsymbol{U}\varepsilon_n$ 也是 V 的标准正交基. 对任意的 $\alpha,\beta\in V$，设

$$\alpha=x_1\varepsilon_1+x_2\varepsilon_2+\cdots+x_n\varepsilon_n,$$
$$\beta=y_1\varepsilon_1+y_2\varepsilon_2+\cdots+y_n\varepsilon_n.$$

则

$$\boldsymbol{U}\alpha=x_1\boldsymbol{U}\varepsilon_1+x_2\boldsymbol{U}\varepsilon_2+\cdots+x_n\boldsymbol{U}\varepsilon_n,$$
$$\boldsymbol{U}\beta=y_1\boldsymbol{U}\varepsilon_1+y_2\boldsymbol{U}\varepsilon_2+\cdots+y_n\boldsymbol{U}\varepsilon_n.$$

由内积在标准正交基下的表达式，有

$$(\boldsymbol{U}\alpha,\boldsymbol{U}\beta)=x_1\overline{y_1}+x_2\overline{y_2}+\cdots+x_n\overline{y_n}=(\alpha,\beta),$$

即 $\boldsymbol{U}$ 是酉变换. ▌

命题 3.5 设 V 是一个 n 维酉空间. 令 $U(n)$ 表示 V 内全体酉变换所成的集合，则有

(i) $\boldsymbol{E}\in U(n)$；

(ii) 若 $\boldsymbol{U}_1,\boldsymbol{U}_2\in U(n)$，则 $\boldsymbol{U}_1\boldsymbol{U}_2\in U(n)$；

(iii) 若 $\boldsymbol{U}\in U(n)$，则 $\boldsymbol{U}$ 可逆，且 $\boldsymbol{U}^{-1}\in U(n)$.

证明留给读者作为练习.

3. 正规变换与埃尔米特变换

上一段我们已经把欧氏空间中的正交变换推广为酉空间中的酉

变换,现在再把欧氏空间中的对称变换也推广到酉空间中来. 但在这里我们将从更一般的角度来讨论问题.

定义　设 $\boldsymbol{A}$ 是 n 维酉空间 V 内的一个线性变换. 如果 V 内一个线性变换 $\boldsymbol{A}^*$ 满足如下条件: 对一切 $\alpha,\beta\in V$,有

$$(\boldsymbol{A}\alpha,\beta)=(\alpha,\boldsymbol{A}^*\beta),$$

则称 $\boldsymbol{A}^*$ 为 $\boldsymbol{A}$ 的**共轭变换**.

现在在 V 内取一组标准正交基 $\varepsilon_1,\varepsilon_2,\cdots,\varepsilon_n$,设 $\boldsymbol{A},\boldsymbol{A}^*$ 在此组基下的矩阵分别为 $A=(a_{ij}),B=(b_{ij})$. $(\boldsymbol{A}\alpha,\beta)=(\alpha,\boldsymbol{A}^*\beta)$ 显然等价于

$$(\boldsymbol{A}\varepsilon_i,\varepsilon_j)=(\varepsilon_i,\boldsymbol{A}^*\varepsilon_j)\quad(i,j=1,2,\cdots,n).$$

因为

$$(\boldsymbol{A}\varepsilon_i,\varepsilon_j)=\left(\sum_{k=1}^{n}a_{ki}\varepsilon_k,\varepsilon_j\right)=\sum_{k=1}^{n}a_{ki}(\varepsilon_k,\varepsilon_j)=a_{ji},$$

$$(\varepsilon_i,\boldsymbol{A}^*\varepsilon_j)=\left(\varepsilon_i,\sum_{k=1}^{n}b_{kj}\varepsilon_k\right)=\sum_{k=1}^{n}\overline{b}_{kj}(\varepsilon_i,\varepsilon_k)=\overline{b}_{ij}.$$

于是

$$(\boldsymbol{A}\varepsilon_i,\varepsilon_j)=(\varepsilon_i,\boldsymbol{A}^*\varepsilon_j)\Longleftrightarrow a_{ji}=\overline{b}_{ij}\Longleftrightarrow A'=\overline{B}\Longleftrightarrow B=\overline{A}'.\qquad(1)$$

这就是说 $\boldsymbol{A}^*$ 为 $\boldsymbol{A}$ 的共轭变换的充要条件是 $\boldsymbol{A}^*$ 在此组基下的矩阵 B 为 $\boldsymbol{A}$ 在此基下的矩阵 A 的共轭转置. 由此可知: V 内任一线性变换的共轭变换都存在而且唯一. 因此,一个酉变换 $\boldsymbol{U}$ 的共轭变换即为其逆变换: $\boldsymbol{U}^*=\boldsymbol{U}^{-1}$(因为 $\boldsymbol{U}$ 在标准正交基下的矩阵为酉矩阵,取了复共轭再转置时恰为其逆矩阵). 由此可知,对于酉变换,有

$$\boldsymbol{U}\boldsymbol{U}^*=\boldsymbol{U}^*\boldsymbol{U}=\boldsymbol{E}.$$

不难验证有如下关系式:

(i) $\boldsymbol{E}^*=\boldsymbol{E}$;

(ii) $(\boldsymbol{A}^*)^*=\boldsymbol{A}$;

(iii) $(\lambda\boldsymbol{A})^*=\overline{\lambda}\boldsymbol{A}^*$;

(iv) $(\boldsymbol{A}\pm\boldsymbol{B})^*=\boldsymbol{A}^*\pm\boldsymbol{B}^*$;

(v) $(\boldsymbol{A}\boldsymbol{B})^*=\boldsymbol{B}^*\boldsymbol{A}^*$.

这里,我们仅证明(iii)与(v).

证　(iii) 对任意 $\alpha,\beta\in V$,有

$$((\lambda \boldsymbol{A})\alpha,\beta)=\lambda(\boldsymbol{A}\alpha,\beta)=\lambda(\alpha,\boldsymbol{A}^*\beta)=(\alpha,(\bar{\lambda}\boldsymbol{A}^*)\beta).$$

由于 $\lambda\boldsymbol{A}$ 的共轭变换存在且唯一,故由上面的等式即可推断

$$(\lambda\boldsymbol{A})^*=\bar{\lambda}\boldsymbol{A}^*.$$

(v) 对任意 $\alpha,\beta\in V$,有

$$((\boldsymbol{AB})\alpha,\beta)=(\boldsymbol{B}\alpha,\boldsymbol{A}^*\beta)=(\alpha,(\boldsymbol{B}^*\boldsymbol{A}^*)\beta).$$

因为 $\boldsymbol{AB}$ 的共轭变换存在且唯一,故由上面的等式即可推断

$$(\boldsymbol{AB})^*=\boldsymbol{B}^*\boldsymbol{A}^*.$$

根据性质(ii),我们有

$$(\alpha,\boldsymbol{A}\beta)=(\alpha,(\boldsymbol{A}^*)^*\beta))=(\boldsymbol{A}^*\alpha,\beta).$$

定义 n 维酉空间 V 内一个线性变换 $\boldsymbol{A}$ 如与其共轭变换可交换: $\boldsymbol{AA}^*=\boldsymbol{A}^*\boldsymbol{A}$,则称 $\boldsymbol{A}$ 为一个**正规变换**.

根据前面的分析可知,酉变换是一种正规变换.

下面我们阐述正规变换的几个重要性质.

首先指出如下简单事实:

命题 3.6 设 $\boldsymbol{A}$ 是 n 维酉空间 V 内的线性变换.如果 M 是 $\boldsymbol{A}$ 的不变子空间,则 $M^{\perp}$ 为 $\boldsymbol{A}$ 的共轭变换 $\boldsymbol{A}^*$ 的不变子空间.

证 对任意 $\alpha\in M,\beta\in M^{\perp}$,我们有

$$(\alpha,\boldsymbol{A}^*\beta)=(\boldsymbol{A}\alpha,\beta)=0.$$

上式表明 $\boldsymbol{A}^*\beta\in M^{\perp}$. ▎

命题 3.7 设 $\boldsymbol{A}$ 是 n 维酉空间 V 内的一个正规变换,而 λ 是 $\boldsymbol{A}$ 的一个特征值,其对应特征向量为 ξ.那么,ξ 是 $\boldsymbol{A}^*$ 的属于特征值 $\bar{\lambda}$ 的特征向量.

证 按假设,有 $\boldsymbol{A}\xi-\lambda\xi=(\boldsymbol{A}-\lambda\boldsymbol{E})\xi=0$.于是

$$\begin{aligned}
&((\boldsymbol{A}^*-\bar{\lambda}\boldsymbol{E})\xi,\ (\boldsymbol{A}^*-\bar{\lambda}\boldsymbol{E})\xi)\\
&\quad=((\boldsymbol{A}-\lambda\boldsymbol{E})^*\xi,\ (\boldsymbol{A}^*-\bar{\lambda}\boldsymbol{E})\xi)\\
&\quad=(\xi,(\boldsymbol{A}-\lambda\boldsymbol{E})(\boldsymbol{A}^*-\bar{\lambda}\boldsymbol{E})\xi)\\
&\quad=(\xi,(\boldsymbol{A}^*-\bar{\lambda}\boldsymbol{E})(\boldsymbol{A}-\lambda\boldsymbol{E})\xi)=(\xi,0)=0.
\end{aligned}$$

由此即得 $(\boldsymbol{A}^*-\bar{\lambda}\boldsymbol{E})\xi=0$.于是 $\boldsymbol{A}^*\xi=\bar{\lambda}\xi$. ▎

命题 3.8 设 $\boldsymbol{A}$ 是 n 维酉空间 V 内的一个正规变换,则 $\boldsymbol{A}$ 的属于不同特征值的特征向量互相正交.

证 设λ,μ是$\boldsymbol{A}$的两个互不相同的特征值,ξ,η是分别属于λ,μ的特征向量.由命题3.7知:$\boldsymbol{A}^*\eta=\overline{\mu}\eta$.于是有

$$\lambda(\xi,\eta)=(\lambda\xi,\eta)=(\boldsymbol{A}\xi,\eta)=(\xi,\boldsymbol{A}^*\eta)$$
$$=(\xi,\overline{\mu}\eta)=\mu(\xi,\eta).$$

移项,得

$$(\lambda-\mu)(\xi,\eta)=0.$$

因$\lambda-\mu\neq0$,故$(\xi,\eta)=0$. ▌

下面是关于正规变换的基本定理.

定理 3.1 设$\boldsymbol{A}$是n维酉空间V内的一个正规变换,则在V内存在一组标准正交基,使$\boldsymbol{A}$在这组基下的矩阵成对角形.

证 对V的维数n做数学归纳法.

当$n=1$时命题显然成立.设对$n-1$维酉空间命题成立,证明对n维酉空间命题也成立.

设λ_1是$\boldsymbol{A}$的一个特征值,η_1是一个对应的特征向量,$|\eta_1|=1$.命$M=L(\eta_1)$.

按命题3.7,现在同时有$\boldsymbol{A}\eta_1=\lambda_1\eta_1$,$\boldsymbol{A}^*\eta_1=\overline{\lambda}_1\eta_1$.故$M$同时为$\boldsymbol{A}$,$\boldsymbol{A}^*$的不变子空间.又按命题3.6知$M^{\perp}$为$\boldsymbol{A}^*$及$(\boldsymbol{A}^*)^*=\boldsymbol{A}$的公共不变子空间.此时有

$$(\boldsymbol{A}\alpha,\beta)=(\alpha,\boldsymbol{A}^*\beta)\quad(\forall\,\alpha,\beta\in M^{\perp}).$$

于是限制在$M^{\perp}$内,$\boldsymbol{A}$,$\boldsymbol{A}^*$互为共轭变换,此时当然也有$\boldsymbol{A}\boldsymbol{A}^*=\boldsymbol{A}^*\boldsymbol{A}$.故$\boldsymbol{A}$限制在$n-1$维酉空间$M^{\perp}$内仍为正规变换.按归纳假设,在$M^{\perp}$内存在标准正交基$\eta_2,\cdots,\eta_n$,使

$$\boldsymbol{A}\eta_i=\lambda_i\eta_i\quad(i=2,3,\cdots,n).$$

因为$\eta_1,\eta_2,\cdots,\eta_n$满足关系式

$$(\eta_i,\eta_j)=\delta_{ij}\quad(i,j=1,2,\cdots,n),$$

故它们是V的一组标准正交基.在这组基下$\boldsymbol{A}$的矩阵成对角形:

$$\boldsymbol{A}\eta_i=\lambda_i\eta_i\quad(i=1,2,\cdots,n).$$ ▌

推论 设$\boldsymbol{U}$是n维酉空间V内的一个酉变换,则在V内存在一组标准正交基,使$\boldsymbol{U}$在这组基下的矩阵成对角形.

这是因为$\boldsymbol{U}$变换是一种正规变换的缘故.

下面我们再来研究另一类重要的正规变换，它可以看作欧氏空间中的对称变换的自然推广.

定义 设 $\boldsymbol{A}$ 是 n 维酉空间 V 内一个线性变换，且 $\boldsymbol{A}^*=\boldsymbol{A}$. 则称 $\boldsymbol{A}$ 是一个**埃尔米特**(Hermite)**变换**.

埃尔米特变换显然是一个正规变换. 所以，前面关于正规变换所获得的结果对它都适用. 特别地，根据命题 3.7，如果 λ 是埃尔米特变换 $\boldsymbol{A}$ 的任一特征值，ξ 是其对应的特征向量，则

$$\overline{\lambda}\xi=\boldsymbol{A}^*\xi=\boldsymbol{A}\xi=\lambda\xi.$$

因 $\xi\neq 0$，故 $\overline{\lambda}=\lambda$. 因此，有

命题 3.9 埃尔米特变换的特征值都是实数.

综合定理 3.1 和命题 3.9，可以得到关于埃尔米特变换的如下重要结论：

定理 3.2 设 $\boldsymbol{A}$ 是 n 维酉空间 V 中的一个埃尔米特变换，则在 V 中存在一组标准正交基，使 $\boldsymbol{A}$ 在这组基下的矩阵是实对角矩阵.

在 n 维酉空间 V 中取一组标准正交基

$$\eta_1,\eta_2,\cdots,\eta_n.$$

设 $\boldsymbol{A}$ 是 V 内的一个埃尔米特变换，它在这组基下的矩阵为 A. 根据前面的(1)式可知，$\boldsymbol{A}^*$ 在这组基下的矩阵为 $\overline{A}'$，但 $\boldsymbol{A}^*=\boldsymbol{A}$，故必有 $\overline{A}'=A$.

定义 设 A 是一个 n 阶复方阵. 如果 $\overline{A}'=A$，则称 A 是一个**埃尔米特矩阵**.

显然，n 维酉空间内一个线性变换 $\boldsymbol{A}$ 是埃尔米特变换的充要条件是：它在某一组标准正交基下的矩阵是埃尔米特矩阵. 反之，任一埃尔米特矩阵也可以看作一个酉空间中某个埃尔米特变换在一组标准正交基下的矩阵. 于是从定理 3.2 可得：

推论 设 A 是 n 阶埃尔米特矩阵，则存在一个 n 阶酉矩阵 U，使 $U^{-1}AU=\overline{U}'AU=D$ 是一个实对角矩阵.

现在把定理 3.2 及其推论应用到如下的埃尔米特二次型.

定义 n 个复变量 $x_1,x_2,\cdots,x_n$ 的二次齐次函数

$$f=\sum_{i=1}^{n}\sum_{j=1}^{n}a_{ij}\bar{x}_i x_j \quad (a_{ij}=\bar{a}_{ji}) \tag{2}$$

称为一个**埃尔米特二次型**;令

$$A=\begin{bmatrix} a_{11} & a_{12} & \cdots & a_{1n} \\ a_{21} & a_{22} & \cdots & a_{2n} \\ \vdots & \vdots & & \vdots \\ a_{n1} & a_{n2} & \cdots & a_{nn} \end{bmatrix},$$

称 A 为 f **的矩阵**.

显然,一个埃尔米特二次型的矩阵是一个埃尔米特矩阵.我们可以把埃尔米特二次型用矩阵形式表示如下:

$$f=\overline{X}'AX.$$

定理 3.3 对埃尔米特二次型(2),存在一个酉矩阵 U,使在酉线性变数替换 $X=UY$ 下它变为如下的标准形

$$d_1\bar{y}_1y_1+d_2\bar{y}_2y_2+\cdots+d_n\bar{y}_ny_n,$$

其中 $d_1,d_2,\cdots,d_n$ 均为实数,且除排列次序外,是被 f 唯一确定的.

证 f 的矩阵 A 是一个埃尔米特矩阵.由定理 3.2 的推论,存在酉矩阵 U,使

$$\overline{U}'AU=D=\begin{bmatrix} d_1 & & & \\ & d_2 & & \\ & & \ddots & \\ & & & d_n \end{bmatrix}$$

为实对角矩阵.令 $X=UY$,代入

$$\begin{aligned} f&=\overline{X}'AX=(\overline{UY})'A(UY)=\overline{Y}'(\overline{U}'AU)Y \\ &=\overline{Y}'DY=d_1\bar{y}_1y_1+d_2\bar{y}_2y_2+\cdots+d_n\bar{y}_ny_n. \end{aligned}$$

现设 f 经酉线性变数替换 $X=UY$ 化为标准形

$$\begin{aligned} f&=\overline{X}'AX\xlongequal{X=UY}\overline{Y}'(\overline{U}'AU)Y \\ &=d_1\bar{y}_1y_1+d_2\bar{y}_2y_2+\cdots+d_n\bar{y}_ny_n=\overline{Y}'DY. \end{aligned}$$

则 $D=\overline{U}'AU=U^{-1}AU$,即 D 与 A 相似.于是 $d_1,d_2,\cdots,d_n$ 恰为 A 的 n 个特征值,因而由 f 唯一确定(除差一个排列次序外). ▎

习 题 三

1. 在 $\mathbb{C}[x]_n$ 中定义二元函数如下：

$$(f,g)=\sum_{k=1}^{n}f(k)\overline{g(k)}.$$

证明：它满足内积条件(i)～(iii)，从而 $\mathbb{C}[x]_n$ 关于此内积成一酉空间.

2. 证明：一个 n 阶复方阵 U 是酉矩阵的充要条件是：它的行(或列)向量组构成酉空间 $\mathbb{C}^n$ 的一组标准正交基.

3. 在一个 n 维酉空间 V 内取定一组基 $\varepsilon_1,\varepsilon_2,\cdots,\varepsilon_n$，定义 $G=((\varepsilon_i,\varepsilon_j))$. G 称为此组基的**度量矩阵**.

(1) 证明：G 可逆；

(2) 证明：$\overline{G}'=G$；

(3) 若 $\alpha=(\varepsilon_1,\cdots,\varepsilon_n)X$，$\beta=(\varepsilon_1,\cdots,\varepsilon_n)Y$，证明：

$$(\alpha,\beta)=X'G\overline{Y}.$$

4. 在题 1 的酉空间 $\mathbb{C}[x]_n$ 中，取 $n=3$，求出它的一组标准正交基.

5. 证明：酉变换的特征值的模等于 1.

6. 证明：酉空间的柯西-布尼亚科夫斯基不等式

$$|(\alpha,\beta)|\leqslant|\alpha|\cdot|\beta|,$$

且等号成立的充要条件是：α 与 β 线性相关.

7. 在酉空间中证明不等式

$$|\alpha+\beta|\leqslant|\alpha|+|\beta|.$$

8. 在酉空间中定义两向量 α,β 的距离为

$$d(\alpha,\beta)=|\alpha-\beta|.$$

证明：

(1) $d(\alpha,\beta)\geqslant 0$，且 $d(\alpha,\beta)=0\Longleftrightarrow\alpha=\beta$；

(2) $d(\alpha,\beta)=d(\beta,\alpha)$；

(3) $d(\alpha,\gamma)\leqslant d(\alpha,\beta)+d(\beta,\gamma)$.

9. 设 $\boldsymbol{U}$ 为 n 维酉空间 V 内的一个酉变换，其全部特征值设为 $\lambda_1,\lambda_2,\cdots,\lambda_n$. 证明：$\overline{\lambda}_1,\overline{\lambda}_2,\cdots,\overline{\lambda}_n$ 是 $\boldsymbol{U}^{-1}$ 的全部特征值.

10. 将一个复方阵 U 分解为实部和虚部:

$$U = P + \mathrm{i}Q$$

(其中 P,Q 为实 n 阶方阵). 证明 U 为酉矩阵的充要条件是: $P'Q$ 对称,且 $P'P+Q'Q=E$.

11. 证明:矩阵

$$U=\frac{1}{\sqrt{n}}\begin{bmatrix}1 & 1 & \cdots & 1\\ 1 & \omega & \cdots & \omega^{n-1}\\ \vdots & \vdots & & \vdots\\ 1 & \omega^{n-1} & \cdots & \omega^{(n-1)^2}\end{bmatrix}\quad\left(\omega=\mathrm{e}^{\frac{2\pi\mathrm{i}}{n}}\right)$$

是酉矩阵.

12. 证明:任一个二阶酉矩阵 U 可分解为

$$U=\begin{bmatrix}\mathrm{e}^{\mathrm{i}\theta_1} & 0\\ 0 & \mathrm{e}^{\mathrm{i}\theta_2}\end{bmatrix}\begin{bmatrix}\cos\varphi & -\sin\varphi\\ \sin\varphi & \cos\varphi\end{bmatrix}\begin{bmatrix}\mathrm{e}^{\mathrm{i}\theta_3} & 0\\ 0 & \mathrm{e}^{\mathrm{i}\theta_4}\end{bmatrix},$$

其中 $\theta_1,\theta_2,\theta_3,\theta_4,\varphi$ 为实数.

13. 对酉空间的共轭变换证明如下关系式:

(1) $\boldsymbol{E}^*=\boldsymbol{E}$;

(2) $(\boldsymbol{A}^*)^*=\boldsymbol{A}$;

(3) $(\boldsymbol{A}+\boldsymbol{B})^*=\boldsymbol{A}^*+\boldsymbol{B}^*$.

14. 设 $\boldsymbol{A}$ 是 n 维酉空间 V 内的一个正规变换,M 是 $\boldsymbol{A}$ 的不变子空间,证明: M 的正交补 $M^{\perp}$ 也是 $\boldsymbol{A}$ 的不变子空间.

15. 设 $\boldsymbol{A}$ 是 n 维酉空间 V 内的一个线性变换. 如果存在一个复系数多项式 $f(\lambda)$,使 $\boldsymbol{A}=f(\boldsymbol{A}^*)$,证明:在 V 内存在一组标准正交基,使 $\boldsymbol{A}$ 在这组基下的矩阵成对角形.

16. 设 $\boldsymbol{A}$ 是 n 维酉空间 V 内的一个线性变换,$\boldsymbol{A}^*=-\boldsymbol{A}$,证明: $\boldsymbol{A}$ 的非零特征值都是纯虚数.

17. 设 $\boldsymbol{A}$ 是 n 维酉空间 V 中的一个埃尔米特变换,证明: 对任意 $\alpha\in V$,$(\boldsymbol{A}\alpha,\alpha)$是一个实数.

18. 设 $\boldsymbol{A}$ 是 n 维酉空间 V 中的一个埃尔米特变换. 如果对 V 中任一非零向量 α 都有

$$(\boldsymbol{A}\alpha,\alpha)>0,$$

则称 $\boldsymbol{A}$ 为**正定埃尔米特变换**. 证明: 一个埃尔米特变换 $\boldsymbol{A}$ 正定的充

要条件是其特征值都大于零.

19. 证明：任一可逆埃尔米特变换 $\boldsymbol{A}$ 的平方 $\boldsymbol{A}^2$ 是正定埃尔米特变换. 对任一正定埃尔米特变换 $\boldsymbol{A}$，存在唯一的正定埃尔米特变换 $\boldsymbol{B}$，使 $\boldsymbol{A}=\boldsymbol{B}^2$.

20. 证明：任一可逆线性变换 $\boldsymbol{A}$ 与其共轭变换 $\boldsymbol{A}^*$ 的乘积 $\boldsymbol{AA}^*$ 是正定埃尔米特变换.

21. 设 $\boldsymbol{A}$，$\boldsymbol{B}$ 是 n 维酉空间 V 内的两个埃尔米特变换，证明：$\boldsymbol{AB}$ 是埃尔米特变换的充要条件是 $\boldsymbol{AB}=\boldsymbol{BA}$.

22. 设 $\boldsymbol{A}$，$\boldsymbol{B}$ 是 n 维酉空间 V 内的两个埃尔米特变换，证明：$\boldsymbol{AB}+\boldsymbol{BA}$ 和 $\mathrm{i}(\boldsymbol{AB}-\boldsymbol{BA})$ 也是埃尔米特变换.

23. 设 $\boldsymbol{A}$ 是 n 维酉空间 V 内的线性变换，证明：如果 $\boldsymbol{A}$ 满足下列三个条件的任何两个，则它必满足全部三个条件：

(1) $\boldsymbol{A}$ 为埃尔米特变换；(2) $\boldsymbol{A}$ 为酉变换；(3) $\boldsymbol{A}^2=\boldsymbol{E}$.

24. 如果 $\boldsymbol{A}$，$\boldsymbol{B}$ 是 n 维酉空间 V 内的两个正定埃尔米特变换，而 $\boldsymbol{U}$ 是 V 内一个酉变换，证明：当 $\boldsymbol{A}=\boldsymbol{BU}$ 或 $\boldsymbol{B}=\boldsymbol{UA}$ 时，必定 $\boldsymbol{A}=\boldsymbol{B}$，且 $\boldsymbol{U}=\boldsymbol{E}$.

25. 设 $\boldsymbol{A}$ 是 n 维酉空间 V 内一可逆线性变换，证明：$\boldsymbol{A}$ 可分解为 $\boldsymbol{A}=\boldsymbol{B}_1\boldsymbol{U}_1$，也可分解为 $\boldsymbol{A}=\boldsymbol{U}_2\boldsymbol{B}_2$，其中 $\boldsymbol{B}_1$，$\boldsymbol{B}_2$ 为正定埃尔米特变换，$\boldsymbol{U}_1$，$\boldsymbol{U}_2$ 为酉变换. 且这种分解是唯一的.

26. 设 $\boldsymbol{A}$ 是 n 维酉空间中的一个正定埃尔米特变换，它在标准正交基下的矩阵 A 称为**正定埃尔米特矩阵**. 以 A 为矩阵的埃尔米特二次型 $\overline{X}'AX$ 称为**正定埃尔米特型**. 证明：任一正定埃尔米特型可用可逆线性变数替换 $X=TZ$ 化为

$$\overline{z}_1z_1+\overline{z}_2z_2+\cdots+\overline{z}_nz_n.$$

27. 设

$$f=\sum_{i=1}^{n}\sum_{j=1}^{n}a_{ij}\overline{x}_ix_j\quad(a_{ij}=\overline{a}_{ji}),$$

$$g=\sum_{i=1}^{n}\sum_{j=1}^{n}b_{ij}\overline{x}_ix_j\quad(b_{ij}=\overline{b}_{ji}),$$

其中 f 是正定埃尔米特二次型. 证明：存在一个可逆线性变数替换 $X=TZ$，使 f 变为

$$\bar{z}_1 z_1 + \bar{z}_2 z_2 + \cdots + \bar{z}_n z_n;$$

而 g 变为

$$d_1 \bar{z}_1 z_1 + d_2 \bar{z}_2 z_2 + \cdots + d_n \bar{z}_n z_n.$$

28. 设 V 是 n 维酉空间，$\boldsymbol{A}$，$\boldsymbol{B}$ 是 V 内的埃尔米特变换，$\boldsymbol{A}$ 正定，$\boldsymbol{B}$ 半正定(即对一切 V 中向量 α，$(\boldsymbol{A}\alpha, \alpha) \geqslant 0$)．证明：$V$ 内存在一组基，使 $\boldsymbol{AB}$ 在此组基下的矩阵成对角矩阵，且主对角线上元素都是非负实数.

29. 设 V 是 n 维酉空间.

(1) 设 M 是 V 的子空间. 在商空间 V/M 内定义内积如下：设 $\bar{\alpha} = \alpha + M$，$\bar{\beta} = \beta + M$. 若

$$\alpha = \alpha_1 + \alpha_2 \quad (\alpha_1 \in M,\ \alpha_2 \in M^{\perp}),$$

$$\beta = \beta_1 + \beta_2 \quad (\beta_1 \in M,\ \beta_2 \in M^{\perp}).$$

则令 $(\bar{\alpha}, \bar{\beta}) = (\alpha_2, \beta_2)$. 证明：$V/M$ 关于此内积成酉空间.

(2) 设 $\boldsymbol{A}$ 为 V 内一线性变换. 证明：在 V 内存在一组标准正交基，使 $\boldsymbol{A}$ 在该组基下的矩阵成上三角形.

*§4　四维时空空间与辛空间

在§1中，我们利用实数域上的正定对称双线性函数在实数域上的线性空间内引进度量，形成欧氏空间的概念. 但是，在实数域上的线性空间内引进度量还可以利用其他双线性函数，它们在理论上和实际应用上也有重要的意义. 本节中我们将介绍在物理学中很重要的一类带度量的实数域上线性空间，即狭义相对论中所使用的四维时空空间内的度量，它是以不定实二次型作为度量的一类非欧几里得度量空间.

在§3中，我们利用复数域上一种埃尔米特双线性函数(不同于第五章讲的对称双线性函数)在复数域上的线性空间中引进度量，形成酉空间的概念. 同样的，在复数域上的线性空间内还可以用其他双线性函数来引进度量. 本节中将介绍借助满秩反对称双线性函数在复数域上的线性空间内引进度量，这就是辛空间的理论，它在理论与实际应用上同样是重要的.

1. 四维时空空间的度量

我们先从比较一般的角度来讨论问题. 设 V 是实数域上的 n 维线性空间，$f(\alpha,\beta)$ 是 V 内满秩对称双线性函数且 $Q_f(\alpha,\alpha)$ 是不定二次型函数. 在 V 内定义内积：对任意 $\alpha,\beta\in V$，定义 $(\alpha,\beta)=f(\alpha,\beta)$，则称 V 关于这一内积为**准欧几里得空间**.

对实数域上 n 维线性空间 V，取定它的一组基 $\varepsilon_1,\varepsilon_2,\cdots,\varepsilon_n$，又给定正整数 $r<n$，对

$$\alpha=a_1\varepsilon_1+a_2\varepsilon_2+\cdots+a_n\varepsilon_n,$$
$$\beta=b_1\varepsilon_1+b_2\varepsilon_2+\cdots+b_n\varepsilon_n$$

定义 V 内向量 α,β 的内积为

$$(\alpha,\beta)=a_1b_1+a_2b_2+\cdots+a_rb_r-a_{r+1}b_{r+1}-\cdots-a_nb_n,$$

因为二次型函数 $(\alpha,\alpha)=a_1^2+\cdots+a_r^2-a_{r+1}^2-\cdots-a_n^2$ 是一个满秩不定二次型，故 V 关于此内积成为准欧几里得空间. 反之，对任意 n 维准欧几里得空间 V，因为 (α,α) 是满秩不定二次型函数，根据第五章定理 3.2，在 V 内存在一组基 $\varepsilon_1,\varepsilon_2,\cdots,\varepsilon_n$，使对称双线性函数 (α,β) 在此组基下的矩阵是

$$G=\begin{bmatrix}1&&&&&0\\&\ddots&&&&\\&&1&&&\\&&&-1&&\\&&&&\ddots&\\0&&&&&-1\end{bmatrix}.$$

因而，当

$$\alpha=a_1\varepsilon_1+a_2\varepsilon_2+\cdots+a_n\varepsilon_n,\quad \beta=b_1\varepsilon_1+b_2\varepsilon_2+\cdots+b_n\varepsilon_n$$

时，有

$$(\alpha,\beta)=(a_1,a_2,\cdots,a_n)G\begin{bmatrix}b_1\\b_2\\\vdots\\b_n\end{bmatrix}$$

$$=a_1b_1+a_2b_2+\cdots+a_rb_r-a_{r+1}b_{r+1}-\cdots-a_nb_n.$$

在狭义相对论中,用三个空间坐标和一个时间坐标(实际是用光速 c 乘以时间 t,即 ct 作为第 4 个坐标)来刻画一个物体的运动,称为**四维时空空间**,在数学上说,它就是实数域上的四维向量空间 $\mathbb{R}^4$,其向量表示为(x_1,x_2,x_3,x_4),其中 $x_4=ct$,c 代表光速.

根据物理学上的考虑,在四维时空空间内按如下办法定义内积:若

$$\alpha=(x_1,x_2,x_3,x_4),\quad \beta=(y_1,y_2,y_3,y_4),$$

则

$$(\alpha,\beta)=x_1y_1+x_2y_2+x_3y_3-x_4y_4.$$

令

$$I=\begin{bmatrix}1&0&0&0\\0&1&0&0\\0&0&1&0\\0&0&0&-1\end{bmatrix},$$

在 $\mathbb{R}^4$ 内取定基

$$\varepsilon_1=(1,0,0,0),\quad \varepsilon_2=(0,1,0,0),$$
$$\varepsilon_3=(0,0,1,0),\quad \varepsilon_4=(0,0,0,1).$$

设 $\alpha=(\varepsilon_1,\varepsilon_2,\varepsilon_3,\varepsilon_4)X$,$\beta=(\varepsilon_1,\varepsilon_2,\varepsilon_3,\varepsilon_4)Y$.那么$(\alpha,\beta)=X'IY$,$I$ 为对称矩阵,故(α,β)为对称双线性函数,在基 $\varepsilon_1,\varepsilon_2,\varepsilon_3,\varepsilon_4$ 下矩阵为 I,显然,$\mathbb{R}^4$ 关于此内积是一个准欧几里得空间.现在(α,α)不一定是正实数,所以向量的长度与夹角的概念不再有意义.

在经典力学中使用保持空间向量的长度及夹角不变的变换,即三维几何空间中的正交变换,而在狭义相对论中则使用如下变换:若

$$\mathbf{A}\alpha=\mathbf{A}\begin{bmatrix}x_1\\x_2\\x_3\\ct\end{bmatrix}=\begin{bmatrix}x_1'\\x_2'\\x_3'\\ct'\end{bmatrix}=\alpha',$$

那么应有

$$x_1'^2+x_2'^2+x_3'^2-c^2t'^2=x_1^2+x_2^2+x_3^2-c^2t^2.$$

根据$\mathbb{R}^4$内上述内积定义，这意味着

$$(\boldsymbol{A}\alpha,\boldsymbol{A}\alpha)=(\alpha',\alpha')=x_1'^2+x_2'^2+x_3'^2-c^2t'^2$$
$$=x_1^2+x_2^2+x_3^2-c^2t^2=(\alpha,\alpha).$$

与欧氏空间中的正交变换一样，上式等价于：对于任意$\alpha,\beta\in\mathbb{R}^4$，$(\boldsymbol{A}\alpha,\boldsymbol{A}\beta)=(\alpha,\beta)$. 由此，我们给出如下概念.

定义 设$\boldsymbol{A}$是四维时空空间$\mathbb{R}^4$内的一个线性变换. 如果对任意$\alpha,\beta\in\mathbb{R}^4$都有

$$(\boldsymbol{A}\alpha,\boldsymbol{A}\beta)=(\alpha,\beta).$$

则称$\boldsymbol{A}$为四维时空空间$\mathbb{R}^4$内的一个**广义洛仑兹**(Lorentz)**变换**.

对$\mathbb{R}^4$内任一线性变换$\boldsymbol{A}$，定义

$$f(\alpha,\beta)=(\boldsymbol{A}\alpha,\boldsymbol{A}\beta),$$

易知$f(\alpha,\beta)$为$\mathbb{R}^4$内对称双线性函数. 设

$$\alpha=(\varepsilon_1,\varepsilon_2,\varepsilon_3,\varepsilon_4)X,\quad \beta=(\varepsilon_1,\varepsilon_2,\varepsilon_3,\varepsilon_4)Y,$$
$$(\boldsymbol{A}\varepsilon_1,\boldsymbol{A}\varepsilon_2,\boldsymbol{A}\varepsilon_3,\boldsymbol{A}\varepsilon_4)=(\varepsilon_1,\varepsilon_2,\varepsilon_3,\varepsilon_4)A,$$

则有

$$\boldsymbol{A}\alpha=(\varepsilon_1,\varepsilon_2,\varepsilon_3,\varepsilon_4)AX,\quad \boldsymbol{A}\beta=(\varepsilon_1,\varepsilon_2,\varepsilon_3,\varepsilon_4)AY.$$

那么，我们有

$$f(\alpha,\beta)=(AX)'I(AY)=X'(A'IA)Y;$$
$$\boldsymbol{A}\text{ 为广义洛仑兹变换 }\Longleftrightarrow f(\alpha,\beta)=(\alpha,\beta)$$
$$\Longleftrightarrow X'(A'IA)Y=X'IY\Longleftrightarrow A'IA=I.$$

命题 4.1 设$\boldsymbol{A}$是四维时空空间$\mathbb{R}^4$内的一个线性变换. 则有

(i) $\boldsymbol{A}$为广义洛仑兹变换的充要条件是它在基$\varepsilon_1,\varepsilon_2,\varepsilon_3,\varepsilon_4$下的矩阵$A$满足$A'IA=I$；

(ii) 实数域上 4 阶方阵A满足$A'IA=I$的充要条件是它满足$AIA'=I$；

(iii) 如果$\boldsymbol{A}$为$\mathbb{R}^4$内广义洛仑兹变换，设它在基$\varepsilon_1,\varepsilon_2,\varepsilon_3,\varepsilon_4$下的矩阵为$A=(a_{ij})$，则$|a_{44}|\geqslant 1$.

证 (i) 已在上面证明，现证(ii)：若$A'IA=I$，则$A'IAI=I^2=E$. 这表明A'为IAI的逆矩阵，于是$(IAI)A'=E$，两边左乘I，得

$$I(IAI)A'=I^2AIA'=AIA'=I.$$

反之，若 $AIA'=I$，则 $(IAI)A'=I^2=E$，于是 $A'(IAI)=E$，两边右乘 I 得 $A'(IAI)I=A'IA=I$.

(iii) 按(i)，此时有 $A'IA=I$，考察两边方阵第 4 行第 4 列元素，得

$$a_{14}^2+a_{24}^2+a_{34}^2-a_{44}^2=-1,$$

即 $a_{44}^2=1+a_{14}^2+a_{24}^2+a_{34}^2\geqslant 1$，于是 $|a_{44}|\geqslant 1$. ▎

狭义相对论的一个基本前提是：任何物体的运动速度小于光速 c. 如果一个物体在 $t=0$ 时从坐标原点出发作匀速直线运动，经时间 t 到达空间坐标为 x_1,x_2,x_3 的点，那么

$$\frac{1}{t}\sqrt{x_1^2+x_2^2+x_3^2}<c,$$

即 $x_1^2+x_2^2+x_3^2-c^2t^2<0$. 四维时空空间 $\mathbb{R}^4$ 内一个向量 (x_1,x_2,x_3,ct) 如果满足 $x_1^2+x_2^2+x_3^2-c^2t^2<0$，则称它为一个**类时向量**. 如果 $t=0$ 表示现在，则 $t<0$ 表示过去，$t>0$ 表示未来. 因此，一个类时向量，当 $t>0$(即第 4 坐标为正实数)时，就称为一个**正类时向量**.

对 $\mathbb{R}^4$ 内一个广义洛仑兹变换 $\boldsymbol{A}$，设它在基 $\varepsilon_1,\varepsilon_2,\varepsilon_3,\varepsilon_4$ 下的矩阵是 $A=(a_{ij})$，如果 $a_{44}\geqslant 1$，则称 $\boldsymbol{A}$ 为一个**洛仑兹变换**.

命题 4.2　四维时空空间 $\mathbb{R}^4$ 内一个广义洛仑兹变换 $\boldsymbol{A}$ 是洛仑兹变换的充要条件是它把正类时向量仍变为正类时向量.

证　设 $\boldsymbol{A}$ 在基 $\varepsilon_1,\varepsilon_2,\varepsilon_3,\varepsilon_4$ 下的矩阵为 $A=(a_{ij})$. 如果 $\alpha=(x_1,x_2,x_3,x_4)$ 为正类时向量，则 $\boldsymbol{A}\alpha$ 在 $\varepsilon_1,\varepsilon_2,\varepsilon_3,\varepsilon_4$ 下的坐标为

$$\begin{bmatrix} a_{11} & a_{12} & a_{13} & a_{14} \\ a_{21} & a_{22} & a_{23} & a_{24} \\ a_{31} & a_{32} & a_{33} & a_{34} \\ a_{41} & a_{42} & a_{43} & a_{44} \end{bmatrix}\begin{bmatrix} x_1 \\ x_2 \\ x_3 \\ x_4 \end{bmatrix}=\begin{bmatrix} x_1' \\ x_2' \\ x_3' \\ x_4' \end{bmatrix}.$$

因 $\boldsymbol{A}$ 为广义洛仑兹变换，故

$$\begin{aligned} x_1'^2+x_2'^2+x_3'^2-x_4'^2&=(\boldsymbol{A}\alpha,\boldsymbol{A}\alpha)=(\alpha,\alpha) \\ &=x_1^2+x_2^2+x_3^2-x_4^2<0, \end{aligned}$$

即 $\boldsymbol{A}\alpha$ 仍为类时向量. 而

$$x'_4=a_{41}x_1+a_{42}x_2+a_{43}x_3+a_{44}x_4. \tag{1}$$

根据命题 4.1,现在有 $AIA'=I$,比较两边第 4 行第 4 列元素,有

$$a_{41}^2+a_{42}^2+a_{43}^2-a_{44}^2=-1. \tag{2}$$

利用§1 中的柯西-布尼亚科夫斯基不等式,由(2)式,有

$$\begin{aligned}|a_{41}x_1+a_{42}x_2+a_{43}x_3|^2 &\leqslant (a_{41}^2+a_{42}^2+a_{43}^2)(x_1^2+x_2^2+x_3^2)\\ &< (a_{44}^2-1)x_4^2<a_{44}^2x_4^2,\end{aligned}$$

亦即 $|a_{41}x_1+a_{42}x_2+a_{43}x_3|<|a_{44}x_4|$. 现因 α 为正类时向量,故 $x_4>0$.

(i) 如果 $\boldsymbol{A}$ 为洛仑兹变换,那么 $a_{44}\geqslant 1$,于是由(1)式立知 $x'_4>0$,故 $\boldsymbol{A}\alpha=(x'_1,x'_2,x'_3,x'_4)$为正类时向量.

(ii) 如果 $\boldsymbol{A}\alpha=(x'_1,x'_2,x'_3,x'_4)$为正类时向量,则 $x'_4>0$,由(1)式知必定 $a_{44}\geqslant 1$(参看命题 4.1 的(iii)). 故 $\boldsymbol{A}$ 为洛仑兹变换. ▎

从上面命题的证明可以看出,若 $\alpha=(x_1,x_2,x_3,x_4)$为类时向量,但 $x_4<0$,则当 $\boldsymbol{A}$ 为洛仑兹变换时,若 $\boldsymbol{A}\alpha=(x'_1,x'_2,x'_3,x'_4)$,则 $\boldsymbol{A}\alpha$ 仍为类时向量,且仍有 $x'_4<0$.

如果把四维时空空间 $\mathbb{R}^4$ 内全体洛仑兹变换所成的集合记作 L,则我们有如下事实.

命题 4.3　L 具有如下性质:

(i) $\boldsymbol{E}\in L$;

(ii) 若 $\boldsymbol{A},\boldsymbol{B}\in L$,则 $\boldsymbol{AB}\in L$;

(iii) 若 $\boldsymbol{A}\in L$,则 $\boldsymbol{A}$ 可逆,且 $\boldsymbol{A}^{-1}\in L$.

证　(i) 显然.

(ii) 现在对任意 $\alpha,\beta\in\mathbb{R}^4$,有

$$(\boldsymbol{AB}\alpha,\boldsymbol{AB}\beta)=(\boldsymbol{B}\alpha,\boldsymbol{B}\beta)=(\alpha,\beta),$$

故 $\boldsymbol{AB}$ 为广义洛仑兹变换. 现设 α 为任一正类时向量,$\boldsymbol{B}$ 为洛仑兹变换,按命题 4.2,$\boldsymbol{B}\alpha$ 也是正类时向量,同理,$\boldsymbol{A}(\boldsymbol{B}\alpha)$也是正类时向量. 再根据命题 4.2 知 $\boldsymbol{AB}$ 为洛仑兹变换.

(iii) 现在 $\boldsymbol{A}\in L$,由命题 4.1 知 $\boldsymbol{A}$ 在基 $\varepsilon_1,\varepsilon_2,\varepsilon_3,\varepsilon_4$ 下的矩阵 A 满足 $A'IA=I$,两边取行列式得 $|A|^2=1$,故 $\boldsymbol{A}$ 可逆. 对任意 $\alpha,\beta\in\mathbb{R}^4$,有

$$(\alpha,\beta)=(\boldsymbol{AA}^{-1}\alpha,\boldsymbol{AA}^{-1}\beta)=(\boldsymbol{A}^{-1}\alpha,\boldsymbol{A}^{-1}\beta),$$

这表明 $\mathbf{A}^{-1}$ 是广义洛仑兹变换. 现设 α 为任一正类时向量，若 $\mathbf{A}^{-1}\alpha$ 不是正类时向量，但它仍为类时向量(因 $\mathbf{A}^{-1}$ 为广义洛仑兹变换). 按照上面的说明，因 $\mathbf{A}$ 为洛仑兹变换，故 $\mathbf{A}(\mathbf{A}^{-1}\alpha)=\alpha$ 不是正类时向量，与假设矛盾. 故 $\mathbf{A}^{-1}$ 把正类时向量仍变为正类时向量. 于是 $\mathbf{A}^{-1}\in L$. ▍

2. 辛空间

本段的目的，是讨论复数域上线性空间引进度量性质的另一种方法，它与酉空间大不相同，但同样有广泛的应用. 我们先介绍一个一般性的概念.

定义 设 $f(\alpha,\beta)$ 是数域 K 上的线性空间 V 内的一个双线性函数. 如果对一切 $\alpha,\beta\in V$ 都有

$$f(\alpha,\beta)=-f(\beta,\alpha),$$

则称 $f(\alpha,\beta)$ 是一个**反对称双线性函数**.

如果 V 是一个 n 维线性空间，那么，反对称双线性函数 $f(\alpha,\beta)$ 在任一组基下的矩阵 A 都是反对称矩阵：$A'=-A$. 于是有

$$|A|=|A'|=|-A|=(-1)^n\ |A|.$$

当 n 是奇数时，得到 $|A|=-|A|$，故 $|A|=0$. 这说明奇数维线性空间中的反对称双线性函数不可能是满秩的.

现设 V 是数域 K 上的 $2m$ 维线性空间，$f(\alpha,\beta)$ 是 V 内满秩的反对称双线性函数. 在 V 内取一组基 $\varepsilon_1,\cdots,\varepsilon_m,\varepsilon_{m+1},\cdots,\varepsilon_{2m}$，则矩阵 $(f(\varepsilon_i,\varepsilon_j))$ 为 $2m$ 阶满秩方阵. 任取非零向量 $\alpha\in V$，我们必可找到 $\beta\in V$，使 $f(\alpha,\beta)\neq0$. 因为若对任意 $\beta\in V$，都有 $f(\alpha,\beta)=0$，则 $f(\alpha,\varepsilon_i)=0(i=1,2,\cdots,2m)$，设 $\alpha=x_1\varepsilon_1+x_2\varepsilon_2+\cdots+x_{2m}\varepsilon_{2m}$，则对 $i=1,2,\cdots,2m$，有

$$\begin{aligned}f(\alpha,\varepsilon_i)&=x_1f(\varepsilon_1,\varepsilon_i)+x_2f(\varepsilon_2,\varepsilon_i)+\cdots+x_{2m}f(\varepsilon_{2m},\varepsilon_i)\\&=0.\end{aligned}$$

这是 $x_1,x_2,\cdots,x_{2m}$ 的一个齐次线性方程组，其系数矩阵满秩，只有零解 $x_1=x_2=\cdots=x_{2m}=0$，这与 $\alpha\neq0$ 矛盾. 另外，因 $f(\alpha,\beta)$ 反对称，故对任意 $\alpha\in V$，$f(\alpha,\alpha)=0$.

现在讨论复数域上的线性空间.

定义　设 V 是复数域 $\mathbb{C}$ 上 $n=2m$ 维线性空间，而 $f(\alpha,\beta)$ 是 V 内一个满秩反对称双线性函数. 定义 V 内两个向量 α,β 的内积为

$$(\alpha,\beta)=f(\alpha,\beta),$$

称具有这种内积的线性空间为**辛空间**.

我们简单介绍一下辛空间的一些基本概念.

Ⅰ. 正交性

若 $(\alpha,\beta)=0$，则称 α 与 β 正交. 此时 $(\beta,\alpha)=-(\alpha,\beta)=0$，故正交性具有对称的性质. 显然，现在每个向量 α 都与自己正交：$(\alpha,\alpha)=0$.

Ⅱ. 基的度量矩阵

设 $\varepsilon_1,\varepsilon_2,\cdots,\varepsilon_n$ 是 V 的一组基. 令

$$(\varepsilon_i,\varepsilon_j)=g_{ij}\quad(i,\ j=1,2,\cdots,n),$$

称 $G=(g_{ij})$ 为这组基的**度量矩阵**，它就是双线性函数 $f(\alpha,\beta)$ 在此组基下的矩阵. 若设

$$\alpha=x_1\varepsilon_1+x_2\varepsilon_2+\cdots+x_n\varepsilon_n,$$

$$\beta=y_1\varepsilon_1+y_2\varepsilon_2+\cdots+y_n\varepsilon_n,$$

则

$$(\alpha,\beta)=\sum_{i=1}^{n}\sum_{j=1}^{n}g_{ij}x_iy_j=X'GY.$$

Ⅲ. 辛基

命题 4.4　设 V 是 $n=2m$ 维辛空间，则在 V 内存在一组基 $\eta_1,\eta_2,\cdots,\eta_n$，其度量矩阵为

$$G=\begin{bmatrix}A & & & \\ & A & & \\ & & \ddots & \\ & & & A\end{bmatrix},\quad 其中\ A=\begin{bmatrix}0 & 1\\ -1 & 0\end{bmatrix}.$$

这样的基称为**第一类辛基**.

证　对 m 做数学归纳法.

当 $m=1$ 时，$\dim V=2$. 在 V 内任取一组基 $\varepsilon_1,\varepsilon_2$. 由于内积满秩，反对称，故

$$(\varepsilon_1,\varepsilon_1)=0,\quad(\varepsilon_1,\varepsilon_2)=k\neq 0,\quad(\varepsilon_2,\varepsilon_2)=0.$$

令 $\eta_1=\frac{1}{\sqrt{k}}\varepsilon_1,\eta_2=\frac{1}{\sqrt{k}}\varepsilon_2$（$\sqrt{k}$ 为 k 的任一平方根）即可.

设命题对 $2(m-1)$ 维辛空间成立，证明它对 $2m$ 维辛空间也成立（此处设 $m\geqslant 2$）.

在 V 内任取一非零向量 ε_1. 因为内积满秩，必有 $\varepsilon_2\in V$，使 $(\varepsilon_1,\varepsilon_2)=k\neq 0$. 按上面的讨论知可令 $k=1$. 命

$$M=\{\alpha\in V\mid(\alpha,\varepsilon_i)=0,i=1,2\}.$$

M 显然为 V 的子空间. 若 $\alpha\in M\cap L(\varepsilon_1,\varepsilon_2)$，则

$$\alpha=k_1\varepsilon_1+k_2\varepsilon_2.$$

$$0=(\alpha,\varepsilon_1)=k_2(\varepsilon_2,\varepsilon_1)\Longrightarrow k_2=0,$$

$$0=(\alpha,\varepsilon_2)=k_1(\varepsilon_1,\varepsilon_2)\Longrightarrow k_1=0.$$

故 $M\cap L(\varepsilon_1,\varepsilon_2)=\{0\}$. 另一方面 $\varepsilon_1,\varepsilon_2$ 线性无关（因若 $\varepsilon_2=l\varepsilon_1$，则 $(\varepsilon_2,\varepsilon_1)=l(\varepsilon_1,\varepsilon_1)=0$，与假设矛盾），把它们扩充成 V 的一组基

$$\varepsilon_1,\varepsilon_2,\cdots,\varepsilon_n.$$

设

$$\alpha=x_1\varepsilon_1+x_2\varepsilon_2+\cdots+x_n\varepsilon_n.$$

由于齐次线性方程组

$$\begin{cases}(\varepsilon_1,\alpha)=x_1(\varepsilon_1,\varepsilon_1)+x_2(\varepsilon_1,\varepsilon_2)+\cdots+x_n(\varepsilon_1,\varepsilon_n)=0,\\(\varepsilon_2,\alpha)=x_1(\varepsilon_2,\varepsilon_1)+x_2(\varepsilon_2,\varepsilon_2)+\cdots+x_n(\varepsilon_2,\varepsilon_n)=0\end{cases}$$

的系数矩阵为此组基的度量矩阵前两行，秩为 2，因而它的解空间为 $\mathbb{C}^n$ 的 $n-2$ 维子空间. 而 M 与此解空间同构，故 $\dim M=n-2$. 于是

$$V=L(\varepsilon_1,\varepsilon_2)\oplus M.$$

现在 M 内取一组基 $\varepsilon_3',\varepsilon_4',\cdots,\varepsilon_{2m}'$，则 $\varepsilon_1,\varepsilon_2,\varepsilon_3',\varepsilon_4',\cdots,\varepsilon_{2m}'$ 是 V 的一组基，V 的内积在此组基下的度量矩阵成如下准对角形

$$G_1=\begin{pmatrix}A&0\\0&G_2\end{pmatrix}.$$

内积限制在 M 内，在基 $\varepsilon_3',\varepsilon_4',\cdots,\varepsilon_{2m}'$ 下的度量矩阵为 G_2. 因 G_1 满秩，故 G_2 为 $2(m-1)$ 阶满秩反对称矩阵. 这表明 V 的内积限制在 M 内是一满秩反对称双线性函数. 因而 M 关于 V 的内积是一个 $2(m-1)$ 维辛空间. 按归纳假设，在 M 内存在一组基 $\eta_3,\eta_4,\cdots,\eta_n$，使内积在这组基下的度量矩阵为

$$\begin{bmatrix} 0 & 1 & & & \\ -1 & 0 & & & \\ & & \ddots & & \\ & & & 0 & 1 \\ & & & -1 & 0 \end{bmatrix}.$$

现在再令 $\eta_1=\varepsilon_1$，$\eta_2=\varepsilon_2$，则 $\eta_1,\eta_2,\cdots,\eta_n$ 即为所求的基. ▌

推论 设 V 是 $n=2m$ 维辛空间，则在 V 内存在一组基 $\xi_1,\xi_2,\cdots,\xi_n$，其度量矩阵为

$$\begin{bmatrix} 0 & E \\ -E & 0 \end{bmatrix},$$

其中 E 为 m 阶单位矩阵. 这种基称为**第二类辛基**.

证 设 $\eta_1,\eta_2,\cdots,\eta_n$ 为 V 的一组第一类辛基. 令

$$\begin{aligned} \xi_i &= \eta_{2i-1}, \\ \xi_{m+i} &= \eta_{2i} \end{aligned} \quad (i=1,2,\cdots,m),$$

通过计算内积不难验证 $\xi_1,\xi_2,\cdots,\xi_n$ 即为所求的基. ▌

定义 设 $\boldsymbol{A}$ 为 $n=2m$ 维辛空间 V 内的一个线性变换. 如果 V 内一个线性变换 $\boldsymbol{A}^*$ 满足如下条件：对一切 $\alpha,\beta\in V$，有

$$(\boldsymbol{A}\alpha,\beta)=(\alpha,\boldsymbol{A}^*\beta),$$

则称 $\boldsymbol{A}^*$ 为 $\boldsymbol{A}$ 的**共轭变换**.

对 V 内任意两个线性变换 $\boldsymbol{A},\boldsymbol{B}$，定义

$$f(\alpha,\beta)=(\boldsymbol{A}\alpha,\beta), \quad g(\alpha,\beta)=(\alpha,\boldsymbol{B}\beta),$$

则 f,g 为 V 内双线性函数. 在 V 内取一组基 $\varepsilon_1,\varepsilon_2,\cdots,\varepsilon_n$. 设

$$\alpha=(\varepsilon_1,\varepsilon_2,\cdots,\varepsilon_n)X, \quad \beta=(\varepsilon_1,\varepsilon_2,\cdots,\varepsilon_n)Y,$$

$$(\boldsymbol{A}\varepsilon_1,\boldsymbol{A}\varepsilon_2,\cdots,\boldsymbol{A}\varepsilon_n)=(\varepsilon_1,\varepsilon_2,\cdots,\varepsilon_n)A,$$

$$(\boldsymbol{B}\varepsilon_1,\boldsymbol{B}\varepsilon_2,\cdots,\boldsymbol{B}\varepsilon_n)=(\varepsilon_1,\varepsilon_2,\cdots,\varepsilon_n)B,$$

那么

$$\boldsymbol{A}\alpha=(\varepsilon_1,\varepsilon_2,\cdots,\varepsilon_n)(AX), \quad \boldsymbol{B}\beta=(\varepsilon_1,\varepsilon_2,\cdots,\varepsilon_n)(BY).$$

设此组基的度量矩阵为 G，那么，

$$f(\alpha,\beta)=(AX)'GY=X'(A'G)Y,$$

$$g(\alpha,\beta)=X'G(BY)=X'(GB)Y.$$

$$\boldsymbol{B}\text{ 为 }\boldsymbol{A}\text{ 的共轭变换}\Longleftrightarrow f(\alpha,\beta)\equiv g(\alpha,\beta)$$
$$\Longleftrightarrow X'(A'G)Y\equiv X'(GB)Y$$
$$\Longleftrightarrow A'G=GB\Longleftrightarrow B=G^{-1}A'G.$$

由此可知，对 V 内任意线性变换 $\boldsymbol{A}$，其共轭变换 $\boldsymbol{A}^*$ 是存在唯一的，它的矩阵为 $B=G^{-1}A'G$.

由上面的关系式易知此时又有 $B'G=GA$，而此式表示

$$(\boldsymbol{A}^*)^*=\boldsymbol{A}.$$

V 内一个线性变换 $\boldsymbol{A}$ 若满足 $\boldsymbol{A}^*=\boldsymbol{A}$，亦即对任意 $\alpha,\beta\in V$ 都有 $(\boldsymbol{A}\alpha,\beta)=(\alpha,\boldsymbol{A}\beta)$，则 $\boldsymbol{A}$ 称为 V 内一个**对称变换**. 显然，$\boldsymbol{A}$ 是对称变换的充要条件是它在基 $\varepsilon_1,\varepsilon_2,\cdots,\varepsilon_n$ 下的矩阵 A 满足 $A'G=GA$（在上面式子中令 $\boldsymbol{B}=\boldsymbol{A}$，$B=A$ 即得）.

V 内一个线性变换 $\boldsymbol{A}$ 若满足 $\boldsymbol{A}^*=-\boldsymbol{A}$，亦即对任意 $\alpha,\beta\in V$ 都有 $(\boldsymbol{A}\alpha,\beta)=-(\alpha,\boldsymbol{A}\beta)$，则 $\boldsymbol{A}$ 称为 V 内一个**反对称变换**. 显然，$\boldsymbol{A}$ 是反对称变换的充要条件是它在基 $\varepsilon_1,\varepsilon_2,\cdots,\varepsilon_n$ 下的矩阵 A 满足 $A'G=-GA$.

定义　设 V 是 $n=2m$ 维辛空间，$\boldsymbol{R}$ 是 V 内一个线性变换. 如果对任意 $\alpha,\beta\in V$ 都有 $(\boldsymbol{R}\alpha,\boldsymbol{R}\beta)=(\alpha,\beta)$，则 $\boldsymbol{R}$ 称为 V 内一个**辛变换**.

如果 $\boldsymbol{R}$ 为辛变换，则对任意 $\alpha,\beta\in V$，有

$$(\boldsymbol{R}\alpha,\boldsymbol{R}\beta)=(\alpha,\boldsymbol{R}^*\boldsymbol{R}\beta)=(\alpha,\beta)=(\alpha,\boldsymbol{E}\beta).$$

于是 $(\alpha,(\boldsymbol{R}^*\boldsymbol{R}-\boldsymbol{E})\beta)=0$，现在内积为满秩反对称双线性函数，由此式立即推出 $(\boldsymbol{R}^*\boldsymbol{R}-\boldsymbol{E})\beta=0$（否则必有 $\alpha\in V$，使 $(\alpha,(\boldsymbol{R}^*\boldsymbol{R}-\boldsymbol{E})\beta)\neq0$）. 此式对任意 $\beta\in V$ 均成立，故 $\boldsymbol{R}^*\boldsymbol{R}=\boldsymbol{E}$，于是 $\boldsymbol{R}$ 可逆且 $\boldsymbol{R}^*=\boldsymbol{R}^{-1}$.

反之，若 $\boldsymbol{R}$ 为 V 内可逆线性变换，且 $\boldsymbol{R}^*=\boldsymbol{R}^{-1}$，则 $(\boldsymbol{R}\alpha,\boldsymbol{R}\beta)=(\alpha,\boldsymbol{R}^*\boldsymbol{R}\beta)=(\alpha,\beta)$，故 $\boldsymbol{R}$ 为辛变换. 因此我们有如下结论.

命题 4.5　设 $\boldsymbol{R}$ 为 $n=2m$ 维辛空间 V 内一线性变换，则 $\boldsymbol{R}$ 为辛变换的充要条件是 $\boldsymbol{R}$ 可逆，且 $\boldsymbol{R}^*=\boldsymbol{R}^{-1}$. 如果 $\boldsymbol{R}$ 在 V 的基 $\varepsilon_1,\varepsilon_2,\cdots,\varepsilon_n$ 下的矩阵为 R，G 为 $\varepsilon_1,\varepsilon_2,\cdots,\varepsilon_n$ 的度量矩阵，那么 $\boldsymbol{R}$ 为辛变换的充要条件是 $R'GR=G$.

证　命题前半部分前面已证，现证后半部分.

必要性　$\boldsymbol{R}$ 为辛变换，则 $\boldsymbol{R}$ 可逆，故其矩阵 R 可逆，且 $\boldsymbol{R}^*$ 的矩

阵为 R^{-1}. 前面已给出 $\boldsymbol{R}^*$ 的矩阵和 $\boldsymbol{R}$ 的矩阵应满足的关系式：$R^{-1}=G^{-1}R'G$，由此立得 $R'GR=G$.

充分性 若 $R'GR=G$，因 G 满秩，故 R 可逆，且 $R^{-1}=G^{-1}R'G$，它恰为 $\boldsymbol{R}^*$ 在 $\varepsilon_1,\varepsilon_2,\cdots,\varepsilon_n$ 下的矩阵，这表明 $\boldsymbol{R}$ 可逆，且 $\boldsymbol{R}^{-1}=\boldsymbol{R}^*$，即 $\boldsymbol{R}$ 为辛变换. ▌

上面命题对 V 内任一组基都成立.

设 $\boldsymbol{R}$ 为辛空间 V 内一个辛变换，又设 $\varepsilon_1,\eta_1,\varepsilon_2,\eta_2,\cdots,\varepsilon_m,\eta_m$ 为 V 内一组第一类辛基. 此时其度量矩阵为

$$G=\begin{bmatrix} 0 & 1 & & & \\ -1 & 0 & & & \\ & & \ddots & & \\ & & & 0 & 1 \\ & & & -1 & 0 \end{bmatrix}.$$

$\boldsymbol{R}$ 在此组基下的矩阵设为 R，则有

$$R'GR=G.$$

一个满足上述条件的 n 阶复方阵 R 称为一个 $2m$ 阶**辛矩阵**.

下面我们来介绍一类重要的辛变换. 取定复数 c，又设 ε 为辛空间 V 内一非零向量，定义 V 内线性变换：

$$\boldsymbol{T}\alpha=\alpha+c(\alpha,\varepsilon)\varepsilon.$$

对任意 $\alpha,\beta\in V$，我们有

$$\begin{aligned}(\boldsymbol{T}\alpha,\boldsymbol{T}\beta)&=(\alpha+c(\alpha,\varepsilon)\varepsilon,\beta+c(\beta,\varepsilon)\varepsilon)\\&=(\alpha,\beta)+c(\alpha,\varepsilon)(\varepsilon,\beta)+c(\beta,\varepsilon)(\alpha,\varepsilon)\\&\quad+c^2(\alpha,\varepsilon)(\beta,\varepsilon)(\varepsilon,\varepsilon)\\&=(\alpha,\beta)-c(\alpha,\varepsilon)(\beta,\varepsilon)+c(\beta,\varepsilon)(\alpha,\varepsilon)\\&=(\alpha,\beta).\end{aligned}$$

故 $\boldsymbol{T}$ 为 V 内一个辛变换，这种辛变换称为辛空间 V 的**辛平移**.

为了确切地描述辛平移，我们使用记号

$$\boldsymbol{T}(c,\varepsilon)\alpha=\alpha+c(\alpha,\varepsilon)\varepsilon$$

来表示辛平移.

命题 4.6 设 V 为 $2m$ 维辛空间，ε 为 V 内一非零向量，则有

(i) 对任意复数 c_1,c_2 有

$$\boldsymbol{T}(c_1,\varepsilon)\boldsymbol{T}(c_2,\varepsilon)=\boldsymbol{T}(c_1+c_2,\varepsilon);$$

(ii) 设 $\boldsymbol{R}$ 为 V 内任一辛变换,那么

$$\boldsymbol{R}\boldsymbol{T}(c,\varepsilon)\boldsymbol{R}^{-1}=\boldsymbol{T}(c,\boldsymbol{R}(\varepsilon));$$

(iii) 设 a 为非零复数,我们有

$$\boldsymbol{T}(c,a\varepsilon)=\boldsymbol{T}(a^2c,\varepsilon).$$

证　(i) 按辛平移的定义,我们有

$$\begin{aligned}\boldsymbol{T}(c_1,\varepsilon)\boldsymbol{T}(c_2,\varepsilon)\alpha&=\boldsymbol{T}(c_1,\varepsilon)(\alpha+c_2(\alpha,\varepsilon)\varepsilon)\\&=\alpha+c_1(\alpha,\varepsilon)\varepsilon+c_2(\alpha,\varepsilon)(\varepsilon+c_1(\varepsilon,\varepsilon)\varepsilon)\\&=\alpha+(c_1+c_2)(\alpha,\varepsilon)\varepsilon\\&=\boldsymbol{T}(c_1+c_2,\varepsilon)\alpha.\end{aligned}$$

(ii) 同样地,我们有

$$\begin{aligned}\boldsymbol{R}\boldsymbol{T}(c,\varepsilon)\boldsymbol{R}^{-1}(\alpha)&=\boldsymbol{R}(\boldsymbol{R}^{-1}(\alpha)+c(\boldsymbol{R}^{-1}(\alpha),\varepsilon)\varepsilon)\\&=\alpha+c(\boldsymbol{R}^{-1}(\alpha),\varepsilon)\boldsymbol{R}(\varepsilon)\\&=\alpha+c(\boldsymbol{R}^{*}(\alpha),\varepsilon)\boldsymbol{R}(\varepsilon)\\&=\alpha+c(\alpha,\boldsymbol{R}(\varepsilon))\boldsymbol{R}(\varepsilon)\\&=\boldsymbol{T}(c,\boldsymbol{R}(\varepsilon))(\alpha).\end{aligned}$$

(iii) 我们有

$$\begin{aligned}\boldsymbol{T}(c,a\varepsilon)(\alpha)&=\alpha+c(\alpha,a\varepsilon)(a\varepsilon)\\&=\alpha+a^2c(\alpha,\varepsilon)\varepsilon\\&=\boldsymbol{T}(a^2c,\varepsilon)(\alpha).\end{aligned}$$ ▌

如果$(\alpha,\varepsilon)=0$,那么 $\boldsymbol{T}(c,\varepsilon)\alpha=\alpha$. 特别地,在辛空间中有$(\varepsilon,\varepsilon)=0$,故 $\boldsymbol{T}(c,\varepsilon)\varepsilon=\varepsilon$.

习　题　四

1. 在四维时空空间 $\mathbb{R}^4$ 内定义线性变换

$$\boldsymbol{S}\begin{bmatrix}x_1\\x_2\\x_3\\x_4\end{bmatrix}=\begin{bmatrix}-x_1\\-x_2\\-x_3\\x_4\end{bmatrix}.$$

证明:$\boldsymbol{S}$ 是一个洛仑兹变换.

2. 在四维时空空间 $\mathbb{R}^4$ 内一个洛仑兹变换 $\boldsymbol{A}$,若它在 $\mathbb{R}^4$ 的一组基下的矩阵 A 的行列式为 1(从而它在任何一组基下的矩阵的行列式都为 1),则 $\boldsymbol{A}$ 称为**正常洛仑兹变换**. 如果 $\boldsymbol{S}$ 为上题所定义的洛仑兹变换,证明:任一非正常洛仑兹变换 $\boldsymbol{U}$ 都可表示成 $\boldsymbol{U}=\boldsymbol{SA}$,其中 $\boldsymbol{A}$ 为正常洛仑兹变换.

3. 设 V 是 n 维准欧几里得空间,$\alpha\in V$,且对任意 $\beta\in V$,都有 $(\alpha,\beta)=0$,证明:$\alpha=0$.

4. 续上题. 设 $\boldsymbol{A}$ 为 V 内一个线性变换. 如果对任意 $\alpha,\beta\in V$ 都有 $(\boldsymbol{A}\alpha,\boldsymbol{A}\beta)=(\alpha,\beta)$,则称 $\boldsymbol{A}$ 为 V 内一个**正交变换**. 在 V 内取定一组基 $\varepsilon_1,\varepsilon_2,\cdots,\varepsilon_n$,令 $G=((\varepsilon_i,\varepsilon_j))$,称为此组基的**度量矩阵**. 若 V 内一线性变换 $\boldsymbol{A}$ 在此组基下的矩阵为 A,证明:$\boldsymbol{A}$ 为正交变换的充要条件是 $A'GA=G$.

5. 证明:在 $n=2m$ 维辛空间中存在一组基

$$\eta_1,\eta_2,\cdots,\eta_n,$$

使其度量矩阵为

$$G=\begin{bmatrix} 0 & I \\ -I & 0 \end{bmatrix},$$

其中 I 为 m 阶方阵,其形式为

$$I=\begin{bmatrix} & & 1 \\ & \iddots & \\ 1 & & \end{bmatrix}.$$

6. 设 $\boldsymbol{R}$ 为 $n=2m$ 维辛空间 V 内的一个辛变换,如果 $\boldsymbol{R}$ 有 n 个互不相同的特征值,证明:V 内存在一组第一类辛基,使 $\boldsymbol{R}$ 在此组基下的矩阵成对角形.

7. 设 $\boldsymbol{V}$ 为 $2m$ 维辛空间,证明:V 内两组第一类辛基间的过渡矩阵为辛矩阵.

8. 设 $\boldsymbol{R}$ 为 $2m$ 维辛空间 V 内的一个线性变换,证明下列命题互相等价:

(1) $\boldsymbol{R}$ 为 V 内辛变换;

(2) $\boldsymbol{R}$ 把 V 内的第一类辛基变为第一类辛基;

(3) $\boldsymbol{R}$ 在 V 的第一类辛基下的矩阵为辛矩阵.

9. 设 V 是 $2m$ 维辛空间，M 是 V 的一个子空间. 定义

$$M^{\perp}=\{\alpha\in V \mid 对一切\ \beta\in M\ 有(\alpha,\beta)=0\},$$

则 $M^{\perp}$ 为 V 的子空间.

(1) 证明：$V=M\oplus M^{\perp}$ 的充要条件是 M 关于 V 的内积也成一辛空间.

(2) 举例说明存在 V 的子空间 M，使 V 不是 M 与 $M^{\perp}$ 的直和.

本章小结

本章所讨论的线性空间与一般线性空间的区别是它带有内积，随之而来的是所讨论的课题具有新的特点.

1) 从基的选取上看，根据内积的性质可选取特殊的基，使其度量矩阵具有最简单的形状，在欧氏空间和酉空间就是标准正交基，在辛空间就是辛基. 在这样的基下内积具有最简单的表达形式，可以使所讨论的问题大大简化. 因而，在带度量的线性空间中选取基时，一般都选取这类基. 由于基的选取具有特殊性，随之就产生如下新课题：

(i) 两组基间的过渡矩阵具有新的性质，在欧氏空间为正交矩阵，在酉空间为酉矩阵，在辛空间为辛矩阵；

(ii) 这种新基的实际选法，在欧氏空间和酉空间都有施密特正交化方法.

2) 线性代数的一个基本方法是把空间 V 分解为两个子空间的直和，但这个分解一般不唯一. 而在欧氏空间与酉空间中，可以选取正交补空间，使 $V=M\oplus M^{\perp}$，这一分解是唯一的，这就为讨论问题提供了极大的方便.

3) 在线性空间中引入度量后，线性变换理论便产生了新的课题，即研究与度量(内积)相关联的特殊线性变换. 这主要是如下两大类：

(i) 不改变空间度量(内积)的线性变换 $\boldsymbol{A}$：

$$(\boldsymbol{A}\alpha,\boldsymbol{A}\beta)=(\alpha,\beta)\quad(\forall\,\alpha,\beta\in V),$$

在欧氏空间称为正交变换，在酉空间称为酉变换，在四维时空空间称

为广义洛仑兹变换,在辛空间则称为辛变换. 对欧氏空间我们证明正交变换的矩阵可经正交矩阵化为简单的准对角形,而对酉空间,其矩阵可经酉矩阵化为对角形. 这一结果比第四章前进了一步.

(ii) 对称变换或埃尔米特变换,其特点是

$$(\mathbf{A}\alpha,\beta)=(\alpha,\mathbf{A}\beta)\quad(\forall\,\alpha,\beta\in V).$$

对这类变换,我们证明总存在一组标准正交基,使其矩阵成实对角矩阵.

在本章学习中,读者应当学会使用内积来处理线性代数的各种课题,它可以使许多问题的探讨更深入,方法也更多样,从而使我们的思路更加开阔.

第七章　线性变换的若尔当标准形

在第四章§4中,我们讨论如何在线性空间中选取一组基,使一个线性变换$\boldsymbol{A}$在该组基下的矩阵具有最简单的形式,最理想的是变成对角矩阵.但当时我们就指出,在一般情况下这是不可能的.因而退而求其次,希望能把矩阵变成准对角形,而且主对角线上的小块矩阵尽可能简单.本章的目的,是要对复数域上线性空间中的任意线性变换来完满地解决这个问题.

我们先从讨论一类最简单的线性变换入手解决这个问题,然后指出:任意线性变换的课题可以归结为此类简单线性变换的同样课题,从而使问题迎刃而解.

§1　幂零线性变换的若尔当标准形

设V是数域K上的n维线性空间.$\boldsymbol{A}$是V内一个线性变换.如果存在正整数m,使$\boldsymbol{A}^m=\boldsymbol{0}$,则称$\boldsymbol{A}$为一个**幂零线性变换**.对数域$K$上一个$n$阶方阵$A$,若存在正整数$m$,使$A^m=0$,则称$A$为**幂零矩阵**.显然,幂零线性变换在任一组基下的矩阵都是幂零矩阵.

我们知道,一个线性变换的特征值与特征向量对研究该变换有重要意义,所以首先研究幂零线性变换的特征值.

命题 1.1　设$\boldsymbol{A}$是数域K上n维线性空间V内的一个幂零线性变换,则$\boldsymbol{A}$的特征多项式为$f(\lambda)=\lambda^n$,从而$\boldsymbol{A}$有唯一的特征值$\lambda_0=0$.

证　在V内取一组基$\varepsilon_1,\varepsilon_2,\cdots,\varepsilon_n$,设$\boldsymbol{A}$在此组基下的矩阵为$A$,则$f(\lambda)=|\lambda E-A|$.现设$\lambda_0$为$f(\lambda)$在$\mathbb{C}$内的一个根,则存在$\mathbb{C}^n$中非零的$X_0$,使$AX_0=\lambda_0X_0$,于是

$$A^2X_0=\lambda_0AX_0=\lambda_0^2X_0,\ \cdots,\ A^mX_0=\lambda_0^mX_0,$$

若 $\boldsymbol{A}^m=\boldsymbol{0}$,则 $A^m=0$,而 $X_0\neq 0$,于是 $\lambda_0^m=0$,故 $\lambda_0=0$,即 $f(\lambda)$在$\mathbb{C}$内的 n 个根都是 0,根据多项式根与系数的关系(第一章命题 2.3),有 $f(\lambda)=\lambda^n$. ▌

1. 循环不变子空间

设 V 为数域K 上的 n 维线性空间,$\boldsymbol{A}$ 是 V 内一个幂零线性变换,即 $\boldsymbol{A}^m=\boldsymbol{0}$. 现取 V 中任意非零向量 α,有 $\boldsymbol{A}^m\alpha=0$. 于是存在最小正整数 k,使 $\boldsymbol{A}^{k-1}\alpha\neq 0$,但 $\boldsymbol{A}^k\alpha=0$(显然,$k\geqslant 1$). 我们来证明:向量组 $\alpha,\boldsymbol{A}\alpha,\cdots,\boldsymbol{A}^{k-1}\alpha$ 线性无关. 设

$$a_0\alpha+a_1\boldsymbol{A}\alpha+\cdots+a_{k-1}\boldsymbol{A}^{k-1}\alpha=0.$$

假定 $a_0,a_1,\cdots,a_{k-1}$ 不全为 0,令自左至右第一个不为 0 的是 a_i,即设

$$a_i\boldsymbol{A}^i\alpha+a_{i+1}\boldsymbol{A}^{i+1}\alpha+\cdots+a_{k-1}\boldsymbol{A}^{k-1}\alpha=0.$$

两边用 $\boldsymbol{A}^{k-1-i}$ 作用,因 $\boldsymbol{A}^t\alpha=0(t\geqslant k)$,故上式变为 $a_i\boldsymbol{A}^{k-1}\alpha=0$,已知 $\boldsymbol{A}^{k-1}\alpha\neq 0$,故 $a_i=0$,与假设矛盾. 故 $\alpha,\boldsymbol{A}\alpha,\cdots,\boldsymbol{A}^{k-1}\alpha$ 必线性无关.

现令

$$I(\alpha)=L(\alpha,\boldsymbol{A}\alpha,\cdots,\boldsymbol{A}^{k-1}\alpha).$$

则 $I(\alpha)$为 $\boldsymbol{A}$ 的一个不变子空间,且 $\dim I(\alpha)=k$. $I(\alpha)$称为由 α 生成的 $\boldsymbol{A}$ 的**循环不变子空间**. 在 $I(\alpha)$的基 $\boldsymbol{A}^{k-1}\alpha,\boldsymbol{A}^{k-2}\alpha,\cdots,\boldsymbol{A}\alpha,\alpha$ 下,$\boldsymbol{A}$(限制在 $I(\alpha)$内)的矩阵为

$$J=\begin{bmatrix}0 & 1 & & & \\ & 0 & \ddots & 0 & \\ & & \ddots & \ddots & \\ & 0 & & \ddots & 1 \\ & & & & 0\end{bmatrix}.$$

反过来说,如果 M 是 $\boldsymbol{A}$ 的一个不变子空间,且 M 内存在一组基 $\varepsilon_1,\varepsilon_2,\cdots,\varepsilon_k$,使 $\boldsymbol{A}|_M$ 在此组基下为上面的矩阵 J,于是

$$\boldsymbol{A}\varepsilon_k=\varepsilon_{k-1},\ \boldsymbol{A}\varepsilon_{k-1}=\varepsilon_{k-2},\cdots,\boldsymbol{A}\varepsilon_2=\varepsilon_1,\boldsymbol{A}\varepsilon_1=0.$$

令 $\alpha=\varepsilon_k$,则 $\boldsymbol{A}\alpha=\varepsilon_{k-1},\boldsymbol{A}^2\alpha=\varepsilon_{k-2},\cdots,\boldsymbol{A}^{k-2}\alpha=\varepsilon_2,\boldsymbol{A}^{k-1}\alpha=\varepsilon_1$,由此

得知 $M=L(\alpha,\boldsymbol{A}\alpha,\cdots,\boldsymbol{A}^{k-1}\alpha)$ 是由 $\alpha=\varepsilon_k$ 生成的循环不变子空间.

定义　形如

$$J=\begin{bmatrix} J_1 & & & \\ & J_2 & & 0 \\ 0 & & \ddots & \\ & & & J_s \end{bmatrix},\quad J_i=\begin{bmatrix} 0 & 1 & & 0 \\ & 0 & \ddots & \\ & & \ddots & 1 \\ 0 & & & 0 \end{bmatrix}_{n_i\times n_i}$$

的准对角矩阵称为一个**若尔当**(Jordan)**形矩阵**(当 $n_i=1$ 时,$J_i=(0)$ 为一阶零矩阵),而主对角线上小块方阵 J_i 称为**若尔当块**.

本节的任务是来证明:对数域 K 上 n 维线性空间 V 内一个幂零线性变换 $\boldsymbol{A}$,必可在 V 内选取一组基,使在该组基下 $\boldsymbol{A}$ 的矩阵成若尔当形矩阵.

我们先来证明一个基本事实.

命题 1.2　设 $\boldsymbol{A}$ 是数域 K 上 n 维线性空间 V 内的一个幂零线性变换,则在 V 内存在一组基,使 $\boldsymbol{A}$ 在该组基下的矩阵成若尔当形矩阵的充要条件是 V 可分解为 $\boldsymbol{A}$ 的循环不变子空间的直和:

$$V=I(\alpha_1)\oplus I(\alpha_2)\oplus\cdots\oplus I(\alpha_s).$$

证　*必要性*　设 $\boldsymbol{A}$ 的矩阵在 V 的一组基下成上述若尔当形,则按第四章命题 4.5,空间 V 分解为 $\boldsymbol{A}$ 的不变子空间的直和:

$$V=M_1\oplus M_2\oplus\cdots\oplus M_s,$$

且在 M_i 内存在一组基 $\varepsilon_{i1},\varepsilon_{i2},\cdots,\varepsilon_{in_i}$,使 $\boldsymbol{A}|_{M_i}$ 在此组基下的矩阵为

$$J_i=\begin{bmatrix} 0 & 1 & & & \\ & 0 & \ddots & 0 & \\ & & \ddots & \ddots & \\ & 0 & & \ddots & 1 \\ & & & & 0 \end{bmatrix}_{n_i\times n_i}.$$

这表示 $\boldsymbol{A}\varepsilon_{in_i}=\varepsilon_{in_i-1},\cdots,\boldsymbol{A}\varepsilon_{i2}=\varepsilon_{i1},\boldsymbol{A}\varepsilon_{i1}=0$. 于是 $M_i=I(\varepsilon_{in_i})$,即 M_i 为 ε_{in_i} 生成的 n_i 维循环不变子空间.

充分性　若

$$V = I(\alpha_1) \oplus I(\alpha_2) \oplus \cdots \oplus I(\alpha_s),$$

在每个 $I(\alpha_i)$ 内选取基 $\boldsymbol{A}^{n_i-1}\alpha_i, \boldsymbol{A}^{n_i-2}\alpha_i, \cdots, \boldsymbol{A}\alpha_i, \alpha_i$，根据第四章命题 4.5.它们合并为 V 的一组基，在此组基下 $\boldsymbol{A}$ 的矩阵即为若尔当形矩阵. ▌

下面的讨论将使用商空间的技巧，现在把有关的知识再简单复习一下.

设 M 是 $\boldsymbol{A}$ 的一个不变子空间，则 V 对 M 的商空间为

$$\overline{V} = V/M = \{\alpha + M \mid \alpha \in V\}.$$

$\alpha + M$ 记为 $\overline{\alpha}$，我们有如下基本关系：

$$k_1\overline{\alpha}_1 + k_2\overline{\alpha}_2 + \cdots + k_s\overline{\alpha}_s = \overline{k_1\alpha_1 + k_2\alpha_2 + \cdots + k_s\alpha_s}.$$

在第四章§3 中定义了 V 到 $\overline{V}$ 的自然映射

$$\varphi: V \longrightarrow \overline{V},$$
$$\alpha \longmapsto \overline{\alpha} = \alpha + M.$$

这是 V 到 $\overline{V}$ 的一个线性映射，上面的基本关系可用 φ 表示如下：

$$\begin{aligned}&\overline{k_1\alpha_1 + k_2\alpha_2 + \cdots + k_s\alpha_s}\\&= \varphi(k_1\alpha_1 + k_2\alpha_2 + \cdots + k_s\alpha_s)\\&= k_1\varphi(\alpha_1) + k_2\varphi(\alpha_2) + \cdots + k_s\varphi(\alpha_s)\\&= k_1\overline{\alpha}_1 + k_2\overline{\alpha}_2 + \cdots + k_s\overline{\alpha}_s.\end{aligned}$$

注意 线性映射 φ 的核 $\mathrm{Ker}\varphi = M$，即 $\varphi(\alpha) = \overline{0}$ 的充要条件是 $\alpha \in M$(此时 $\alpha + M = 0 + M = \overline{0}$).

因为 M 是 $\boldsymbol{A}$ 的不变子空间，故 $\boldsymbol{A}$ 在 $\overline{V}$ 内有诱导变换：

$$\boldsymbol{A}\overline{\alpha} = \boldsymbol{A}(\alpha + M) = \boldsymbol{A}\alpha + M = \overline{\boldsymbol{A}\alpha},$$

或用自然映射 φ 表示为

$$\varphi(\boldsymbol{A}\alpha) = \overline{\boldsymbol{A}\alpha} = \boldsymbol{A}\overline{\alpha} = \boldsymbol{A}\varphi(\alpha).$$

上式表示 φ 与 $\boldsymbol{A}$ 的作用可交换. 显然，

$$\boldsymbol{A}^k\overline{\alpha} = \boldsymbol{A}^k\alpha + M = \overline{\boldsymbol{A}^k\alpha},$$

即 $\varphi(\boldsymbol{A}^k\alpha) = \boldsymbol{A}^k\varphi(\alpha)$，即 φ 与 $\boldsymbol{A}^k$ 的作用也可交换.

如果 $\boldsymbol{A}^m = \boldsymbol{0}$，则对任意 $\overline{\alpha} \in \overline{V}$，有

$$\boldsymbol{A}^m\overline{\alpha} = \overline{\boldsymbol{A}^m\alpha} = \overline{0}.$$

故 $\boldsymbol{A}$ 在 V/M 内的诱导变换也是幂零线性变换.

根据第四章命题 2.5，我们有

$$\dim V/M=\dim V-\dim M.$$

2. 幂零线性变换的若尔当标准形

在本段中我们固定使用下面的记号：令 $\boldsymbol{A}$ 为数域 K 上 n 维线性空间 V 内一非零幂零线性变换，以 $M=V_{\lambda_0}$ 记 $\boldsymbol{A}$ 的唯一特征值 $\lambda_0=0$ 对应的特征子空间. M 当然是 $\boldsymbol{A}$ 的不变子空间：

$$\boldsymbol{A}\alpha=0\quad(\forall\,\alpha\in M).$$

命题 1.3 设 $\bar{\alpha}=\alpha+M$ 为 $\bar{V}=V/M$ 中一非零元素，又设 $I(\bar{\alpha})$ 为 $\boldsymbol{A}$ 在 $\bar{V}$ 内诱导变换的一个 k 维循环不变子空间，则 $I(\alpha)$ 为 $\boldsymbol{A}$ 在 V 内一个 $k+1$ 维循环不变子空间，即 $I(\alpha)=L(\alpha,\boldsymbol{A}\alpha,\cdots,\boldsymbol{A}^k\alpha)$ 且 $\boldsymbol{A}^k\alpha\in M$.

证 按假设有

$$I(\bar{\alpha})=L(\bar{\alpha},\boldsymbol{A}\bar{\alpha},\cdots,\boldsymbol{A}^{k-1}\bar{\alpha}).$$

因 $\boldsymbol{A}^k\bar{\alpha}=\bar{0}$，由 $\varphi(\boldsymbol{A}^k\alpha)=\boldsymbol{A}^k\varphi(\alpha)=\boldsymbol{A}^k\bar{\alpha}=\bar{0}$ 知 $\boldsymbol{A}^k\alpha\in\mathrm{Ker}\varphi=M$. 从而 $\boldsymbol{A}^{k+1}\alpha=\boldsymbol{A}(\boldsymbol{A}^k\alpha)=0$. 现在 $\boldsymbol{A}^k\alpha\neq 0$. 否则，若 $\boldsymbol{A}^k\alpha=\boldsymbol{A}(\boldsymbol{A}^{k-1}\alpha)=0$ 推知 $\boldsymbol{A}^{k-1}\alpha\in M$. 从而 $\bar{0}=\varphi(\boldsymbol{A}^{k-1}\alpha)=\boldsymbol{A}^{k-1}\varphi(\alpha)=\boldsymbol{A}^{k-1}\bar{\alpha}$，这与 $I(\bar{\alpha})$ 为 k 维循环不变子空间之设矛盾. 于是

$$I(\alpha)=L(\alpha,\boldsymbol{A}\alpha,\cdots,\boldsymbol{A}^k\alpha)$$

为 $\boldsymbol{A}$ 在 V 内一 $k+1$ 维循环不变子空间，其中 $\boldsymbol{A}^k\alpha\in M$. ▌

注 对任意 $\beta\in I(\alpha)$，有 $\beta=b_1\alpha+b_2\boldsymbol{A}\alpha+\cdots+b_k\boldsymbol{A}^{k-1}\alpha+b_{k+1}\boldsymbol{A}^k\alpha$，则 $\varphi(\beta)=b_1\varphi(\alpha)+b_2\varphi(\boldsymbol{A}\alpha)+\cdots+b_k\varphi(\boldsymbol{A}^{k-1}\alpha)+b_{k+1}\varphi(\boldsymbol{A}^k\alpha)=b_1\bar{\alpha}+b_2\boldsymbol{A}\bar{\alpha}+\cdots+b_k\boldsymbol{A}^{k-1}\bar{\alpha}\in I(\bar{\alpha})$. 若 $\varphi(\beta)=\bar{0}$，则 $b_1=b_2=\cdots=b_k=0$，即 $\beta=b_{k+1}\boldsymbol{A}^k\alpha\in M$.

命题 1.4 设 $\boldsymbol{A}$ 是数域 K 上 n 维线性空间 V 内一幂零线性变换，则在 V 内存在一组基，使在该组基下 $\boldsymbol{A}$ 的矩阵成若尔当形矩阵.

证 按命题 1.2，只要证 V 分解为 $\boldsymbol{A}$ 的循环不变子空间的直和就可以了. 为此，对 n 做数学归纳法.

当 $n=1$ 时，在 V 中取一组基 ε_1，则 $\boldsymbol{A}\varepsilon_1=\lambda_0\varepsilon_1$，$\lambda_0$ 为 $\boldsymbol{A}$ 的特征值，按命题 1.1 知 $\lambda_0=0$，即 $\boldsymbol{A}\varepsilon_1=0$，于是 $\boldsymbol{A}$ 的矩阵为 (0)，自然是若尔当形矩阵.

设命题对维数小于 n 的线性空间已成立，则当 $\dim V=n$ 时，若 $\mathbf{A}=\mathbf{0}$，命题成立. 当 $\mathbf{A}\neq\mathbf{0}$ 时，令 $M=V_{\lambda_0}$（λ_0 为 $\mathbf{A}$ 的唯一特征值 0），$\dim M\geqslant 1$，故 $\dim\overline{V}=\dim V-\dim M<n$. $\mathbf{A}$ 在 $\overline{V}$ 内的诱导线性变换仍为 $\overline{V}$ 内幂零线性变换，按归纳假设，

$$\overline{V}=I(\overline{\alpha}_1)\oplus I(\overline{\alpha}_2)\oplus\cdots\oplus I(\overline{\alpha}_s),$$

其中 $\overline{\alpha}_i=\alpha_i+M$，$\dim I(\overline{\alpha}_i)=k_i\,(i=1,2,\cdots,s)$. 根据命题 1.3，$I(\alpha_i)$ 为 $\mathbf{A}$ 在 V 内的 k_i+1 维循环不变子空间，且

$$I(\alpha_i)=L(\alpha_i,\mathbf{A}\alpha_i,\cdots,\mathbf{A}^{k_i}\alpha_i),$$

其中 $\mathbf{A}^{k_i}\alpha_i\in M$.

(i) 先证 $\mathbf{A}^{k_1}\alpha_1,\mathbf{A}^{k_2}\alpha_2,\cdots,\mathbf{A}^{k_s}\alpha_s$ 为 M 内线性无关向量组. 若

$$a_1\mathbf{A}^{k_1}\alpha_1+a_2\mathbf{A}^{k_2}\alpha_2+\cdots+a_s\mathbf{A}^{k_s}\alpha_s=0,$$

因 $k_i\geqslant 1$，我们有

$$\mathbf{A}(a_1\mathbf{A}^{k_1-1}\alpha_1+a_2\mathbf{A}^{k_2-1}\alpha_2+\cdots+a_s\mathbf{A}^{k_s-1}\alpha_s)=0,$$

这表明

$$a_1\mathbf{A}^{k_1-1}\alpha_1+a_2\mathbf{A}^{k_2-1}\alpha_2+\cdots+a_s\mathbf{A}^{k_s-1}\alpha_s\in M.$$

两边用自然映射 φ 作用，因 $\varphi(\mathbf{A}^{k_i-1}\alpha_i)=\mathbf{A}^{k_i-1}\varphi(\alpha_i)=\mathbf{A}^{k_i-1}\overline{\alpha}_i\in I(\overline{\alpha}_i)$，且 $\mathbf{A}^{k_i-1}\overline{\alpha}_i$ 为 $I(\overline{\alpha}_i)$基向量之一，不为 $\overline{0}$. 于是

$$a_1\mathbf{A}^{k_1-1}\overline{\alpha}_1+a_2\mathbf{A}^{k_2-1}\overline{\alpha}_2+\cdots+a_s\mathbf{A}^{k_s-1}\overline{\alpha}_s=\overline{0}.$$

由于和 $I(\overline{\alpha}_1)+I(\overline{\alpha}_2)+\cdots+I(\overline{\alpha}_s)$为直和，零向量 $\overline{0}$ 表法唯一，即 $a_i\mathbf{A}^{k_i-1}\overline{\alpha}_i=\overline{0}$，而 $\mathbf{A}^{k_i-1}\overline{\alpha}_i\neq\overline{0}$. 故 $a_i=0$. 这证明了所要的结论.

(ii) 把上述 M 内线性无关向量组扩充为 M 的一组基：

$$\mathbf{A}^{k_1}\alpha_1,\mathbf{A}^{k_2}\alpha_2,\cdots,\mathbf{A}^{k_s}\alpha_s,\beta_1,\beta_2,\cdots,\beta_t. \tag{I}$$

令 $N=L(\beta_1,\beta_2,\cdots,\beta_t)$，来证

$$V=I(\alpha_1)\oplus I(\alpha_2)\oplus\cdots\oplus I(\alpha_s)\oplus N.$$

首先证右端子空间之和为直和，即证零向量表法唯一：

$$0=\beta_1'+\beta_2'+\cdots+\beta_s'+n\quad(\beta_i'\in I(\alpha_i),n\in N).$$

因 $\varphi(n)=\overline{0}$，我们有

$$\overline{0}=\varphi(0)=\varphi(\beta_1')+\varphi(\beta_2')+\cdots+\varphi(\beta_s').$$

按命题 1.3 后面所注，$\varphi(\beta_i')\in I(\overline{\alpha}_i)$，而 $\sum I(\overline{\alpha}_i)$ 为直和，$\overline{0}$ 表法唯一，故 $\varphi(\beta_i')=\overline{0}$，于是从该注解知 $\beta_i'=b_i\mathbf{A}^{k_i}\alpha_i$. 代回原式得（设 $n=$

$c_1\beta_1+\cdots+c_t\beta_t$)

$$0=b_1\mathbf{A}^{k_1}\alpha_1+b_2\mathbf{A}^{k_2}\alpha_2+\cdots+b_s\mathbf{A}^{k_s}\alpha_s+c_1\beta_1+\cdots+c_t\beta_t.$$

向量组(Ⅰ)为 M 一组基,故 $b_1=b_2=\cdots=b_s=c_1=\cdots=c_t=0$. 于是 $\beta_1'=\beta_2'=\cdots=\beta_s'=n=0$. 即零向量表法唯一.

现在根据第四章定理 2.3,有

$$\begin{aligned}
&\dim(I(\alpha_1)\oplus I(\alpha_2)\oplus\cdots\oplus I(\alpha_s)\oplus N)\\
&=\sum_{i=1}^{s}\dim I(\alpha_i)+\dim N\\
&=\sum_{i=1}^{s}(k_i+1)+t\\
&=\sum_{i=1}^{s}k_i+s+t\\
&=\sum_{i=1}^{s}\dim I(\bar{\alpha}_i)+\dim M\\
&=\dim V/M+\dim M\\
&=\dim V-\dim M+\dim M=\dim V.
\end{aligned}$$

于是

$$\begin{aligned}
V&=I(\alpha_1)\oplus I(\alpha_2)\oplus\cdots\oplus I(\alpha_s)\oplus N\\
&=I(\alpha_1)\oplus I(\alpha_2)\oplus\cdots\oplus I(\alpha_s)\oplus I(\beta_1)\oplus\cdots\oplus I(\beta_t)
\end{aligned}$$

(N 的一组基 $\beta_1,\beta_2,\cdots,\beta_t$ 满足 $\mathbf{A}\beta_i=0$,故 $L(\beta_i)=I(\beta_i)$),即 V 分解为 $\mathbf{A}$ 的循环不变子空间的直和. ▍

设 $\mathbf{A}$ 是数域 K 上 n 维线性空间 V 内的线性变换. 若 $\mathbf{A}^{n-1}\neq\mathbf{0}$,但 $\mathbf{A}^n=\mathbf{0}$,则 $\mathbf{A}$ 称为 V 内一个**循环幂零线性变换**. 此时必有 $\alpha\in V$,使 $\mathbf{A}^{n-1}\alpha\neq 0$. 现在自然有 $\mathbf{A}^n\alpha=0$,于是

$$\mathbf{A}^{n-1}\alpha,\mathbf{A}^{n-2}\alpha,\cdots,\mathbf{A}\alpha,\alpha$$

成为 V 的一组基,在此组基下 $\mathbf{A}$ 的矩阵

$$J=\begin{bmatrix}0&1&&\\&0&\ddots&\\&&\ddots&1\\&&&0\end{bmatrix}_{n\times n}.$$

上面一组基称为**循环基**.

幂零若尔当块矩阵 J 有如下有用性质：

$$\begin{bmatrix} 0 & 1 & & & \\ & 0 & 1 & & 0 \\ & & \ddots & \ddots & \\ & 0 & & \ddots & 1 \\ & & & & 0 \end{bmatrix} \begin{bmatrix} a_{11} & a_{12} & \cdots & a_{1n} \\ a_{21} & a_{22} & \cdots & a_{2n} \\ \vdots & \vdots & & \vdots \\ a_{n1} & a_{n2} & \cdots & a_{nn} \end{bmatrix} = \begin{bmatrix} a_{21} & a_{22} & \cdots & a_{2n} \\ a_{31} & a_{32} & \cdots & a_{3n} \\ \vdots & \vdots & & \vdots \\ a_{n1} & a_{n2} & \cdots & a_{nn} \\ 0 & 0 & \cdots & 0 \end{bmatrix},$$

即用 J 左乘一方阵，其结果是把该方阵每行向上平移一行，原第一行消失，最后一行变为零. 于是

$$J^k = \begin{bmatrix} 0 & 1 & & & \\ & 0 & 1 & 0 & \\ & & \ddots & \ddots & \\ & 0 & & \ddots & 1 \\ & & & & 0 \end{bmatrix}_{n\times n}^{k}$$

$$= \begin{bmatrix} \overbrace{0 \ \cdots \ 0}^{k} & 1 & & 0 \\ \ddots & \ddots & \ddots & \\ & \ddots & \ddots & 1 \\ & & \ddots & 0 \\ 0 & & \ddots & \vdots \\ & & & 0 \end{bmatrix} \quad (k < n),$$

而 $J^k = 0\,(k \geqslant n)$. 下面不少地方都用到这个结果.

习 题 一

1. 设在数域 K 上的 n 维线性空间 V 内的线性变换 $\boldsymbol{A}$ 在基 $\varepsilon_1, \varepsilon_2, \cdots, \varepsilon_n$ 下的矩阵 A 的特征多项式为 $f(\lambda) = \lambda^n$，证明：$\boldsymbol{A}$ 是幂零线性变换.

2. 设 $\boldsymbol{A}$ 是数域 K 上 n 维线性空间 V 内的幂零线性变换，令 $\lambda_0 = 0$，$\boldsymbol{A}$ 的特征子空间 V_{λ_0} 的维数为 k，证明：$\boldsymbol{A}^{n-k+1} = \boldsymbol{0}$.

3. 设在数域 K 上三维线性空间 V 内的线性变换 $\boldsymbol{A}$ 在基 $\varepsilon_1, \varepsilon_2,$

ε_3 下的矩阵为 A，设矩阵 A 分别为

$$A=\begin{bmatrix}0&-3&3\\-2&-7&13\\-1&-4&7\end{bmatrix},\quad A=\begin{bmatrix}3&6&-15\\1&2&-5\\1&2&-5\end{bmatrix}.$$

判断 $\boldsymbol{A}$ 是否幂零线性变换？是否循环幂零线性变换？

4. 设 $A\in M_n(K)$，A 是一个幂零矩阵. 在 $M_n(K)$ 内定义线性变换：

$$\boldsymbol{A}X=AX-XA\quad (X\in M_n(K)).$$

证明：$\boldsymbol{A}$ 是一个幂零线性变换.

5. 在 $K[x]_n$ 内定义线性变换：

$$\mathbf{D}x^k=kx^{k-1}\ (k=1,2,\cdots,n-1),\quad \mathbf{D}1=0.$$

证明：$\mathbf{D}$ 是一个循环幂零线性变换，并求它的一组循环基.

6. 设 $\boldsymbol{A}$ 是 n 维线性空间 V 内的一个循环幂零线性变换，$\varepsilon_1,\cdots,\varepsilon_n$ 是它的一组循环基，试求 $\boldsymbol{A}$ 的全部不变子空间.

7. 设 $\boldsymbol{A}$ 是 n 维线性空间 V 内的一个幂零线性变换，如果 $\boldsymbol{A}$ 有两个线性无关特征向量 α,β，证明：$\boldsymbol{A}$ 不是循环幂零线性变换.

8. 设 $\boldsymbol{A},\boldsymbol{B}$ 是 n 维线性空间 V 内的两个幂零线性变换，且 $\boldsymbol{AB}=\boldsymbol{BA}$，证明：$\boldsymbol{A}+\boldsymbol{B}$ 也是 V 内的幂零线性变换.

9. 设 $\boldsymbol{A}$ 是 n 维线性空间 V 内的幂零线性变换，证明：$k\boldsymbol{E}+\boldsymbol{A}(k\neq 0)$ 可逆，并求其逆.

10. 设 $\boldsymbol{A}$ 是 n 维线性空间 V 内的一个幂零线性变换，在某一组基下矩阵成若尔当标准形

$$J=\begin{bmatrix}J_1&&&\\&J_2&0&\\&0&\ddots&\\&&&J_s\end{bmatrix},\quad J_i=\begin{bmatrix}0&1&&0\\&0&\ddots&\\&&\ddots&1\\0&&&0\end{bmatrix}.$$

证明：$\boldsymbol{A}$ 的特征值 $\lambda_0=0$ 对应的特征子空间 V_{λ_0} 的维数等于 s.

11. 设 $A\in M_2(K)$，如果存在 $B\in M_2(K)$，使 $AB-BA=A$. 证明：A 是一个幂零矩阵.

12. 设 $\boldsymbol{A}$ 是数域 K 上三维线性空间 V 内的线性变换，在基 ε_1，

$\varepsilon_2,\varepsilon_3$ 下的矩阵为题 3 中所示矩阵，试在 V 中求一组基，使 $\boldsymbol{A}$ 在此组基下的矩阵成若尔当标准形.

13. 设 T 是数域 K 上的 n 阶方阵. 在 $M_n(K)$内定义线性变换如下：

$$\boldsymbol{T}(X) = T'XT \quad (\forall X \in M_n(K)).$$

(1) 若 T 是幂零矩阵，证明：$\boldsymbol{T}$ 是幂零线性变换；

(2) 令 $n=2, T=\begin{pmatrix} 0 & 1 \\ 0 & 0 \end{pmatrix}$，在 $M_2(K)$内找一组基，使 $\boldsymbol{T}$ 在该组基下的矩阵成若尔当形；

(3) 如果 $\boldsymbol{T}$ 是幂零线性变换，证明：T 为幂零矩阵.

14. 设 V 是数域 K 上的 n 维线性空间，$\boldsymbol{A}$ 是 V 内一个幂零线性变换，证明：使 $\boldsymbol{A}^k=\boldsymbol{0}$ 的最小正整数 k 等于 $\boldsymbol{A}$ 的若尔当形中若尔当块的最高阶数.

§2 一般线性变换的若尔当标准形

在这一节里，我们来导出复数域上 n 维线性空间内任意线性变换的若尔当标准形.

1. 若尔当块与若尔当形

形如

$$J = \begin{bmatrix} \lambda_0 & 1 & & 0 \\ & \lambda_0 & \ddots & \\ & & \ddots & 1 \\ 0 & & & \lambda_0 \end{bmatrix}_{n\times n} \tag{1}$$

的矩阵称为**若尔当块**，若尔当块阶数为 1 时，即为一阶方阵(λ_0)；形如

$$J = \begin{bmatrix} J_1 & & & 0 \\ & J_2 & & \\ & & \ddots & \\ 0 & & & J_s \end{bmatrix}, \quad J_i = \begin{bmatrix} \lambda_i & 1 & & 0 \\ & \lambda_i & \ddots & \\ & & \ddots & 1 \\ 0 & & & \lambda_i \end{bmatrix}_{n_i\times n_i} \tag{2}$$

的准对角矩阵称为**若尔当形**矩阵. 一个若尔当形矩阵主对角线上的若尔当块如果都是一阶的,它就是对角矩阵. 所以对角矩阵是一种特殊的若尔当形矩阵. 若 J 是若尔当块(1),则 J 的特征多项式为 $f(\lambda)=(\lambda-\lambda_0)^n$. 故若尔当块矩阵有唯一的特征值 λ_0,恰为其主对角线上的元素.

如果 J 是若尔当形矩阵(2),则其特征多项式为

$$f(\lambda)=(\lambda-\lambda_1)^{n_1}(\lambda-\lambda_2)^{n_2}\cdots(\lambda-\lambda_s)^{n_s},$$

其中 $\lambda_1,\lambda_2,\cdots,\lambda_s$ 可能有相同的.

上一节中所讨论的幂零线性变换的若尔当标准形是若尔当形矩阵的特殊情况,即其特征值均为零的情况.

本节的任务是要证明,对复数域上有限维线性空间内任一线性变换,都可在线性空间中找出一组基,使其矩阵成为若尔当形矩阵.

2. 若尔当标准形的存在性

我们首先对任意数域 K 上的 n 维线性空间 V 内的线性变换 $\boldsymbol{A}$ 做一些讨论. 根据§1 对幂零线性变换所得到的结果,我们有

命题 2.1 设 $\boldsymbol{A}$ 是数域 K 上 n 维线性空间 V 内的一个线性变换. 如果存在 $\lambda_0\in K$,使 $\boldsymbol{A}-\lambda_0\boldsymbol{E}$ 是一个幂零线性变换,则在 V 内存在一组基,使 $\boldsymbol{A}$ 在这组基下的矩阵成为如下的若尔当标准形:

$$J=\begin{bmatrix} J_1 & & & 0 \\ & J_2 & & \\ & & \ddots & \\ 0 & & & J_s \end{bmatrix},\quad J_i=\begin{bmatrix} \lambda_0 & 1 & & 0 \\ & \lambda_0 & \ddots & \\ & & \ddots & 1 \\ 0 & & & \lambda_0 \end{bmatrix}.$$

证 根据命题 1.4 知 $\boldsymbol{B}=\boldsymbol{A}-\lambda_0\boldsymbol{E}$ 在某一组基下的矩阵成为若尔当形,其主对角线上元素为零,而在同一组基下 $\lambda_0\boldsymbol{E}$ 矩阵为 λ_0E,故 $\boldsymbol{A}=\boldsymbol{B}+\lambda_0\boldsymbol{E}$ 在该组基下的矩阵成为上述若尔当标准形. ▎

下面设 $\boldsymbol{A}$ 为 V 中任一线性变换,又设 $\boldsymbol{A}$ 有一特征值 $\lambda_0\in K$. 令 $\boldsymbol{B}=\boldsymbol{A}-\lambda_0\boldsymbol{E}$,定义 V 的两串子空间序列如下:

$$M_0=\{0\},\quad M_i=\mathrm{Ker}\boldsymbol{B}^i\quad(i=1,2,\cdots);$$

$$N_0=V,\quad N_i=\mathrm{Im}(\boldsymbol{B}^i)\quad(i=1,2,\cdots).$$

我们有如下简单的事实：

1）M_i，N_i 间有如下包含关系：

$$\{0\}=M_0\subseteq M_1\subseteq M_2\subseteq\cdots;\quad V=N_0\supseteq N_1\supseteq N_2\supseteq\cdots.$$

证　(i) 设 $\alpha\in M_i$，则 $\boldsymbol{B}^i\alpha=0$，显然有

$$\boldsymbol{B}^{i+1}\alpha=\boldsymbol{B}(\boldsymbol{B}^i\alpha)=\boldsymbol{B}0=0,$$

故 $\alpha\in M_{i+1}$，即 $M_i\subseteq M_{i+1}$.

(ii) 设 $\alpha\in N_i\,(i\geqslant1)$，则存在 $\beta\in V$，使

$$\alpha=\boldsymbol{B}^i\beta=\boldsymbol{B}^{i-1}(\boldsymbol{B}\beta)\in N_{i-1},$$

故 $N_i\subseteq N_{i-1}$. ▌

由第四章命题 3.5 的推论 1(取 $U=V$)，我们有

2）$\dim M_i+\dim N_i=n\quad(i=0,1,2,\cdots)$.

根据上述性质，我们有

$$\dim M_0\leqslant\dim M_1\leqslant\dim M_2\leqslant\cdots,$$
$$\dim N_0\geqslant\dim N_1\geqslant\dim N_2\geqslant\cdots.$$

注意到 λ_0 是 $\boldsymbol{A}$ 的一个特征值，因而

$$\begin{aligned}M_1&=\operatorname{Ker}\boldsymbol{B}=\{\alpha\in V\mid\boldsymbol{B}\alpha=0\}\\&=\{\alpha\in V\mid\boldsymbol{A}\alpha=\lambda_0\alpha\}\neq\{0\}.\end{aligned}$$

故 $\dim M_0=0<\dim M_1$. 另一方面 M_i 为 V 的子空间，其维数 $\leqslant n$，故必存在一个最小正整数 k，使 $\dim M_k=\dim M_{k+1}$，从而必有 $M_k=M_{k+1}$，而且

$$\dim M_0<\dim M_1<\cdots<\dim M_k.$$

3）对上述正整数 k，有

$$M_0\subset M_1\subset\cdots\subset M_k=M_{k+1}=M_{k+2}=\cdots,\tag{3}$$
$$N_0\supset N_1\supset\cdots\supset N_k=N_{k+1}=N_{k+2}=\cdots.\tag{4}$$

证　只要证 $M_{k+1}=M_{k+2}$，以下类推即可. 因 $M_{k+1}\subseteq M_{k+2}$，故只需证 $M_{k+2}\subseteq M_{k+1}$ 即可. 设 $\alpha\in M_{k+2}$，则 $\boldsymbol{B}^{k+2}\alpha=0$，即 $\boldsymbol{B}^{k+1}(\boldsymbol{B}\alpha)=0$. 而因为 $\boldsymbol{B}\alpha\in M_{k+1}=M_k$，故 $\boldsymbol{B}^k(\boldsymbol{B}\alpha)=0$，这表明 $\boldsymbol{B}^{k+1}\alpha=0$，于是 $\alpha\in M_{k+1}$，即 $M_{k+2}\subseteq M_{k+1}$，由此知 $M_{k+1}=M_{k+2}$，(3)式成立. 从(3)式，利用关系式

$$\dim N_i+\dim M_i=n,$$

不难知

$$\dim N_k = \dim N_{k+1} = \dim N_{k+2} = \cdots.$$

故(4)式也正确. ▌

4) 对上述 k,有 $V = M_k \oplus N_k$,且 M_k 与 N_k 均为 $\boldsymbol{A}$ 的不变子空间.

证 因 $\dim M_k + \dim N_k = n$,我们只要证 $M_k \cap N_k = \{0\}$就可以了. 设 $\alpha \in M_k \cap N_k$,则 $\boldsymbol{B}^k\alpha = 0$,又存在 $\beta \in V$,使 $\alpha = \boldsymbol{B}^k\beta$. 于是

$$0 = \boldsymbol{B}^k\alpha = \boldsymbol{B}^k(\boldsymbol{B}^k\beta) = \boldsymbol{B}^{2k}\beta.$$

因而 $\beta \in M_{2k} = M_k$,即 $\boldsymbol{B}^k\beta = 0$,也就是 $\alpha = 0$.

再证一切 M_i, N_i 均为 $\boldsymbol{A}$ 的不变子空间. 因 $\boldsymbol{B} = \boldsymbol{A} - \lambda_0\boldsymbol{E}$,故 $\boldsymbol{A}$ 与 $\boldsymbol{B}^i$ 可交换. 因此

$$\forall \alpha \in M_i, \quad \boldsymbol{B}^i\alpha = 0, \quad \boldsymbol{B}^i\boldsymbol{A}\alpha = \boldsymbol{A}\boldsymbol{B}^i\alpha = 0,$$

这表示 $\boldsymbol{A}\alpha \in M_i$,即 M_i 在 $\boldsymbol{A}$ 下不变. $\forall \alpha \in N_i$,有 $\alpha = \boldsymbol{B}^i\beta$,$\boldsymbol{A}\alpha = \boldsymbol{A}\boldsymbol{B}^i\beta = \boldsymbol{B}^i\boldsymbol{A}\beta \in N_i$,故 N_i 也是 $\boldsymbol{A}$ 的不变子空间. ▌

现在 V 分解为 $\boldsymbol{A}$ 的两个不变子空间的直和: $V = M_k \oplus N_k$,而 $\boldsymbol{B} = \boldsymbol{A} - \lambda_0 E$ 限制在 M_k 内为幂零线性变换(因 $M_k = \mathrm{Ker}\boldsymbol{B}^k$,即对一切 $\alpha \in M_k$,$\boldsymbol{B}^k\alpha = 0$,从而 $(\boldsymbol{B}|_{M_k})^k = 0$),根据命题 2.1,在 M_k 内存在一组基,使 $\boldsymbol{A}$ 在这组基下的矩阵成

$$J = \begin{bmatrix} J_1 & & & 0 \\ & J_2 & & \\ & & \ddots & \\ 0 & & & J_s \end{bmatrix}, \quad J_i = \begin{bmatrix} \lambda_0 & 1 & & 0 \\ & \lambda_0 & \ddots & \\ & & \ddots & 1 \\ 0 & & & \lambda_0 \end{bmatrix}.$$

注意 $\dim M_k \geqslant \dim M_1 > 0$,故 $\dim N_k = n - \dim M_k < n$. 这样,我们就可以使用数学归纳法来处理问题了.

命题 2.2 设 $\boldsymbol{A}$ 是数域 K 上 n 维线性空间 V 内的一个线性变换,其特征多项式 $f(\lambda)$ 的根全属于 K,则在 V 内存在一组基,使在该组基下 $\boldsymbol{A}$ 的矩阵成为如下的准对角形

$$J = \begin{bmatrix} J_1 & & & 0 \\ & J_2 & & \\ & & \ddots & \\ 0 & & & J_s \end{bmatrix}, \quad J_i = \begin{bmatrix} \lambda_i & 1 & & 0 \\ & \lambda_i & \ddots & \\ & & \ddots & 1 \\ 0 & & & \lambda_i \end{bmatrix}.$$

J 称为 $\boldsymbol{A}$ 的**若尔当标准形**.

证 对 n 做数学归纳法. 当 $n=1$ 时,$\boldsymbol{A}$ 的矩阵是一阶方阵,命题成立. 设命题对维数$<n$ 的线性空间成立,对 n 维线性空间 V 来证命题也成立.

命 λ_1 是 $\boldsymbol{A}$ 的一个特征值,$\boldsymbol{B}=\boldsymbol{A}-\lambda_1\boldsymbol{E}$,由前面的讨论知 V 可分解为 $\boldsymbol{A}$ 的不变子空间的直和:

$$V=M_k\oplus N_k.$$

在 M_k 内可以找出一组基,使 $\boldsymbol{A}|_{M_k}$ 的矩阵成

$$J=\begin{bmatrix} J_1 & & & 0 \\ & J_2 & & \\ & & \ddots & \\ 0 & & & J_s \end{bmatrix},\quad J_i=\begin{bmatrix} \lambda_1 & 1 & & 0 \\ & \lambda_1 & \ddots & \\ & & \ddots & 1 \\ 0 & & & \lambda_1 \end{bmatrix}.$$

若 $N_k=\{0\}$,命题已证. 否则,N_k 是 $\boldsymbol{A}$ 的不变子空间,$\dim N_k<n$,且由第四章命题 4.7,$\boldsymbol{A}|_{N_k}$ 的特征多项式的根也全属于 K. 故按归纳假设,在 N_k 内存在一组基,使 $\boldsymbol{A}|_{N_k}$ 在该组基下的矩阵成为若尔当标准形. 把在 M_k,N_k 所取的基并成 V 的一组基,则 $\boldsymbol{A}$ 在 V 的这组基下的矩阵即成为若尔当标准形. ▌

命题 2.2 中要求 $\boldsymbol{A}$ 的特征多项式 $f(\lambda)$ 的根全属于数域 K,这个条件对 K 为复数域时总是成立的. 所以对复数域上的 n 维线性空间 V 中的任一线性变换 $\boldsymbol{A}$,必定可在 V 中找出一组基,使 $\boldsymbol{A}$ 的矩阵成若尔当形. 而对一般数域 K,则未必能做到这一点.

3. 若尔当标准形的唯一性

我们来证明: 线性变换的若尔当标准形,除了其主对角线上若尔当块的排列次序可以不同外,是唯一确定的.

设 $\boldsymbol{A}$ 是 V 中一个线性变换,在 V 内取基 $\varepsilon_1,\varepsilon_2,\cdots,\varepsilon_n$. $\boldsymbol{A}$ 在此组基下矩阵设为 A. 又设 λ_0 为 $\boldsymbol{A}$ 的一个特征值,$\boldsymbol{B}=\boldsymbol{A}-\lambda_0\boldsymbol{E}$,则 $\boldsymbol{B}$ 在此组基下的矩阵为 $B=A-\lambda_0 E$. 我们又有子空间序列

$$M_i=\operatorname{Ker}\boldsymbol{B}^i\quad(i=0,1,2,\cdots).$$

命题 2.3　$\dim M_i = n - \mathrm{r}(B^i)$　$(i=0,1,2,\cdots)$，其中 $\mathrm{r}(B^i)$ 表示矩阵 B^i 的秩.

证　由 M_i 的定义知 $\alpha \in M_i \Longleftrightarrow \boldsymbol{B}^i\alpha = 0$. 设

$$\begin{aligned}\alpha &= x_1\varepsilon_1 + x_2\varepsilon_2 + \cdots + x_n\varepsilon_n \\ &= (\varepsilon_1, \varepsilon_2, \cdots, \varepsilon_n)X,\end{aligned}$$

则

$$\boldsymbol{B}^i\alpha = 0 \Longleftrightarrow B^iX = 0.$$

在对应 $\alpha \longmapsto X$ 下，M_i 与齐次线性方程组 $B^iX=0$ 的解空间同构，故

$$\dim M_i = n - \mathrm{r}(B^i).$$ ▍

命题 2.4　设 $\boldsymbol{A}$ 是数域 K 上 n 维线性空间 V 内的一个线性变换，其特征多项式的根全属于 K，又设 J 是 $\boldsymbol{A}$ 的任一若尔当标准形. 则对 $\boldsymbol{A}$ 的任一特征值 λ_0，$2\dim M_l - \dim M_{l+1} - \dim M_{l-1}$ 等于 J 中以 λ_0 为特征值且阶为 l 的若尔当块的个数.

证　设

$$J = \begin{bmatrix} J_1 & & & 0 \\ & J_2 & & \\ & & \ddots & \\ 0 & & & J_s \end{bmatrix}, \quad J_i = \begin{bmatrix} \lambda_i & 1 & & 0 \\ & \lambda_i & \ddots & \\ & & \ddots & 1 \\ 0 & & & \lambda_i \end{bmatrix},$$

其中 J_i 设为 n_i 阶若尔当块. 显然，$\lambda_1, \cdots, \lambda_s$ 均为 $\boldsymbol{A}$ 的特征值. 令 $I = J - \lambda_0 E$，则

$$I^l = (J-\lambda_0E)^l = \begin{bmatrix} (J_1-\lambda_0E)^l & & & 0 \\ & (J_2-\lambda_0E)^l & & \\ & & \ddots & \\ 0 & & & (J_s-\lambda_0E)^l \end{bmatrix},$$

于是

$$\mathrm{r}(I^l) = \mathrm{r}[(J_1-\lambda_0E)^l] + \mathrm{r}[(J_2-\lambda_0E)^l] + \cdots + \mathrm{r}[(J_s-\lambda_0E)^l].$$

因为

$$(J_i-\lambda_0 E)^l=\begin{bmatrix}\lambda_i-\lambda_0 & 1 & & 0\\ & \lambda_i-\lambda_0 & \ddots & \\ & & \ddots & 1\\ 0 & & & \lambda_i-\lambda_0\end{bmatrix}^l_{n_i\times n_i},$$

(i) 若 $\lambda_i\neq\lambda_0$，则 $\mathrm{r}[(J_i-\lambda_0E)^l]=n_i$；

(ii) 若 $\lambda_i=\lambda_0$，利用幂零若尔当块的乘法性质有

$$\mathrm{r}[(J_i-\lambda_0E)^l]=\begin{cases}n_i-l, & l<n_i,\\ 0, & l\geqslant n_i.\end{cases}$$

因此有

$$\mathrm{r}[(J_i-\lambda_0E)^l]-\mathrm{r}[(J_i-\lambda_0E)^{l+1}]=\begin{cases}0, & \lambda_i\neq\lambda_0,\\ 0, & \lambda_i=\lambda_0,\ l\geqslant n_i,\\ 1, & \lambda_i=\lambda_0,\ l<n_i.\end{cases}$$

因而

$$\begin{aligned}\mathrm{r}(I^l)-\mathrm{r}(I^{l+1})&=\sum_{i=1}^{s}\mathrm{r}[(J_i-\lambda_0E)^l]-\sum_{i=1}^{s}\mathrm{r}[(J_i-\lambda_0E)^{l+1}]\\ &=\sum_{i=1}^{s}\{\mathrm{r}[(J_i-\lambda_0E)]^l-\mathrm{r}[(J_i-\lambda_0E)^{l+1}]\}\\ &=J\text{ 中以 }\lambda_0\text{ 为特征值而阶数}\geqslant l+1\text{ 的若尔当块的个数}.\end{aligned}$$

于是

$$[\mathrm{r}(I^{l-1})-\mathrm{r}(I^l)]-[\mathrm{r}(I^l)-\mathrm{r}(I^{l+1})]=\mathrm{r}(I^{l-1})+\mathrm{r}(I^{l+1})-2\mathrm{r}(I^l)$$

等于 J 中以 λ_0 为特征值的 l 阶若尔当块的个数.

$\boldsymbol{A}$ 在某组基下的矩阵为 J，则 $\boldsymbol{B}=\boldsymbol{A}-\lambda_0\boldsymbol{E}$ 在该组基下的矩阵为 $I=J-\lambda_0E$. A 与 J 相似，从而 B 与 I 相似，于是 B^i 与 I^i 相似，相似的矩阵秩相等，即 $\mathrm{r}(B^i)=\mathrm{r}(I^i)$，由命题 2.3，$\dim M_i=n-\mathrm{r}(I^i)$，代入上面公式，即得所要证明的等式. ▌

根据命题 2.4，$\boldsymbol{A}$ 的任一若尔当形 J 中以 λ_0 为特征值的 l 阶若尔当块的个数由子空间序列 $M_0\subset M_1\subset M_2\subset\cdots$ 唯一决定，与基的选取无关，故有

推论 1 线性变换的若尔当标准形，如果不计主对角线上若尔当块的排列次序，则是唯一的. ▌

再利用命题 2.3,我们又有

推论 2　设线性变换 **A** 在某一组基下矩阵为 A,又设 λ_0 为 **A** 的任一特征值,则 **A** 的若尔当标准形 J(如果存在的话)中以 λ_0 为特征值的 l 阶若尔当块个数为(令 $B=A-\lambda_0 E$)

$$\mathrm{r}(B^{l+1})+\mathrm{r}(B^{l-1})-2\mathrm{r}(B^{l}).$$

这个推论给出了线性变换若尔当标准形的具体计算方法. 把上面的结果综合起来,得到如下的

定理 2.1　设 **A** 是数域 K 上 n 维线性空间 V 内的一个线性变换. 如果 **A** 的特征多项式的根全属于 K,那么在 V 中存在一组基,使 **A** 在这组基下的矩阵成为如下若尔当形:

$$J=\begin{bmatrix} J_1 & & & 0 \\ & J_2 & & \\ & & \ddots & \\ 0 & & & J_s \end{bmatrix},\quad J_i=\begin{bmatrix} \lambda_i & 1 & & 0 \\ & \lambda_i & \ddots & \\ & & \ddots & 1 \\ 0 & & & \lambda_i \end{bmatrix}.$$

而且除了主对角线上若尔当块的排列次序可以变化之外,若尔当形是由 **A** 唯一决定的. ▍

由于同一个线性变换在不同基下的矩阵是相似的. 所以定理 2.1 也可使用矩阵论的语言叙述如下.

定理 2.2　设 A 是数域 K 上的 n 阶方阵,如果 A 的特征多项式的根全属于 K,则 A 在 K 上相似于如下若尔当形矩阵:

$$J=\begin{bmatrix} J_1 & & & 0 \\ & J_2 & & \\ & & \ddots & \\ 0 & & & J_s \end{bmatrix},\quad J_i=\begin{bmatrix} \lambda_i & 1 & & 0 \\ & \lambda_i & \ddots & \\ & & \ddots & 1 \\ 0 & & & \lambda_i \end{bmatrix}.$$

而且除了主对角线上若尔当块的排列次序可以不同外,J 由 A 唯一决定. J 称为 A 的**若尔当标准形**. ▍

根据第四章命题 4.5,线性变换 **A** 在一组基下的矩阵成准对角形 J 相当于空间 V 分解为 **A** 的不变子空间的直和:

$$V=M_1\oplus M_2\oplus\cdots\oplus M_s.$$

上面直和显然可以任意重排次序:

$$V=M_{i_1}\oplus M_{i_2}\oplus\cdots\oplus M_{i_s}$$

(这相当于把 V 的该组基按上述办法重排次序),与上述直和分解式相应,**A** 的矩阵为如下准对角形:

$$\overline{J}=\begin{bmatrix} J_{i_1} & & & 0 \\ & J_{i_2} & & \\ & & \ddots & \\ 0 & & & J_{i_s} \end{bmatrix}.$$

这就是说,**A** 的若尔当形中,其主对角线上的若尔当块可以按任意次序排列,所得若尔当形只是 **A** 在不同基下的若尔当形,从而彼此相似.

定理 2.1 和定理 2.2 的条件在 $K=\mathbb{C}$ 时总是成立的,所以它们完全解决了复数域上线性空间内线性变换和复矩阵的标准形问题.

4. 若尔当标准形的计算方法

设在 n 维线性空间 V 内给定线性变换 **A**,为求出 **A** 的若尔当标准形(假设存在),可按如下步骤进行计算:

1) 先求 **A** 在 V 的一组基 $\varepsilon_1,\varepsilon_2,\cdots,\varepsilon_n$ 下的矩阵 A;

2) 求出 A 的全部不同特征值 $\lambda_1,\lambda_2,\cdots,\lambda_t$(假设都属于数域 K);

3) 对每个 λ_i,令 $B=A-\lambda_i E$,由公式

$$\mathrm{r}(B^{l+1})+\mathrm{r}(B^{l-1})-2\mathrm{r}(B^l)$$

计算出以 λ_i 为特征值,阶为 l 的若尔当块个数.为此,令 $l=1,2,\cdots$,逐次计算.从 **A** 的若尔当形 J 的特征多项式容易看出:以 λ_i 为特征值的若尔当块阶数之和等于特征值 λ_i 的重数,由此即可知道是否已经找出全部以 λ_i 为特征值的若尔当块;或者从(参看命题 2.4 的证明)$\mathrm{r}(B^l)-\mathrm{r}(B^{l+1})$ 等于 J 中以 λ_i 为特征值而阶 $\geqslant l+1$ 的若尔当块的个数这一点做出判断.

4) 将所获得的若尔当块按任意次序排列成准对角形 J,即为所求.

如果要求的是矩阵的若尔当标准形,则第一个步骤可以省去.

例 2.1 求矩阵

$$A=\begin{bmatrix}2 & 6 & -15\\1 & 1 & -5\\1 & 2 & -6\end{bmatrix}$$

的若尔当标准形.

解　分以下几步计算：

(i) 矩阵 $\boldsymbol{A}$ 的特征多项式为

$$|\lambda E-A|=\begin{vmatrix}\lambda-2 & -6 & 15\\-1 & \lambda-1 & 5\\-1 & -2 & \lambda+6\end{vmatrix}=(\lambda+1)^3.$$

它只有一个特征值 $\lambda_1=-1$(三重根).

(ii) 对 $\lambda_1=-1$. 令 $B=A-\lambda_1E=A+E$.

$$B=\begin{bmatrix}3 & 6 & -15\\1 & 2 & -5\\1 & 2 & -5\end{bmatrix},\quad B^2=0,$$

$\mathrm{r}(B)=1$,以 $\lambda_1=-1$ 为特征值的一阶若尔当块个数为

$$\mathrm{r}(B^2)+\mathrm{r}(B^0)-2\mathrm{r}(B)=0+3-2=1,$$

而以 $\lambda_1=-1$ 为特征值的二阶若尔当块个数为

$$\mathrm{r}(B^3)+\mathrm{r}(B)-2\mathrm{r}(B^2)=0+1-2\times0=1.$$

上面两个若尔当块阶数之和为 3,等于 λ_1 的重数,因而不再存在以 λ_1 为特征值的其他若尔当块.

(iii) 因 A 没有其他特征值,故 A 的若尔当标准形为

$$J=\begin{bmatrix}-1 & 0 & 0\\0 & -1 & 1\\0 & 0 & -1\end{bmatrix}.$$

习　题　二

1. 设 λ_0 是线性变换 $\boldsymbol{A}$ 的一个特征值,$\boldsymbol{B}=\boldsymbol{A}-\lambda_0\boldsymbol{E}$. 令 $M_i=\mathrm{Ker}\boldsymbol{B}^i(i=0,1,2,\cdots)$. 证明：使 $M_k=M_{k+1}$ 的最小正整数 k 等于 $\boldsymbol{A}$ 的若尔当标准形(假设它存在)J 中以 λ_0 为特征值的若尔当块的最高阶数.

2. 续上题. 令 $N_i=\mathrm{Im}(\boldsymbol{B}^i)$. 证明：$\lambda_0$ 不是 $\boldsymbol{A}|_{N_k}$ 的特征值,从而

$\boldsymbol{B}|_{N_k}$ 可逆.

3. 续上题.证明 $\dim M_k$ 等于特征值 λ_0 的重数.

4. 续上题.设 λ_1 为 $\boldsymbol{A}$ 的特征值,且 $\lambda_1 \neq \lambda_0$,如果存在整数 l,使

$$(\boldsymbol{A}-\lambda_1\boldsymbol{E})^l\alpha=0,$$

证明:$\alpha \in N_k$.

5. 设 A 是 n 阶复方阵,$A^k=E$.证明:A 在复数域上相似于对角矩阵.

6. 求下列矩阵的若尔当标准形:

(1) $\begin{bmatrix} 0 & 1 & 0 \\ -4 & 4 & 0 \\ -2 & 1 & 2 \end{bmatrix}$; (2) $\begin{bmatrix} 4 & 6 & -15 \\ 1 & 3 & -5 \\ 1 & 2 & -4 \end{bmatrix}$;

(3) $\begin{bmatrix} 1 & -3 & 3 \\ -2 & -6 & 13 \\ -1 & -4 & 8 \end{bmatrix}$; (4) $\begin{bmatrix} 1 & -3 & 0 & 3 \\ -2 & -6 & 0 & 13 \\ 0 & -3 & 1 & 3 \\ -1 & -4 & 0 & 8 \end{bmatrix}$;

(5) $\begin{bmatrix} 3 & -1 & 0 & 0 \\ 1 & 1 & 0 & 0 \\ 3 & 0 & 5 & -3 \\ 4 & -1 & 3 & -1 \end{bmatrix}$; (6) $\begin{bmatrix} 3 & -4 & 0 & 2 \\ 4 & -5 & -2 & 4 \\ 0 & 0 & 3 & -2 \\ 0 & 0 & 2 & -1 \end{bmatrix}$;

(7) $\begin{bmatrix} 1 & -1 & & & \\ & 1 & -1 & & 0 \\ & & \ddots & \ddots & \\ & 0 & & \ddots & -1 \\ & & & & 1 \end{bmatrix}_{n\times n}$; (8) $\begin{bmatrix} 0 & \alpha & & 0 \\ 0 & 0 & \ddots & \\ 0 & & \ddots & \alpha \\ \alpha & 0 & & 0 \end{bmatrix}_{n\times n}$.

7. 设 $a_{12}, a_{23}, \cdots, a_{n-1,n}$ 为非零复数,求矩阵

$$A=\begin{bmatrix} a & a_{12} & a_{13} & \cdots & a_{1n} \\ & a & a_{23} & \cdots & a_{2n} \\ & & \ddots & \ddots & \vdots \\ & 0 & & \ddots & a_{n-1,n} \\ & & & & a \end{bmatrix}$$

的若尔当标准形.

8. 设

$$J=\begin{bmatrix}0 & 1 & & 0\\ & 0 & \ddots & \\ & & \ddots & 1\\ 0 & & & 0\end{bmatrix}_{n\times n}.$$

求 J^k 的若尔当标准形.

9. 证明:在复数域内任意 n 阶方阵 A 与 A' 相似.

10. 设 $\boldsymbol{A}$ 是数域 K 上 n 维线性空间 V 内的线性变换,其特征多项式的根都属于 K. 设其全部互不相同的特征值为 $\lambda_1,\lambda_2,\cdots,\lambda_k$. 定义

$$M_i=\{\alpha\in V\mid \text{存在正整数 } m, \text{使}(\boldsymbol{A}-\lambda_i\boldsymbol{E})^m\alpha=0\}.$$

(1) 证明:M_i 是 V 的子空间,且为 $\boldsymbol{A}$ 的不变子空间;

(2) 证明:$V=M_1\oplus M_2\oplus\cdots\oplus M_k$;

(3) 若已知 $\boldsymbol{A}$ 的若尔当标准形是

$$J=\begin{bmatrix}J_1 & & & 0\\ & J_2 & & \\ & & \ddots & \\ 0 & & & J_s\end{bmatrix},$$

试求 $\boldsymbol{A}|_{M_i}$ 的若尔当标准形,再求 $\boldsymbol{A}$ 在 V/M_i 内的诱导变换的若尔当标准形.

11. 设 $\boldsymbol{A}$ 是数域 K 上 n 维线性空间 V 内的线性变换. M 为 $\boldsymbol{A}$ 的一个不变子空间. 如果 $\boldsymbol{A}|_M$ 及 $\boldsymbol{A}$ 在 V/M 内诱导变换的矩阵均相似于若尔当形矩阵,证明 V 内存在一组基,使在该组基下的矩阵成若尔当形矩阵. 如果在 M 的一组基下 $\boldsymbol{A}|_M$ 的矩阵成如下若尔当形:

$$J_1=\begin{bmatrix}I_1 & & & \\ & I_2 & & \\ & & \ddots & \\ & & & I_r\end{bmatrix},$$

在 V/M 的一组基下诱导变换 $\boldsymbol{A}$ 的矩阵成如下若尔当形:

$$J_2=\begin{bmatrix}L_1 & & & \\ & L_2 & & \\ & & \ddots & \\ & & & L_s\end{bmatrix},$$

且 J_1 与 J_2 无公共特征值. 试求 **A** 在 V 内的若尔当标准形.

12. 设 V 是 n 维酉空间($n\geqslant 3$). **A** 是 V 内一个线性变换. 证明 **A** 为埃尔米特变换的充要条件是: 对 **A** 的任意二维不变子空间 M, 在 M 内必存在一组标准正交基, 使 $\mathbf{A}|_M$ 在该组基下的矩阵成实对角矩阵.

13. 给定数域 K 上的 m 阶方阵 A 和 n 阶方阵 B, 满足 $A^2=0$, $B^2=0$. 又设 $C,D\in M_{m,n}(K)$. 令

$$F=\begin{bmatrix}A & C\\ 0 & B\end{bmatrix},\quad G=\begin{bmatrix}A & D\\ 0 & B\end{bmatrix}.$$

如果 $\mathrm{r}(F)=\mathrm{r}(G)=\mathrm{r}(A)+\mathrm{r}(B)$, $\mathrm{r}(AC+CB)=\mathrm{r}(AD+DB)$, 证明: F,G 在 K 内相似.

§3 最小多项式

本节阐述线性变换或矩阵研究中使用多项式的一种重要方法.

1. 方阵的化零多项式

设 A 是数域 K 上的一个 n 阶方阵, $g(x)$ 是 K 上一个多项式. 如果 $g(A)=0$, 则 $g(x)$ 称为 A 的一个**化零多项式**.

命题 3.1 给定数域 K 上的若尔当块矩阵

$$J=\begin{bmatrix}\lambda_0 & 1 & & 0\\ & \lambda_0 & \ddots & \\ & & \ddots & 1\\ 0 & & & \lambda_0\end{bmatrix}_{n\times n}.$$

又设 $g(x)$ 是 K 上一个 m 次多项式. 则 $g(x)$ 是 J 的化零多项式的充要条件是 λ_0 是 $g(x)$ 的一个零点, 且其重数 $\geqslant J$ 的阶 n.

证 根据第一章命题 2.2，$g(x)$在 $\mathbb{C}$ 内可分解为

$$g(x)=a_0(x-\mu_1)^{e_1}(x-\mu_2)^{e_2}\cdots(x-\mu_k)^{e_k},$$

其中 $\mu_1,\mu_2,\cdots,\mu_k$ 两两不同. 于是

$$g(J)=a_0(J-\mu_1E)^{e_1}(J-\mu_2E)^{e_2}\cdots(J-\mu_kE)^{e_k}.$$

上式右边各因子两两可交换. 而

$$(J-\mu_iE)^{e_i}=\begin{bmatrix}\lambda_0-\mu_i & 1 & & & \\ & \lambda_0-\mu_i & 1 & & \\ & & \ddots & \ddots & \\ & & & \ddots & 1 \\ & & & & \lambda_0-\mu_i\end{bmatrix}^{e_i}.$$

当 $\lambda_0\neq\mu_i$ 时，此方阵可逆. 在等式 $g(J)=0$ 中，可逆的因子均可从两边约去. 故 $g(J)=0$ 的充要条件是有 $\mu_i=\lambda_0$，且此时

$$(J-\mu_iE)^{e_i}=\begin{bmatrix}0 & 1 & & & \\ & 0 & 1 & & \\ & & \ddots & \ddots & \\ & & & \ddots & 1 \\ & & & & 0\end{bmatrix}_{n\times n}^{e_i}=0.$$

从幂零若尔当块的乘法性质我们知上式成立的充要条件是 $e_i\geqslant n$. ▎

哈密顿-凯莱(Hamilton-Cayley)**定理** 设 A 是数域 K 上的 n 阶方阵，$f(\lambda)=|\lambda E-A|$ 为 A 的特征多项式，则 $f(A)=0$.

证 A 在复数域内相似于若尔当形矩阵 J，即有 $\mathbb{C}$ 上可逆方阵 T，使 $T^{-1}AT=J$. 易知对任意正整数 k，有 $J^k=(T^{-1}AT)^k=T^{-1}A^kT$. 由此立知 $f(J)=T^{-1}f(A)T$. 故 $f(A)=0$ 当且仅当 $f(J)=0$. 设

$$J=\begin{bmatrix}J_1 & & & 0\\ & J_2 & & \\ & & \ddots & \\ 0 & & & J_s\end{bmatrix},\quad J_i=\begin{bmatrix}\lambda_i & 1 & & & 0\\ & \lambda_i & 1 & & \\ & & \ddots & \ddots & \\ & & & \ddots & 1\\ 0 & & & & \lambda_i\end{bmatrix}_{n_i\times n_i}.$$

则 $f(\lambda)=|\lambda E-A|=|\lambda E-J|=(\lambda-\lambda_1)^{n1}(\lambda-\lambda_2)^{n2}\cdots(\lambda-\lambda_s)^{ns}$，因 $\lambda_1,\lambda_2,\cdots,\lambda_s$ 中可有相同的，故 $f(\lambda)$ 的每个根 λ_i 的重数≥若尔当块 J_i 的阶数 n_i. 现在

$$f(J)=\begin{bmatrix} f(J_1) & & & 0 \\ & f(J_2) & & \\ & & \ddots & \\ 0 & & & f(J_s) \end{bmatrix}$$

对每个 J_i，因 λ_i 为 $f(\lambda)$ 的零点，且其重数 $\geqslant J_i$ 的阶 n_i，由命题 3.1 知 $f(J_i)=0(i=1,2,\cdots,s)$，于是 $f(J)=0$，从而 $f(A)=0$. ▌

这个定理说明：一个 n 阶方阵必有一个首项系数为 1 的 n 次化零多项式. 它表明在 K 上 n^2 维线性空间 $M_n(K)$ 内，A^n 可由下面向量组线性表示：

$$E,A,\cdots,A^{n-1}.$$

在上面向量组中，是否还有某 A^k 可被其前面向量线性表示呢？下面就来讨论这个问题.

2. 方阵的最小多项式

设 A 是数域 K 上的 n 阶方阵. A 的首项系数为 1 的最低次化零多项式称为 A 的**最小多项式**. 因此，如果 $\varphi(x)$ 是 A 的最小多项式，那么：

1) $\varphi(x)$ 系数属于数域 K；

2) $\varphi(x)$ 的首项系数为 1；

3) $\varphi(A)=0$；

4) 若又有 K 上非零多项式 $g(x)$，使 $g(A)=0$，则 $g(x)$ 的次数 $\geqslant\varphi(x)$ 的次数.

显然，方阵 A 的最小多项式是存在的. 但它是不是唯一的？如何求出 A 的最小多项式？这就是下面要仔细讨论的问题.

首先注意如下一个简单事实.

引理 给定数域 K 上的齐次线性方程组：$AX=0$，若已知它在复数域内有非零解，则它在 K 内也有非零解.

证　若 $AX=0$ 在 $\mathbb{C}$ 内有非零解，则 A 作为 $\mathbb{C}$ 上 $m\times n$ 矩阵，其秩 $r(A)<n$. A 在 $\mathbb{C}$ 内的秩是把 A 经初等行、列变换化为标准形 D 后，D 中 1 的个数. 但对 A 做初等行、列变换化为 D 可限制在 K 内进行加、减、乘、除四则运算. 故实际上 D 也是 A 在 K 内的标准形，从而 A 作为 K 上 $m\times n$ 矩阵，其秩同样小于 n，从而 $AX=0$ 在 K 内也有非零解. ▍

命题 3.2　设 A 是数域 K 上的 n 阶方阵，$\varphi(x)$ 是 A 的一个最小多项式. 若把 A 看作 $\mathbb{C}$ 上 n 阶方阵，它在 $\mathbb{C}$ 内的一个最小多项式为 $\psi(x)$，则 $\varphi(x)$ 与 $\psi(x)$ 次数相同.

证　$\varphi(x)$ 是 A 在 $\mathbb{C}$ 内一个化零多项式，从而其次数应大于或等于 $\psi(x)$ 的次数. 反之，设

$$\psi(x)=a_0+a_1x+\cdots+a_mx^m\quad(a_i\in\mathbb{C},a_m=1),$$

则应有

$$\psi(A)=a_0E+a_1A+\cdots+a_mA^m=0.$$

设 $A^k=(a_{ij}^{(k)})$，则上式可写成

$$a_0a_{ij}^{(0)}+a_1a_{ij}^{(1)}+\cdots+a_ma_{ij}^{(m)}=0,$$

其中 $i,j=1,2,\cdots,n$. 上式是 $m+1$ 个未知量 $a_0,a_1,\cdots,a_m$ 的齐次线性方程组(共 n^2 个方程)，其系数属于 K. 已知它在 $\mathbb{C}$ 内有非零解(即为 $\psi(x)$ 的不全为 0 的系数，$\psi(x)$ 首项系数为 1，故 $a_m=1$). 按上面引理，它在 K 内也有一组非零解 $b_0,b_1,\cdots,b_m$. 设 $b_k\neq0,b_{k+1}=\cdots=b_m=0$，这时不妨设 $b_k=1$(因齐次线性方程组的解乘以 K 内一非零数后仍是解). 于是有

$$b_0E+b_1A+\cdots+b_{k-1}A^{k-1}+A^k=0\quad(b_i\in K).$$

令 $g(x)=b_0+b_1x+\cdots+b_{k-1}x^{k-1}+x^k$，则 $g(x)$ 是 A 在 K 内一化零多项式，故 $m\geqslant k\geqslant\varphi(x)$ 的次数，即 $\psi(x)$ 的次数 $\geqslant\varphi(x)$ 的次数. 命题得证. ▍

这个命题说明：A 在 K 内的任一最小多项式也是 A 在 $\mathbb{C}$ 内的最小多项式. 所以，只要把 A 看作复数域上的 n 阶方阵，决定出它在 $\mathbb{C}$ 内所有最小多项式，那么 A 在 K 内的最小多项式也在其中了. 现设 A 在 $\mathbb{C}$ 内的若尔当标准形为

$$J=\begin{bmatrix}J_1 & & & \\ & J_2 & & \\ & & \ddots & \\ & & & J_s\end{bmatrix},\quad J_i=\begin{bmatrix}\lambda_i & 1 & & & \\ & \lambda_i & 1 & & \\ & & \ddots & \ddots & \\ & & & \ddots & 1 \\ & & & & \lambda_i\end{bmatrix}_{n_i\times n_i}.$$

那么,有复可逆方阵 T,使 $T^{-1}AT=J$. 对于$\mathbb{C}$上任一多项式 $g(x)$,在证明哈密顿-凯莱定理时已指出有 $T^{-1}g(A)T=g(J)$,$g(A)=0$ 当且仅当 $g(J)=0$,故 A 与 J 在 $\mathbb{C}$ 内有相同的化零多项式,从而有相同的最小多项式. 只要找出 J 的所有最小多项式就可以了. 现设 $g(x)$为 J 的一个首项系数为 1 的化零多项式. 我们有

$$g(J)=\begin{bmatrix}g(J_1) & & & \\ & g(J_2) & & \\ & & \ddots & \\ & & & g(J_s)\end{bmatrix}=0.$$

故 $g(J)=0$ 当且仅当所有 $g(J_i)=0(i=1,2,\cdots,s)$,按命题 3.1,$g(J_i)=0$ 当且仅当λ_i 为 $g(x)$的零点,且其重数$\geqslant J_i$ 的阶 n_i. 设 A(也是 J)的全部互不相同特征值为 $\lambda_1,\lambda_2,\cdots,\lambda_k$,而 J 中以λ_i 为特征值的若尔当块(可能不止一个)的最高阶数为 l_i,则在$\mathbb{C}$ 内 $g(x)$ 应表示为(注意其首项系数为 1)

$$g(x)=(x-\lambda_1)^{e_1}(x-\lambda_2)^{e_2}\cdots(x-\lambda_k)^{e_k}(x-\mu_1)^{f_1}\cdots(x-\mu_t)^{f_t},$$

其中 $\lambda_1,\lambda_2,\cdots,\lambda_k,\mu_1,\cdots,\mu_t$ 两两不同,且 $e_i\geqslant l_i(i=1,2,\cdots,k)$. 反之,若 $g(x)$满足上述条件,按命题 3.1,所有 $g(J_i)=0$,从而 $g(J)=0$. 由此立即知,J 的最小多项式,即 J 的首项系数为 1 的最低次化零多项式应为

$$\varphi(x)=(x-\lambda_1)^{l_1}(x-\lambda_2)^{l_2}\cdots(x-\lambda_k)^{l_k}.$$

这表明 J 的最小多项式是唯一的,从而 A 在 K 内的最小多项式也是唯一的,它就是上面写出的 $\varphi(x)$.

命题 3.3 设 A 是数域K 上的 n 阶方阵. 设 A 的特征多项式 $f(\lambda)=|\lambda E-A|$在 $\mathbb{C}$ 内全部互不相同的特征值为 $\lambda_1,\lambda_2,\cdots,\lambda_k$,$A$ 在 $\mathbb{C}$ 内的若尔当标准形 J 中以λ_i 为特征值的若尔当块的最高阶数为 l_i,则 A(在 K 内)的最小多项式是唯一的,它就是

$$\varphi(x)=(x-\lambda_1)^{l_1}(x-\lambda_2)^{l_2}\cdots(x-\lambda_k)^{l_k}.$$

注意在上述命题中 $\lambda_1,\lambda_2,\cdots,\lambda_k$ 未必都属于 K，但 $\varphi(x)$ 的所有系数都在 K 内.

推论 1 设 A,B 是数域 K 内的两个相似的 n 阶方阵，则 A 与 B（在 K 内）的最小多项式相同.

证 相似矩阵在 $\mathbb{C}$ 内有相同的若尔当标准形，故按命题 3.3，它们的最小多项式相同. ▌

现设 $\boldsymbol{A}$ 是数域 K 上 n 维线性空间 V 内一线性变换，根据推论 1，我们把 $\boldsymbol{A}$ 在 V 的任一组基下的矩阵 A 的最小多项式 $\varphi(x)$ 称为**线性变换 $\boldsymbol{A}$ 的最小多项式**.

推论 2 设 A 是数域 K 上的 n 阶方阵且 A 的特征多项式的根全属于 K，则 A 在 K 内相似于对角矩阵的充要条件是它的最小多项式没有重根.

证 按命题 3.3，A 的最小多项式没有重根的充要条件是 A 的若尔当标准形中的若尔当块都是一阶的，即若尔当标准形为对角矩阵. ▌

数域 K 上一个 n 阶方阵 A，如果其最小多项式无重根，则称为**半单矩阵**. 一个线性变换在一组基下的矩阵半单时，称为**半单线性变换**. 因此，$\boldsymbol{A}$ 是半单线性变换等价于其最小多项式无重根.

推论 3 设 V 是数域 K 上的 n 维线性空间，$\boldsymbol{A}$ 是 V 内一个线性变换，$\boldsymbol{A}$ 的特征多项式的根全属于 K，则 $\boldsymbol{A}$ 的矩阵可对角化的充要条件是 $\boldsymbol{A}$ 是半单线性变换，即其最小多项式无重根.

证 这是推论 2 用线性变换的语言表现出来的形式. ▌

例 3.1 求下列矩阵的最小多项式：

$$A=\begin{bmatrix}4&-5&7\\1&-4&9\\-4&0&5\end{bmatrix},\quad B=\begin{bmatrix}1&-3&0&3\\-2&-6&0&13\\0&-3&1&3\\-1&-4&0&8\end{bmatrix}.$$

解 A 在 $\mathbb{C}$ 内的若尔当标准形为

$$J=\begin{bmatrix}1 & 0 & 0\\ 0 & 2+3\mathrm{i} & 0\\ 0 & 0 & 2-3\mathrm{i}\end{bmatrix}.$$

$f(\lambda)=|\lambda E-A|$ 有三个不同根 $\lambda_1=1,\lambda_2=2+3\mathrm{i},\lambda_3=2-3\mathrm{i}$，它们对应的若尔当块都是一阶的，故 A 的最小多项式

$$\begin{aligned}\varphi(x)&=(x-1)(x-2-3\mathrm{i})(x-2+3\mathrm{i})\\&=(x-1)(x^2-4x+13).\end{aligned}$$

B 在 $\mathbb{C}$ 内的若尔当标准形为

$$J=\begin{bmatrix}1 & 0 & 0 & 0\\ 0 & 1 & 1 & 0\\ 0 & 0 & 1 & 1\\ 0 & 0 & 0 & 1\end{bmatrix},$$

$f(\lambda)=|\lambda E-B|$ 只有一个根 $\lambda_1=1$，它对应的若尔当块的最高阶数为 3，故 B 的最小多项式为 $\varphi(x)=(x-1)^3$.

最小多项式也可以不用若尔当标准形来计算. 设 A 的最小多项式为

$$\varphi(x)=x^m+a_1x^{m-1}+\cdots+a_{m-1}x+a_m \quad (a_i\in K),$$

因 $\varphi(A)=0$，故

$$A^m=-a_1A^{m-1}-\cdots-a_{m-1}A-a_mE.$$

此时在 K 上线性空间 $M_n(K)$ 内，$A^{m-1},\cdots,A,E$ 必线性无关. 因若有不全为零的数 $k_1,k_2,\cdots,k_m$，使

$$k_1A^{m-1}+\cdots+k_{m-1}A+k_mE=0,$$

设自左至右第一个不为 0 的是 k_l，于是 $k_1=\cdots=k_{l-1}=0$，故(注意 $l\geqslant 1$)

$$k_lA^{m-l}+\cdots+k_{m-1}A+k_mE=0.$$

于是 $g(x)=\dfrac{1}{k_l}(k_lx^{m-l}+\cdots+k_{m-1}x+k_m)$ 是 A 的一个首项系数为 1 的化零多项式，其次数 $m-l$ 小于 $\varphi(x)$ 的次数，与 $\varphi(x)$ 为最小多项式矛盾.

现在只需考察 $M_n(K)$ 内向量组

$$E,A,A^2,A^3,\cdots$$

自左至右逐次检查，找出最小正整数 m，使 A^m 能被 $E, A, A^2, \cdots, A^{m-1}$ 线性表示：

$$A^m = a_1 A^{m-1} + a_2 A^{m-2} + \cdots + a_m E \quad (a_i \in K),$$

则 $\varphi(x) = x^m - a_1 x^{m-1} - a_2 x^{m-2} - \cdots - a_m$ 即为 A 的最小多项式.

例 3.2　求下面方阵的最小多项式：

$$A = \begin{bmatrix} 3 & 0 & 8 \\ 3 & -1 & 6 \\ -2 & 0 & -5 \end{bmatrix}.$$

解　考察 $M_3(K)$ 内向量序列

$$E,\ A,\ A^2,\ A^3,\ \cdots.$$

首先，$A \neq kE$. 而

$$A^2 = \begin{bmatrix} -7 & 0 & -16 \\ -6 & 1 & -12 \\ 4 & 0 & 9 \end{bmatrix}$$

考察方程组 $A^2 = x_1 A + x_2 E$，发现它有解 $x_1 = -2, x_2 = -1$，即 $A^2 = -2A - E$. 故 $\varphi(x) = x^2 + 2x + 1$ 为 A 的最小多项式.

习　题　三

1. 如果矩阵 A 的特征多项式和最小多项式相同，问 A 的若尔当标准形（在复数域内考虑问题）具有什么特点？

2. 求零矩阵和单位矩阵的最小多项式.

3. 求下列矩阵的最小多项式

(1) $\begin{bmatrix} 3 & 1 & -1 \\ 0 & 2 & 0 \\ 1 & 1 & 1 \end{bmatrix}$；　(2) $\begin{bmatrix} 4 & -2 & 2 \\ -5 & 7 & -5 \\ -6 & 7 & -4 \end{bmatrix}$；

(3) $\begin{bmatrix} 1 & 1 & \cdots & 1 \\ 1 & 1 & \cdots & 1 \\ \vdots & \vdots & & \vdots \\ 1 & 1 & \cdots & 1 \end{bmatrix}_{n \times n}$.

4. 如果矩阵 A 的最小多项式为 $\lambda-a$，求 A.

5. 令

$$J=\begin{bmatrix} 0 & 1 & & 0 \\ & 0 & \ddots & \\ & & \ddots & 1 \\ 0 & & & 0 \end{bmatrix}_{n\times n}.$$

在数域 K 上线性空间 $M_n(K)$ 内定义线性变换

$$\mathbf{A}X=JX \quad (X\in M_n(K)),$$

试求 $\mathbf{A}$ 的最小多项式.

6. 给定数域 K 上的 m 阶方阵 A，n 阶方阵 B，设它们的最小多项式分别是

$$\varphi(\lambda)=(\lambda-\lambda_1)^{k_1}(\lambda-\lambda_2)^{k_2}\cdots(\lambda-\lambda_s)^{k_s},$$
$$\psi(\lambda)=(\lambda-\mu_1)^{l_1}(\lambda-\mu_2)^{l_2}\cdots(\lambda-\mu_t)^{l_t}.$$

试求 $\begin{bmatrix} A & 0 \\ 0 & B \end{bmatrix}$ 的最小多项式.

7. 求下面矩阵的最小多项式：

$$A=\begin{bmatrix} 0 & \cdots & 0 & -a_n \\ 1 & \ddots & \vdots & \vdots \\ & \ddots & 0 & -a_2 \\ 0 & & 1 & -a_1 \end{bmatrix}.$$

8. 设数域 K 上 n 维线性空间 V 内的线性变换 $\mathbf{A}$ 在基 $\varepsilon_1,\varepsilon_2,\cdots,\varepsilon_n$ 下的矩阵为

$$A=\begin{pmatrix} B & 0 \\ 0 & C \end{pmatrix}, \quad B=\begin{pmatrix} \lambda_1 & -1 & & 0 \\ & \lambda_1 & \ddots & \\ & & \ddots & -1 \\ 0 & & & \lambda_1 \end{pmatrix}_{k\times k},$$

$$C=\begin{pmatrix} \lambda_2 & 0 & 1 & & & 0 \\ & \lambda_2 & 0 & \ddots & & \\ & & \ddots & \ddots & 1 & \\ & & & \ddots & 0 & \\ & 0 & & & & \\ & & & & \lambda_2 & \end{pmatrix}.$$

(1) 在 V 内找一组基，使 $\boldsymbol{A}$ 在该组基下的矩阵成若尔当形；

(2) 求 $\boldsymbol{A}$ 的最小多项式.

9. 设 $\boldsymbol{A}$ 是 4 维欧氏空间 $\boldsymbol{V}$ 内一正交变换. 如果 $\boldsymbol{A}$ 无特征值，但 $\boldsymbol{A}^2,\boldsymbol{A}^3$ 均有特征值，求 $\boldsymbol{A}$ 的最小多项式.

*§4　矩阵函数

在数学分析中，读者已经熟知定义在实数域 $\mathbb{R}$ 上的函数. 在这一节里，我们来介绍一类定义在 n 阶复方阵所成的集合 $M_n(\mathbb{C})$ 上的函数. 这是一种新型的函数，它的“自变量”不是数，而是矩阵，其函数值也是 $M_n(\mathbb{C})$ 内的矩阵. 但它在形式上和以数为自变量的函数非常相似，而且我们的讨论是以数学分析的知识作为基础的. 因此，这部分内容是代数和分析两大数学分支相互渗透的一个良好的范例.

1. 矩阵序列的极限

在数学分析中已经研究过实数序列的极限. 这个概念可以推广到复数序列上来. 给定复数序列

$$a_1,\ a_2,\ \cdots,\ a_n,\ \cdots.$$

如果存在一个复数 a，使对任给实数 $\varepsilon>0$，都存在正整数 N，当 $n>N$ 时，有 $|a-a_n|<\varepsilon$，则称序列 $\{a_n\}$ 有极限，而 a 称为 $\{a_n\}$ 的极限，记作 $\lim\limits_{n\to+\infty}a_n=a$. 实数序列极限的一些基本性质(例如两个有极限的序列的和、差、积、商的极限等等)可以类推到复数序列，其证明方法完全相同，我们这里就不详细讨论了.

现在把这个思想应用于复矩阵序列. 设在 $M_n(\mathbb{C})$ 内给定一个矩阵序列 $A_1,A_2,\cdots,A_k,\cdots$. 令 $A_k=(a_{ij}^{(k)})$. 如果对任意 $i,j=1,2,$

$\cdots,n$，序列$\{a_{ij}^{k}\}$（以k为变元）的极限都存在，且$\lim\limits_{k\to+\infty}a_{ij}^{(k)}=a_{ij}$，则称矩阵$A=(a_{ij})\in M_n(\mathbb{C})$为矩阵序列$\{A_k\}$的**极限**，记作

$$\lim_{k\to+\infty}A_k=A.$$

例如，给定矩阵序列

$$A_k=\begin{bmatrix}\dfrac{1}{2k+1} & -2\\ \dfrac{k^2+1}{1+2k^2} & \dfrac{2k+3}{k+5}\end{bmatrix}\quad(k=1,2,3,\cdots).$$

显然有

$$\lim_{k\to+\infty}A_k=\begin{bmatrix}\lim\limits_{k\to+\infty}\dfrac{1}{2k+1} & -2\\ \lim\limits_{k\to+\infty}\dfrac{k^2+1}{1+2k^2} & \lim\limits_{k\to+\infty}\dfrac{2k+3}{k+5}\end{bmatrix}=\begin{bmatrix}0 & -2\\ \dfrac{1}{2} & 2\end{bmatrix}.$$

命题 4.1 设$\{A_k\}$是$M_n(\mathbb{C})$内一个矩阵序列，$\lim\limits_{k\to+\infty}A_k=A$. 则对任意$P,Q\in M_n(\mathbb{C})$，有$\lim\limits_{k\to+\infty}PA_kQ=PAQ$.

证 设$A_k=(a_{ij}^{(k)})$，$P=(p_{ij})$，$Q=(q_{ij})$，$A=(a_{ij})$，

$$PA_kQ=\Big(\sum_{s=1}^{n}\sum_{t=1}^{n}p_{is}a_{st}^{(k)}q_{tj}\Big).$$

利用极限的性质，有

$$\lim_{k\to+\infty}\sum_{s=1}^{n}\sum_{t=1}^{n}p_{is}a_{st}^{k}q_{tj}=\sum_{s=1}^{n}\sum_{t=1}^{n}p_{is}a_{st}q_{tj}.$$

这说明矩阵序列$\{PA_kQ\}$的极限是PAQ. ▍

根据命题 4.1，如果利用$M_n(\mathbb{C})$内的一个可逆矩阵T去做一个矩阵序列$\{A_k\}$中各矩阵的相似变换，所得的新序列仍然有极限，而且其极限就是原序列极限用T作相似变换的结果，即

$$\lim_{k\to+\infty}T^{-1}A_kT=T^{-1}(\lim_{k\to+\infty}A_k)T.$$

这就为我们利用矩阵的若尔当标准形来研究矩阵序列的极限提供了理论上的依据.

在数学分析中，读者已经知道，序列的极限是否存在本质上等价于一个级数是否收敛. 具体地说，给定一个复数项级数

$$a_1+a_2+\cdots+a_n+\cdots. \tag{1}$$

它的部分和 $s_n=a_1+a_2+\cdots+a_n$ 组成一个复数序列

$$s_1,s_2,\cdots,s_n,\cdots.$$

如果 $\lim\limits_{n\to+\infty}s_n=s$,则称级数(1)收敛,而 s 称为它的和,记作

$$s=a_1+a_2+\cdots+a_n+\cdots.$$

同样地,给定一个 n 阶复矩阵级数

$$A_1+A_2+\cdots+A_k+\cdots. \tag{2}$$

定义

$$S_k=A_1+A_2+\cdots+A_k,$$

称 S_k 为矩阵级数(2)的前 k 项**部分和**. 如果矩阵序列

$$S_1,S_2,\cdots,S_k,\cdots$$

有极限: $\lim\limits_{k\to+\infty}S_k=S\in M_n(\mathbb{C})$,则称矩阵级数(2)**收敛**,而 S 称为它的**和**,记作

$$S=A_1+A_2+\cdots+A_k+\cdots.$$

根据命题 4.1,如果矩阵级数(2)收敛,则对任意 $P,Q\in M_n(\mathbb{C})$,有

$$PSQ=PA_1Q+PA_2Q+\cdots+PA_kQ+\cdots.$$

2. 矩阵函数

考察复系数幂级数

$$a_0+a_1x+a_2x^2+\cdots. \tag{3}$$

如果令 $x=x_0\in\mathbb{C}$ 代入,得到的复数项级数 $a_0+a_1x_0+a_2x_0^2+\cdots$ 收敛,则称幂级数(3)在复平面上的点 x_0 处收敛. 使幂级数(3)收敛的复平面上的点的全体组成 $\mathbb{C}$ 的一个子集 D 称为(3)的收敛区域. 容易证明,如果(3)在 x_0 点收敛,则对一切 $|x|<|x_0|$ 的点 x,(3)都收敛. 由此容易证明:存在一个以原点为中心的圆,使(3)在圆内一切点都收敛,在圆外一切点处都发散,此圆称为(3)的收敛圆,其半径 R 称为(3)的**收敛半径**(R 可以是无穷大). 令

$$D=\{x\in\mathbb{C}\mid |x|<R\},$$

则对 D 内一切点,(3)都收敛. 对 D 内的每个复数 x,(3)式有一个和,记为 $f(x)$,即

$$f(x)=a_0+a_1x+a_2x^2+\cdots\quad(|x|<R).$$

于是 $f(x)$ 是定义在 D 内的一个复变量 x 的函数.

例如,下面三个级数

$$1+\frac{1}{1!}x+\frac{1}{2!}x^2+\cdots+\frac{1}{k!}x^k+\cdots=\sum_{k=0}^{+\infty}\frac{1}{k!}x^k,$$

$$x-\frac{1}{3!}x^3+\frac{1}{5!}x^5-\cdots=\sum_{k=0}^{+\infty}\frac{(-1)^k}{(2k+1)!}x^{2k+1},$$

$$1-\frac{1}{2!}x^2+\frac{1}{4!}x^4-\cdots=\sum_{k=0}^{+\infty}\frac{(-1)^k}{(2k)!}x^{2k},$$

其收敛半径 $R=+\infty$,即在整个复平面处处收敛,它们的和分别记为 e^x, $\sin x$, $\cos x$. 而级数

$$x-\frac{1}{2}x^2+\frac{1}{3}x^3-\cdots=\sum_{k=1}^{+\infty}\frac{(-1)^{k+1}}{k}x^k$$

的收敛半径 $R=1$,其和记为 $\ln(1+x)$. 这是定义在单位圆内部的复变量 x 的函数. 这些事实在"复变函数论"的课程中将会做详细的阐述. 我们这里不做证明.

如果幂级数(3)中只有有限个系数不为零,它就变成多项式

$$f(x)=a_0+a_1x+\cdots+a_kx^k\in\mathbb{C}[x].$$

这时,以任一复矩阵 A 代入,我们得到的仍是一个复矩阵

$$f(A)=a_0E+a_1A+\cdots+a_kA^k.$$

这是读者在线性代数课程中就已经熟知的事实了. 如果把上式中的 A 看作是在 $M_n(\mathbb{C})$ 内变化的矩阵,那么 $f(A)$ 就是定义在 $M_n(\mathbb{C})$ 上的一个函数(其函数值仍在 $M_n(\mathbb{C})$ 内). 如果采用读者比较习惯的记号,那就应当把它写成 $f(X)(X\in M_n(\mathbb{C}))$.

现在问:如果(3)式中有无限多项的系数不为零,那么,以 $A\in M_n(\mathbb{C})$ 代入,得到的

$$a_0E+a_1A+a_2A^2+\cdots+a_kA^k+\cdots \tag{4}$$

是什么呢? 显然,这只有当上面的矩阵级数收敛时,它才有意义. 而如果上述矩阵级数收敛,那么其和仍是一个复 n 阶方阵. 这时我们也说矩阵幂级数(4)在 $M_n(\mathbb{C})$ 内的"点"A 处收敛. 把 $M_n(\mathbb{C})$ 内使(4)收敛的全体矩阵所成的子集记作 $\mathscr{D}$,则 $\mathscr{D}$ 称为矩阵幂级数(4)的**收敛区域**. 对于 $\mathscr{D}$ 内每个点 A,由(4)式确定出一个唯一的 n 阶复方阵,所以(4)式可以看作是定义在集合 $\mathscr{D}$ 上的一个函数. 其"自变量"

是 $\mathscr{D}$ 内的矩阵，其“函数值”是 $M_n(\mathbb{C})$ 内的矩阵. 我们称这种新型的函数为**矩阵函数**.

下面我们来讨论(4)式对于什么样的 n 阶复方阵 A 是收敛的. 对于复 n 阶方阵 A，存在 $T\in M_n(K)$，使 $T^{-1}AT=J$ 为若尔当形：

$$J=\begin{bmatrix} J_1 & & & 0\\ & J_2 & & \\ & & \ddots & \\ 0 & & & J_s \end{bmatrix},\quad J_i=\begin{bmatrix} \lambda_i & 1 & & 0\\ & \lambda_i & \ddots & \\ & & \ddots & 1\\ 0 & & & \lambda_i \end{bmatrix}_{n_i\times n_i}.$$

从前面关于命题 4.1 的讨论可知，矩阵幂级数(4)收敛等价于

$$a_0E+a_1J+a_2J^2+\cdots$$

收敛. 而上面的矩阵幂级数收敛的充要条件是，对一切 $i=1,2,\cdots,s$，下面的矩阵幂级数收敛：

$$a_0E+a_1J_i+a_2J_i^2+\cdots. \tag{5}$$

现在 J_i 是一个若尔当块.

为了讨论矩阵幂级数(5)的收敛性，我们需要如下的引理.

引理 设 J 是一个 n 阶若尔当块，

$$J=\begin{bmatrix} \lambda & 1 & & 0\\ & \lambda & \ddots & \\ & & \ddots & 1\\ 0 & & & \lambda \end{bmatrix}_{n\times n}=\lambda E+I.$$

则对任意次数 $\geqslant n$ 的多项式 $g(x)$，有

$$g(J)=\begin{bmatrix} g(\lambda) & \frac{1}{1!}g'(\lambda) & \frac{1}{2!}g''(\lambda) & \cdots & \frac{1}{(n-1)!}g^{(n-1)}(\lambda)\\ & g(\lambda) & \ddots & & \vdots\\ & \ddots & & \ddots & \vdots\\ & & \ddots & & \frac{1}{1!}g'(\lambda)\\ 0 & & & \ddots & \\ & & & & g(\lambda) \end{bmatrix}$$

证 设 $g(x)=b_0+b_1x+\cdots+b_mx^m\ (m\geqslant n)$. 我们有

$$g(J)=\sum_{k=0}^{m}b_k(\lambda E+I)^k=\sum_{k=0}^{m}b_k\sum_{j=0}^{k}\binom{k}{j}\lambda^{k-j}I^j$$

$$=\sum_{j=0}^{m}\Big(\sum_{k=j}^{m}b_k\binom{k}{j}\lambda^{k-j}\Big)I^j.$$

注意到

$$b_k\binom{k}{j}\lambda^{k-j}=b_k\frac{k(k-1)\cdots(k-j+1)}{j\,!}\lambda^{k-j}=\frac{b_k}{j\,!}\frac{\mathrm{d}^j}{\mathrm{d}x^j}(x^k)\Big|_{x=\lambda},$$

又因当 $j\geqslant n$ 时，$I^j=0$，代入上面的式子，我们得

$$g(J)=\sum_{j=0}^{n-1}\sum_{k=j}^{m}b_k\frac{1}{j\,!}\frac{\mathrm{d}^j}{\mathrm{d}x^j}(x^k)\Big|_{x=\lambda}\cdot I^j$$

$$=\sum_{j=0}^{n-1}\frac{1}{j\,!}\frac{\mathrm{d}^j}{\mathrm{d}x^j}\Big(\sum_{k=0}^{m}b_kx^k\Big)\Big|_{x=\lambda}\cdot I^j$$

$$=\sum_{j=0}^{n-1}\frac{1}{j\,!}g^{(j)}(\lambda)I^j.$$

从§1指出的关于幂零若尔当块的乘法性质可知上式即为引理所要求的表达式. ▎

下面的讨论需要使用幂级数理论的一点基本知识. 它的严格阐述留到复变函数课程中去进行，这里只把结果做一介绍.

给定幂级数

$$a_0+a_1x+a_2x^2+\cdots+a_mx^m+\cdots,$$

设它的收敛半径为 R，于是在收敛圆 $|x|<R$ 内它收敛到一个函数

$$f(x)=a_0+a_1x+a_2x^2+\cdots+a_mx^m+\cdots.$$

在圆 $|x|<R$ 内任意点 x_0，$f(x)$ 是任意次可微的，且可对级数逐项求微商，逐项微商后所得新幂级数的收敛半径也是 R. 即当 $|x|<R$ 时，有

$$f'(x)=a_1+2a_2x+\cdots+ma_mx^{m-1}+\cdots.$$

$f(x)$ 的高阶导数也同样可由逐项求高阶导数得出. 于是，设上述幂级数部分和为

$$g_m(x)=a_0+a_1x+a_2x^2+\cdots+a_mx^m.$$

那么，当 $|x|<R$ 时，有

$$\lim_{m\to+\infty}g_m(x)=f(x),\quad \lim_{m\to+\infty}g_m^{(j)}(x)=f^{(j)}(x).$$

下面给出本节主要命题.

命题 4.2　设幂级数

$$a_0+a_1x+a_2x^2+\cdots$$

的收敛半径为 R. 又设 $A\in M_n(\mathbb{C})$, A 的所有特征值都在圆 $|x|<R$ 内部，则矩阵幂级数

$$a_0E+a_1A+a_2A^2+\cdots$$

收敛.

证　根据前面的讨论，若 A 的若尔当形为

$$J=\begin{bmatrix} J_1 & & 0 \\ & \ddots & \\ 0 & & J_r \end{bmatrix},\quad J_i=\begin{bmatrix} \lambda_i & 1 & & 0 \\ & \lambda_i & \ddots & \\ & & \ddots & 1 \\ 0 & & & \lambda_i \end{bmatrix}_{n_i\times n_i},$$

那么，我们只要证明矩阵幂级数 $\sum\limits_{k=0}^{+\infty}a_kJ_i^k\,(i=1,2,\cdots,r)$ 都收敛就可以了. 考察部分和 $g_m(x)=\sum\limits_{k=0}^{m}a_kx^k$，我们有

$$\begin{aligned} g_m(J_i)&=\sum_{k=0}^{m}a_kJ_i^k \\ &=\begin{bmatrix} g_m(\lambda_i) & \frac{1}{1!}g'_m(\lambda_i) & \cdots & \frac{1}{(n_i-1)!}g_m{}^{(n_i-1)}(\lambda_i) \\ & g_m(\lambda_i) & & \vdots \\ & & \ddots & \vdots \\ 0 & & & g_m(\lambda_i) \end{bmatrix}. \end{aligned}$$

设在幂级数 $\sum\limits_{k=0}^{+\infty}a_kx^k$ 的收敛圆 $|x|<R$ 内，有

$$f(x)=a_0+a_1x+a_2x^2+\cdots,$$

那么，因为 λ_i 在收敛圆内，故序列 $\{g_m(\lambda_i)\}$ 收敛到 $f(\lambda_i)$；而对任意正整数 l，序列 $\{g_m^{(l)}(\lambda_i)\}$ 收敛到 $f^{(l)}(\lambda_i)$. 于是矩阵序列 $g_m(J_i)$ 的极限为

$$S_i = \begin{bmatrix} f(\lambda_i) & \frac{1}{1!}f'(\lambda_i) & \cdots & \frac{1}{(n_i-1)!}f^{(n_i-1)}(\lambda_i) \\ & f(\lambda_i) & & \vdots \\ & & \ddots & \vdots \\ 0 & & & f(\lambda_i) \end{bmatrix}.$$

这表示$\sum\limits_{k=0}^{+\infty} a_k J_i^k = S_i$. 这样，我们有

$$\sum_{k=0}^{+\infty} a_k J^k = \begin{bmatrix} S_1 & & & 0 \\ & S_2 & & \\ & & \ddots & \\ 0 & & & S_r \end{bmatrix}.$$

因而，矩阵幂级数$\sum\limits_{k=0}^{+\infty} a_k A^k$也收敛. 而且，如果对$T \in M_n(\mathbb{C})$，$|T| \neq 0$，有$A = T^{-1}JT$，则$A^k = T^{-1}J^kT$，故

$$\begin{aligned} \sum_{k=0}^{+\infty} a_k A^k &= \sum_{k=0}^{+\infty} a_k (T^{-1}J^kT) \\ &= T^{-1}\left(\sum_{k=0}^{+\infty} a_k J^k\right)T \\ &= T^{-1}\begin{bmatrix} S_1 & & & 0 \\ & S_2 & & \\ & & \ddots & \\ 0 & & & S_r \end{bmatrix}T. \end{aligned}$$ ▌

根据命题 4.2，对于圆$|x| < R$内的收敛幂级数

$$f(x) = a_0 + a_1 x + a_2 x^2 + \cdots,$$

如果$A \in M_n(K)$的所有特征值都在圆内，那么我们约定把

$$a_0 E + a_1 A + a_2 A^2 + \cdots$$

记作$f(A)$，称为矩阵函数$f(X)$($X \in M_n(\mathbb{C})$)在点$X = A$处的**函数值**. 例如，对任意矩阵$A \in M_n(K)$，我们有

$$e^A = E + \frac{1}{1!}A + \frac{1}{2!}A^2 + \cdots = \sum_{k=0}^{+\infty} \frac{1}{k!}A^k,$$

$$\sin A = A - \frac{1}{3!}A^3 + \frac{1}{5!}A^5 - \cdots = \sum_{k=0}^{+\infty} \frac{(-1)^k}{(2k+1)!}A^{2k+1},$$

$$\cos A = E - \frac{1}{2!}A^2 + \frac{1}{4!}A^4 - \cdots = \sum_{k=0}^{+\infty} \frac{(-1)^k}{(2k)!}A^{2k}.$$

而对于任意一个其特征值都在单位圆内部的复矩阵 A，有

$$\ln(E+A) = A - \frac{1}{2}A^2 + \frac{1}{3}A^3 - \cdots = \sum_{k=1}^{+\infty} \frac{(-1)^{k+1}}{k}A^k.$$

命题 4.2 的证明过程实际上给出了计算 $f(A)$的一个具体方法. 我们把这个方法综合成如下几个步骤：

1) 先求出幂级数 $\sum_{i=0}^{+\infty} a_i x^i$ 的收敛半径 R 及其和函数 $f(x)$.

2) 求矩阵 $T \in M_n(\mathbb{C})$，$|T| \neq 0$，使 $T^{-1}AT = J$ 成若尔当形：

$$J = \begin{bmatrix} J_1 & & & 0 \\ & J_2 & & \\ & & \ddots & \\ 0 & & & J_r \end{bmatrix}, \quad J_i = \begin{bmatrix} \lambda_i & 1 & & 0 \\ & \lambda_i & \ddots & \\ & & \ddots & 1 \\ 0 & & & \lambda_i \end{bmatrix}_{n_i \times n_i},$$

并判断是否$|\lambda_i| < R\ (i=1,2,\cdots,r)$.

3) 若$|\lambda_i| < R\ (i=1,2,\cdots,r)$，作

$$f(J_i) = S_i = \begin{bmatrix} f(\lambda_i) & \frac{1}{1!}f'(\lambda_i) & \cdots & \frac{1}{(n_i-1)!}f^{(n_i-1)}(\lambda_i) \\ & f(\lambda_i) & & \vdots \\ & & \ddots & \vdots \\ & & & f(\lambda_i) \end{bmatrix}_{n_i \times n_i},$$

$$f(J) = S = \begin{bmatrix} S_1 & & & 0 \\ & S_2 & & \\ & & \ddots & \\ 0 & & & S_r \end{bmatrix}.$$

4) 写出 $f(A)=TST^{-1}$,即为所求.

例 4.1 设

$$A=\begin{bmatrix}9&-9&4\\7&-7&4\\3&-4&4\end{bmatrix}.$$

取

$$T=\begin{bmatrix}6&-1&-11\\2&-1&-2\\1&-1&0\end{bmatrix},\quad T^{-1}=\begin{bmatrix}-2&11&-9\\-2&11&-10\\-1&5&-4\end{bmatrix}.$$

我们有

$$TAT^{-1}=\begin{bmatrix}2&1&0\\0&2&1\\0&0&2\end{bmatrix}=J.$$

此时

$$e^J=\begin{bmatrix}e^2&e^2&\frac{1}{2}e^2\\0&e^2&e^2\\0&0&e^2\end{bmatrix}=\frac{e^2}{2}\begin{bmatrix}2&2&1\\0&2&2\\0&0&2\end{bmatrix}.$$

因而

$$e^A=T^{-1}e^JT=\frac{e^2}{2}\begin{bmatrix}14&-16&8\\12&-14&8\\5&-7&6\end{bmatrix}.$$

在所有矩阵函数中,指数函数 e^A 应用最广,所以我们在这里对它做一些进一步的讨论.

1) 如果 A 相似于对角矩阵:

$$T^{-1}AT=\begin{bmatrix}\lambda_1&&&0\\&\lambda_2&&\\&&\ddots&\\0&&&\lambda_n\end{bmatrix}=J,$$

那么

$$e^J = \begin{bmatrix} e^{\lambda_1} & & & 0 \\ & e^{\lambda_2} & & \\ & & \ddots & \\ 0 & & & e^{\lambda_n} \end{bmatrix},$$

故

$$e^A = T\begin{bmatrix} e^{\lambda_1} & & & 0 \\ & e^{\lambda_2} & & \\ & & \ddots & \\ 0 & & & e^{\lambda_n} \end{bmatrix}T^{-1}.$$

2）$|e^A| = e^{\mathrm{Tr}(A)}$.

为证明这个结论，设 $T^{-1}AT = J$ 为若尔当形，我们有

$$e^J = \begin{bmatrix} S_1 & & & 0 \\ & S_2 & & \\ & & \ddots & \\ 0 & & & S_r \end{bmatrix}, \quad S_i = \begin{bmatrix} e^{\lambda_i} & & & * \\ & e^{\lambda_i} & & \\ & & \ddots & \\ 0 & & & e^{\lambda_i} \end{bmatrix}_{n_i \times n_i}.$$

显然 e^J 的行列式

$$|e^J| = |S_1||S_2|\cdots|S_r| = e^{n_1\lambda_1 + n_2\lambda_2 + \cdots + n_r\lambda_r} = e^{\mathrm{Tr}(J)} = e^{\mathrm{Tr}(A)}.$$

而 $e^A = Te^JT^{-1}$，故 $|e^A| = |e^J| = e^{\mathrm{Tr}A}$. ▌

从这里可知：对任意 $A \in M_n(\mathbb{C})$，e^A 都是可逆方阵.

3）如果 $AB = BA$，则 $e^A \cdot e^B = e^{A+B}$.

这个结论的严格证明需要有矩阵级数的乘法理论，我们这里只粗略地描述一下证明的大致线索：

$$e^A \cdot e^B = \left(\sum_{r=0}^{+\infty} \frac{1}{r!}A^r\right)\left(\sum_{s=0}^{+\infty} \frac{1}{s!}B^s\right) = \sum_{k=0}^{+\infty}\left(\sum_{r+s=k} \frac{1}{r!s!}A^rB^s\right)$$

$$= \sum_{k=0}^{+\infty} \frac{1}{k!}(A+B)^k = e^{A+B}. \quad ▌$$

当 A 与 B 不可交换时，$e^A \cdot e^B$ 一般不等于 e^{A+B}.

根据上面的公式，我们有

$$e^A \cdot e^{-A} = e^0 = E,$$

故$(\mathrm{e}^A)^{-1}=\mathrm{e}^{-A}$.

4) $T^{-1}(\mathrm{e}^A)T=\mathrm{e}^{T^{-1}AT}$.

这是命题 4.1 的推论.因

$$\mathrm{e}^A=E+\frac{1}{1!}A+\frac{1}{2!}A^2+\cdots,$$

故

$$\begin{aligned}T^{-1}(\mathrm{e}^A)T&=E+\frac{1}{1!}(T^{-1}AT)+\frac{1}{2!}(T^{-1}AT)^2+\cdots\\&=\mathrm{e}^{T^{-1}AT}.\end{aligned}$$

上面的等式是考虑前 m 项部分和的极限,借助命题 4.1 得出的.

5) 设 A 的 n 个特征值是 $\lambda_1,\lambda_2,\cdots,\lambda_n$, 则 e^A 的 n 个特征值是 $\mathrm{e}^{\lambda_1},\mathrm{e}^{\lambda_2},\cdots,\mathrm{e}^{\lambda_n}$.一般地,有 $f(A)$的 n 个特征值是 $f(\lambda_1),f(\lambda_2),\cdots,f(\lambda_n)$.

这是因为,设 $T^{-1}AT=J$,而

$$J=\begin{bmatrix}J_1 & & & 0\\ & J_2 & & \\ & & \ddots & \\ 0 & & & J_r\end{bmatrix},\quad J_i=\begin{bmatrix}\lambda_i & 1 & & 0\\ & \lambda_i & \ddots & \\ & & \ddots & 1\\ 0 & & & \lambda_i\end{bmatrix}_{n_i\times n_i},$$

那么,我们已知 $f(A)=Tf(J)T^{-1}$,故 A 与 J,$f(A)$与 $f(J)$特征值相同.而

$$f(J)=\begin{bmatrix}f(J_1) & & & \\ & f(J_2) & & \\ & & \ddots & \\ & & & f(J_r)\end{bmatrix},$$

且

$$f(J_i)=\begin{bmatrix}f(\lambda_i) & & * & \\ & f(\lambda_i) & & \\ & & \ddots & \\ 0 & & & f(\lambda_i)\end{bmatrix}_{n_i\times n_i}.$$

由上式知 $f(J)$ 的特征多项式(亦即 $f(A)$ 的特征多项式)为

$$|\lambda E-f(J)|=(\lambda-f(\lambda_1))^{n_1}(\lambda-f(\lambda_2))^{n_2}\cdots(\lambda-f(\lambda_r))^{n_r}.$$

而 J(也就是 A)的特征多项式为

$$|\lambda E-J|=(\lambda-\lambda_1)^{n_1}(\lambda-\lambda_2)^{n_2}\cdots(\lambda-\lambda_r)^{n_r}.$$

故知 5)中的结论成立.

现设幂级数

$$f(x)=a_0+a_1x+a_2x^2+\cdots$$

的收敛半径为 R. 如果 n 阶复方阵 A 的全部特征值都在圆 $|x|<R$ 内部,那么

$$f(A)=a_0E+a_1A+a_2A^2+\cdots.$$

此时,按习题二第 9 题,A' 与 A 相似,故 A' 的特征值也在圆 $|x|<R$ 内部,于是 $f(A')$ 有定义. 我们有

1) $(f(A))'=f(A')$;特别地,$(\mathrm{e}^A)'=\mathrm{e}^{A'}$ $(\forall A\in M_n(\mathbb{C}))$.

这只要考虑部分和

$$g_m(x)=a_0+a_1x+\cdots+a_mx^m.$$

显然有

$$\begin{aligned}(g_m(A))'&=(a_0E+a_1A+\cdots+a_mA^m)'\\&=a_0E+a_1A'+\cdots+a_mA'^m=g_m(A').\end{aligned}$$

令 $m\to+\infty$,则 $g_m(A)\to f(A)$,$(g_m(A))'\to(f(A))'$,$g_m(A')\to f(A')$. 故上面的公式成立.

2) 若 A 为如下准对角矩阵

$$A=\begin{bmatrix}A_1 & & & 0\\ & A_2 & & \\ & & \ddots & \\ 0 & & & A_r\end{bmatrix},$$

那么

$$f(A)=\begin{bmatrix}f(A_1) & & & 0\\ & f(A_2) & & \\ & & \ddots & \\ 0 & & & f(A_r)\end{bmatrix}.$$

这是因为对部分和 $g_m(x)=a_0+a_1x+\cdots+a_mx^m$，我们有

$$g_m(A)=\begin{bmatrix} g_m(A_1) & & & 0 \\ & g_m(A_2) & & \\ & & \ddots & \\ 0 & & & g_m(A_r) \end{bmatrix}.$$

令 $m\to+\infty$，$g_m(A)\to f(A)$，$g_m(A_i)\to f(A_i)$. 故上面公式成立.

3. 欧氏空间中的旋转

本段来对欧氏空间中的旋转做深一步地讨论. 一个 n 维欧氏空间内的线性变换 $\boldsymbol{A}$，如果在一组标准正交基下的矩阵 A 是正交矩阵且其行列式为 1，则称为该欧氏空间中的一个**旋转**. 如果又有一线性变换 $\boldsymbol{S}$，它在一组标准正交基下的矩阵 S 为反对称矩阵，则称 $\boldsymbol{S}$ 为**反对称变换**. 从表面上看，这两者是互不相干的. 但借助矩阵函数，我们可以揭示它们之间存在一个深刻的联系，这是矩阵函数的一个重要应用.

命题 4.3 设 A 是实数域上的 n 阶方阵，则 A 是正交矩阵且行列式为 1 的充要条件是存在实数域上 n 阶反对称矩阵 S，使 $A=\mathrm{e}^S$.

证 *充分性* 若 $A=\mathrm{e}^S$，则 $A'=(\mathrm{e}^S)'=\mathrm{e}^{S'}=\mathrm{e}^{-S}=(\mathrm{e}^S)^{-1}=A^{-1}$，这表明 A 为正交矩阵，又 $|A|=|\mathrm{e}^S|=\mathrm{e}^{\mathrm{Tr}(S)}=\mathrm{e}^0=1$（反对称矩阵主对角线上元素全为 0，故其迹为 0）.

必要性 考察实数域上的二阶反对称矩阵

$$\overline{R}=\begin{bmatrix} 0 & -\theta \\ \theta & 0 \end{bmatrix},$$

其特征多项式 $|\lambda E-\overline{R}|=\lambda^2+\theta^2$，有两根 $\lambda_1=\mathrm{i}\theta$，$\lambda_2=-\mathrm{i}\theta$. 在 $\mathbb{C}$ 内 $\overline{R}$ 相似于对角矩阵. 根据第四章 §4 所指出的办法，计算 $\overline{R}$ 在 $\mathbb{C}$ 内特征向量，可得

$$\begin{bmatrix} -\mathrm{i} & \mathrm{i} \\ 1 & 1 \end{bmatrix}^{-1}\begin{bmatrix} 0 & -\theta \\ \theta & 0 \end{bmatrix}\begin{bmatrix} -\mathrm{i} & \mathrm{i} \\ 1 & 1 \end{bmatrix}=\begin{bmatrix} -\mathrm{i}\theta & 0 \\ 0 & \mathrm{i}\theta \end{bmatrix}=J.$$

于是

$$
\begin{aligned}
\mathrm{e}^{\bar{R}} &= \begin{bmatrix} -\mathrm{i} & \mathrm{i} \\ 1 & 1 \end{bmatrix} \mathrm{e}^{J} \begin{bmatrix} -\mathrm{i} & \mathrm{i} \\ 1 & 1 \end{bmatrix} \\
&= \begin{bmatrix} -\mathrm{i} & \mathrm{i} \\ 1 & 1 \end{bmatrix} \begin{bmatrix} \mathrm{e}^{-\mathrm{i}\theta} & 0 \\ 0 & \mathrm{e}^{\mathrm{i}\theta} \end{bmatrix} \begin{bmatrix} -\mathrm{i} & \mathrm{i} \\ 1 & 1 \end{bmatrix} \\
&= \begin{bmatrix} \cos\theta & -\sin\theta \\ \sin\theta & \cos\theta \end{bmatrix}.
\end{aligned}
$$

另一方面，根据第六章§2定理2.1，存在n阶正交矩阵T，使

$$
T^{-1}AT = \begin{bmatrix} \lambda_1 & & & & & & 0 \\ & \ddots & & & & & \\ & & \lambda_k & & & & \\ & & & S_1 & & & \\ 0 & & & & & \ddots & \\ & & & & & & S_l \end{bmatrix}, \quad S_i = \begin{bmatrix} \cos\varphi_i & -\sin\varphi_i \\ \sin\varphi_i & \cos\varphi_i \end{bmatrix},
$$

其中$\lambda_1,\lambda_2,\cdots,\lambda_k$为$\pm 1$. 因$|S_i|=1$，故

$$
\lambda_1\lambda_2\cdots\lambda_k = |T^{-1}AT| = |A| = 1.
$$

即$\lambda_1,\lambda_2,\cdots,\lambda_k$中必有偶数个$-1$，设

$$
S_{l+j} = \begin{bmatrix} -1 & 0 \\ 0 & -1 \end{bmatrix}, \quad j=1,2,\cdots,t.
$$

则可设

$$
T^{-1}AT = \begin{bmatrix} \lambda_1 & & & & & & & & \\ & \ddots & & & & & & & \\ & & \lambda_r & & & & & & \\ & & & S_{l+1} & & & & & \\ & & & & \ddots & & & & \\ & & & & & S_{l+t} & & & \\ & & & & & & S_1 & & \\ & & & & & & & \ddots & \\ & & & & & & & & S_l \end{bmatrix} = S,
$$

其中$\lambda_1=\cdots=\lambda_r=1$. 根据前面讨论，我们有

$$
S_i = \mathrm{e}^{R_i}, \quad R_i = \begin{bmatrix} 0 & -\varphi_i \\ \varphi_i & 0 \end{bmatrix},
$$

$$S_{l+j}=\mathrm{e}^{R_{l+j}}, \quad R_{l+j}=\begin{bmatrix}0 & -\pi \\ \pi & 0\end{bmatrix}.$$

如令

$$R=\begin{bmatrix}0 &&&&&&&& \\ & \ddots &&&&&&& \\ && 0 &&&&&& \\ &&& R_{l+1} &&&&& \\ &&&& \ddots &&&& \\ &&&&& R_{l+t} &&& \\ &&&&&& R_1 && \\ &&&&&&& \ddots & \\ &&&&&&&& R_l\end{bmatrix} \begin{matrix}\left.\begin{matrix}\\ \\ \\ \end{matrix}\right\} r \\ \\ \\ \\ \\ \\ \end{matrix},$$

则

$$\mathrm{e}^R=\begin{bmatrix}\mathrm{e}^0 &&&&&&& \\ & \ddots &&&&&& \\ && \mathrm{e}^0 &&&&& \\ &&& \mathrm{e}^{R_{l+1}} &&&& \\ &&&& \ddots &&& \\ &&&&& \mathrm{e}^{R_1} && \\ &&&&&& \ddots & \\ &&&&&&& \mathrm{e}^{R_l}\end{bmatrix}=S.$$

而

$$A=TST^{-1}=T\mathrm{e}^RT^{-1}=\mathrm{e}^{TRT^{-1}}=\mathrm{e}^{TRT'},$$

因 $R'=-R$，$(TRT')'=TR'T'=-TRT'$. 故 TRT' 为实反对称矩阵. ▌

将欧氏空间中的旋转用反对称矩阵表示，在较深入的数学理论中有重要的应用. 而对于三维几何空间中的旋转，借助命题 4.3，可以给出其矩阵的一个在力学中有用的表达式.

习 题 四

1. 判断下列矩阵序列 $\{A_k\}$ 是否有极限：

(1) $A_k=\begin{bmatrix}\dfrac{(-1)^k}{k} & \dfrac{2^k-1}{3^k+1}\\ \dfrac{k^2-1}{k^2+1} & \dfrac{1-3k}{k+1}\end{bmatrix}\quad(k=1,2,\cdots)$;

(2) $A_k=\begin{bmatrix}k^{-2} & \sin\pi k\\ \cos\pi k & k^{-1}\end{bmatrix}\quad(k=1,2,\cdots)$.

2. 对下列矩阵 A 计算出 e^A：

(1) $A=\begin{bmatrix}-1 & 0\\ 0 & 1\end{bmatrix}$；　(2) $A=\begin{bmatrix}0 & 1 & 1\\ 0 & 0 & 1\\ 0 & 0 & 0\end{bmatrix}$；

(3) $A=\begin{bmatrix}2 & 0 & 0\\ 0 & -1 & 3\\ 0 & 1 & 1\end{bmatrix}$.

3. 设 $A=\begin{bmatrix}3 & 4\\ -2 & -3\end{bmatrix}$，$t\in\mathbb{C}$，试计算 e^{tA}.

4. 设 A 是 $\mathbb{C}$ 上 n 阶方阵，证明

$$e^{iA}=\cos A+i\sin A,$$

5. 设 A 是 n 阶实对称矩阵，T 是 n 阶正交矩阵，使

$$T^{-1}AT=\begin{bmatrix}\lambda_1 & & & 0\\ & \lambda_2 & & \\ & & \ddots & \\ 0 & & & \lambda_n\end{bmatrix}.$$

证明：

$$\cos A=T\begin{bmatrix}\cos\lambda_1 & & & 0\\ & \cos\lambda_2 & & \\ & & \ddots & \\ 0 & & & \cos\lambda_n\end{bmatrix}T^{-1},$$

$$\sin A=T\begin{bmatrix}\sin\lambda_1 & & & 0\\ & \sin\lambda_2 & & \\ & & \ddots & \\ 0 & & & \sin\lambda_n\end{bmatrix}T^{-1}.$$

6. 给定

$$A=\begin{bmatrix}2 & -2 & 0\\ -2 & 1 & -2\\ 0 & -2 & 0\end{bmatrix},$$

求 $\cos A$ 与 $\sin A$.

7. 设 A 是实数域上的 n 阶方阵,证明:$\cos(-A)=\cos A$, $\sin(-A)=-\sin A$.

8. 设 A 是实数域上的 n 阶反对称矩阵,证明:$\cos A$ 是实对称矩阵,$\sin A$ 是实反对称矩阵.

9. 设 A 是 $\mathbb{C}$ 上的 n 阶方阵,其最小多项式为

$$\varphi(x)=(x-\lambda_1)^{e_1}(x-\lambda_2)^{e_2}\cdots(x-\lambda_k)^{e_k},$$

其中 $\lambda_1,\lambda_2,\cdots,\lambda_k$ 两两不等. 试求 e^A 的最小多项式.

10. 考察二阶实反对称矩阵

$$\overline{R}=\begin{bmatrix}0 & -\theta\\ \theta & 0\end{bmatrix},$$

我们有 $\overline{R}^2=-\theta^2E$. 利用三角函数幂级数展开式证明:

$$\mathrm{e}^{\overline{R}}=\begin{bmatrix}\cos\theta & -\sin\theta\\ \sin\theta & \cos\theta\end{bmatrix}.$$

11. 将实数域上的三阶反对称矩阵表为

$$R=\theta\begin{bmatrix}0 & -u & v\\ u & 0 & -w\\ -v & w & 0\end{bmatrix},\quad u^2+v^2+w^2=1.$$

又令

$$S=\begin{bmatrix}w\\ v\\ u\end{bmatrix},$$

证明 $RS=0$，且

$$\begin{aligned}R^{2k}&=(-\theta^2)^k(E-SS')^k\\&=(-\theta^2)^k(E-SS'),\quad k=1,2,\cdots.\end{aligned}$$

利用上式证明

$$\mathrm{e}^R=\cos\theta\cdot E+(1-\cos\theta)SS'+\sin\theta\cdot(R/\theta).$$

最后，证明 $\mathrm{e}^R S=S$.

注　在三维几何空间取定直角坐标系，设三个坐标向量为 i,j,k. 空间一旋转 $\boldsymbol{A}$ 在此标准正交基下的矩阵 A 为行列式等于 1 的正交矩阵，按命题 4.3，$A=\mathrm{e}^R$. 现设

$$\boldsymbol{S}=(i,j,k)S,$$

则

$$\boldsymbol{A}\boldsymbol{S}=(i,j,k)(AS)=(i,j,k)S=\boldsymbol{S}.$$

这表明 $\boldsymbol{S}$ 所在直线在旋转 $\boldsymbol{A}$ 下保持不动. 于是 $\boldsymbol{A}$ 为空间以此直线为旋转轴的一个刚体旋转.

本 章 小 结

本章是线性代数中较为深入的内容. 在这章内，我们对复数域上的 n 维线性空间完满地解决了第四章 §4 所提出的问题，证明 $\mathbb{C}$ 上 n 维线性空间内的任意线性变换的矩阵都可以化为一种最简形式——若尔当标准形. 这一理论为我们研究线性变换的各种问题提供了一个强有力的工具. 因而这一理论有广泛的应用. 下面几点是需要特别提出来加以说明的.

1) 本章不但其内容是重要的，而且处理问题的方法也是在代数学中具有典型性的. 在第四章 §2 我们就指出，研究线性空间（一般说，研究一个代数系统）有两种基本方法：空间分解的方法和商空间的方法. 这两种方法在本章中都发挥了重要作用. 在 §1，我们首先用商空间的技巧解决了幂零矩阵的若尔当标准形问题，在 §2 则使用空间分解的方法解决了一般线性变换的若尔当标准形问题. 因此，读者在学习本章内容时，应该细心体会这两种基本方法的运用. 它们是代数学各领域普遍使用的一套处理问题的特有方法.

2）本章的结果虽然限制在复数域上的线性空间内才成立. 但在一般数域 K，特别是在实数域上的线性空间内，也常常可以使用这些结果. 其办法是在空间取定一组基，把线性变换 $\boldsymbol{A}$ 的问题转化为 K 上 n 阶方阵 A 的问题，然后把 A 看作复数域上的矩阵，使用 A 的若尔当标准形处理有关问题，得到解答后再把结果返回到 K 上去. 在第六章 §2 处理正交变换时已经使用了这种方法，在 §3 我们处理 K 上矩阵的最小多项式又使用了这种方法. 这也是代数学中普遍使用的一种方法，读者应给予足够重视.

3）本章 §3，§4 是若尔当标准形的两个重要应用. 特别是 §4 矩阵函数的理论是数学分析和代数学理论互相渗透、综合应用的一个优秀范例. 随着数学理论的逐步深入，分析、几何、代数这三门课的知识将日益紧密地结合起来. 只有学会综合运用数学基础理论中这三个主要支柱的知识，才有可能解决较为重大的理论与实际应用的课题. 关于这一点，我们将在第十一章做进一步的研讨，希望读者也给予充分注意.

第八章　有理整数环

我们在本书的开头已经指出，在历史上，代数学是从研究数及其加、减、乘、除四则运算中产生和发展起来的. 在前七章，从线性方程组的理论入手，逐步深入地阐述了一类最初等的代数系统——线性空间，研究了这类代数系统及其相互关系（线性映射特别是线性变换）的基本理论. 从本章开始，我们要返回到代数学的原始出发点上，从另一个角度逐步深入探讨数及其运算的理论，而且阐明：从这个角度着手研究，也同样归结为研究一类新的代数系统，也就是说，同样引导我们进入现代的代数学领域.

§1　有理整数环的基本概念

全体整数所组成的集合，是所有数系的最根本的出发点. 在整数集合内，有两种运算：加法和乘法，而且它们满足如下几条基本运算法则：

1）加法满足结合律：$a+(b+c)=(a+b)+c$；

2）加法满足交换律：$a+b=b+a$；

3）有一个数 0，使对任意整数 a，$0+a=a$；

4）对任一整数 a，存在整数 b，使 $b+a=0$；

5）乘法满足结合律：$a(bc)=(ab)c$；

6）有一个数 1，使对一切整数 a，有 $1\cdot a=a$；

7）加法与乘法满足分配律：$a(b+c)=ab+ac$；

8）乘法满足交换律 $ab=ba$；

9）如果 $a\neq 0$，$b\neq 0$，则 $ab\neq 0$.

前面已经指出，如果一个非空集合，其中定义了若干种运算，并满足一定运算法则，那它就是一个代数系统，即代数学的一个研究对象. 因此，全体整数加上其中的两种运算：加法与乘法，以及它们所满足的上述九条运算法则，就成为一个代数系统，我们把这个代数系统称为**有理整数环**，并固定用空体字母 $\mathbb{Z}$ 代表它.

对任意 $a\in\mathbb{Z}$，按运算法则(4)，有 $b\in\mathbb{Z}$，使 $b+a=0$，b 称为 a 的负数，记为 $-a$. 有了负数的概念，$\mathbb{Z}$ 内加法就有了逆运算：减法. 对任意 $a,b\in\mathbb{Z}$，定义 $a+(-b)=a-b$，这就是 $\mathbb{Z}$ 内的减法运算.

当然，应当说明，现在 $\mathbb{Z}$ 内的加法与乘法都是具体的数的运算，所以上面九条法则（就像向量空间中向量加法、数乘所满足的八条运算法则一样），是可以从逻辑上加以证明的，并不是当作公理来定义的. 但是上面概括的九条基本法则，是我们通常习惯使用的有关整数的各种理论知识的基础. 在中、小学的课程中，读者已经对它们十分熟悉，这里仅做概要的阐述，不再仔细讨论.

从上面指出的九条基本法则，我们立即发现，$\mathbb{Z}$ 内的加法和乘法有一个根本的不同点：对任意 $a\in\mathbb{Z}$，一般不存在 $b\in\mathbb{Z}$，使 $ba=1$. 于是 $\mathbb{Z}$ 内乘法没有逆运算，即对任意 $a,b\in\mathbb{Z}$，$\frac{a}{b}$ 不一定有意义. 由于这个根本区别，就产生了有理整数环中一个新的理论课题：整除性理论.

1. 整除性理论

定义 任给 $a,b\in\mathbb{Z}$，$b\neq0$. 若存在 $q\in\mathbb{Z}$ 使 $a=bq$，则称 b **整除** a，记作 $b|a$. 这时称 a 是 b 的**倍数**，而称 b 是 a 的**因数**. 若不存在满足上述条件的 q，则称 b **不整除** a，记作 $b\nmid a$.

上面的定义体现了有理整数环与数域的根本性区别. 由此就产生出有理整数环内一系列新的研究课题.

整除关系显然有下列性质：

1) 若 $b|a$，$a\neq0$，则 $|b|\leqslant|a|$. 因此，任一非零整数只有有限多个因数；

2) 若 $b|a$，$c|b$，则 $c|a$；

3) 若 $c|a$，$c|b$，则 $c|(ax+by)$，$\forall x,y\in\mathbb{Z}$；

4) 若 $b|a$，$c\neq0$，则 $bc|ac$，反之亦然.

下面的命题是基本的.

命题 1.1(带余除法)　对任意 $a,b\in\mathbb{Z},b\neq 0$,唯一存在两个数 $q,r\in\mathbb{Z}$,满足

$$a=bq+r,\quad 0\leqslant r<|b|.$$

证　先证明 q 和 r 的存在性. 如果 $b>0$,考虑整数序列

$$\cdots,-3b,-2b,-b,0,b,2b,3b,\cdots,$$

则 a 必落在序列中某两项之间. 故必定存在 $q\in\mathbb{Z}$,使得 $qb\leqslant a<(q+1)b$. 令 $r=a-qb$,则有

$$a=bq+r,\quad 0\leqslant r<b.$$

如果 $b<0$,我们有

$$a=q|b|+r=(-q)b+r,\quad 0\leqslant r<|b|.$$

再证明 q 和 r 的唯一性. 设另有 $q',r'\in\mathbb{Z}$ 使 $a=bq'+r',0\leqslant r'<|b|$,则

$$bq+r=bq'+r'.$$

进而得到 $|b||q-q'|=|r-r'|$. 如果 $q\neq q'$,则等式左端 $\geqslant|b|$. 但由 $0\leqslant r,r'<|b|$ 可得等式右端 $<|b|$. 这个矛盾说明 $q=q'$,从而 $r=r'$,定理得证. ▎

定理中的 q 和 r 分别称为 a 除以 b 得到的**商**和**余数**. 带余除法是处理有理整数环内许多问题的有力工具,读者必须给予足够的重视.

定义　设 $a,b\in\mathbb{Z}$,且 a,b 不全为零. 如果 $d\mid a,d\mid b$,则称 d 为 a,b 的**公因数**.

显然 a,b 只有有限多个公因数. 称其中最大的一个叫作 a,b 的**最大公因数**,记作 (a,b).

如果 $(a,b)=1$,则称 a,b **互素**.

对 k 个不全为 0 的整数 $a_1,a_2,\cdots,a_k$,同样定义其公因数及最大公因数 $(a_1,a_2,\cdots,a_k)$. 若 $(a_1,a_2,\cdots,a_k)=1$,则称 $a_1,a_2,\cdots,a_k$ **互素**.

若 d 是 a,b 的公因数,则 $-d$ 也是 a,b 的公因数. 因此,a,b 的最大公因数必为正数. 又,显然有 $(a,b)=(|a|,|b|)$. 这样,在求 a,b 的公因数时可以只考虑非负整数.

给定整数 $a,b,b\neq 0$ 且 $a=bq+r$,则 $(a,b)=(b,r)$.

这事实的证法如下:

因$(a,b)\mid a$，$(a,b)\mid b$，$r=a-bq$，有$(a,b)\mid r$. 所以$(a,b)\leqslant(b,r)$. 同理可证$(b,r)\leqslant(a,b)$. 故$(a,b)=(b,r)$.

上面的简单事实可以用来计算两个整数的最大公因数. 给定非负整数a,b，若a,b中有一个为0，譬如$b=0$，则$(a,b)=a$. 于是不妨设$0<b<a$. 做带余除法，$a=bq_1+r_1$，$0\leqslant r_1<b$. 若$r_1=0$，则$(a,b)=(b,r_1)=b$. 若$r_1\neq 0$. 则再做带余除法

$$b=r_1q_2+r_2,\quad 0<r_2<r_1,$$
$$r_1=r_2q_3+r_3,\quad 0<r_3<r_2,$$
$$\cdots\cdots\cdots\cdots\cdots\cdots$$
$$r_{n-1}=r_nq_{n+q}+r_{n+1}.$$

因为$r_1>r_2>r_3>\cdots\geqslant 0$，所以经有限$n$步后必有$r_{n+1}=0$. 这时，

$$(a,b)=(b,r_1)=(r_1,r_2)=(r_2,r_3)=\cdots=(r_{n-1},r_n)=r_n.$$

这种算法叫**欧几里得算法**，也叫**辗转相除法**.

给定两个非零整数a,b，设m是一个整数，且$a\mid m$，$b\mid m$，则称m是a,b的一个**公倍数**. 若m是a,b的公倍数，则$-m$也是a,b的公倍数. 显然，$\pm ab$是a,b的非零公倍数. 在a,b的全体公倍数中的最小正整数（它显然存在而且唯一）称为a,b的**最小公倍数**，记作$[a,b]$.

2. 有理整数环的理想

在第四章我们指出，研究线性空间的一个基本方法是讨论它的各种子空间. 这个方法同样用来研究有理整数环. 下面给出与子空间地位大致相似（但不是完全一样）的概念.

定义 设I是$\mathbb{Z}$的一个非空子集，且满足如下条件：

(i) 若$a,b\in I$，则$a-b\in I$；

(ii) 若$a\in I$，则对任意$b\in\mathbb{Z}$有$ab\in I$，

则I称为$\mathbb{Z}$的一个**理想**.

显然，单由0组成的子集$\{0\}$及$\mathbb{Z}$自身都是理想. 这两个理想称为**平凡理想**，$\{0\}$称为**零理想**. $\mathbb{Z}$的其他理想称为**非平凡理想**.

任给$a\in\mathbb{Z}$，定义

$$(a)=\{ka\mid k\in\mathbb{Z}\},$$

即由 a 的全体倍数所组成的子集. (a)显然是一个理想，称为由 a 生成的**主理想**. 易知$(-a)=(a)$，所以只需考虑由非负整数生成的主理想就可以了. 显然$(0)=\{0\}$，$(1)=\mathbb{Z}$ 为平凡理想，其他主理想均为非平凡主理想.

我们有以下两个简单事实：

1) $(a)\subseteq(b)$且$(b)\neq\{0\}\Longleftrightarrow b\mid a$；

这是因为$(a)\subseteq(b)\Longleftrightarrow a\in(b)\Longleftrightarrow a=bc$.

2) $(a)=(b)\Longleftrightarrow a=\pm b$.

这是因为，由$(a)\subseteq(b)\Longrightarrow a=bc$；又由$(b)\subseteq(a)\Longrightarrow b=ad$，故 $a=adc$. 若 $a=0$，显见 $b=0$；若 $a\neq 0$，则 $dc=1$，于是 $c=\pm 1$，因而 $a=\pm b$. 反之，若 $a=\pm b$，显然有$(a)=(b)$.

从简单事实 1) 立即推出：d 是 a,b 的公因子的充要条件是 $(a)\subseteq(d)$，$(b)\subseteq(d)$；m 是 a,b 的公倍数的充要条件是

$$(m)\subseteq(a),\quad (m)\subseteq(b).$$

命题 1.2 设 I 是 $\mathbb{Z}$ 的一个理想，则存在非负整数 a，使 $I=(a)$，即 $\mathbb{Z}$ 的所有理想都是主理想.

证 若 I 是零理想$\{0\}$，取 $a=0$ 即可. 现设 $I\neq\{0\}$，于是 I 中必有非零之整数. 若 $b\in I$，则$-b=(-1)\cdot b\in I$. 现令 a 为 I 中最小正整数，它显然存在而且唯一. 此时对任意 $k\in\mathbb{Z}$ 都有 $ka\in I$，于是 $(a)\subseteq I$，反之，设 b 为 I 中任一整数，按带余除法，有 $q,r\in\mathbb{Z}$，使 $b=qa+r$，$0\leqslant r<a$. 因 $r=b-qa\in I$，由 a 的最小性知 $r=0$. 故 $b=qa\in(a)$. 于是 $I=(a)$. ▌

理想在 $\mathbb{Z}$ 中的地位大致相当于线性空间中子空间的地位. 在第四章 §2 已指出，研究子空间的交与和是很重要的. 现在我们也需要研究 $\mathbb{Z}$ 中两个理想的交与和.

给定 $\mathbb{Z}$ 的两个理想 I_1，I_2，则：

1) 它们的交集 $I_1\cap I_2$ 也是 $\mathbb{Z}$ 的理想，称为此两理想的**交**.

下面验证此结论. 首先，由命题 1.2 易知 $0\in I_1$，$0\in I_2$，故 $0\in I_1\cap I_2$，即 $I_1\cap I_2$ 非空. 又设 $a,b\in I_1\cap I_2$. 则因 $a,b\in I_1$，故 $a-b\in I_1$，同理 $a-b\in I_2$，于是有 $a-b\in I_1\cap I_2$. 对任意整数 k，有 $ka\in I_1$，$ka\in I_2$，故 $ka\in I_1\cap I_2$，于是 $I_1\cap I_2$ 为 $\mathbb{Z}$ 的理想.

2) 定义

$$I_1+I_2=\{a_1+a_2 \mid a_1\in I_1, a_2\in I_2\}.$$

则 I_1+I_2 也是 $\mathbb{Z}$ 的理想,称为 I_1,I_2 的**和**.

下面验证此结论. 首先,I_1+I_2 显然非空. 若 $a,b\in I_1+I_2$,则有

$$a=a_1+a_2,\quad b=b_1+b_2\quad (a_1,b_1\in I_1, a_2,b_2\in I_2).$$

于是

$$a-b=(a_1-b_1)+(a_2-b_2).$$

现在 $a_1-b_1\in I_1$,$a_2-b_2\in I_2$,故 $a-b\in I_1+I_2$. 又对任意整数 k,有 $ka=ka_1+ka_2$,现在 $ka_1\in I_1$,$ka_2\in I_2$,故 $ka\in I_1+I_2$,这表明 I_1+I_2 确为理想.

理想的交有重要应用,下面是一个例子.

设 a,b 是两个非零整数,按命题 1.2,有

$$(a)\cap(b)=(m).$$

这里设 $m\geqslant 0$. 于是 $(m)\subseteq(a)$,即 $a\mid m$,$(m)\subseteq(b)$,即 $b\mid m$,于是 m 为 a,b 的公倍数. 对 a,b 的任一公倍数 m_1,有 $(m_1)\subseteq(a)$,$(m_1)\subseteq(b)$,于是 $(m_1)\subseteq(a)\cap(b)=(m)$. 因为 a,b 必有非零公倍数(例如 ab),故可设 $m_1\neq 0$,由上式知 $m\neq 0$,于是 $m\mid m_1$. 这表明 m 为 a,b 的最小公倍数. 这就是说,最小公倍数可用理想的交来刻画. 由此还知 a,b 的任意公倍数都是最小公倍数的倍数.

两个理想的和也有重要应用,下面的命题说明了这一点.

命题 1.3 设 a,b 是两个不全为 0 的整数,则 $(a)+(b)=(d)$,其中 $d=(a,b)$ 为 a,b 的最大公因数.

证 已知 $(a)+(b)$ 为理想,按命题 1.2,有非负整数 d,使 $(a)+(b)=(d)$. 因 (a),(b) 不全为 $\{0\}$,故 $(d)\neq\{0\}$. 从而 d 为正整数. 又 $(a)\subseteq(d)$(因 (b) 中含 0),$(b)\subseteq(d)$(因 (a) 中含 0),于是 $d\mid a$,$d\mid b$,即 d 为 a,b 的公因数. 现设 d_1 为 a,b 的任一公因数,则 $(a)\subseteq(d_1)$,$(b)\subseteq(d_1)$,从而

$$(d)=(a)+(b)\subseteq(d_1),$$

这又表明 $d_1\mid d$,于是 d 为 a,b 的最大公因数. ▍

上面的命题表明最大公因数可用理想的和来刻画. 这个命题同时也证明 a,b 的任意公因数都是其最大公因数 d 的因数.

推论 1 设 a,b 是两个不全为 0 的整数,令 $d=(a,b)$,则存在 $u,v\in\mathbb{Z}$,使

$$ua+vb=d.$$

证 因 $d\in(d)=(a)+(b)$,故有

$$d=ua+vb. \quad \blacksquare$$

推论 2 设 a,b 是两个不全为 0 的整数,则下面命题互相等价:

(i) a,b 互素,即$(a,b)=1$;

(ii) 有 $u,v\in\mathbb{Z}$,使 $ua+vb=1$;

(iii) $(a)+(b)=\mathbb{Z}=(1)$.

证 (i)$\Longrightarrow$(ii):由推论 1 立知.

(ii)$\Longrightarrow$(iii):若 $ua+vb=1$,因 $ua\in(a)$,$vb\in(b)$,故 $1\in(a)+(b)$,于是 $\mathbb{Z}=(1)\subseteq(a)+(b)\subseteq\mathbb{Z}$,故有$(a)+(b)=\mathbb{Z}$.

(iii)$\Longrightarrow$(i):设$(a,b)=d$.由命题 1.3 知

$$(1)=\mathbb{Z}=(a)+(b)=(d).$$

现在$(1)=(d)$,且 $d>0$,故 $d=1$,即 a,b 互素. $\blacksquare$

推论 3 设 $a,b,c\in\mathbb{Z}$,$a\neq0$.若 $a\mid bc$,且$(a,b)=1$,则 $a\mid c$.

证 设 $bc=ka$,因$(a,b)=1$,按推论 2,有 $u,v\in\mathbb{Z}$,使 $ua+vb=1$,于是

$$\begin{aligned}c&=c(ua+vb)=cua+vbc\\&=cua+vka=a(cu+vk).\end{aligned}$$

故 $a\mid c$. $\blacksquare$

3. 因子分解唯一定理

在正整数中,1 的正因数只有 1.而除 1 外,所有其他的数都至少有两个正因数,即 1 及其本身.我们称恰有两个正因数的正整数为**素数**,而称具有多于两个正因数的正整数为**合数**.

例如,2,3,5,7,11,13,17,19,…为素数,4,6,8,9,10,…为合数.

命题 1.4 设 p 是素数,且 $a,b\in\mathbb{Z}$.若 $p\mid ab$,则 $p\mid a$ 或 $p\mid b$.

证 因 p 只有两个正因子 1 和 p,故$(p,a)=p$ 或 1.若$(p,a)=p$,则 $p\mid a$.而若$(p,a)=1$,则由上面的推论 3,有 $p\mid b$. $\blacksquare$

推论 若素数 p 整除 $a_1a_2\cdots a_n$,则 p 整除某个因子 a_i.

素数在有理整数环的乘法理论中起着关键性的作用，下面的定理就体现了这一点.

定理 1.1（算术基本定理） 任一正整数 $n>1$ 都能表成若干素数的乘积

$$n=p_1p_2\cdots p_s,\quad p_i(i=1,2,\cdots,s)\text{ 为素数},$$

并且若不计 p_i 的排列次序，上述表法唯一.

证 先证明存在上述分解式. 对 n 用数学归纳法. 当 $n=2$ 时，结论显然成立. 故可设 $n>2$，并设结论对 $<n$ 的正整数已经成立. 若 n 是素数 p，则 $n=p$ 即所求的分解式. 而若 n 为合数，则 $n=kl$，$1<k,l<n$. 由归纳假设，k,l 均可表成若干素数的乘积，当然 n 也有这样的分解式.

再证唯一性. 若又有

$$n=q_1q_2\cdots q_t,\quad q_i(i=1,2,\cdots,t)\text{ 为素数}.$$

由命题 1.4 的推论 p_1 必整除某个 q_i. 不失普遍性，可设 $p_1\mid q_1$. 因 p_1,q_1 都是素数，故得 $p_1=q_1$. 于是

$$\frac{n}{p_1}=p_2\cdots p_s=q_2\cdots q_t.$$

由归纳假设，对 $\frac{n}{p_1}$ 成立分解式的唯一性，从而得到 n 的分解式的唯一性. ▌

有了定理 1.1，每个 >1 的正整数 n 都可唯一表成

$$n=p_1^{\alpha_1}p_2^{\alpha_2}\cdots p_s^{\alpha_s}$$

的形状，其中 $p_1<p_2<\cdots<p_s$ 是素数，而 $\alpha_1,\alpha_2,\cdots,\alpha_s$ 是正整数. 这叫作 n 的**素因子标准分解式**. 上面的定理又称为正整数的**因子分解唯一定理**.

对素数的研究是有理整数环理论中一个十分重要，成果十分丰硕的领域. 我们这里不可能详述，只能介绍下面一个最基本的定理.

命题 1.5 存在无限多个素数.

证 用反证法. 若 $p_1<p_2<\cdots<p_N$ 是全部素数，则 $a=p_1p_2\cdots p_N+1$ 是合数. 设 p 是 a 的一个素因子，则存在某个 p_i，$1\leqslant i\leqslant N$ 使 $p=p_i$. 于是 $p\mid(a-p_1\cdots p_N)$，但 $a-p_1\cdots p_N=1$，矛盾. ▌

习　题　一

1. 设 a,b 是正整数,证明:$(a,b)[a,b]=ab$.

2. 设 I_1,I_2 是 $\mathbb{Z}$ 的两个理想,定义

$$I_1I_2=\left\{\sum_{i=1}^{n}a_ib_i \mid a_i\in I_1,b_i\in I_2,n=1,2,\cdots\right\}.$$

证明:I_1I_2 也是 $\mathbb{Z}$ 的理想,称为理想 I_1,I_2 的**乘积**.

3. 证明:$(a)(b)=(ab)$.

4. 如果 p 是一个素数,则(p)称为**素理想**.

证明对正整数 $a>1$,(a)是素理想的充要条件是:若有整数 x,y,使 $xy\in(a)$,则必有 $x\in(a)$或 $y\in(a)$.

5. 设 n 是大于 1 的正整数,证明:

$$(n)=(p_1)^{e_1}(p_2)^{e_2}\cdots(p_k)^{e_k},$$

其中 $p_1,p_2,\cdots,p_k$ 为互不相同的素数,$e_1,e_2,\cdots,e_k$ 为正整数.上述分解式如不考虑素理想的排列次序,则是唯一的.

6. 设 $\mathbb{Z}$ 内有一理想 $I\neq\mathbb{Z}$,且 I 极大,即如果又有理想 $J\supsetneqq I$,则必 $J=\mathbb{Z}$.证明:I 为素理想.

7. 如果 $\mathbb{Z}$ 内有一个理想升链

$$(a_1)\subseteq(a_2)\subseteq(a_3)\subseteq\cdots,$$

证明:存在正整数 k,使$(a_k)=(a_{k+1})=(a_{k+2})=\cdots$.

8. 设 $I_1,I_2,\cdots,I_k$ 是 $\mathbb{Z}$ 的理想.

(1) 证明:$I_1\cap I_2\cap\cdots\cap I_k$ 也是 $\mathbb{Z}$ 的理想;

(2) 定义

$$I_1+I_2+\cdots+I_k=\{a_1+a_2+\cdots+a_k \mid a_i\in I_i\},$$

证明:它也是 $\mathbb{Z}$ 的理想.

9. 给定整数 $a_1,a_2,\cdots,a_k$,设

$$(a_1)+(a_2)+\cdots+(a_k)=(d),\quad d\geqslant 0.$$

证明:

(1) 当 $a_1,a_2,\cdots,a_k$ 不全为 0 时,$d>0$.

(2) 当 $a_1,a_2,\cdots,a_k$ 不全为 0 时,$d\mid a_i(i=1,2,\cdots,k)$;如果又有 $d_1\neq 0$,$d_1\mid a_i(i=1,2,\cdots,k)$,则 $d_1\mid d$.d 称为 $a_1,a_2,\cdots,a_k$ 的**最**

大公因数，记作$(a_1,a_2,\cdots,a_k)$.

(3) 若$a_1,a_2,\cdots,a_k$不全为0，证明：存在整数$u_1,u_2,\cdots,u_k$，使

$$u_1a_1+u_2a_2+\cdots+u_ka_k=(a_1,a_2,\cdots,a_k).$$

10. 若$a_1,a_2,\cdots,a_{k-1}$是不全为零的整数，$a_k\in\mathbb{Z}$. 证明：

$$((a_1,a_2,\cdots,a_{k-1}),a_k)=(a_1,a_2,\cdots,a_k).$$

11. 设

$$a=p_1^{e_1}p_2^{e_2}\cdots p_k^{e_k},\quad b=p_1^{f_1}p_2^{f_2}\cdots p_k^{f_k},$$

其中$p_1,p_2,\cdots,p_k$是互不相同的素数，$e_1,e_2,\cdots,e_k,f_1,f_2,\cdots,f_k$是非负整数. 试求$(a,b)$及$[a,b]$.

§2 同 余 式

在第四章§2中我们又指出，研究线性空间的另一种重要方法是研究商空间. 为了研究商空间，我们先要把线性空间V中的向量按其子空间M划分为同余类，即若$\alpha-\beta\in M$，则称β与α模M同余，记作$\beta\equiv\alpha\pmod{M}$. 在$\mathbb{Z}$中，理想大致相当于$V$中子空间，因此，对$\mathbb{Z}$中整数，我们可以按同样的办法，对其某个理想$I$进行分类.

定义 设m是一个正整数，若$a,b\in\mathbb{Z}$，且$b-a\in(m)$，亦即$m\mid(b-a)$，则称b与a**模**m**同余**，记作$b\equiv a\pmod{m}$.

在这里，由于一个理想由其生成元m唯一决定，所以我们不必写$b\equiv a(\mathrm{mod}(m))$. 若使用带余除法，设

$$a=mq_1+r_1\quad(0\leqslant r_1<m),$$
$$b=mq_2+r_2\quad(0\leqslant r_2<m),$$

则$b-a=m(q_2-q_1)+(r_2-r_1)$，$m\mid(b-a)$等价于$r_2=r_1$. 故b,a模m同余就是它们用m做带余除法所得余数相同.

整数模m同余显然满足如下关系.

1) 反身性：$a\equiv a\pmod{m}$；

2) 对称性：若$b\equiv a\pmod{m}$，则$a\equiv b\pmod{m}$；

3) 传递性：若$a\equiv b\pmod{m}$，$b\equiv c\pmod{m}$，则

$$a\equiv c\pmod{m}.$$

因此，整数模 m 同余是一个等价关系，$\mathbb{Z}$ 关于这个等价关系划分为等价类，给定整数 a，所有与 a 模 m 同余的整数属一个类，称为**以 a 为代表的同余类**. 显然，这个同余类是

$$a+(m)=\{a+km \mid k\in\mathbb{Z}\}.$$

这里也有与线性空间模子空间 M 的同余类相似的两条性质：

1) $b\in a+(m)\Longleftrightarrow b\equiv a \pmod m\Longleftrightarrow b+(m)=a+(m)$.

这是因为：$b\in a+(m)\Longleftrightarrow b=a+mk\Longleftrightarrow m\mid(b-a)$. 又因为 $b+(m)\subseteq a+(m)\Longleftrightarrow b\in a+(m)\Longleftrightarrow b\equiv a \pmod m$，同理，$a+(m)\subseteq b+(m)\Longleftrightarrow a\equiv b \pmod m$，故 $b+(m)=a+(m)\Longleftrightarrow b\equiv a \pmod m$.

2) 若 $a+(m)\neq b+(m)$，则其交为空集.

因若 $c\in(a+(m))\cap(b+(m))$，则由性质 1)立知

$$a+(m)=c+(m)=b+(m).$$

考察如下 m 个互不相同的模 m 同余类：

$$0+(m),\ 1+(m),\ 2+(m),\ \cdots,\ m-1+(m).$$

任给 $a\in\mathbb{Z}$，设 $a=mq+r\ (0\leqslant r<m)$，即 $a\equiv r \pmod m$，于是 $a+(m)=r+(m)$(见上面性质 1)). 因此，一共有 m 个互不相同的模 m 剩余类. 我们把 $r+(m)$简记为 $\bar{r}$，则上述 m 个剩余类为

$$\bar{0},\bar{1},\bar{2},\cdots,\overline{m-1}.$$

命题 2.1　设 m 为正整数. 下面命题成立：

(i) 若 $b_1\equiv a_1 \pmod m$，$b_2\equiv a_2 \pmod m$，则

$$b_1+b_2\equiv a_1+a_2 \pmod m,$$
$$b_1-b_2\equiv a_1-a_2 \pmod m,$$
$$b_1b_2\equiv a_1a_2 \pmod m.$$

(ii) 若 $ac\equiv bd \pmod m$，$c\equiv d \pmod m$，且$(m,c)=1$，则

$$a\equiv b \pmod m.$$

证　(i) 现在 $b_1=a_1+k_1m$，$b_2=a_2+k_2m$，则 $b_1\pm b_2=a_1\pm a_2+(k_1\pm k_2)m$，$b_1b_2=a_1a_2+(a_1k_2+a_2k_1+k_1k_2m)m$. 故命题成立.

(ii) 现在 $ac=bd+km$，$c=d+k_1m$，故

$$\begin{aligned}(a-b)c&=ac-bc=ac-b(d+k_1m)\\&=ac-bd-bk_1m=km-bk_1m\\&=(k-bk_1)m.\end{aligned}$$

于是 $m\mid c(a-b)$. 但 $(m,c)=1$. 由命题 1.3 的推论 3, $m\mid(a-b)$, 即

$$a\equiv b(\mathrm{mod}\ m).\quad \blacksquare$$

在研究线性空间 V 对子空间 M 的商空间时, 我们在模 M 的剩余类间定义加法与数乘. 现在对 $\mathbb{Z}$ 内的模 m 剩余类, 我们也类似地定义其运算.

1) 加法: $(a+(m))+(b+(m))=a+b+(m)$;

2) 乘法: $(a+(m))(b+(m))=ab+(m)$.

现在我们也需要验证这定义在逻辑上无矛盾. 设 $a+(m)=a'+(m)$, $b+(m)=b'+(m)$, 则

$$a\equiv a'(\mathrm{mod}\ m),\quad b\equiv b'(\mathrm{mod}\ m).$$

按命题 2.1, 有 $a+b\equiv a'+b'(\mathrm{mod}\ m)$, $ab\equiv a'b'(\mathrm{mod}\ m)$. 这表明 $a'+b'+(m)=a+b+(m)$, $a'b'+(m)=ab+(m)$. 故上面定义在逻辑上无矛盾.

上面定义的运算显然满足如下运算法则:

1) 加法有结合律, 即 $(a+(m))+(b+(m)+c+(m))=(a+(m)+b+(m))+(c+(m))$;

2) 加法有交换律, 即 $(a+(m))+(b+(m))=(b+(m))+(a+(m))$;

3) 加法有零元素, 即 $(0+(m))+(a+(m))=a+(m)$;

4) $a+(m)$ 有负元素, 即 $(-a+(m))+(a+(m))=0+(m)$;

5) 乘法满足结合律, 即 $[(a+(m))(b+(m))](c+(m))=(a+(m))[(b+(m))(c+(m))]$;

6) 加法与乘法满足分配律, 即

$$\begin{aligned}&(a+(m))[(b+(m))+(c+(m))]\\&\quad=(a+(m))(b+(m))+(a+(m))(c+(m));\end{aligned}$$

7) 乘法满足交换律, 即

$$(a+(m))(b+(m))=(b+(m))(a+(m));$$

8) 乘法有单位元素, 即 $(1+(m))(a+(m))=a+(m)$.

1. 欧拉函数

定义 设 m 是一正整数. 如果 $a\in\mathbb{Z}$, $(a,m)=1$, 则 $a+(m)$ 称

为**与 m 互素的剩余类**. 在全部模 m 剩余类中,与 m 互素的剩余类的数目记作 $\varphi(m)$,称为**欧拉函数**.

欧拉函数有许多重要的应用. 我们先来指出一个简单的事实. 设

$$r_1+(m), r_2+(m), \cdots, r_t+(m) \quad (t=\varphi(m))$$

是全部互不相同的与 m 互素的剩余类,又设 $k\in\mathbb{Z}$,$(k,m)=1$,则

$$kr_1+(m), kr_2+(m), \cdots, kr_t+(m)$$

也是全部互不相同的与 m 互素的剩余类. 其所以如此,是因为 $(r_i,m)=1$,故 $(kr_i,m)=1$,即 $kr_i+(m)$ 为与 m 互素的剩余类. 又若 $kr_i+(m)=kr_j+(m)(i\neq j)$,则 $kr_i\equiv kr_j \pmod m$,由命题 2.1,有 $r_i\equiv r_j \pmod m$,从而 $r_i+(m)=r_j+(m)$,与假设矛盾.

命题 2.2(**欧拉定理**)　设 k 是与正整数 m 互素的整数,则

$$k^{\varphi(m)}\equiv 1 \pmod m.$$

证　设全部互不相同的与 m 互素的剩余类是

$$r_1+(m),\ r_2+(m),\ \cdots,\ r_t+(m),\quad t=\varphi(m),$$

则

$$kr_1+(m),\ kr_2+(m),\ \cdots,\ kr_t+(m)$$

与上述 t 个剩余类仅是排列次序不同而已,所以把它们连乘起来应当相等,因而有

$$\begin{aligned}\prod_{i=1}^{t} r_i+(m) &= \prod_{i=1}^{t}(r_i+(m)) = \prod_{i=1}^{t}(kr_i+(m)) \\ &= \prod_{i=1}^{t} kr_i+(m) = k^t\prod_{i=1}^{t} r_i+(m).\end{aligned}$$

于是

$$k^t\prod_{i=1}^{t} r_i \equiv \prod_{i=1}^{t} r_i \pmod m.$$

因 $(r_i,m)=1$,故 $(r_1r_2\cdots r_t,m)=1$. 按命题 2.1 的(ii),有

$$k^t\equiv 1 \pmod m,$$

现 $t=\varphi(m)$,故命题得证. ▌

推论(**费马小定理**)　设 p 为素数,若 p 不整除整数 k,则 $k^{p-1}\equiv 1 \pmod p$.

证　模 p 的 p 个剩余类,除 $0+(p)$ 外,均为与 p 互素的剩余

类，即 $\varphi(p)=p-1$，现在有 $(p,k)=1$，由欧拉定理即知本命题成立. ▮

下面来给出欧拉函数 $\varphi(m)$ 的表达式.

命题 2.3 设 m_1,m_2 是两个正整数，$(m_1,m_2)=1$. 则

$$r_1m_2+r_2m_1+(m_1m_2)$$
$$(r_1=0,1,2,\cdots,m_1-1;r_2=0,1,2,\cdots,m_2-1)$$

为全部互不相同的模 m_1m_2 的剩余类.

证 所给剩余类有 m_1m_2 个，只要证两两不同. 若

$$r_1m_2+r_2m_1+(m_1m_2)=r'_1m_2+r'_2m_1+(m_1m_2),$$

其中 $0\leqslant r_1,r'_1<m_1,0\leqslant r_2,r'_2<m_2$. 此时有

$$r_1m_2+r_2m_1\equiv r'_1m_2+r'_2m_1 \pmod{m_1m_2},$$

从而

$$r_1m_2+r_2m_1\equiv r'_1m_2+r'_2m_1 \pmod{m_1}.$$

由上式立知 $r_1m_2\equiv r'_1m_2 \pmod{m_1}$，因 $(m_1,m_2)=1$，按命题 2.1 的 (ii)，$r_1\equiv r'_1 \pmod{m_1}$，于是 $r_1=r'_1$. 同理 $r_2=r'_2$. ▮

命题 2.4 设 m_1,m_2 是互素正整数，则

$$\varphi(m_1m_2)=\varphi(m_1)\varphi(m_2).$$

证 设与 m_1 互素的剩余类全体列举如下：

$$r_1+(m_1),r_2+(m_1),\cdots,r_s+(m_1),\quad s=\varphi(m_1).$$

又设与 m_2 互素的剩余类全体列举如下：

$$l_1+(m_2),l_2+(m_2),\cdots,l_t+(m_2),\quad t=\varphi(m_2).$$

来证

$$r_im_2+l_jm_1+(m_1m_2)$$
$$(i=1,2,\cdots,s;j=1,2,\cdots,t) \tag{1}$$

恰为与 m_1m_2 互素的剩余类的全体.

(i) 先证 $(r_im_2+l_jm_1,m_1m_2)=d=1$. 用反证法. 若 $d\neq 1$，设 d 有一素数因子 p，则 $p\mid m_1m_2$，因 $(m_1,m_2)=1$，由命题 1.4，$p\mid m_1$ 或 $p\mid m_2$. 若 $p\mid m_1$，又因 $p\mid(r_im_2+l_jm_1)$，故 $p\mid r_im_2$，又 $(p,m_2)=1$，因而 $p\mid r_i$，于是 r_i 与 m_1 不互素，矛盾. 同样，如假定 $p\mid m_2$ 也导出矛盾. 这表明必有 $d=1$. 于是 $r_im_2+l_jm_1+(m_1m_2)$ 是与 m_1m_2 互素的剩余类.

(ii) 再证若 $rm_2+lm_1+(m_1m_2)$ 为与 m_1m_2 互素的剩余类，必定 $(r,m_1)=1,(l,m_2)=1$. 用反证法. 设 r,m_1 有一公共素数因子 p，由 $p\mid r,p\mid m_1$ 知 $p\mid(rm_2+lm_1)$，又 $p\mid m_1m_2$，与 $(rm_2+lm_1,m_1m_2)=1$ 之设矛盾. 同理 $(l,m_2)=1$.

(iii) 在命题 2.3 中已排出全部模 m_1m_2 的剩余类，其中与 m_1m_2 互素的恰为式(1)中列举的 st 个，于是

$$\varphi(m_1m_2)=st=\varphi(m_1)\varphi(m_2). \quad \blacksquare$$

命题 2.5　设正整数 $n=p_1^{e_1}p_2^{e_2}\cdots p_k^{e_k}$ 为 n 的素因子标准分解式，则

$$\varphi(n)=n\left(1-\frac{1}{p_1}\right)\left(1-\frac{1}{p_2}\right)\cdots\left(1-\frac{1}{p_k}\right).$$

证　按命题 2.4，有

$$\varphi(n)=\varphi(p_1^{e_1})\varphi(p_2^{e_2})\cdots\varphi(p_k^{e_k}).$$

对素数 p，应有 $\varphi(p^e)=p^e-p^{e-1}=p^e\left(1-\dfrac{1}{p}\right)$. 这是因为模 p^e 的剩余类的全体是

$$0+(p^e),\ 1+(p^e),\ \cdots,\ p^e-1+(p^e).$$

若 $a+(p^e)$ 与 p^e 不互素，则 $p\mid a$，而 $0\leqslant a<p^e$. 显然 $a=qp$，其中

$$q=0,1,2,\cdots,(p^{e-1}-1)$$

共 p^{e-1} 个，故 $\varphi(p^e)=p^e-p^{e-1}$. $\blacksquare$

最后，我们指出：由于 $(0,1)=1$，故 $\varphi(1)=1$.

2. 中国剩余定理

现在我们介绍一个在代数学与数论中起重要作用的定理.

定理 2.1(**中国剩余定理**)　设 $m_1,m_2,\cdots,m_k$ 是 k 个两两互素的正整数. 任给 k 个整数 $a_1,a_2,\cdots,a_k$，必存在整数 x，使

$$x\equiv a_i(\bmod m_i)\quad(i=1,2,\cdots,k).$$

证　定理分两步证明.

(i) 对一固定的 i. 当 $j\neq i$ 时，$(m_i,m_j)=1$，按命题 1.3 的推论 2，有 $u_j,v_j\in\mathbb{Z}$，使 $u_jm_i+v_jm_j=1$. 令

$$w_i = \prod_{\substack{j=1 \\ j \neq i}}^{k} v_j m_j \equiv 0 (\bmod m_l) \quad (l \neq i).$$

另一方面有

$$w_i = \prod_{\substack{j=1 \\ j \neq i}}^{k} (1 - u_j m_i) = 1 + q_i m_i.$$

(ii) 利用上面得到的 $w_1, w_2, \cdots, w_k$ 构作整数

$$x = \sum_{j=1}^{k} a_j w_j.$$

当 $j \neq i$ 时,$m_i \mid w_j$,即 $w_j = q_j m_i$,而 $w_i = 1 + q_i m_i$,代入上式得

$$x = \sum_{j \neq i} a_j q_j m_i + a_i (1 + q_i m_i) \equiv a_i \ (\bmod m_i).$$

定理得证. ▌

习 题 二

1. 设 m 是一个正整数,$a \in \mathbb{Z}$,证明: 存在 $x \in \mathbb{Z}$ 使
$ax \equiv 1 (\bmod m)$的充要条件是$(a, m) = 1$.

2. 设 p 是素数,证明: 对任意整数 $a_1, a_2, \cdots, a_k$,有
$$(a_1 + a_2 + \cdots + a_k)^p \equiv a_1^p + a_2^p + \cdots + a_k^p (\bmod p).$$

3. 设 m, n 是两个大于 1 的整数,令 u 为(m, n)的不同素因数的乘积(若$(m, n) = 1$,则令 $u = 1$). 证明:
$$\frac{\varphi(mn)}{\varphi(m)\varphi(n)} = \frac{u}{\varphi(u)}.$$

4. 设 m 是一个合数,证明:存在 $a, b \in \mathbb{Z}, m \nmid a, m \nmid b$,使
$$(a + (m))(b + (m)) = 0 + (m).$$

5. 求整数 a, b,使
$$5a \equiv 6 (\bmod 12), \quad b^2 \equiv 1 (\bmod 12).$$

6. 试计算 $\varphi(12), \varphi(26), \varphi(81), \varphi(100)$.

7. 求整数 x,使
$$x \equiv 1 (\bmod 4), \quad x \equiv -3 (\bmod 7), \quad x \equiv 2 (\bmod 15).$$

8. 设 $m_1, m_2, \cdots, m_k$ 是两两互素的正整数,又设 $a_1, a_2, \cdots, a_k \in \mathbb{Z}$. 如果 $x, y \in \mathbb{Z}$ 满足

$$x \equiv a_i \pmod{m_i} \quad (i=1,2,\cdots,k),$$
$$y \equiv a_i \pmod{m_i} \quad (i=1,2,\cdots,k),$$
则 $x \equiv y \pmod{m_1 m_2 \cdots m_k}$.

9. 给定整数系数多项式 $f(x)=a_0x^n+a_1x^{n-1}+\cdots+a_n$，$m$ 为正整数，在 $0,1,2,\cdots,m-1$ 中满足同余式
$$f(a) \equiv 0 \pmod{m}$$
的数 a 的数目记为 $F(m)$. 如果 m_1,m_2 为互素正整数，证明：
$$F(m_1m_2)=F(m_1)F(m_2).$$

10. 设 p 是一个素数，n 是正整数且 $n<p$. 给定整系数多项式 $f(x)=x^n+a_1x^{n-1}+\cdots+a_n$，如果存在两两不等的整数 $b_1,b_2,\cdots,b_n$，$0 \leqslant b_i < p$，使 $p \mid f(b_i)$ $(i=1,2,\cdots,n)$，证明：p 整除多项式
$$f(x)-(x-b_1)(x-b_2)\cdots(x-b_n)$$
的所有系数.

11. 证明 Wilson 定理：设 p 是素数，则
$$(p-1)! \equiv -1 \pmod{p}.$$

§3　模 m 的剩余类环

一个线性空间 V 模其子空间 M 的商空间 V/M 是由所有模 M 的同余类 $\bar{\alpha}=\alpha+M$ 组成的. 现在我们把这一思想应用到有理整数环 $\mathbb{Z}$ 中来.

定义　设 m 是一个正整数，定义
$$\mathbb{Z}/(m)=\{a+(m) \mid a \in \mathbb{Z}\}.$$
在$\mathbb{Z}/(m)$内按 §2 中所指出的办法定义加法、乘法：
$$(a+(m))+(b+(m))=a+b+(m),$$
$$(a+(m))(b+(m))=ab+(m),$$
此两种运算满足 §2 中所指出的八条运算法则，于是 $\mathbb{Z}/(m)$成为一个代数系统，称为 $\mathbb{Z}$ 模理想(m)的**剩余类环**或 $\mathbb{Z}$ 模理想(m)的**商环**.

定义$(a+(m))+(-b+(m))=(a+(m))-(b+(m))$，称之为 $\mathbb{Z}/(m)$内的**减法运算**.

将模 m 的剩余类 $a+(m)$记作 $\bar{a}$，那么 $\mathbb{Z}/(m)$中的运算可以写

成 $\bar{a}+\bar{b}=\overline{a+b}$，$\bar{a}\cdot\bar{b}=\overline{ab}$.

注意现在 $\mathbb{Z}/(m)$中的元素已经不是普通的数. 它们的加法、乘法也不再是数的加法、乘法. 这样，我们又一次跳出数及其四则运算的框框了.

在§2中已指出，$\mathbb{Z}/(m)$恰有 m 个不同元素，即

$$\mathbb{Z}/(m)=\{\bar{0},\bar{1},\bar{2},\cdots,\overline{m-1}\},$$

其中 $\bar{0}$ 称为 $\mathbb{Z}/(m)$的**零元素**，$\bar{1}$ 称为 $\mathbb{Z}/(m)$的**单位元素**，它们在 $\mathbb{Z}/(m)$的加法、乘法中起着与 $\mathbb{Z}$ 中 0,1 相类似的作用. 另外，$\bar{a}=\bar{0}$ 的充要条件是 $a\equiv 0(\mathrm{mod}\ m)$，亦即 $m|a$.

在所有模 m 剩余类环中，$m=p$ 为素数的情况最为重要.

命题 3.1 设 p 为素数，$\bar{a}$ 是 $\mathbb{Z}/(p)$中一个非零元素，则必存在 $\bar{u}\in\mathbb{Z}/(p)$，使 $\bar{u}\cdot\bar{a}=\bar{1}$. 将 $\bar{u}$ 写成 $\dfrac{\bar{1}}{\bar{a}}$.

证 $\bar{a}\neq\bar{0}$ 意味着 $p\nmid a$，从而$(a,p)=1$，于是按命题 1.3 的推论 2，有 $u,v\in\mathbb{Z}$，使 $ua+vp=1$. 于是 $\bar{u}\cdot\bar{a}=\overline{ua}=\overline{1-vp}=\bar{1}-\bar{v}\bar{p}=\bar{1}$ (注意 $\bar{p}=\bar{0}$). ▌

上面的命题表示 $\mathbb{Z}/(p)$中非零元素都有逆元素，即在 $\mathbb{Z}/(p)$内可以做除法. 就是说，若 $\bar{a},\bar{b}\in\mathbb{Z}/(p)$，$\bar{b}\neq 0$，我们令

$$\bar{a}\cdot\frac{\bar{1}}{\bar{b}}=\frac{\bar{a}}{\bar{b}}.$$

于是 $\mathbb{Z}/(p)$和数域一样有加、减、乘、除四则运算，而且这些运算满足相同的运算法则，即在第二章§1中所指出的数域 K 的加法、乘法所满足的九条运算法则. 从代数学的抽象观点看，$\mathbb{Z}/(p)$和数域具有共同的性质. 因此，我们把 $\mathbb{Z}/(p)$称为 **p 个元素的有限域**，并使用空体字母 $\mathbb{F}_p$ 来表示它. $\mathbb{F}_p$ 中的元素是

$$\bar{0},\bar{1},\bar{2},\cdots,\overline{p-1}.$$

$\mathbb{F}_p$ 和数域 K 也有一些不同的地方：

1) 数域 K 包含无限多元素，$\mathbb{F}_p$ 仅含 p 个元素；

2) 数域 K 内任一非零元 a 连加 n 次仍不为 0，即 $na\neq 0$，但 $\mathbb{F}_p$ 内任一元 $\bar{a}$ 连加 p 次即为 $\bar{0}$，因 $\bar{a}+\bar{a}+\cdots+\bar{a}=\overline{a+a+\cdots+a}=\overline{pa}=\bar{0}$；

3) $\mathbb{F}_p$ 内任一元 $\bar{a}$，其 p 次幂 $\bar{a}^p=\bar{a}$. 这是因为按费马小定理，有 $a^p\equiv a(\mathrm{mod}\ p)$，从而 $\bar{a}^p=\bar{a}$.

4) 在$\mathbb{F}_p$ 内有$(\bar{a}+\bar{b})^p=\bar{a}+\bar{b}$. 这是因为按照 3)，我们有

$$(\bar{a}+\bar{b})^p=(\overline{a+b})^p=\overline{a+b}=\bar{a}+\bar{b}.$$

现在，前面各章所阐述的线性代数理论，只要把其中数域 K 换成有限域 $\mathbb{F}_p$，那么所有概念和命题仍然成立(但跟上述四条有关的除外). 因此，我们有 $\mathbb{F}_p$ 上线性方程组，$\mathbb{F}_p$ 上 m 维向量空间 $\mathbb{F}_p^m$，$\mathbb{F}_p$ 上 $m\times n$ 矩阵所成的集合 $M_{m,n}(\mathbb{F}_p)$，$\mathbb{F}_p$ 上方阵的行列式，$\mathbb{F}_p$ 上的线性空间及其上的线性映射、线性变换理论等等. 这些理论在密码学，计算机科学等领域有广泛的应用.

如果 $f(x)=a_0x^m+a_1x^{m-1}+\cdots+a_m$ 是一个整数系数多项式，令 $a_i+(p)=\bar{a}_i(i=0,1,\cdots,m)$，则 $\bar{f}(x)=\bar{a}_0x^m+\bar{a}_1x^{m-1}+\cdots+\bar{a}_m$ 是有限域 $\mathbb{F}_p$ 上的多项式. 这种多项式和数域 K 上的多项式具有一些不同的性质. 例如考察 $\mathbb{F}_2$ 上的多项式(若 $\bar{a}_i=\bar{0}$，则该项省略，若 $\bar{a}_i=\bar{1}$，则 $\bar{1}$ 省略)：

$$\bar{f}(x)=x^2+x+\bar{1},\quad \bar{g}(x)=x^4+x^3+x^2+x+\bar{1}.$$

它们作为多项式是两个不同次的多项式，不能相等，但看作定义在 $\mathbb{F}_2$ 上的函数，$\bar{f}(x)=\bar{g}(x)$. 这种现象对于数域 K 上的多项式是不可能出现的.

对 $\mathbb{F}_p$ 的深一步的研究将在抽象代数课程中进行，在这里，我们仅限于介绍以上一些初步的知识.

习　题　三

1. 在 $\mathbb{Z}/(12)$中找出所有满足 $\bar{a}\neq\bar{0}$，$\bar{b}\neq 0$，但 $\bar{a}\cdot\bar{b}=\bar{0}$ 的元素 $\bar{a}$，$\bar{b}$.

2. 在 $\mathbb{F}_7$ 内找一元素 $\bar{a}$，使 $\bar{a}\cdot\bar{5}=\bar{1}$，此元素记为 $\dfrac{\bar{1}}{\bar{5}}$.

3. 在 $\mathbb{F}_5$ 内进行下面的运算：

$$\bar{3}\cdot\bar{2}+\bar{4}\cdot\bar{3}-\bar{3};\ (\bar{2}-\bar{3})\cdot\bar{4}.$$

4. 在 $\mathbb{F}_5^3$ 内做向量运算

$$(\bar{1},\bar{3},\bar{0})-(\bar{2},\bar{0},\bar{4})+\bar{2}(\bar{2},\bar{1},\bar{1}).$$

5. 在 $\mathbb{F}_5$ 上做矩阵运算：

$$\begin{bmatrix} \bar{1} & \bar{3} & \bar{1} \\ -\bar{2} & \bar{0} & \bar{2} \end{bmatrix}\begin{bmatrix} \bar{1} & \bar{3} \\ \bar{1} & \bar{4} \\ \bar{0} & \bar{1} \end{bmatrix}.$$

6. 计算 $\mathbb{F}_3$ 上如下 3 阶方阵 A 的行列式：

$$A=\begin{bmatrix} -\bar{1} & \bar{2} & \bar{0} \\ \bar{2} & \bar{1} & \bar{1} \\ \bar{1} & \bar{3} & \bar{0} \end{bmatrix}.$$

本 章 小 结

本章从代数学的观点对读者熟知的整数作了理论上的概括和提高. 整数集合 $\mathbb{Z}$ 有加法和乘法两种运算，满足九条运算法则，成为一个代数系统. 由于 $\mathbb{Z}$ 内乘法没有逆运算，因而产生了这类代数系统的专门研究课题：整除理论与因子分解理论. 但是第四章 §2 中所指出的研究代数系统的两种基本方法对它也适用. 取代线性空间 V 的子空间 M 的地位的，现在是 $\mathbb{Z}$ 中的理想 I，而取代商空间 V/M 的，现在是模 m 的剩余类环 $\mathbb{Z}/(m)$.

$\mathbb{Z}$ 中的理想有其特点，即都由一个非负整数的全部倍数组成，其所以如此，是由于 $\mathbb{Z}$ 内有带余除法. 而 $\mathbb{Z}$ 内的整除理论可以用理想的包含关系来刻画，因子分解唯一定理可以用理想的因子分解来刻画.

$\mathbb{Z}$ 模理想 (m) 的一个剩余类跟带余除法也有本质上的联系，即按整数用 m 做带余除法时的余数来分类. 而模 (m) 剩余类之间的运算也与此相关联，即

$$\bar{a}+\bar{b}=\bar{c},$$

其中 $0\leqslant a<m$，$0\leqslant b<m$. 此时若限定 $0\leqslant c<m$，则

$$c=\begin{cases} a+b, & 若\ 0\leqslant a+b<m, \\ r, & 若\ a+b=m+r \quad (0\leqslant r<m), \end{cases}$$

$\bar{a}\cdot\bar{b}=\bar{c}$,其中 c 也按类似办法决定.

通过上面的分析,我们发现,具有上述性质的代数系统应不止 $\mathbb{Z}$ 一个,而应当有许多.这就使我们的眼界大大开阔.在下一章,我们就以此为出发点,来研究一个与 $\mathbb{Z}$ 完全不同,但却具有大致相同的代数性质的一个新的代数系统.

第九章　一元多项式环

在历史上，由于研究一元高次代数方程，很自然地就开始研究一元多项式 $f(x)=a_0x^n+a_1x^{n-1}+\cdots+a_n$. 在长时间内，是把 x 当作一个变量来看待，$f(x)$ 则是 x 的函数. 多项式作为一类特殊的一元函数，自然可以按函数的意义相加、相乘，而且做加法、乘法之后仍是一个多项式. 它们同时又满足与整数的加法、乘法相同的运算法则. 于是从代数学的观点看，全体多项式关于其加法、乘法，与有理整数环一样，也成为一个代数系统. 在第四章的引言中已经指出，要从理论上从更高的观点来研究一个代数系统，我们应当舍弃那些非本质的具体的东西. 如果我们研讨的是多项式由其加法、乘法运算及相应的运算法则所决定的性质，那么 x 是不是自变量，$f(x)$ 是否是函数在这里没有起什么作用，是应当舍弃的东西. 也就是说，我们只要把 x 当作一个形式的记号来看待就可以了，在这种情况下，x 被称作一个“不定元”，意思是说它未有任何具体的含义，仅当作界定一个多项式的记号而已. 然后，定义多项式的加法与乘法运算，使其成为一个抽象的代数系统，从而成为代数学的研究对象. 这就是本章所要讨论的一元多项式环.

§1　一元多项式环的基本理论

定义　设 K 是一个数域，x 是一个不定元. 下面的形式表达式

$$f(x)=a_0+a_1x+a_2x^2+\cdots+a_nx^n+\cdots$$

(其中 $a_0,a_1,a_2,\cdots$ 属于 K，且仅有有限个不是 0)称为**数域 K 上一个不定元 x 的一元多项式**.

注意现在上述表达式中的记号“+”，“x^2”，“x^3”，… 等都还没有加法或乘法的方幂的含义，而仅仅是一个形式的记号，所以，上面的表达式完全可以写成

$$f(x)=(a_0,a_1,a_2,\cdots,a_n,\cdots).$$

我们之所以要写成上面的样子，是因为只要我们在多项式间定义加法和乘法后，它们自然就会具有所期望的含义，这一点下面就会看到.

数域 K 上一个不定元 x 的多项式的全体所成的集合记作 $K[x]$.

在 $K[x]$ 内定义加法、乘法如下：

加法　设

$$f(x)=a_0+a_1x+a_2x^2+\cdots,$$
$$g(x)=b_0+b_1x+b_2x^2+\cdots,$$

则定义

$$f(x)+g(x)=(a_0+b_0)+(a_1+b_1)x+(a_2+b_2)x^2+\cdots.$$

显然，$f(x)+g(x)$ 仍为 K 上的一元多项式，因为 a_i+b_i 仍仅有有限个不为 0，$f(x)+g(x)$ 称为 $f(x)$ 与 $g(x)$ 的**和**.

乘法　设

$$f(x)=a_0+a_1x+a_2x^2+\cdots,$$
$$g(x)=b_0+b_1x+b_2x^2+\cdots.$$

令

$$c_k=a_0b_k+a_1b_{k-1}+a_2b_{k-2}+\cdots+a_kb_0 \quad (k=0,1,2,\cdots).$$

现在 $c_0,c_1,c_2,\cdots$ 仍仅有有限个不为 0，定义

$$f(x)g(x)=c_0+c_1x+c_2x^2+\cdots,$$

$f(x)g(x)$ 仍为 K 上的一元多项式，称为 $f(x)$ 与 $g(x)$ 的**乘积**.

容易验证，上面定义的加法、乘法满足如下运算法则：

1）加法有结合律，即

$$f(x)+(g(x)+h(x))=(f(x)+g(x))+h(x);$$

2）令 $0(x)=0+0x+0x^2+\cdots$，则对任给的 $f(x)\in K[x]$，有 $f(x)+0(x)=f(x)$，$0(x)$ 称为**零多项式**，简记为 0；

3）任给 $f(x)=a_0+a_1x+a_2x^2+\cdots$，令 $-f(x)=-a_0+(-a_1)x+(-a_2)x^2+\cdots$，则 $f(x)+(-f(x))=0$；

4）加法有交换律，即 $f(x)+g(x)=g(x)+f(x)$；

5）乘法有结合律，即 $f(x)(g(x)h(x))=(f(x)g(x))h(x)$；

6) 有 $I(x)=1+0x+0x^2+\cdots$,使 $\forall f(x)\in K[x]$,有 $f(x)I(x)=f(x)$,$I(x)$简记为 1;

7) 乘法有交换律,即 $f(x)g(x)=g(x)f(x)$;

8) 加法与乘法有分配律,即

$$f(x)(g(x)+h(x))=f(x)g(x)+f(x)h(x).$$

$K[x]$连同上面定义的加法与乘法,称为数域 K 上的**一元多项式环**.

应当指出,如果把上面的数域 K 换成有 p(p 为素数)个元素的有限域 $\mathbb{F}_p$,那么前面的定义仍有效,所得的代数系统称为 $\mathbb{F}_p$ 上的一元多项式环,记作 $\mathbb{F}_p[x]$.

下面约定,在多项式 $f(x)$的形式表达式中,$0x^i$ 可略去不写,$1x^i$ 简写为 x^i. 于是多项式可写为

$$f(x)=a_0+a_1x+\cdots+a_nx^n,$$

其中 $a_0,a_1,\cdots,a_n\in K$,$a_n\neq 0$. $a_0,a_1,\cdots,a_n$ 称为 $f(x)$的**系数**,a_n 称**首项系数**,a_0 称**常数项**,n 称为 $f(x)$的**次数**,记作 $\deg f(x)=n$ 或 $\deg f=n$. a_kx^k 称为一个**单项式**,它是最简单的一类多项式. 按多项式加法的定义,现在 $f(x)$是 $n+1$ 个单项式 $a_0,a_1x,a_2x^2,\cdots,a_nx^n$ 连加的结果,于是 $f(x)$表达式中的记号"+"现在具有多项式加法的含义. 又易见 $x^m\cdot x^n=x^{m+n}$. 于是 x^k 为 k 个单项式 x 的连乘积:$x^k=xx\cdots x$. 于是 $f(x)$表达式中的记号 $x^2,x^3,\cdots,x^n$ 现在都具有方幂的含义,而且满足指数律:$x^m\cdot x^n=x^{m+n}$,$(x^m)^n=x^{mn}$. 另外,我们约定 $x^0=1$(x 的负方幂没有定义).

注意零多项式次数没有定义. 但有时为了方便,也可认为零多项式的次数是 $-\infty$.

另外,我们把 $f(x)+(-g(x))$写成 $f(x)-g(x)$,称为 $K[x]$内的**减法**. 下面两条简单的事实也请读者注意.

1) 两个多项式

$$f(x)=a_0+a_1x+a_2x^2+\cdots,$$
$$g(x)=b_0+b_1x+b_2x^2+\cdots$$

相等是指 $a_i=b_i$($i=0,1,2,\cdots$).

2) 若 $f(x)\neq 0$,$g(x)\neq 0$,则

$$\deg(f(x)g(x))=\deg f(x)+\deg g(x).$$

即两个非零多项式相乘时,其次数相加.设 $f(x)$ 的首项系数为 a_n,$g(x)$ 的首项系数为 b_m,则按乘法定义可知 $f(x)g(x)$ 的首项系数为 a_nb_m.如果一个多项式首项系数为1,则称为**首一多项式**.因此,两个首一多项式的乘积仍为首一多项式.

从性质(2)立即推出:当 $f(x)$,$g(x)$ 都非零时,$f(x)g(x)\neq 0$.因此,在 $K[x]$ 内有消去律,即由 $f(x)g(x)=f(x)h(x)$,$f(x)\neq 0$,有 $f(x)(g(x)-h(x))=0$,则必有 $g(x)=h(x)$.

1. 整除理论

对 $K[x]$ 内一个次数大于零的多项式 $f(x)$,由上段讨论可知不存在 $u(x)\in K[x]$,使 $u(x)f(x)=1$(因 $u(x)f(x)$ 次数大于0).因而在 $K[x]$ 内乘法没有逆运算,即没有除法运算.这与有理整数环相同.因而有理整数环内的整除理论与因子分解理论可以平行地推移到 $K[x]$(或 $\mathbb{F}_p[x]$)中来.

定义 给定 $f(x),g(x)\in K[x]$,$f(x)\neq 0$.若存在一 $q(x)\in K[x]$,使 $g(x)=q(x)f(x)$,则称 $f(x)$ 整除 $g(x)$,记作 $f(x)\mid g(x)$,$f(x)$ 称为 $g(x)$ 的**因式**,$g(x)$ 称为 $f(x)$ 的**倍式**.若 $f(x)$ 不能整除 $g(x)$,则记作 $f(x)\nmid g(x)$.

整除关系有如下基本性质:

1) 若 $f(x)\mid g(x)$,$g(x)\neq 0$,则 $\deg g(x)\geqslant \deg f(x)$.特别地,若同时又有 $g(x)\mid f(x)$,则因 $g(x)=q(x)f(x)$,$f(x)=q_1(x)\ g(x)$,于是 $g(x)=q(x)q_1(x)g(x)$,$g(x)\neq 0$,由消去律可立即推知 $q(x)q_1(x)=1$,于是 $\deg q(x)=0$,即 $q(x)=c\in K$ 为零次多项式,亦即 $g(x)=cf(x)$.又当 $f(x)=a\neq 0$ 为零次多项式时,对任意 $g(x)$,有 $f(x)\mid g(x)$;

2) 若 $f(x)\mid g(x)$,$f(x)\mid h(x)$,则

$f(x)\mid(u(x)g(x)+v(x)\ h(x)\ )$(对一切 $u(x),v(x)\in K[x]$);

3) $f(x)\mid g(x)$,$h(x)\neq 0$,则 $f(x)h(x)\mid g(x)h(x)$.又对任意 $a\in K$,$a\neq 0$,有 $(af(x))\mid g(x)$.

命题 1.1 设 $f(x),g(x)\in K[x]$,$f(x)\neq 0$.则存在唯一的

$q(x)$, $r(x)\in K[x]$,使

$$g(x)=q(x)f(x)+r(x),$$

其中 $r(x)=0$ 或 $\deg r(x)<\deg f(x)$.

证 存在性 设

$$f(x)=a_0x^n+a_1x^{n-1}+\cdots+a_n\quad(a_0\neq 0).$$

如果 $n=0$,则取 $q(x)=\dfrac{1}{a_0}g(x)$,$r(x)=0$ 即可.下面假定 $n>0$.对 $g(x)$的次数做数学归纳法:如果 $g(x)=0$ 或 $\deg g(x)<n$,则令 $q(x)=0$,$r(x)=g(x)$即满足要求.设 $g(x)$次数$<m$ 时,命题正确,则当 $g(x)$次数为 m 时,有

$$g(x)=b_0x^m+b_1x^{m-1}+\cdots+b_m\quad(b_0\neq 0)$$

(这里 $m\geqslant n$),令

$$g_1(x)=g(x)-\frac{b_0}{a_0}x^{m-n}f(x).$$

若 $g_1(x)=0$,则取 $q(x)=\dfrac{b_0}{a_0}x^{m-n}$,$r(x)=0$.否则,因$\deg g_1(x)<m$,按归纳假设,存在 $q_1(x)$,$r_1(x)\in K[x]$,使

$$g_1(x)=q_1(x)f(x)+r_1(x),$$

这里 $r_1(x)=0$ 或 $\deg r_1(x)<\deg f(x)$.现在令

$$q(x)=\frac{b_0}{a_0}x^{m-n}+q_1(x),\quad r(x)=r_1(x),$$

显然有 $q(x)f(x)+r(x)=g(x)$.

唯一性 设又有 $\bar{q}(x)$,$\bar{r}(x)$满足命题要求,那么

$$q(x)f(x)+r(x)=\bar{q}(x)f(x)+\bar{r}(x),$$

$$[q(x)-\bar{q}(x)]f(x)=\bar{r}(x)-r(x).$$

比较两边的次数,即可知 $\bar{r}(x)-r(x)=0$, $q(x)-\bar{q}(x)=0$. ▍

命题 1.1 中的 $q(x)$和 $r(x)$分别称为用 $f(x)$去除 $g(x)$所得的**商**和**余式**.命题证明过程中实际上已给出了求 $q(x)$和 $r(x)$的方法.命题 1.1 通常称为 $K[x]$内的**带余除法**.

实际计算时可采用如下的格式:

$$\frac{b_0}{a_0}x^{m-n}+\frac{1}{a_0}\left(b_1-\frac{a_1b_0}{a_0}\right)x^{m-n-1}+\cdots \quad =q(x)$$

$$f(x)=a_0x^n+\cdots+a_n \;\Big|\; b_0x^m+b_1x^{m-1}+\cdots+b_m=g(x)$$

$$-)\ b_0x^m+\frac{a_1b_0}{a_0}x^{m-1}+\cdots \quad =\frac{b_0}{a_0}x^{m-n}f(x)$$

$$\left(b_1-\frac{a_1b_0}{a_0}\right)x^{m-1}+\cdots \quad =g_1(x)=g(x)-\frac{b_0}{a_0}x^{m-n}f(x)$$

$$-)\left(b_1-\frac{a_1b_0}{a_0}\right)x^{m-1}+\cdots$$

$$\cdots\cdots$$

$$r(x)$$

像有理整数环一样，我们可以在 $K[x]$ 内定义两个多项式的最大公因式和最小公倍式的概念.

1）如果 $f(x),g(x)$ 不全为 0，设 $d(x)\in K[x]$，$d(x)\neq 0$. 若 $d(x)\mid f(x)$，$d(x)\mid g(x)$，则称 $d(x)$ 为 $f(x),g(x)$ 的一个**公因式**. 如果 $d(x)$ 还满足如下条件：

(i) $d(x)$ 是首一多项式；

(ii) 对 $f(x),g(x)$ 的任一公因式 $d_1(x)$，必有 $d_1(x)\mid d(x)$，则称 $d(x)$ 为 $f(x),g(x)$ 的**最大公因式**，记作 $(f(x),g(x))$.

两个多项式的最大公因式是唯一的. 因若又有一最大公因式 $d_1(x)$，则 $d_1(x)\mid d(x)$，又 $d(x)\mid d_1(x)$，于是 $d_1(x)=cd(x)$. 因为 $d_1(x),d(x)$ 均为首一多项式，比较两边首项系数得 $c=1$.

如果 $(f(x),g(x))=1$，则称 $f(x)$ 与 $g(x)$ **互素**.

2）如果 $f(x),g(x)$ 均不为 0，设有 $m(x)\in K[x]$，使 $f(x)\mid m(x)$，$g(x)\mid m(x)$，则 $m(x)$ 称为 $f(x),g(x)$ 的**公倍式**. 如果 $m(x)$ 还满足如下条件：

(i) $m(x)$ 是首一多项式（此时当然 $m(x)\neq 0$）；

(ii) 对 $f(x),g(x)$ 的任一公倍式 $m_1(x)$，有 $m(x)\mid m_1(x)$，则 $m(x)$ 称为 $f(x)$ 与 $g(x)$ 的**最小公倍式**，记作 $[f(x),g(x)]$.

$f(x),g(x)$ 的最小公倍式也是唯一的. 因若又有一最小公倍式 $m_1(x)$，同样有 $m_1(x)\mid m(x)$，$m(x)\mid m_1(x)$，于是 $m_1(x)=m(x)$.

2. $K[x]$ 内的理想

下面再把 $\mathbb{Z}$ 中的理想的概念平行推移到 $K[x]$ 中来.

定义 设 I 为 $K[x]$ 的一个非空子集.如果下面条件满足:

(i) 若 $f(x),g(x)\in I$,则 $f(x)-g(x)\in I$;

(ii) 若 $f(x)\in I$,则对任意 $g(x)\in K[x]$,有 $g(x)f(x)\in I$.
则称 I 为 $K[x]$ 的一个**理想**.

$\{0\}$ 和 $K[x]$ 显然都是理想,称为**平凡理想**,其他理想称为**非平凡理想**. $\{0\}$ 又称为**零理想**.

对任意 $f(x)\in K[x]$,定义

$$(f(x))=\{u(x)f(x)\mid u(x)\in K[x]\},$$

则 $(f(x))$ 显然是 $K[x]$ 的一个理想,称为由 $f(x)$ 生成的**主理想**.易知 $(0)=\{0\}$ 为零理想,而对 K 内任意非零数 a(为任意零次多项式),$(a)=K[x]$.当 $\deg f(x)\geqslant 1$ 时,$(f(x))$ 为非平凡理想.

主理想有如下简单性质:

1) $(f(x))\subseteq(g(x))$ 且 $g(x)\neq 0\Longleftrightarrow g(x)\mid f(x)$.这是因为 $(f(x))\subseteq(g(x))\Longleftrightarrow f(x)=u(x)g(x)$;

2) $(f(x))=(g(x))\Longleftrightarrow g(x)=cf(x)$,其中 $c\in K,c\neq 0$.这是因为:若 $f(x),g(x)$ 中有一为 0,显然另一个也为 0.若 $f(x)\neq 0$,则 $g(x)\neq 0$,此时 $f(x)\mid g(x),g(x)\mid f(x)\Longleftrightarrow g(x)=cf(x)$.

命题 1.2 设 I 是 $K[x]$ 的一个非零理想,则存在 $K[x]$ 内的首一多项式 $f(x)$,使 $I=(f(x))$.

证 在 I 中选取一个次数最低的多项式 $f(x)$,因对任意 $a\in K$,$af(x)\in I$,故可设 $f(x)$ 为首一多项式.按理想定义中条件(ii)易知 $(f(x))\subseteq I$.现设 $g(x)$ 为 I 中任一元素,按带余除法,有 $q(x)$,$r(x)\in K[x]$,使

$$g(x)=q(x)f(x)+r(x),$$

其中 $r(x)=0$ 或 $\deg r(x)<\deg f(x)$.但 $r(x)=g(x)-q(x)f(x)$ 仍属 I,由 $f(x)$ 的选法可知必定 $r(x)=0$.于是 $g(x)=q(x)f(x)$,即 $g(x)\in(f(x))$,由此知 $I=(f(x))$. ▌

对 $K[x]$ 内两个理想,我们有如下事实:

1) $I_1\cap I_2$ 仍为 $K[x]$ 的理想,称为 I_1 与 I_2 的**交**;

2) 令

$$I_1+I_2=\{f(x)+g(x)\mid f(x)\in I_1,g(x)\in I_2\},$$

则 I_1+I_2 也是 $K[x]$ 的一个理想,称为 I_1 与 I_2 的**和**.

以上两个事实的证明与 $\mathbb{Z}$ 中完全一样,留给读者作为习题.

现设 $f(x)$ 是非零多项式,对任意 $a\in K,a\neq 0$,我们有 $(af(x))=(f(x))$. 因此,对一个非零主理想,我们总可以选取其生成元为首一多项式.

现在设 $f(x),g(x)$ 是两个非零多项式. 令

$$I=(f(x))\cap(g(x))=(m(x)),$$

因 $f(x)g(x)\in I$,故 $I\neq\{0\}$,于是可设 $m(x)$ 为首一多项式. 由 $(m(x))\subseteq(f(x))$ 知 $f(x)\mid m(x)$,同理有 $g(x)\mid m(x)$,即 $m(x)$ 为 $f(x),g(x)$ 的公倍式. 如果 $m_1(x)$ 是 $f(x),g(x)$ 的任一公倍式, $f(x)\mid m_1(x)\Longrightarrow(m_1(x))\subseteq(f(x)),g(x)\mid m_1(x)\Longrightarrow(m_1(x))\subseteq(g(x))$, 故 $(m_1(x))\subseteq(f(x))\cap(g(x))=(m(x))$,于是 $m(x)\mid m_1(x)$, 这表明 $m(x)$ 是 $f(x)$ 与 $g(x)$ 的最小公倍式.

关于最大公因式,我们有与 $\mathbb{Z}$ 中类似的结果.

命题 1.3　设 $f(x),g(x)$ 是 $K[x]$ 内两个不全为 0 的多项式,令 $(f(x))+(g(x))=(d(x))$,其中 $d(x)$ 为首一多项式,则

$$d(x)=(f(x),g(x)).$$

证　现在 $(f(x))+(g(x))\neq(0)$,故可取 $d(x)$ 为首一多项式. 因 $(f(x))\subseteq(d(x))$,故 $d(x)\mid f(x)$,同理 $d(x)\mid g(x)$,即 $d(x)$ 为 $f(x),g(x)$ 的一个公因式. 若 $d_1(x)$ 为 $f(x)$, $g(x)$ 的任一公因式,由 $d_1(x)\mid f(x)$ 推知 $(f(x))\subseteq(d_1(x))$,同理,$(g(x))\subseteq(d_1(x))$,于是 $(d(x))=(f(x))+(g(x))\subseteq(d_1(x))$,而这表示 $d_1(x)\mid d(x)$. ▌

推论 1　设 $f(x),g(x)$ 是 $K[x]$ 内两个不全为 0 的多项式, $d(x)=(f(x),g(x))$,则存在 $u(x),v(x)\in K[x]$,使

$$u(x)f(x)+v(x)g(x)=d(x).$$

证　根据命题 1.3,因 $d(x)\in(d(x))$,故结论成立. ▌

推论 2　设 $f(x),g(x)$ 是 $K[x]$ 内两个不全为 0 的多项式,则下列命题等价:

(i) $f(x)$与 $g(x)$互素；

(ii) 存在 $u(x),v(x)\in K[x]$,使

$$u(x)f(x)+v(x)g(x)=1;$$

(iii) $(f(x))+(g(x))=K[x]$.

证 (i)$\Longrightarrow$(ii)：由推论 1 立得.

(ii)$\Longrightarrow$(iii)：此时 $1\in(f(x))+(g(x))$,从而 $K[x]$内任意 $u(x)\in(f(x))+(g(x))$,于是 $K[x]\subseteq(f(x))+(g(x))\subseteq K[x]$,故$(f(x))+(g(x))=K[x]$.

(iii)$\Longrightarrow$(i)：设$(f(x),g(x))=d(x)$,按命题 1.3 有

$$(d(x))=(f(x))+(g(x))=K[x]=(1),$$

于是 $d(x)=c\in K$. 但 $d(x)$为首一多项式,故 $d(x)=1$. ▌

推论 3 设 $f(x),g(x),h(x)\in K[x]$,并且 $f(x)\neq 0$. 如果 $f(x)\mid g(x)h(x)$ 且$(f(x),g(x))=1$,则 $f(x)\mid h(x)$.

证 设 $g(x)h(x)=q(x)f(x)$. 由推论 2,有 $u(x),v(x)$使 $u(x)f(x)+v(x)g(x)=1$,于是

$$\begin{aligned}h(x)&=u(x)h(x)f(x)+v(x)h(x)g(x)\\&=u(x)h(x)f(x)+v(x)q(x)f(x)\\&=(u(x)h(x)+v(x)q(x))f(x),\end{aligned}$$

即 $f(x)\mid h(x)$. ▌

给定 $f(x),g(x)\in K[x]$, $f(x)\neq 0$,做带余除法：

$$g(x)=q(x)f(x)+r(x)$$
$$(r(x)=0\text{ 或 }\deg r(x)<\deg f(x)).$$

易知$(f(x),g(x))=(f(x),r(x))$,其证法与 $\mathbb{Z}$ 内相应命题证明相似,留给读者作为练习. 现在做**辗转相除法**如下：

$$\begin{aligned}g(x)&=q(x)f(x)+r(x)\quad(\text{若 }r(x)\neq 0),\\f(x)&=q_1(x)r(x)+r_1(x)\quad(\text{若 }r_1(x)\neq 0),\\r(x)&=q_2(x)r_1(x)+r_2(x)\quad(\text{若 }r_2(x)\neq 0),\\&\cdots\cdots\end{aligned}$$

因 $\deg f(x)>\deg r_1(x)>\deg r_2(x)>\cdots$,故必有 $r_{m+1}(x)=0$ 而 $r_m(x)\neq 0$,即 $r_{m-1}(x)=q_m(x)r_m(x)$,于是$(g(x),f(x))=(f(x),r_1(x))=(r_1(x),r_2(x))=\cdots=(r_{m-1}(x),r_m(x))=ar_m(r)$(使 $ar_m(x)$为首一多项式). 这就把$(f(x),g(x))$求出来了.

3. 在线性代数中的应用

上面所阐述的多项式的基本理论在线性代数中可以发挥重要的作用. 设 V 是数域 K 上的有限维线性空间，$\boldsymbol{A}$ 是 V 内一个线性变换. 对任意 K 上多项式 $f(x)$，令

$$M=\operatorname{Ker} f(\boldsymbol{A})=\{\alpha \in V \mid f(\boldsymbol{A})\alpha=0\}.$$

在第四章已指出 M 是 V 的子空间. 对任意 $\alpha\in M$，我们有

$$f(\boldsymbol{A})\boldsymbol{A}\alpha=\boldsymbol{A}f(\boldsymbol{A})\alpha=\boldsymbol{A}\cdot 0=0,$$

即 $\boldsymbol{A}\alpha\in M$，故 M 是 $\boldsymbol{A}$ 的不变子空间. 这样，利用 $K[x]$内的多项式，我们按上述办法可以构造出 $\boldsymbol{A}$ 的各种不变子空间. 我们有下面重要的事实：

1) 若 $g(x)\mid f(x)$，则 $\operatorname{Ker} g(\boldsymbol{A})\subseteq\operatorname{Ker} f(\boldsymbol{A})$.

这是因为 $f(x)=q(x)g(x)$，于是对任意的 $\alpha\in\operatorname{Ker}g(\boldsymbol{A})$，有

$$f(\boldsymbol{A})\alpha=q(\boldsymbol{A})g(\boldsymbol{A})\alpha=0.$$

2) 若$(f(x),g(x))=d(x)$，则

$$\operatorname{Ker} d(\boldsymbol{A})=\operatorname{Ker} f(\boldsymbol{A})\cap\operatorname{Ker} g(\boldsymbol{A}).$$

这是因为由 $d(x)\mid f(x)$有 $\operatorname{Ker}d(\boldsymbol{A})\subseteq\operatorname{Ker}f(\boldsymbol{A})$，又由 $d(x)\mid g(x)$有 $\operatorname{Ker}d(\boldsymbol{A})\subseteq\operatorname{Ker}g(\boldsymbol{A})$，于是 $\operatorname{Ker}d(\boldsymbol{A})\subseteq\operatorname{Ker}f(\boldsymbol{A})\cap\operatorname{Ker}g(\boldsymbol{A})$.

另一方面，由于有 $u(x),v(x)\in K[x]$，使

$$u(x)f(x)+v(x)g(x)=d(x),$$

于是
$$d(\boldsymbol{A})=u(\boldsymbol{A})f(\boldsymbol{A})+v(\boldsymbol{A})g(\boldsymbol{A}).$$

对任意 $\alpha\in\operatorname{Ker}f(\boldsymbol{A})\cap\operatorname{Ker}g(\boldsymbol{A})$，有 $f(\boldsymbol{A})\alpha=g(\boldsymbol{A})\alpha=0$，于是

$$d(\boldsymbol{A})\alpha=u(\boldsymbol{A})f(\boldsymbol{A})\alpha+v(\boldsymbol{A})g(\boldsymbol{A})\alpha=0,$$

这表明 $\alpha\in\operatorname{Ker}d(\boldsymbol{A})$. 综合上述两方面即知上面的结论正确.

特别地，如果$(f(x),g(x))=1$，则 $d(\boldsymbol{A})=\boldsymbol{E}$，$\operatorname{Ker}d(\boldsymbol{A})=\{0\}$，于是 $\operatorname{Ker}f(\boldsymbol{A})\cap\operatorname{Ker}g(\boldsymbol{A})=\{0\}$，因而子空间之和 $\operatorname{Ker}f(\boldsymbol{A})+\operatorname{Ker}g(\boldsymbol{A})$ 是直和.

3) 若 $f(x)=g(x)h(x)$，且$(g(x),h(x))=1$，则

$$\operatorname{Ker} f(\boldsymbol{A})=\operatorname{Ker} g(\boldsymbol{A})\oplus\operatorname{Ker} h(\boldsymbol{A}).$$

证　(i) 由 $g(x)\mid f(x)$，$h(x)\mid f(x)$推知 $\operatorname{Ker}g(\boldsymbol{A})\subseteq\operatorname{Ker}f(\boldsymbol{A})$，$\operatorname{Ker}h(\boldsymbol{A})\subseteq\operatorname{Ker}f(\boldsymbol{A})$，即 $\operatorname{Ker}g(\boldsymbol{A})$，$\operatorname{Ker}h(\boldsymbol{A})$均为 $\operatorname{Ker}f(\boldsymbol{A})$的子

空间.

(ii) 从上面 2)中的结果知 $\mathrm{Ker}\,g(\boldsymbol{A})+\mathrm{Ker}\,h(\boldsymbol{A})$为直和.

(iii) 现在存在 $u(x),v(x)\in K[x]$,使 $u(x)g(x)+v(x)h(x)=1$,于是 $u(\boldsymbol{A})g(\boldsymbol{A})+v(\boldsymbol{A})h(\boldsymbol{A})=\boldsymbol{E}$,对任意 $\alpha\in\mathrm{Ker}f(\boldsymbol{A})$,我们有

$$\alpha=\boldsymbol{E}\alpha=v(\boldsymbol{A})h(\boldsymbol{A})\alpha+u(\boldsymbol{A})g(\boldsymbol{A})\alpha.$$

现在 $g(\boldsymbol{A})(v(\boldsymbol{A})h(\boldsymbol{A})\alpha)=v(\boldsymbol{A})g(\boldsymbol{A})h(\boldsymbol{A})\alpha=v(\boldsymbol{A})f(\boldsymbol{A})\alpha=0$, $h(\boldsymbol{A})(u(\boldsymbol{A})g(\boldsymbol{A})\alpha)=u(\boldsymbol{A})g(\boldsymbol{A})h(\boldsymbol{A})\alpha=u(\boldsymbol{A})f(\boldsymbol{A})\alpha=0$. 这表明 $v(\boldsymbol{A})h(\boldsymbol{A})\alpha\in\mathrm{Ker}g(\boldsymbol{A}),u(\boldsymbol{A})g(\boldsymbol{A})\alpha\in\mathrm{Ker}h(\boldsymbol{A})$. 于是

$$\mathrm{Ker}f(\boldsymbol{A})=\mathrm{Ker}g(\boldsymbol{A})+\mathrm{Ker}h(\boldsymbol{A}).$$

综合上面三方面的结果知

$$\mathrm{Ker}f(\boldsymbol{A})=\mathrm{Ker}g(\boldsymbol{A})\oplus\mathrm{Ker}h(\boldsymbol{A}).$$

4) 如果 $f(x)\in K[x]$是 $\boldsymbol{A}$ 的一个化零多项式,并且有 $f(x)=g(x)h(x)$,这里$(g(x),h(x))=1$. 那么我们有 $f(\boldsymbol{A})=\boldsymbol{0}$,从而

$$V=\mathrm{Ker}f(\boldsymbol{A})=\mathrm{Ker}g(\boldsymbol{A})\oplus\mathrm{Ker}h(\boldsymbol{A}),$$

即 V 分解为 $\boldsymbol{A}$ 的不变子空间 $\mathrm{Ker}g(\boldsymbol{A})$和 $\mathrm{Ker}h(\boldsymbol{A})$的直和.

5) 如果 $f(x)\in K[x]$是 $\boldsymbol{A}$ 的一个化零多项式,且

$$f(x)=f_1(x)f_2(x)\cdots f_k(x),\ (f_i(x),f_j(x))=1\quad(i\neq j),$$

那么,应用数学归纳法立即推知

$$V=\mathrm{Ker}f(\boldsymbol{A})=\mathrm{Ker}f_1(\boldsymbol{A})\oplus\mathrm{Ker}f_2(\boldsymbol{A})\oplus\cdots\oplus\mathrm{Ker}f_k(\boldsymbol{A}),$$

即 V 分解为 $\boldsymbol{A}$ 的 k 个不变子空间的直和.

因为 $\boldsymbol{A}$ 的特征多项式和最小多项式都是 $\boldsymbol{A}$ 的化零多项式,如果能把它们在 $K[x]$ 内分解为两两互素多项式的乘积,那就把 V 分解为 $\boldsymbol{A}$ 的不变子空间的直和. 如果遵循这个途径做进一步的探讨,我们将得到 $\boldsymbol{A}$ 的若尔当标准形的存在性的另一种证明方法.

下面我们就来讨论在 $K[x]$内把一个多项式 $f(x)$分解为一些两两互素多项式的乘积的问题.

4. 因式分解唯一定理

本段的目的,是来建立与 $\mathbb{Z}$ 内整数的素因子分解唯一定理相平行的 $K[x]$内因式分解唯一定理.

定义　设 $p(x)$是 $K[x]$ 内一多项式，$\deg p(x)\geqslant 1$，如果 $p(x)$在 $K[x]$内的因式仅有零次多项式及 $ap(x)$，这里 $a\in K$，$a\neq 0$，则称 $p(x)$是 $K[x]$ 内的一个**不可约多项式**，否则称其为**可约多项式**.

$p(x)$是不可约多项式意味着在 $K[x]$ 内 $p(x)$没有次数大于 0 而小于 $\deg p(x)$的因式. 从定义立即可以看出，$K[x]$ 内的所有一次多项式 $ax+b(a,b\in K,a\neq 0)$都是不可约多项式. 另外，如果 $p(x)$是不可约多项式，那么，对任意 $a\in K$，$a\neq 0$，$ap(x)$仍为不可约多项式. 因此，讨论不可约多项式，一般可令其为首一多项式.

注意一个多项式是否可约，跟把它看作哪个数域上的多项式有关. 例如 x^2+1，如看作实数域上多项式，是不可约的. 因为若有

$$x^2+1=(ax+b)(cx+d)\quad (a,b,c,d\in\mathbb{R}).$$

则比较两边同次幂的系数，有

$$ac=1,\quad ad+bc=0,\quad bd=1.$$

由 $ac=1$，$bd=1$ 知 $c=\dfrac{1}{a}$，$d=\dfrac{1}{b}$，代入第二个等式得出 $a^2+b^2=0$，而 $a,b\in\mathbb{R}$，故 $a=b=0$，由此推出 $x^2+1=0$，矛盾. 另一方面，若把 x^2+1 看作复数域上的多项式，则 $x^2+1=(x+\mathrm{i})(x-\mathrm{i})$，是可约的.

命题 1.4　设 $p(x)$ 为 $K[x]$ 内不可约多项式，又设 $f_1(x)$，$f_2(x)$，$\cdots$，$f_k(x)\in K[x]$. 若 $p(x)\,\Big|\,\prod\limits_{i=1}^{k}f_i(x)$，则 $p(x)$ 整除某个 $f_j(x)$.

证　若 $p(x)\nmid f_1(x)$，设$(p(x),f_1(x))=d(x)$，因 $d(x)\mid p(x)$，$p(x)$ 不可约，故 $d(x)=1$ 或 $d(x)=ap(x)$. 但 $p(x)\nmid f_1(x)$，因而只能是 $d(x)=1$，即 $p(x)$ 与 $f_1(x)$ 互素，按命题 1.3 的推论 3. 应有 $p(x)\,\Big|\,\prod\limits_{i=2}^{k}f_i(x)$. 由此逐次推进可知 $p(x)$ 必整除某 $f_j(x)$. ▌

定理 1.1（因式分解唯一定理）　设 K 是一个数域，给定多项式

$$f(x)=a_0x^n+a_1x^{n-1}+\cdots+a_n\quad (a_i\in K,\ a_0\neq 0),$$

则 $f(x)$可以分解为

$$f(x)=a_0p_1(x)^{k_1}p_2(x)^{k_2}\cdots p_r(x)^{k_r}\quad (k_i>0,i=1,2,\cdots,r),$$

其中 $p_1(x)$，$\cdots$，$p_r(x)$是 $K[x]$内首项系数为 1 且两两不同的不可

约多项式. 而且,除了不可约多项式的排列次序外,上面的分解式是由 $f(x)$唯一决定的.

证　*存在性*　对 n 做数学归纳法. 当 $f(x)$的次数 $n=0$ 时命题显然成立(此时 $r=0$,即$\{p_1(x),\cdots,p_r(x)\}$为空集). 设命题对次数小于 n 的多项式成立. 考察 $f(x)$次数为 n 时的情况. 如果 $f(x)$本身是不可约的,则 $p_1(x)=\frac{1}{a_0}f(x)$仍为不可约多项式,而 $f(x)=a_0p_1(x)$,故命题成立. 如果 $f(x)$可约,那么它有一个非平凡因式 $g(x)$(即 $g(x)$既不是非零常数,又不是 $f(x)$的非零常数倍),故有分解式:$f(x)=g(x)h(x)$. 这里 $0<\deg g(x)<\deg f(x)$, $0<\deg h(x)<\deg f(x)$. 按归纳假设,$g(x)$与 $h(x)$均可分解为互不相同的不可约多项式的方幂的乘积,那么,$f(x)$显然也有这样的分解式.

唯一性　对 $f(x)$的次数做数学归纳法. $n=0$ 时命题显然成立. 设命题对次数小于 n 的多项式成立. 考察 $f(x)$为 n 次多项式的情况. 设它有两个分解式

$$f(x)=a_0p_1(x)^{k_1}\cdots p_r(x)^{k_r}=a_0q_1(x)^{l_1}\cdots q_s(x)^{l_s}.$$

因为 $a_0\neq 0$,约去 a_0 后得到

$$p_1(x)^{k_1}\cdots p_r(x)^{k_r}=q_1(x)^{l_1}\cdots q_s(x)^{l_s}. \tag{1}$$

从上式知 $p_1(x)\mid q_1(x)^{l_1}\cdots q_s(x)^{l_s}$,因为 $p_1(x)$是不可约多项式,由命题 1.4,$p_1(x)$整除某个 $q_i(x)$. 为简单起见,不妨设 $p_1(x)\mid q_1(x)$. 但 $q_1(x)$也是不可约多项式,它的因式只能是非零常数或 $q_1(x)$的非零常数倍,$\deg p_1(x)\geqslant 1$,故只能是 $p_1(x)=aq_1(x)$ $(a\in K)$. 但 $p_1(x)$与 $q_1(x)$首项系数都是 1,故 $a=1$,即 $p_1(x)=q_1(x)$. 因 $p_1(x)\neq 0$,从(1)式两边消去 $p_1(x)$,得

$$\begin{aligned}g(x)&=p_1(x)^{k_1-1}p_2(x)^{k_2}\cdots p_r(x)^{k_r}\\&=q_1(x)^{l_1-1}q_2(x)^{l_2}\cdots q_s(x)^{l_s}.\end{aligned}$$

现在 $\deg g(x)=\deg f(x)-\deg p_1(x)<n$,按归纳假设,应有 $r=s$,且适当排列不可约多项式次序之后,有 $p_i(x)=q_i(x)$, $k_i=l_i$ $(i=1,2,\cdots,r)$. 由此即知 $f(x)$的分解式是唯一的. ▌

定理 1.1 中所叙述的分解式称为 $f(x)$的**素因式标准分解式**. 从

这个分解式不难看出：$f(x)$的首项系数为1的因式可表示成

$$d(x)=p_1(x)^{i_1}\cdots p_r(x)^{i_r},$$

其中 $0\leqslant i_t\leqslant k_t(t=1,2,\cdots,r)$.

设 $K[x]$内两个非零多项式 $f(x),g(x)$的素因式标准分解式表示为

$$f(x)=a_0p_1(x)^{k_1}p_2(x)^{k_2}\cdots p_r(x)^{k_r}\quad(k_i\geqslant 0),$$
$$g(x)=b_0p_1(x)^{l_1}p_2(x)^{l_2}\cdots p_r(x)^{l_r}\quad(l_i\geqslant 0)$$

（如果某个 $p_i(x)$在 $f(x)$或 $g(x)$的素因式分解式内不出现，则 k_i 或 l_i 为零）. 令 $s_i=\min(k_i,l_i)$, $t_i=\max(k_i,l_i)$，则显然有

$$(f(x),g(x))=p_1(x)^{s_1}p_2(x)^{s_2}\cdots p_r(x)^{s_r};$$
$$[f(x),g(x)]=p_1(x)^{t_1}p_2(x)^{t_2}\cdots p_r(x)^{t_r}.$$

5. 重因式

在 $f(x)$的素因式标准分解式中，不可约多项式 $p_i(x)$的方幂 l_i 称为 $p_i(x)$的**重数**. 一般说，对于 $K[x]$内的一个多项式 $f(x)$，如果 $0\neq d(x)\in K[x]$满足：$d(x)^k\mid f(x)$，但 $d(x)^{k+1}\nmid f(x)$，则称 $d(x)$是 $f(x)$的 k **重因式**.

要求出 $f(x)$的素因式分解式，只要：

1）找出 $f(x)$的所有(互不相同)不可约因式 $p_1(x),\cdots,p_r(x)$；

2）确定每个 $p_i(x)$的重数 $l_i(i=1,2,\cdots,r)$.

因而自然要问：有什么办法可以判断一个多项式 $d(x)$是 $f(x)$的多少重因式呢？在回答这个问题时，需要借助于数学分析的概念.

定义　设 $f(x)=a_0x^n+a_1x^{n-1}+\cdots+a_{n-1}x+a_n\in K[x]$，定义

$$f'(x)=na_0x^{n-1}+(n-1)a_1x^{n-2}+\cdots+a_{n-1}\in K[x],$$

称 $f'(x)$为 $f(x)$的**一阶形式微商**.

这里的定义和第四章§1的定义是一样的，纯粹是套用数学分析中多项式的微商公式，但避开了极限、连续性等等概念(因为在一个任意的数域 K 内没有这些概念). 如取 $K=\mathbb{R}$，则它与分析中的微商相重合.

利用数学归纳法可定义高阶微商：设 $f(x)$的 $k-1$ 阶形式微商

已经定义,记为 $f^{(k-1)}(x)$,则定义它的 k **阶形式微商** $f^{(k)}(x)$ 为 $f^{(k-1)}(x)$ 的一阶形式微商: $f^{(k)}(x)=(f^{(k-1)}(x))'$. 另外,我们约定 $f^{(0)}(x)=f(x)$.

容易验证:多项式的形式微商满足分析中熟知的微商运算法则(即多项式的和、差、积的微商公式).

命题 1.5 设 $f(x)\in K[x]$. 如果 $K[x]$ 内的不可约多项式 $p(x)$ 是 $f(x)$ 的 k 重因式,则 $p(x)$ 是 $f'(x)$ 的 $k-1$ 重因式.

证 按假设有 $f(x)=p(x)^k q(x)$,且 $p(x)\nmid q(x)$,于是 $(p,q)=1$. 我们有

$$\begin{aligned}f'(x)&=kp(x)^{k-1}p'(x)q(x)+p(x)^k q'(x)\\&=p(x)^{k-1}(kp'(x)q(x)+p(x)q'(x)).\end{aligned}$$

故 $p(x)^{k-1}\mid f'(x)$. 如果有 $p(x)^k\mid f'(x)$,即 $f'(x)=p(x)^k q_1(x)$,代入上式,消去 $p(x)^{k-1}$,得

$$kp'(x)q(x)+p(x)q'(x)=p(x)q_1(x).$$

从上式推出 $p(x)\mid(kp'(x))q(x)$,而 $(p,q)=1$. 根据命题 1.3 的推论 3,应有 $p(x)\mid(kp'(x))$,但 $\deg(kp'(x))<\deg p(x)$,矛盾. 故 $p(x)^k\nmid f'(x)$,这表明 $p(x)$ 是 $f'(x)$ 的 $k-1$ 重因式. ▌

推论 1 不可约多项式 $p(x)$ 是 $f(x)$ 的 k 重因式的充要条件是 $p(x)\mid f^{(i)}(x)(i=0,1,\cdots,k-1)$,但 $p(x)\nmid f^{(k)}(x)$.

证 *必要性* 根据命题 1.5 可推知,当 $p(x)$ 是 $f(x)$ 的 k 重因式时,它应为 $f^{(i)}(x)$ 的 $k-i$ 重因式,取 $i=1,2,\cdots,k$ 即得所需要的结论.

充分性 设 $p(x)$ 是 $f(x)$ 的 l 重因式,那么,从必要性方向的证明可知,此时 $p(x)\mid f^{(i)}(x)(i=0,1,\cdots,l-1)$,$p(x)\nmid f^{(l)}(x)$. 显然,这仅当 $l=k$ 时才能成立. ▌

根据这个推论,我们可以利用形式微商来确定一个不可约多项式 $p(x)$ 在 $f(x)$ 的素因式标准分解式中的方幂指数.

推论 2 在 $f(x)\in K[x](f(x)\neq 0)$ 的素因式标准分解式中仅出现不可约多项式的一次方幂的充要条件是

$$(f(x),f'(x))=1.$$

证 在 $f(x)$ 的素因式标准分解式中仅出现不可约多项式的一

次方幂等价于这些不可约多项式都不整除 $f'(x)$，而这又等价于 $(f(x),f'(x))=1$. ▌

如果不可约多项式 $p(x)$ 是 $f(x)$ 的一重因式，则称 $p(x)$ 是 $f(x)$ 的**单因式**. 推论 2 指出：不必求出 $f(x)$ 的素因式标准分解式，只要找出 $f(x)$ 和 $f'(x)$ 的最大公因式，就可判定 $f(x)$ 是否包含重数大于 1 的不可约因式（按推论 1，这些因式应当是 $(f(x),f'(x))$ 的因式）. 这一事实是很有用的.

前面已指出，$K[x]$ 内的一次多项式都是不可约多项式，现在将上面的结论应用于 $p(x)=x-a$ 这一特殊情况.

设 $a\in\mathbb{C}$，$f(x)\in K[x]$，$f(x)=a_0x^n+a_1x^{n-1}+\cdots+a_n$. 定义 $f(a)=a_0a^n+a_1a^{n-1}+\cdots+a_n$（这是在 $\mathbb{C}$ 内做加法和乘法运算），称为 $f(x)$ 在 $x=a$ 点处的值.（在这里，我们又把一元多项式当作函数看了.）若 $f(a)=0$，则称 $x=a$ 是 $f(x)$ 的**零点**或**根**.

任给 $f(x)\in K[x]$，用 $x-a\in K[x]$ 去做带余除法：

$$f(x)=q(x)(x-a)+r,$$

这里 $r=0$ 或为零次多项式，故 $r\in K$. 取上式两边的多项式在 $x=a$ 处的值，得 $f(a)=r$. 于是 $f(a)=0\Longleftrightarrow(x-a)\mid f(x)$. 这表明：$x-a$ 是 $f(x)$ 的因式与 a 是 $f(x)$ 的零点这两者等价. 如果 $x-a$ 是 $f(x)$ 的 k 重因式，则称 a 是 $f(x)$ 的 k **重零点**（或 k **重根**）. 当 $k>1$ 时，a 称为 $f(x)$ 的**重根**. 根据命题 1.5 的推论 1，有

命题 1.6 设 $f(x)\in K[x]$，$a\in K$. a 是 $f(x)$ 的 k 重零点的充要条件是 $f^{(i)}(a)=0(i=0,1,\cdots,k-1)$，但 $f^{(k)}(a)\neq 0$.

如果 $f(x)$ 有一个根 $x=a\in K$，则它在 $K[x]$ 内就有一个不可约因式 $x-a$. 现设 $f(x)$ 在 $K[x]$ 内的素因式标准分解式为

$$f(x)=a_0(x-a_1)^{k_1}\cdots(x-a_s)^{k_s}p_{s+1}(x)^{k_s+1}\cdots p_r(x)^{k_r},$$

其中 $\deg p_{s+i}(x)>1(i=1,2,\cdots,r-s)$. 显然，$a_1,\cdots,a_s$ 即为 $f(x)$ 在 K 内的全部（互不相同）的根，重数分别为 $k_1,\cdots,k_s$，而 $k_1+\cdots+k_s\leqslant\deg f(x)$. 这表明 $f(x)$ 在 K 内根的总数（多少重根就计算多少次）不超过 $f(x)$ 的次数.

对于 $K[x]$ 内一个次数 $\geqslant 1$ 的多项式 $f(x)$，设它的全部根都属于 K. 如果 $p(x)$ 是 $f(x)$ 的一个首一不可约因式，则 $p(x)$ 的任一根

a 也是 $f(x)$的根,从而 $a\in K$,此时应有$(x-a)\mid p(x)$,但 $p(x)$不可约,故 $p(x)=x-a$. 于是 $f(x)$在 $K[x]$内的素因式标准分解式是

$$f(x)=a_0(x-a_1)^{e_1}(x-a_2)^{e_2}\cdots(x-a_s)^{e_s}.$$

命题 1.7 设 V 是数域 K 上的 n 维线性空间,$\boldsymbol{A}$ 是 V 内一个线性变换,设 $\boldsymbol{A}$ 的特征多项式 $f(\lambda)$在 $K[\lambda]$内分解为

$$f(\lambda)=(\lambda-\lambda_1)^{e_1}(\lambda-\lambda_2)^{e_2}\cdots(\lambda-\lambda_s)^{e_s}\quad(\lambda_i\neq\lambda_j).$$

令 $M_i=\mathrm{Ker}(\boldsymbol{A}-\lambda_i\boldsymbol{E})^{e_i}\,(i=1,2,\cdots,s)$,则 V 分解为 $\boldsymbol{A}$ 的不变子空间的直和:

$$V=M_1\oplus M_2\oplus\cdots\oplus M_s,$$

且 $\boldsymbol{A}-\lambda_i\boldsymbol{E}$ 限制在 M_i 内为幂零线性变换.

证 因为$((\lambda-\lambda_i)^{e_i},(\lambda-\lambda_j)^{e_j})=1\ (i\neq j)$,又我们已知 $M_i=\mathrm{Ker}(\boldsymbol{A}-\lambda_i\boldsymbol{E})^{e_i}$为 $\boldsymbol{A}$ 的不变子空间;再由哈密顿-凯莱定理(它的证明可不依赖若尔当形,见上册第四章习题四第 25 题)知 $f(\lambda)$为 $\boldsymbol{A}$ 的化零多项式,故由前面的讨论知

$$V=\mathrm{Ker}(\boldsymbol{A}-\lambda_1\boldsymbol{E})^{e_1}\oplus\mathrm{Ker}(\boldsymbol{A}-\lambda_2\boldsymbol{E})^{e_2}\oplus\cdots\oplus\mathrm{Ker}(\boldsymbol{A}-\lambda_s\boldsymbol{E})^{e_s}.$$

对任一 $\alpha\in M_i$,$(\boldsymbol{A}-\lambda_i\boldsymbol{E})^{e_i}\alpha=0$,即$(\boldsymbol{A}-\lambda_i\boldsymbol{E})^{e_i}|_{M_i}=\boldsymbol{0}$. ▌

推论 设 V 是数域 K 上的 n 维线性空间,$\boldsymbol{A}$ 是 V 内一个线性变换. 如果 $\boldsymbol{A}$ 的特征多项式的根全属于 K,则在 V 内存在一组基,使 $\boldsymbol{A}$ 在该组基下的矩阵成若尔当标准形.

证 现在 $\boldsymbol{A}$ 的特征多项式 $f(\lambda)$在 $K[\lambda]$内有命题 1.7 中指出的分解式,故 V 有直和分解

$$V=M_1\oplus M_2\oplus\cdots\oplus M_s.$$

现$(\boldsymbol{A}-\lambda_i\boldsymbol{E})|_{M_i}$ 为幂零线性变换,按第七章命题 2.1,在 M_i 内存在一组基,使 $\boldsymbol{A}|_{M_i}$ 矩阵成若尔当形. 把 M_i 内这些基合并成 V 的一组基,则 $\boldsymbol{A}$ 在此基下矩阵为若尔当形. ▌

6. 中国剩余定理

在有理整数环中,我们研讨了 $\mathbb{Z}$ 模其理想 I 的商环 $\mathbb{Z}/I$,它大致相当于线性空间的商空间. 在 $K[x]$ 内,我们同样应当研究 $K[x]$ 模它的一个理想 I 的商环. 但对这个课题的研讨,我们将留到抽象代

数课中从更一般的角度来阐述,这里将限于讨论一些基本概念.

设 I 是 $K[x]$ 的一个理想,如果 $f(x),g(x)\in K[x]$,且 $g(x)-f(x)\in I$,则称 $g(x)$ **与** $f(x)$ **模** I **同余**,并记作 $g(x)\equiv f(x)\ (\mathrm{mod}\ I)$. 现设 I 为非平凡理想,则 $I=(m(x))$,其中 $m(x)\in K[x]$ 且满足 $\deg m(x)\geqslant 1$. 这时

$$g(x)\equiv f(x)(\mathrm{mod}\ I)\Longleftrightarrow m(x)\mid(g(x)-f(x)).$$

所以我们写 $g(x)\equiv f(x)(\mathrm{mod}\,m(x))$,称 $g(x)$ **与** $f(x)$ **模** $m(x)$ **同余**. 和 $\mathbb{Z}$ 内的同余式一样,同余关系也是 $K[x]$ 内的一个等价关系,具有如下性质:

1) 反身性:$f(x)\equiv f(x)(\mathrm{mod}\ m(x))$;

2) 对称性:若 $g(x)\equiv f(x)(\mathrm{mod}\ m(x))$,则

$$f(x)\equiv g(x)(\mathrm{mod}\ m(x));$$

3) 传递性:若 $f(x)\equiv g(x)(\mathrm{mod}\ m(x))$, $g(x)\equiv h(x)(\mathrm{mod}\ m(x))$,则 $f(x)\equiv h(x)(\mathrm{mod}\ m(x))$.

因此,$K[x]$ 内的多项式也按模 $m(x)$ 同余划分为互不相交的同余类,而 $K[x]$ 则是这些同余类的并集.

我们有如下性质:

1) 若 $f_1(x)\equiv g_1(x)(\mathrm{mod}\ m(x))$, $f_2(x)\equiv g_2(x)(\mathrm{mod}\ m(x))$, 则

$$f_1(x)\pm f_2(x)\equiv(g_1(x)\pm g_2(x))(\mathrm{mod}\ m(x)),$$

$$f_1(x)f_2(x)\equiv g_1(x)g_2(x)(\mathrm{mod}\ m(x)).$$

2) 若 $f(x)h(x)\equiv g(x)h(x)(\mathrm{mod}\ m(x))$,又 $(h(x),m(x))=1$,则 $f(x)\equiv g(x)(\mathrm{mod}\ m(x))$.

性质 1)请读者自行证明. 我们证明性质 2):按定义,有 $m(x)\mid(h(x)f(x)-h(x)g(x))$,于是 $m\mid h(f-g)$,但 $(m,h)=1$,按照命题 1.3 的推论 3,$m\mid(f-g)$,即 $f\equiv g(\mathrm{mod}\ m)$.

引理　设 $q_1(x),\cdots,q_r(x)$ 是 $K[x]$ 内一组两两互素且次数 $\geqslant 1$ 的多项式,则对任一 $i(1\leqslant i\leqslant r)$,存在多项式 $h_i(x)\in K[x]$,使

$$h_i(x)\equiv 1(\mathrm{mod}\ q_i(x)),\quad h_i(x)\equiv 0(\mathrm{mod}\ q_j(x))\quad(j\neq i).$$

证　对任一 $j\neq i$,有 $(q_i(x),q_j(x))=1$,于是存在 $u_j(x),v_j(x)\in K[x]$,使 $u_j(x)q_i(x)+v_j(x)q_j(x)=1$. 令

$$h_i(x)=\prod_{\substack{j=1\\ j\neq i}}^{r} v_j\cdot q_j.$$

我们有 $h_i(x)\equiv 0(\mathrm{mod}\ q_j(x))(j\neq i)$，而且

$$h_i(x)=\prod_{j\neq i}(1-u_jq_i)=1+q_iu\equiv 1(\mathrm{mod}\ q_i),$$

其中 u 为展开式中提出公因式 q_i（除第一项 1 之外）后所剩的多项式. ▎

定理 1.2（中国剩余定理） 设 $q_1(x),\cdots,q_r(x)$ 为 $K[x]$ 内两两互素且次数$\geqslant 1$ 的多项式，任给 $f_1(x),\cdots,f_r(x)\in K[x]$，必存在 $f(x)\in K[x]$，使

$$f(x)\equiv f_i(x)(\mathrm{mod}\ q_i(x))\quad (i=1,2,\cdots,r).$$

证 根据引理，对每个 $i(1\leqslant i\leqslant r)$，存在 $h_i(x)$，满足

$$h_i(x)\equiv 1(\mathrm{mod}\ q_i(x)),\quad h_i(x)\equiv 0(\mathrm{mod}\ q_j(x))\quad (j\neq i).$$

令 $f(x)=\sum\limits_{k=1}^{r}f_k(x)h_k(x)$，则对每个 $i(1\leqslant i\leqslant r)$，有

$$f_i(x)h_i(x)\equiv f_i(x)(\mathrm{mod}\ q_i(x)),$$

而当 $k\neq i$ 时 $f_k(x)h_k(x)\equiv 0(\mathrm{mod}\ q_i(x))$，于是 $f_i(x)h_i(x)=f_i(x)+m_i(x)q_i(x)$，$f_k(x)h_k(x)=m_k(x)q_i(x)$，这里 $m_i(x),m_k(x)\in K[x]$. 由此得

$$\begin{aligned}f(x)&=\sum_{k\neq i}f_k(x)h_k(x)+f_i(x)h_i(x)\\&=\sum_{k\neq i}m_k(x)q_i(x)+f_i(x)+m_i(x)q_i(x)\\&=f_i(x)+\left(\sum_{k=1}^{r}m_k(x)\right)q_i(x).\end{aligned}$$

这表明

$$f(x)\equiv f_i(x)(\mathrm{mod}\ q_i(x))\quad (i=1,2,\cdots,r).$$ ▎

下面来给出中国剩余定理的一个简单的应用.

设 $a_1,a_2,\cdots,a_r$ 是 K 内一组两两不相等的元素，令 $q_i(x)=x-a_i$，这是 $K[x]$ 内一组互不相同的不可约多项式，显然两两互素. 在 K 内任给 r 个数 $b_1,\cdots,b_r$，令 $f_i(x)=b_i$. 按照中国剩余定理，存在 $f(x)\in K[x]$，使 $f(x)\equiv b_i(\mathrm{mod}\ (x-a_i))$，即

$$f(x)=b_i+q_i(x)(x-a_i)\quad(i=1,2,\cdots,r).$$

令 $x=a_i$ 代入，即得 $f(a_i)=b_i(i=1,2,\cdots,r)$. 从中国剩余定理的证明过程，我们可把 $f(x)$ 的具体表达式找出来：

1) 求 $h_i(x)$. 按引理的证明，因为我们有

$$\frac{1}{a_j-a_i}(x-a_i)+\frac{1}{a_i-a_j}(x-a_j)=1,$$

故应取

$$\begin{aligned}h_i(x)&=\prod_{j\neq i}\frac{x-a_j}{a_i-a_j}\\&=\frac{(x-a_1)\cdots(x-a_{i-1})(x-a_{i+1})\cdots(x-a_r)}{(a_i-a_1)\cdots(a_i-a_{i-1})(a_i-a_{i+1})\cdots(a_i-a_r)}.\end{aligned}$$

2) 令

$$f(x)=\sum_{k=1}^{r}b_kh_k(x).\tag{2}$$

显然，$\deg h_i(x)=r-1$，故 $\deg f(x)\leqslant r-1$. 由(2)式所定义的 $f(x)$，其次数不超过 $r-1$，而且在 r 个不同点 $a_1,\cdots,a_r$ 处取预先任意指定的值 $b_1,\cdots,b_r$. 这个多项式称为**拉格朗日插值多项式**. 读者借助线性方程组理论很容易证明，(2)式是满足上述条件的唯一多项式.

作为中国剩余定理的一个重要应用，我们来证明关于线性变换的一个著名的分解定理.

定理 1.3(若尔当-谢瓦莱分解定理)　设 V 是数域 K 上的 n 维线性空间，$\boldsymbol{A}$ 是 V 内一个线性变换，且 $\boldsymbol{A}$ 的特征多项式的根全属于 K. 那么，我们有如下结论：

(i) 存在 V 内唯一的半单线性变换 $\boldsymbol{S}$，幂零线性变换 $\boldsymbol{N}$，使得 $\boldsymbol{A}=\boldsymbol{S}+\boldsymbol{N}$，而且 $\boldsymbol{SN}=\boldsymbol{NS}$；

(ii) 存在 $g(x),h(x)\in K[x]$，$g(0)=h(0)=0$，使得

$$\boldsymbol{S}=g(\boldsymbol{A}),\quad \boldsymbol{N}=h(\boldsymbol{A}).$$

证　现在 $\boldsymbol{A}$ 的特征多项式 $f(\lambda)$ 有分解式

$$f(\lambda)=(\lambda-\lambda_1)^{e_1}(\lambda-\lambda_2)^{e_2}\cdots(\lambda-\lambda_s)^{e_s}\quad(\lambda_i\neq\lambda_j).$$

按命题 1.7，V 有分解式

$$V=M_1\oplus M_2\oplus\cdots\oplus M_s,$$

其中 $M_i=\mathrm{Ker}(\boldsymbol{A}-\lambda_i\boldsymbol{E})^{e_i}$.

令 $m_i(\lambda)=(\lambda-\lambda_i)^{e_i}$, $m(\lambda)=\lambda$(当 $\lambda_1,\lambda_2,\cdots,\lambda_s$ 中有等于 0 的时候,不要 $m(\lambda)$),则 $m_1(\lambda),\cdots,m_s(\lambda),m(\lambda)$ 两两互素,按中国剩余定理,有 $g(\lambda)\in K[\lambda]$,使

$$g(\lambda)\equiv\lambda_i(\mathrm{mod}\ m_i(\lambda)),\ g(\lambda)\equiv 0(\mathrm{mod}\ m(\lambda)).$$

令 $h(\lambda)=\lambda-g(\lambda)$. 由于 $\lambda=g(\lambda)+h(\lambda)$,故 $A=g(A)+h(A)$. 现在 $g(\lambda)=k(\lambda)\cdot\lambda$,故 $g(0)=h(0)=0$.

现在取 $\boldsymbol{S}=g(\boldsymbol{A})$, $\boldsymbol{N}=h(\boldsymbol{A})$,显然有 $\boldsymbol{SN}=\boldsymbol{NS}$. 由于

$$g(\lambda)=\lambda_i+k_i(\lambda)m_i(\lambda)=\lambda_i+k_i(\lambda)(\lambda-\lambda_i)^{e_i},$$

故

$$\boldsymbol{S}-\lambda_i\boldsymbol{E}=g(\boldsymbol{A})-\lambda_i\boldsymbol{E}=k_i(\boldsymbol{A})(\boldsymbol{A}-\lambda_i\boldsymbol{E})^{e_i}.$$

因为$(\boldsymbol{A}-\lambda_i\boldsymbol{E})^{e_i}$ 限制在M_i 内变为 $\mathbf{0}$,故 $\boldsymbol{S}-\lambda_i\boldsymbol{E}$ 限制在 M_i 内变为 $\mathbf{0}$,亦即有 $\boldsymbol{S}|_{M_i}=\lambda_i\boldsymbol{E}|_{M_i}$. 而 V 为 $M_1,\cdots,M_s$ 的直和,于是 $\boldsymbol{S}$ 的矩阵可对角化,按第七章命题 3.3 的推论 3 知 $\boldsymbol{S}$ 为 V 内半单线性变换. 而

$$\boldsymbol{N}=h(\boldsymbol{A})=\boldsymbol{A}-g(\boldsymbol{A})=\boldsymbol{A}-\lambda_i\boldsymbol{E}-k_i(\boldsymbol{A})(\boldsymbol{A}-\lambda_i\boldsymbol{E})^{e_i}.$$

因为$(\boldsymbol{A}-\lambda_i\boldsymbol{E})^{e_i}$ 限制在M_i 内为 $\mathbf{0}$,故 $\boldsymbol{N}|_{M_i}=(\boldsymbol{A}-\lambda_i\boldsymbol{E})|_{M_i}$ 为 M_i 内幂零线性变换,而 V 为 $M_1,\cdots,M_s$ 的直和,由此知 $\boldsymbol{N}$ 为 V 内幂零线性变换.

假如又有 V 内半单线性变换 $\boldsymbol{S}_1$,幂零线性变换 $\boldsymbol{N}_1$,而且 $\boldsymbol{S}_1\boldsymbol{N}_1=\boldsymbol{N}_1\boldsymbol{S}_1$,使 $\boldsymbol{A}=\boldsymbol{S}+\boldsymbol{N}=\boldsymbol{S}_1+\boldsymbol{N}_1$. 我们来证 $\boldsymbol{S}_1=\boldsymbol{S}$,从而也有 $\boldsymbol{N}_1=\boldsymbol{N}$. 这里的关键是证 $\boldsymbol{S}_1$ 的特征多项式的根也全属于 K.

(a) $\boldsymbol{S}_1$ 与 $\boldsymbol{N}_1$ 显然与 $\boldsymbol{A}$ 可交换,而 $\boldsymbol{S}=g(\boldsymbol{A})$, $\boldsymbol{N}=h(\boldsymbol{A})$,故它们也与 $\boldsymbol{S},\boldsymbol{N}$ 可交换. 对任意 $\alpha\in M_i$,有

$$(\boldsymbol{A}-\lambda_i\boldsymbol{E})^{e_i}\boldsymbol{S}_1\alpha=\boldsymbol{S}_1(\boldsymbol{A}-\lambda_i\boldsymbol{E})^{e_i}\alpha=0,$$

$$(\boldsymbol{A}-\lambda_i\boldsymbol{E})^{e_i}\boldsymbol{N}_1\alpha=\boldsymbol{N}_1(\boldsymbol{A}-\lambda_i\boldsymbol{E})^{e_i}\alpha=0.$$

故 $M_i(i=1,2,\cdots,s)$ 为 $\boldsymbol{A},\boldsymbol{S},\boldsymbol{N},\boldsymbol{S}_1,\boldsymbol{N}_1$ 的公共不变子空间. 令 $\boldsymbol{L}=\boldsymbol{N}-\boldsymbol{N}_1$,则 M_i 也是$\boldsymbol{L}$ 的不变子空间,$\boldsymbol{N}_1,\boldsymbol{N}$ 均幂零且可交换,对正整数 m,

$$\boldsymbol{L}^m = \sum_{k=0}^{m}(-1)^k \begin{pmatrix} m \\ k \end{pmatrix} \boldsymbol{N}_1^k \boldsymbol{N}^{m-k},$$

显然 m 充分大时有 $\boldsymbol{L}^m = \boldsymbol{0}$. 故 $\boldsymbol{L}$ 也幂零，而 M_i 内 $\boldsymbol{S} = \lambda_i \boldsymbol{E}$，故在 M_i 内有

$$\boldsymbol{S}_1 = \boldsymbol{S} + (\boldsymbol{N} - \boldsymbol{N}_1) = \lambda_i \boldsymbol{E} + \boldsymbol{L}.$$

按第七章命题 2.1，在 M_i 内存在一组基，在该组基下 $\boldsymbol{S}_1|_{M_i}$ 的矩阵成若尔当形，其主对角线上元素全为 λ_i. 把各 M_i 中的基合并为 V 的基，则在此基下 $\boldsymbol{S}_1$ 的矩阵成若尔当形，主对角线上元素为 $\lambda_1, \lambda_2, \cdots, \lambda_s \in K$，即 $\boldsymbol{S}_1$ 的特征多项式的根全属 K.

(b) 按照第七章命题 3.3 的推论 3，$\boldsymbol{S}_1$ 的矩阵可对角化. 再按第四章命题 4.6，$\boldsymbol{S}_1|_{M_i}$ 的矩阵也可对角化. 但 $\boldsymbol{S}_1|_{M_i}$ 仅有一个特征值 λ_i，于是

$$\boldsymbol{S}_1|_{M_i} = \lambda_i \boldsymbol{E} = \boldsymbol{S}|_{M_i}.$$

由于 V 是 $M_1, M_2, \cdots, M_s$ 的直和，由上式立知 $\boldsymbol{S}_1 = \boldsymbol{S}$，从而 $\boldsymbol{N}_1 = \boldsymbol{N}$. 这表明满足定理要求的 $\boldsymbol{S}, \boldsymbol{N}$ 是唯一的. ▍

习　题　一

1. 用 $g(x)$ 除 $f(x)$，求商 $q(x)$ 与余式 $r(x)$：

(1) $f(x) = x^3 - 3x^2 - x - 1$，$g(x) = 3x^2 - 2x + 1$；

(2) $f(x) = x^4 - 2x + 5$，$g(x) = x^2 - x + 2$.

2. m, p, q 适合什么条件时，有

(1) $x^2 + mx - 1 \mid x^3 + px + q$；

(2) $x^2 + mx + 1 \mid x^4 + px^2 + q$.

3. 用 $g(x)$ 除 $f(x)$，求商 $q(x)$ 与余式 $r(x)$：

(1) $f(x) = 2x^5 - 5x^3 - 8x$，$g(x) = x + 3$；

(2) $f(x) = x^3 - x^2 - x$，$g(x) = x - 1 + 2\mathrm{i}$.

4. 把 $f(x)$ 表成 $x - x_0$ 的方幂和，即表成

$$c_0 + c_1(x - x_0) + c_2(x - x_0)^2 + \cdots$$

的形式：

(1) $f(x) = x^5$，$x_0 = 1$；

(2) $f(x) = x^4 - 2x^2 + 3$，$x_0 = -2$；

(3) $f(x)=x^4+2ix^3-(1+i)x^2-3x+7+i$，$x_0=-i$.

5. 求 $f(x)$与 $g(x)$的最大公因式：

(1) $f(x)=x^4+x^3-3x^2-4x-1$，$g(x)=x^3+x^2-x-1$；

(2) $f(x)=x^4-4x^3+1$，$g(x)=x^3-3x^2+1$；

(3) $f(x)=x^4-10x^2+1$，

$g(x)=x^4-4\sqrt{2}x^3+6x^2+4\sqrt{2}x+1$.

6. 求 $u(x)$,$v(x)$使 $u(x)f(x)+v(x)g(x)=(f(x),g(x))$：

(1) $f(x)=x^4+2x^3-x^2-4x-2$，

$g(x)=x^4+x^3-x^2-2x-2$；

(2) $f(x)=4x^4-2x^3-16x^2+5x+9$，

$g(x)=2x^3-x^2-5x-4$；

(3) $f(x)=x^4-x^3-4x^2+4x+1$，$g(x)=x^2-x-1$.

7. 设实系数多项式 $f(x)=x^3+(1+t)x^2+2x+2u$,$g(x)=x^3+tx+u$ 的最大公因式是一个二次多项式,求 t,u 的值.

8. 证明：如果 $d(x)\mid f(x)$,$d(x)\mid g(x)$,且 $d(x)$为 $f(x)$与 $g(x)$ 的一个组合,那么对某 $a\in K$,$ad(x)$是 $f(x)$与 $g(x)$的最大公因式.

9. 证明：$(f(x)h(x),g(x)h(x))=(f(x),g(x))h(x)$($h(x)$的首项系数为 1).

10. 如果 $f(x)$,$g(x)$不全为零,证明：

$$\left(\frac{f(x)}{(f(x),g(x))},\frac{g(x)}{(f(x),g(x))}\right)=1.$$

11. 证明：如果 $f(x)$,$g(x)$不全为零,且

$$u(x)f(x)+v(x)g(x)=(f(x),g(x)),$$

那么$(u(x),v(x))=1$.

12. 证明：如果$(f(x),g(x))=1$,$(f(x),h(x))=1$,那么

$$(f(x),g(x)h(x))=1.$$

13. 设 $f_1(x),\cdots,f_m(x),g_1(x),\cdots,g_n(x)$都是多项式,而且

$$(f_i(x),g_j(x))=1\quad(i=1,2,\cdots,m;\ j=1,2,\cdots,n).$$

求证：$(f_1(x)f_2(x)\cdots f_m(x),g_1(x)g_2(x)\cdots g_n(x))=1$.

14. 证明：如果$(f(x),g(x))=1$,那么

$$(f(x)g(x), f(x)+g(x))=1.$$

15. 判别多项式 $f(x)=x^5-5x^4+7x^3-2x^2+4x-8$ 有无重数大于 1 的非常数因式.

16. 求 t 值使 $f(x)=x^3-3x^2+tx-1$ 有重根.

17. 求多项式 x^3+px+q 有重根的条件.

18. 如果 $(x-1)^2\mid(Ax^4+Bx^2+1)$,求 A,B.

19. 证明: $1+x+\dfrac{x^2}{2!}+\cdots+\dfrac{x^n}{n!}$ 没有重根.

20. 如果 a 是 $f'''(x)$ 的一个 k 重根,证明: a 是

$$g(x)=\frac{x-a}{2}[f'(x)+f'(a)]-f(x)+f(a)$$

的一个 $k+3$ 重根.

21. 证明: 如果 $(x-1)\mid f(x^n)$,那么 $(x^n-1)\mid f(x^n)$.

22. 证明: 如果 $(x^2+x+1)\mid(f_1(x^3)+xf_2(x^3))$,那么

$$(x-1)\mid f_1(x),\quad (x-1)\mid f_2(x).$$

23. 设 $f_1(x)=af(x)+bg(x), g_1(x)=cf(x)+dg(x)$,且 $ad-bc\neq0$,证明: $(f(x),g(x))=(f_1(x),g_1(x))$.

24. 证明: 只要 $\dfrac{f(x)}{(f(x),g(x))}, \dfrac{g(x)}{(f(x),g(x))}$ 的次数都大于零,就可以适当选择适合等式

$$u(x)f(x)+v(x)g(x)=(f(x),g(x))$$

的 $u(x)$ 与 $v(x)$,使

$$\deg(u(x))<\deg\left(\frac{g(x)}{(f(x),g(x))}\right),$$

$$\deg(v(x))<\deg\left(\frac{f(x)}{(f(x),g(x))}\right).$$

25. 证明: 如果 $f(x)$ 与 $g(x)$ 互素,那么 $f(x^m)$ 与 $g(x^m)(m\geqslant1)$ 也互素.

26. 证明: 设 $p(x)$ 是数域 K 内次数大于零的多项式,如果对于数域 K 内任何多项式 $f(x),g(x)$,由 $p(x)\mid f(x)g(x)$ 可以推出 $p(x)\mid f(x)$ 或者 $p(x)\mid g(x)$,那么 $p(x)$ 是不可约多项式.

27. 证明: 数域 K 内次数 >0 的首一多项式 $f(x)$ 是一个不可

约多项式的方幂的充要条件是,对数域 K 内任意的多项式 $g(x)$ 必有 $(f(x),g(x))=1$,或者对某一正整数 m,$f(x)\mid g^m(x)$.

28. 证明:数域 K 内次数 >0 的首一多项式 $f(x)$ 是某一不可约多项式的方幂的充要条件是,对数域 K 内任意的多项式 $g(x)$,$h(x)$,由 $f(x)\mid g(x)h(x)$ 可以推出 $f(x)\mid g(x)$,或者对某一正整数 m,$f(x)\mid h^m(x)$.

29. 证明:$q_1(x)=x^2+x+1,q_2(x)=x^2-x+1,q_3(x)=x^2+2$ 是 $\mathbb{R}[x]$ 内的不可约多项式,从而它们两两互素. 令

$$f_1(x)=x-1,\quad f_2(x)=-x,\quad f_3(x)=7.$$

试求 $f(x)\in\mathbb{R}[x]$,使 $f(x)\equiv f_i(x)\ (\mathrm{mod}\ q_i(x))(i=1,2,3)$.

30. 证明:在复数域内 $x^n+ax^{n-m}+b$ 不能有不为零的重数大于 2 的根.

31. 证明:如果 $f(x)\mid f(x^n)$,那么 $f(x)$ 在复数域内的根只能是零或单位根.

32. 如果 $f'(x)\mid f(x)$,证明:$f(x)$ 有 n 重根,其中 $n=\deg f(x)$.

§2 $\mathbb{C},\mathbb{R},\mathbb{Q}$ 上多项式的因式分解

在这一节中,我们具体地探讨一下复数域 $\mathbb{C}$,实数域 $\mathbb{R}$,有理数域 $\mathbb{Q}$ 上一元多项式的因式分解问题,其中关键的一点是搞清楚这些数域上哪些多项式是不可约的. 对于 $\mathbb{C}$ 和 $\mathbb{R}$,这个问题已有完满的答案,而对 $\mathbb{Q}$ 问题还远未解决.

1. $\mathbb{C}[x]$ 与 $\mathbb{R}[x]$ 内多项式的因式分解

我们首先来找出 $\mathbb{C}[x]$ 内的所有不可约多项式. 这依赖于第一章所述的一条经典定理.

定理 2.1(高等代数基本定理) 复数域 $\mathbb{C}$ 上任意一个次数 $\geqslant 1$ 的多项式在 $\mathbb{C}$ 内必有一个根.

在 19 世纪以前,代数学的主要内容是寻求各种代数方程的根. 上述定理 2.1 显然是一元高次代数方程求根问题的理论基础. 正因为如此,它在理论上具有基本的意义. 但是近代代数学的中心问题已

不再是方程的求根问题了，所以这个定理被称为“高等代数基本定理”.

推论 1 $\mathbb{C}[x]$ 内一个次数 $\geqslant 1$ 的多项式 $p(x)$ 是不可约多项式的充要条件为它是一次多项式.

证 前面已指出，在任意数域 K 上的一次多项式都是 $K[x]$ 内的不可约多项式. 现在假定 $p(x)$ 是 $\mathbb{C}[x]$ 内的一个不可约多项式，如果 $\deg p(x)\geqslant 2$，则根据高等代数基本定理，它必有一个复数根 a，于是 $(x-a)\mid p(x)$. 设 $p(x)=(x-a)q(x)$，其中 $\deg q(x)\geqslant 1$，这与 $p(x)$ 的不可约性相矛盾，故必定有 $\deg p(x)=1$. ▌

这个推论完满地回答了本段开头所提出的问题，再利用 §1 中的因式分解唯一定理，我们立刻有

推论 2 $\mathbb{C}[x]$ 内任一非零多项式 $f(x)$ 可以唯一地分解成

$$f(x)=a_0(x-a_1)^{k_1}(x-a_2)^{k_2}\cdots(x-a_r)^{k_r}. \quad ▌$$

在上面的分解式中，a_0 为 $f(x)$ 的首项系数，而 $a_1,a_2,\cdots,a_r$ 为 $f(x)$ 在 $\mathbb{C}$ 内两两互不相同的根，它们的重数分别是 $k_1,k_2,\cdots,k_r$. 显然，$k_1+k_2+\cdots+k_r=\deg f(x)$.

命题 2.1 $\mathbb{R}[x]$ 内的首一不可约多项式仅有下列两类：

(i) 一次多项式 $x-a$ $(a\in\mathbb{R})$；

(ii) 二次多项式 x^2+px+q $(p,q\in\mathbb{R},p^2-4q<0)$.

证 我们首先指出：上述两类多项式在 $\mathbb{R}[x]$ 内都不可约. $x-a$ 的不可约性读者已熟知. 现设 $f(x)=x^2+px+q$，$p,q\in\mathbb{R}$，$p^2-4q<0$. 如果 $f(x)$ 在 $\mathbb{R}[x]$ 内可约，它在 $\mathbb{R}[x]$ 内应有一个一次因子 $x-a(a\in\mathbb{R})$，于是 $f(x)$ 有一实根 a，这与它的判别式 $p^2-4q<0$ 矛盾. 故 $f(x)$ 在 $\mathbb{R}[x]$ 内不可约.

再设 $f(x)$ 是 $\mathbb{R}[x]$ 内任意一个首一不可约多项式. 如果 $\deg f(x)=1$，则 $f(x)=x-a(a\in\mathbb{R})$. 下面设 $f(x)$ 次数 $\geqslant 2$. 此时 $f(x)$ 没有实根(否则它有实系数一次因子，与它在 $\mathbb{R}[x]$ 内不可约之设矛盾). 设 $a\in\mathbb{C}$ 是它的一个复根. 于是，在 $\mathbb{C}[x]$ 内有 $f(x)=(x-a)f_1(x)$，$f_1(x)\in\mathbb{C}[x]$. 根据第一章命题 2.4，有

$$(\bar{a}-a)f_1(\bar{a})=f(\bar{a})=0.$$

但 $a\notin\mathbb{R}$，故 $\bar{a}-a\neq 0$，从上式推出 $f_1(\bar{a})=0$，于是有

$$f_1(x)=(x-\bar{a})f_2(x)\ \text{即}\ f(x)=(x-a)(x-\bar{a})f_2(x).$$

而因为$(x-a)(x-\bar{a})=x^2-(a+\bar{a})x+a\bar{a}\in\mathbb{R}[x]$，由此不难知 $f_2(x)\in\mathbb{R}[x]$. 但 $f(x)$ 为 $\mathbb{R}[x]$ 内首一不可约多项式，故 $f_2(x)=1$. 于是

$$f(x)=(x-a)(x-\bar{a})=x^2+px+q\quad(p,q\in\mathbb{R}).$$

因 $f(x)$无实根，故 $p^2-4q<0$. 这证明了我们的命题. ▌

从命题 2.1 及 §1 中的因式分解唯一定理，立得

命题 2.2 $\mathbb{R}[x]$ 内一个非零多项式 $f(x)$可唯一地分解成

$$f(x)=a_0(x-a_1)^{k_1}(x-a_2)^{k_2}\cdots(x-a_r)^{k_r}\cdot(x^2+p_1x+q_1)^{l_1}\cdots(x^2+p_sx+q_s)^{l_s}.$$

其中 $a_1,\cdots,a_r\in\mathbb{R}$，为 $f(x)$的互不相同的全部实根，重数分别为 $k_1,\cdots,k_r$；而 $p_i,q_i\in\mathbb{R}, p_i^2-4q_i<0(i=1,\cdots,s)$. ▌

2. $\mathbb{Q}[x]$ 内多项式的因式分解

$\mathbb{Q}[x]$ 内的因式分解问题比 $\mathbb{C}[x]$ 和 $\mathbb{R}[x]$ 要复杂得多. 我们不但没有可能把 $\mathbb{Q}[x]$ 内所有不可约多项式都列举出来，而且对于一个具体的多项式，也没有一个一般性的法则来判断它是否不可约. 在这一段中，我们仅限于介绍一些较为简单和基本的事实.

令

$$\mathbb{Z}[x]=\{a_0x^n+a_1x^{n-1}+\cdots+a_n|a_i\in\mathbb{Z},\ i=0,1,\cdots,n\}.$$

这是全体整系数多项式所组成的集合，它是 $\mathbb{Q}[x]$ 的子集. 我们假设 $f(x)\in\mathbb{Z}[x]$，$f(x)\neq 0$ 及±1. 如果存在 $g(x),h(x)\in\mathbb{Z}[x]$，使得 $f(x)=g(x)h(x)$，且 $g(x)\neq\pm1, h(x)\neq\pm1$，则称 $f(x)$在 $\mathbb{Z}[x]$ 内**可约**，否则称 $f(x)$在 $\mathbb{Z}[x]$ 内**不可约**. 例如，$x-1$ 是 $\mathbb{Z}[x]$ 内的不可约多项式，但 $2(x-1)$是 $\mathbb{Z}[x]$ 内的可约多项式. 我们首先来阐明：在 $\mathbb{Q}[x]$ 内判断一个多项式是否可约的问题可以转化为判断 $\mathbb{Z}[x]$ 内一个多项式是否可约的问题.

设

$$f(x)=a_0x^n+a_1x^{n-1}+\cdots+a_n\in\mathbb{Z}[x],$$

这里 $n\geqslant1$. 如果$(a_0,a_1,\cdots,a_n)=1$(即 $f(x)$的系数的最大公因子是 1)，则称 $f(x)$是一个**本原多项式**.

命题 2.3　$\mathbb{Q}[x]$ 内一个非零多项式 $f(x)$ 可以表成一个有理数 k 和一个本原多项式 $\bar{f}(x)$ 的乘积：$f(x)=k\bar{f}(x)$，而且 k 除了可能差一个 ±1 因子外，是被 $f(x)$ 唯一决定的.

证　设 $f(x)=a_0x^n+a_1x^{n-1}+\cdots+a_n$. 设 m 为其系数分母的一个公倍数，则 $mf(x)\in\mathbb{Z}[x]$，将 $mf(x)$ 系数的最大公因子 d 提出来，则 $mf(x)=d\bar{f}(x)$，这里 $\bar{f}(x)$ 是一个本原多项式，令 $k=d/m$，则 $f(x)=k\bar{f}(x)$.

设

$$f(x)=k\bar{f}(x)=k_1\bar{f}_1(x)\quad(k\neq0,k_1\neq0),\tag{1}$$

令 $k_1/k=r/s\,(r,s\in\mathbb{Z},(r,s)=1)$，则有 $s\bar{f}(x)=r\bar{f}_1(x)$. 设

$$\bar{f}(x)=b_0x^n+b_1x^{n-1}+\cdots+b_n\quad(b_i\in\mathbb{Z}),$$

$$\bar{f}_1(x)=c_0x^n+c_1x^{n-1}+\cdots+c_n\quad(c_i\in\mathbb{Z}).$$

将上面的式子代入(1)式，比较 x 同次方幂的系数，得

$$sb_i=rc_i\quad(i=0,1,\cdots,n).$$

由于 $(r,s)=1$，故 $s\mid c_i\,(i=0,1,\cdots,n)$，但 $\bar{f}_1(x)$ 是本原多项式，故 $s=\pm1$. 同理有 $r=\pm1$，于是 $k_1=\pm k$. 此时显然有 $\bar{f}(x)=\pm\bar{f}_1(x)$. ▌

本原多项式具有下面所述的一个重要性质.

定理 2.2（高斯引理）　两个本原多项式的乘积还是一个本原多项式.

证　设

$$f(x)=a_0+a_1x+a_2x^2+\cdots+a_nx^n\quad(a_i\in\mathbb{Z}),$$

$$g(x)=b_0+b_1x+b_2x^2+\cdots+b_mx^m\quad(b_i\in\mathbb{Z})$$

是两个本原多项式. 为方便计，下面设 $a_{n+1}=a_{n+2}=\cdots=0$，$b_{m+1}=b_{m+2}=\cdots=0$. 又设

$$f(x)g(x)=c_0+c_1x+\cdots+c_{m+n}x^{m+n}.$$

如果 $f(x)g(x)$ 不是本原多项式，令素数 p 是其系数的一个公因子. 设 $p\mid a_i\,(i=0,\cdots,r-1)$，$p\nmid a_r\,(r\leqslant n)$；$p\mid b_j\,(j=0,\cdots,s-1)$，$p\nmid b_s\,(s\leqslant m)$. 注意 $p\mid c_{r+s}$，而

$$c_{r+s}=(a_0b_{r+s}+\cdots+a_{r-1}b_{s+1})+a_rb_s$$
$$+(a_{r+1}b_{s-1}+\cdots+a_{r+s}b_0).$$

上式两个括号内均含有因子 p，故必有 $p\mid a_rb_s$. 因为 p 是素数，$p\nmid a_r \Longrightarrow (p,a_r)=1$，此时应有 $p\mid b_s$，与假设矛盾. 这个矛盾表明乘积 $f(x)g(x)$ 是本原多项式. ▎

利用高斯引理，我们容易得到下面的

命题 2.4 设 $f(x)\in\mathbb{Q}[x]$，$\deg f(x)>0$. 命 $f(x)=k\bar{f}(x)$，其中 $k\in\mathbb{Q}$，$\bar{f}(x)$ 是一个本原多项式. 则 $f(x)$ 在 $\mathbb{Q}[x]$ 内可约的充要条件是 $\bar{f}(x)$ 在 $\mathbb{Z}[x]$ 内可约.

证 条件的充分性是显然的，我们来证明必要性的方面. 设 $f(x)=g(x)h(x)$，其中 $g(x),h(x)\in\mathbb{Q}[x]$，$0<\deg g(x)<\deg f(x)$. 命 $g(x)=l\bar{g}(x)$，$h(x)=l_1\bar{h}(x)$，其中 $l,l_1\in\mathbb{Q}$，而 $\bar{g}(x)$，$\bar{h}(x)$ 为本原多项式. 此时 $f(x)=k\bar{f}(x)=ll_1\bar{g}(x)\bar{h}(x)$. 根据高斯引理，$\bar{g}(x)\bar{h}(x)$ 为本原多项式. 再根据命题 2.3，有 $\bar{f}(x)=(\pm\bar{g}(x))\bar{h}(x)$，这表明 $\bar{f}(x)$ 在 $\mathbb{Z}[x]$ 内可约. ▎

现在，我们只要来研究如何在 $\mathbb{Z}[x]$ 内判断一个多项式是否不可约就可以了. 但是，这个问题迄今为止还远远未能完满解决. 下面介绍一个在许多情况下有用的判别法则.

艾森斯坦判别法 设给定 n 次本原多项式

$$f(x)=a_0+a_1x+\cdots+a_nx^n\in\mathbb{Z}[x]\quad(n\geqslant 1).$$

如果存在一个素数 p，使 $p\mid a_i\,(i=0,1,\cdots,n-1)$，但 $p\nmid a_n$，$p^2\nmid a_0$，则 $f(x)$ 在 $\mathbb{Z}[x]$ 内不可约.

证 用反证法. 设 $f(x)$ 在 $\mathbb{Z}[x]$ 内可约，即

$$f(x)=g(x)h(x),$$

其中

$$g(x)=b_0+b_1x+\cdots+b_mx^m\in\mathbb{Z}[x],$$
$$h(x)=c_0+c_1x+\cdots+c_lx^l\in\mathbb{Z}[x].$$

这里 $0<\deg g(x)<\deg f(x)$. 为方便计，下面式子中多项式 $f(x)$，$g(x)$，$h(x)$ 的系数 a_i,b_i,c_i 的下角标大于其对应多项式的次数时，

均认为等于零. 因为 $a_n=b_mc_l$，而 $p\nmid a_n$，故 $p\nmid b_m$，$p\nmid c_l$. 另一方面，$p\mid a_0$，而 $a_0=b_0c_0$，故 $p\mid b_0$ 或 $p\mid c_0$. 不妨设 $p\mid b_0$，此时因 $p^2\nmid a_0$，故 $p\nmid c_0$. 设 $p\mid b_i(i=0,\cdots,r-1)$，但 $p\nmid b_r(0<r<m)$. 此时 $p\mid a_r$，而

$$a_r=(b_0c_r+b_1c_{r-1}+\cdots+b_{r-1}c_1)+b_rc_0.$$

上式括号中各项均含有因子 p，故 $p\mid b_rc_0$. 但 $p\nmid b_r$，$p\nmid c_0$，p 是素数，矛盾. 由此知 $f(x)$ 在 $\mathbb{Z}[x]$ 内不可约. ▌

例 2.1　设 n 为任意正整数. 证明：$f(x)=x^n-2$ 在 $\mathbb{Q}[x]$ 内不可约.

解　我们只要证明 x^n-2 在 $\mathbb{Z}[x]$ 内不可约就可以了. 利用艾森斯坦判别法，取 $p=2$. 现在 $a_0=-2$，$a_1=\cdots=a_{n-1}=0$，$a_n=1$. 显然满足命题中的条件，故 x^n-2 在 $\mathbb{Z}[x]$ 内不可约.

这个例子表明在 $\mathbb{Q}[x]$ 内存在次数为任意正整数的不可约多项式.

例 2.2　证明：$f(x)=1+x+\cdots+x^{p-1}$（p 为素数）在 $\mathbb{Q}[x]$ 内不可约.

解　同样，只要证明 $f(x)$ 在 $\mathbb{Z}[x]$ 内不可约就可以了. 但现在不能直接使用艾森斯坦判别法. 我们想办法做一点变化. 因为 $f(x)=(x^p-1)/(x-1)$. 令 $g(y)=f(y+1)$. 显然，$g(y)$ 在 $\mathbb{Z}[y]$ 内不可约等价于 $f(x)$ 在 $\mathbb{Z}[x]$ 内不可约. 而

$$g(y)=[(y+1)^p-1]/y=\sum_{k=1}^{p}\binom{p}{k}y^{k-1}.$$

因为 $p\cdot(p-1)!=k!(p-k)!\binom{p}{k}$，当 $1\leqslant k<p$ 时，$p\nmid k!$，$p\nmid(p-k)!$，按第八章命题 1.4 的推论，应有 $p\,\Big|\,\binom{p}{k}$ $(k=1,\cdots,p-1)$，但 $p\nmid\binom{p}{p}$，$p^2\nmid\binom{p}{1}$，根据艾森斯坦判别法，$g(y)$ 在 $\mathbb{Z}[y]$ 内不可约，从而 $f(x)$ 在 $\mathbb{Z}[x]$ 内不可约.

3. $\mathbb{Z}[x]$ 内多项式的因式分解

有理整数环 $\mathbb{Z}$ 不是数域，因而 §1 关于数域 K 上多项式的因式

分解唯一定理对 $\mathbb{Z}[x]$ 不适用.但我们可以重新证明 $\mathbb{Z}[x]$ 内也有相同的结果.首先注意如下事实.

1) 设 $f(x)$ 是 $\mathbb{Z}[x]$ 内零次不可约多项式,则必有 $f(x)=\pm p$,其中 p 为素数.这是因为 $f(x)=a\in\mathbb{Z}$,a 在 $\mathbb{Z}$ 内应不可约,而 $a\neq\pm1$,故 $a=\pm p$.

2) 若 $f(x)$ 是 $\mathbb{Z}[x]$ 内次数 $\geqslant1$ 的不可约多项式,则它必为本原多项式.否则设 $f(x)$ 系数的最大公因子是 d,则 $f(x)=d\bar{f}(x)$,这里 $d\neq\pm1$,$\deg\bar{f}(x)=\deg f(x)\geqslant1$,这与 $f(x)$ 不可约矛盾.

3) 若 $f(x)$ 是一个可约的本原多项式,则 $f(x)=g(x)h(x)$,其中 $g(x),h(x)\in\mathbb{Z}[x]$ 为本原多项式,且 $\deg g(x)\geqslant1$,$\deg h(x)\geqslant1$.因为 $f(x)$ 可约,故知 $g(x)\neq\pm1$,$h(x)\neq\pm1$.若 $\deg g(x)=0$,设 $\deg g(x)=a$,$a\neq\pm1$,$f(x)=ah(x)$,即 a 为 $f(x)$ 系数的公因子,这与 $f(x)$ 为本原多项式之设矛盾.同理知 $g(x),h(x)$ 应为本原多项式.

命题 2.5 设 $f(x)$ 是 $\mathbb{Z}[x]$ 内一个首项系数为正的多项式且 $f(x)\neq1$,则 $f(x)$ 在 $\mathbb{Z}[x]$ 内可以分解为

$$f(x)=p_1^{e_1}\cdots p_k^{e_k}p_1(x)^{f_1}\cdots p_l(x)^{f_l},$$

其中 $p_1,\cdots,p_k$ 为两两不同的素数,$p_1(x),\cdots,p_l(x)$ 为 $\mathbb{Z}[x]$ 内两两不同,次数 $\geqslant1$ 且首项系数为正的不可约多项式.上述分解式除了因子的排列次序外是唯一的.

证 存在性 对 $f(x)$ 的次数 n 做数学归纳法.当 $n=0$ 时,$f(x)=a$ 为大于 1 的整数,由 $\mathbb{Z}$ 内因子分解唯一定理知命题成立.设命题对次数 $<n$ 的多项式成立,当 $\deg f(x)=n$ 时,设 $f(x)$ 系数的最大公因子是 d,则 $f(x)=d\bar{f}(x)$,其中 $\bar{f}(x)$ 为本原多项式.已知 d 有素因子分解式,若 $\bar{f}(x)$ 不可约,则命题已成立.若 $\bar{f}(x)$ 可约,则 $\bar{f}(x)=g(x)h(x)$,其中 $0<\deg g(x)<\deg f(x)$,$0<\deg h(x)<\deg f(x)$,且 $g(x),h(x)$ 首项系数为正.按归纳假设,$g(x),h(x)$ 均有命题所要求的分解式,从而 $f(x)$ 也有所要求的分解式.

唯一性 设 $f(x)$ 有两个命题所述的分解式:

$$f(x)=p_1^{e_1}\cdots p_k^{e_k}p_1(x)^{f_1}\cdots p_l(x)^{f_l}$$

$$=q_1^{u_1}\cdots q_s^{u_s}q_1(x)^{v_1}\cdots q_t(x)^{v_t}.$$

按高斯引理，$p_1(x)^{f_1}\cdots p_l(x)^{f_l}$ 与 $q_1(x)^{v_1}\cdots q_t(x)^{v_t}$ 均为本原多项式，再由命题 2.3 可知 $p_1^{e_1}\cdots p_k^{e_k}=q_1^{u_1}\cdots q_s^{u_s}$，由 $\mathbb{Z}$ 内因子分解唯一定理知 $k=s,p_i=q_i,e_i=u_i(i=1,2,\cdots,k)$. 于是

$$p_1(x)^{f_1}\cdots p_l(x)^{f_l}=q_1(x)^{v_1}\cdots q_t(x)^{v_t}.$$

由命题 2.4，$p_1(x),\cdots,p_l(x),q_1(x),\cdots,q_t(x)$ 均为 $\mathbb{Q}[x]$ 内不可约多项式，按 $\mathbb{Q}[x]$ 内因式分解唯一定理即知 $l=t,f_i=v_i,p_i(x)=a_iq_i(x)(i=1,2,\cdots,l)$，其中 $a_i\in\mathbb{Q}$. 现在 $p_i(x),q_i(x)$ 均为本原多项式，且首项系数 >0，根据命题 2.3，必有 $a_i=1$. 唯一性得证. ▍

下面来讨论两个例题.

例 2.3　设 $a_1,\cdots,a_n$ 是 n 个互不相同的整数，证明：

$$f(x)=\prod_{i=1}^{n}(x-a_i)^2+1$$

在 $\mathbb{Q}[x]$ 内不可约.

解　$f(x)$ 是首一整系数多项式，故为本原多项式. 根据命题 2.5，只要证明 $f(x)$ 在 $\mathbb{Z}[x]$ 内不可约就可以了.

用反证法. 设 $f(x)$ 在 $\mathbb{Z}[x]$ 内可约，即 $f(x)=g(x)h(x)$，$g(x),h(x)\in\mathbb{Z}[x]$，$0<\deg g(x)<\deg f(x)$. 此时 $g(a_i)h(a_i)=1$，故 $g(a_i)$ 与 $h(a_i)$ 同为 1 或同为 -1. $f(x)$ 显然没有实根，故 $g(x)$ 与 $h(x)$ 也都没有实根. 从数学分析中连续函数的性质可知 $g(x)$ 与 $h(x)$ 在整个区间 $(-\infty,+\infty)$ 内不变号. 于是对一切 i，$g(a_i)$ 与 $h(a_i)$ 或都等于 1，或都等于 -1.

(i) 若 $g(a_i)=h(a_i)=1(i=1,2,\cdots,n)$，则 $g(x)-1$ 与 $h(x)-1$ 有 n 个不同的根 $a_1,\cdots,a_n$，因而它们的次数都 $\geqslant n$. 但 $\deg g(x)+\deg h(x)=\deg f(x)=2n$. 故 $\deg g(x)=\deg h(x)=n$. 于是

$$g(x)-1=(x-a_1)(x-a_2)\cdots(x-a_n)=h(x)-1.$$

故有

$$f(x)=g(x)h(x)=\left[1+\prod_{i=1}^{n}(x-a_i)\right]^2$$

$$=\prod_{i=1}^{n}(x-a_i)^2+2\prod_{i=1}^{n}(x-a_i)+1.$$

代入 $f(x)$的表达式，得$\prod_{i=1}^{n}(x-a_i)=0$. 矛盾.

(ii) 若 $g(a_i)=h(a_i)=-1$,用同样的办法也导出矛盾.

综合(i),(ii)的结论可知 $f(x)$在 $\mathbb{Q}[x]$ 内不可约.

例 2.4 证明实数域 $\mathbb{R}$ 作为有理数域 $\mathbb{Q}$ 上的线性空间是无限维的.

解 按定义,我们只要证明对任意正整数 n,在 $\mathbb{R}$ 内存在 n 个元素在 $\mathbb{Q}$ 上线性无关. 考察

$$1,\sqrt[n]{2},\sqrt[n]{2^2},\cdots,\sqrt[n]{2^{n-1}}. \tag{2}$$

我们来证明它们在 $\mathbb{Q}$ 上线性无关. 如果不然,则必存在一个最小的正整数 k,$0<k<n$,使

$$\sqrt[n]{2^k}=a_0\cdot 1+a_1\sqrt[n]{2}+\cdots+a_{k-1}\sqrt[n]{2^{k-1}}\quad (a_i\in\mathbb{Q}).$$

令 $f(x)=x^k-a_{k-1}x^{k-1}-\cdots-a_1x-a_0\in\mathbb{Q}[x]$,用 $f(x)$去除 x^n-2,得

$$x^n-2=q(x)f(x)+r(x),$$

其中 $r(x)\in\mathbb{Q}[x]$,$r(x)=0$ 或 $\deg r(x)<\deg f(x)$. 令 $x=\sqrt[n]{2}$代入上式,得 $r(\sqrt[n]{2})=0$. 如 $r(x)\neq 0$,设 $\deg r(x)=l$,我们发现向量组(2)第 l 个向量能被其前面的向量线性表示,这与 k 的选取矛盾. 由此知 $r(x)=0$,于是 $f(x)\mid(x^n-2)$. 但在例 2.1 中已证明 x^n-2 在 $\mathbb{Q}[x]$ 内不可约,故不可能. 这表明向量组(2)在 $\mathbb{Q}$ 上线性无关.

上面两个例题分别使用了数学分析和线性代数的知识. 这说明在处理具体问题时,必须把各方面的知识融会贯通地使用,不应当把看来属于不同领域的知识互相隔绝开来.

习 题 二

1. 判断下列多项式在有理数域上是否可约?

(1) x^2+1;

(2) $x^4-8x^3+12x^2+2$;

(3) x^6+x^3+1;

(4) x^p+px+1 (p 为奇素数);

(5) $x^4+4kx+1$ (k 为整数).

2. 设 $f(x)\in\mathbb{R}[x]$，对任意 $a\in\mathbb{R}$，$f(a)\geqslant 0$. 证明：$f(x)$ 可表为

$$f(x)=g(x)^2+h(x)^2,$$

其中 $g(x),h(x)\in\mathbb{R}[x]$.

3. 将 $\mathbb{C}$ 看作有理数域 $\mathbb{Q}$ 上的线性空间. 设 $f(x)$ 是 $\mathbb{Q}[x]$ 内的一个 n 次不可约多项式，$\alpha\in\mathbb{C}$ 是 $f(x)$ 的一个根. 令

$$\mathbb{Q}[\alpha]=\{a_0+a_1\alpha+\cdots+a_{n-1}\alpha^{n-1}\mid a_i\in\mathbb{Q}\}.$$

证明：$\mathbb{Q}[\alpha]$ 是 $\mathbb{C}$ 的一个有限维子空间，并求 $\mathbb{Q}[\alpha]$ 的一组基.

4. 续上题. 设 $\beta=a_0+a_1\alpha+\cdots+a_{n-1}\alpha^{n-1}$ 是 $\mathbb{Q}[\alpha]$ 内的一个非零元素. 证明：在 $\mathbb{Q}[\alpha]$ 内存在一个元素 γ，使 $\beta\gamma=1$.（$\beta\gamma$ 是 $\mathbb{C}$ 内两个数做乘法.）

5. 设 $f(x)=a_0x^n+a_1x^{n-1}+\cdots+a_n\in\mathbb{Z}[x]\ (a_0\neq 0)$. 又设 $g(x)$ 是 $\mathbb{Z}[x]$ 内任一多项式，证明：存在非负整数 l 以及 $q(x),r(x)\in\mathbb{Z}[x]$，使

$$a_0^l g(x)=q(x)f(x)+r(x),$$

其中 $r(x)=0$ 或 $\deg r(x)<\deg f(x)$.

6. 给定 $f(x)=a_0x^n+a_1x^{n-1}+\cdots+a_n\in\mathbb{Z}[x]$. 设存在素数 p 及非负整数 k，使 $p\nmid a_0$，$p\mid a_{k+1}$，$p\mid a_{k+2}$，…，$p\mid a_n$，但 $p^2\nmid a_n$. 证明：$f(x)$ 在 $\mathbb{Z}[x]$ 内有次数 $\geqslant n-k$ 的不可约因子 $\varphi(x)$.

7. 在 $\mathbb{R}[x]$ 内求下列多项式的素因式标准分解式：

(1) $x^{2n}-1$；　(2) $x^{2n+1}-1$；　(3) $x^{2n+1}+1$；

(4) $x^{2n}+1$.

8. 证明下面的等式：

(1) $\cos\dfrac{\pi}{2n+1}\cos\dfrac{2\pi}{2n+1}\cdots\cos\dfrac{n\pi}{2n+1}=\dfrac{1}{2^n}$；

(2) $\sin\dfrac{\pi}{2n}\sin\dfrac{2\pi}{2n}\cdots\sin\dfrac{(n-1)\pi}{2n}=\dfrac{\sqrt{n}}{2^{n-1}}$.

9. 在 $\mathbb{Z}[x]$ 内求下列多项式的素因式标准分解式：

(1) x^6-1；　(2) x^8-1；　(3) $x^{12}-1$；　(4) $x^{32}-1$.

10. 设 $f(x)=a_0+a_1x+\cdots+a_nx^n\in\mathbb{Z}[x]$，其中 a_0 为素数且 $a_0>|a_1|+\cdots+|a_n|$. 证明：$f(x)$ 为 $\mathbb{Z}[x]$ 内不可约多项式.

* § 3　实系数多项式根的分布

在这一节中，我们重点讨论实系数多项式的实根在数轴上的分布规律. 实系数多项式就是数学分析中所讨论的一类典型的连续、可微实函数. 因此，在这一节中我们将要使用数学分析的许多概念和结果.

我们首先来给出复系数多项式的根的一个粗略的界限.

命题 3.1　设 $f(x)=a_0x^n+a_1x^{n-1}+\cdots+a_n\in\mathbb{C}[x]$，其中 $a_0\neq0$ 而 $n\geqslant1$. 令

$$A=\max\{|a_1|,\ |a_2|,\cdots,\ |a_n|\}.$$

则对 $f(x)$ 的任一复根 α，有 $|\alpha|<1+A/|a_0|$.

证　如 $A=0$，则 $\alpha=0$，命题成立. 下面设 $A>0$. 如果 $|\alpha|\geqslant1+A/|a_0|$，那么，因为 $f(\alpha)=0$，故有

$$\begin{aligned}|a_0\alpha^n|&=|a_1\alpha^{n-1}+\cdots+a_n|\leqslant|a_1|\,|\alpha|^{n-1}+\cdots+|a_n|\\&\leqslant A(|\alpha|^{n-1}+\cdots+1)=A(|\alpha|^n-1)/(|\alpha|-1).\end{aligned}$$

现在 $|\alpha|^n>1$，故从上式立刻得到

$$|a_0\alpha^n|<A\ |\alpha|^n/(|\alpha|-1).$$

两边约去 $|\alpha|^n$，略做变形，得 $|\alpha|<1+A/|a_0|$，矛盾. ▌

利用上面的命题，我们可以对一个实系数多项式的实根的分布有一个大概的了解，即它的实根总位于区间

$$(-1-A/|a_0|,\ 1+A/|a_0|)$$

之中. 为了进一步搞清实根的分布情况，我们需要先引进一个新概念.

给定实数序列

$$a_1,\ a_2,\ \cdots,\ a_n, \tag{1}$$

将其中等于零的项划掉，对剩下的序列从左至右依次观察. 如果相邻两数异号，则称为一个**变号**. 变号的总数称为序列(1)的**变号数**.

例如序列

$$0,\ -\sqrt{2},1,\sqrt{3},0,\ -2,\ -3,1$$

的变号数为 3.

实数序列 a_1,a_2,a_3 的变号数有一个简单的规律，即如果 $a_1a_3<0$，则不管 a_2 为零，为正或为负，这个三项序列的变号数总是 1. 这个事实下面将要用到.

给定实系数多项式的序列

$$f_1(x),f_2(x),\cdots,f_n(x). \tag{2}$$

对 $a\in\mathbb{R}$，实数序列 $f_1(a),f_2(a),\cdots,f_n(a)$ 的变号数称为多项式序列(2)在 $x=a$ **处的变号数**，记作 $W(a)$. 这样，对于一个实系数多项式序列(2)，我们定义了一个取整数值的函数 $W(x)$，称为多项式序列(2)的**变号数函数**.

现在设 $f(x)$ 是一个次数 $n\geqslant1$ 的在 $\mathbb{R}$ 内无重根的实系数多项式. 实系数多项式序列

$$f_0(x)=f(x),f_1(x),f_2(x),\cdots,f_s(x) \tag{3}$$

如果满足如下条件：

(i) 相邻两多项式 $f_i(x),f_{i+1}(x)(i=0,1,\cdots,s-1)$ 没有公共实根；

(ii) 最后一个多项式 $f_s(x)$ 没有实根；

(iii) 如果某个中间多项式 $f_i(x)$ $(1\leqslant i<s)$ 有一个实根 α，则 $f_{i-1}(\alpha)f_{i+1}(\alpha)<0$；

(iv) 如果 α 是 $f(x)$ 的实根，则乘积 $f(x)f_1(x)$ 在 $x=\alpha$ 的一个充分小的邻域内为增函数，

则称序列(3)为 $f(x)$ 的一个**施图姆序列**.

$f(x)$ 的施图姆序列的变号数与 $f(x)$ 实根的分布有深刻的联系.

定理 3.1(施图姆定理)　设 $f(x)$ 是一个在 $\mathbb{R}$ 内无重根的实系数多项式，它有一个施图姆序列(3). 以 $W(x)$ 表(3)的变号数函数. 设 a,b 是两个实数，它们不是 $f(x)$ 的根，且 $a<b$，则 $f(x)$ 在区间 (a,b) 内实根的个数等于 $W(a)-W(b)$.

证　将施图姆序列(3)中各个多项式的实根通通收集在一起，并按大小依次排列如下：$a_1<a_2<\cdots<a_k$.

因为在区间 $(-\infty,a_1)$，$(a_i,a_{i+1})(i=1,2,\cdots,k-1)$，$(a_k,+\infty)$ 内(3)中任一多项式都无实根，因而它们在这些区间内都不变号. 于是，

在这些区间内,$W(x)$为常数(参看图 9.1).我们只要证明:

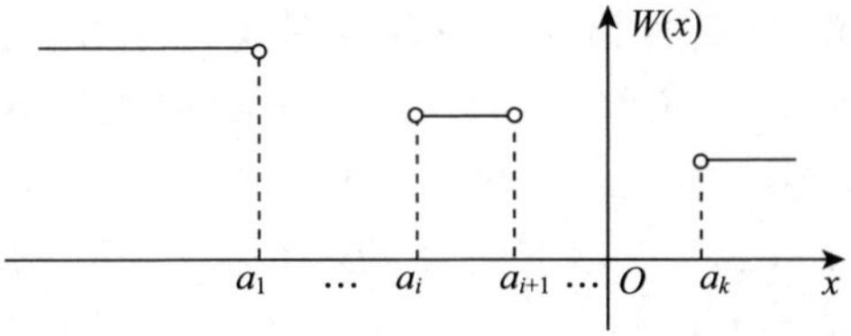

图 9.1

1) 如果 a_i 不是 $f(x)$的根,则在 a_i 左右两边 $W(x)$的函数值相等;

2) 如果 a_i 是 $f(x)$的根,则在 a_i 左端 $W(x)$的函数值比 a_i 右端 $W(x)$的函数值大 1.

对每个 a_i,我们来考察施图姆序列(3)中如下两种类型的小段.

(a) a_i 不是(3)中 t 个连续多项式

$$f_{j+1}(x), f_{j+2}(x), \cdots, f_{j+t}(x) \tag{4}$$

的根($t \geqslant 2$),由于实系数多项式为数轴上连续函数,按连续函数的性质知,在 a_i 的一个邻域$(a_i-\varepsilon, a_i+\varepsilon)$内(4)中每个多项式都不变号,从而在此小邻域内(4)的变号数函数为常数.

(b) a_i 是(3)中某个中间多项式 $f_j(x)$($0<j<s$)的根,考察(3)的小段

$$f_{j-1}(x), f_j(x), f_{j+1}(x). \tag{5}$$

按施图姆序列的条件(i)和(iii),此时 a_i 不是 $f_{j-1}(x)$和 $f_{j+1}(x)$的根,且 $f_{j-1}(a_i)f_{j+1}(a_i)<0$. 由连续函数的性质知,在 a_i 的一个邻域$(a_i-\varepsilon, a_i+\varepsilon)$内处处有 $f_{j-1}(x)f_{j+1}(x)<0$,于是在此邻域内(5)的变号数函数恒等于 1,也是常数.

现设 a_i 不是 $f(x)$的根. 这时序列(3)中任意两个相邻多项式 $f_j(x), f_{j+1}(x)$或属于类型(4)的小段,或属类型(5)的小段,且知这两类型的小段无重叠(但左端或右端多项式可以相同),根据上面(a),(b)的讨论,在每个小段变号数函数在邻域$(a_i-\varepsilon, a_i+\varepsilon)$内都是常数,(3)的变号数函数 $W(x)$为每个小段变号数函数之和,从而在 a_i 的邻域$(a_i-\varepsilon, a_i+\varepsilon)$内 $W(x)$为常数,即 a_i 左端与 a_i 右端 $W(x)$的函数值相等.

如果 a_i 为 $f(x)$的根. 这时序列(3)中仅有 $f(x), f_1(x)$不属上

述(4),(5)两种类型的小段,故仅需考察序列 $f(x)$,$f_1(x)$的变号数在 a_i 左右两端的变号情况. 根据施图姆序列的条件(iv),乘积 $f(x)f_1(x)$ 在 a_i 的某邻域$(a_i-\varepsilon,a_i+\varepsilon)$内为增函数,我们已知 $f(a_i)f_1(a_i)=0$,故在 a_i 左端 $f(x)$,$f_1(x)$异号,即有一个变号,而在 a_i 右端 $f(x)$,$f_1(x)$ 同号,即无变号. 现在不管 a_i 是不是(3)中某个中间多项式(只可能是 $f_2(x)$或以后的中间多项式)的根,根据上一小段的讨论,它们对邻域$(a_i-\varepsilon,a_i+\varepsilon)$内 $W(x)$的值没有影响. 由此知此时 a_i 点左端 $W(x)$的值比 a_i 点右端 $W(x)$的值大 1.

现在让 x 从 a 向 b 运动,每经过 $f(x)$的一个实根时,$W(x)$的函数值减 1,在其他情况下 $W(x)$的值不变. 故在(a,b)内 $f(x)$的实根的个数为 $W(a)-W(b)$. ▌

上面的定理完满地解决了在 $\mathbb{R}$ 内无重根的实系数多项式 $f(x)$ 的实根分布问题. 但随之就产生一个问题：如何找出 $f(x)$的施图姆序列呢？下面我们就来介绍一个切实可行的办法.

设 $f(x)$是一个在 $\mathbb{R}$ 内无重根的实系数多项式,取 $f_0(x)=f(x)$,$f_1(x)=f'(x)$(设 $\deg f(x)\geqslant 1$). 以 $f_1(x)$除 $f_0(x)$,得

$$f_0(x)=q_1(x)f_1(x)+r_1(x),$$

$$r_1(x)=0 \quad 或 \quad \deg r_1(x)<\deg f_1(x).$$

如 $r_1(x)=0$,过程到此结束. 否则,取 $f_2(x)=-r_1(x)$,再用 $f_2(x)$去除 $f_1(x)$,得

$$f_1(x)=q_2(x)f_2(x)+r_2(x),$$

$$r_2(x)=0 \quad 或 \quad \deg r_2(x)<\deg f_2(x).$$

如 $r_2(x)=0$,过程到此结束. 否则,取 $f_3(x)=-r_2(x)$,再用 $f_3(x)$去除 $f_2(x)$,…. 经过若干步后,我们有

$$f_{s-1}(x)=q_s(x)f_s(x).$$

于是,我们得到一个实系数多项式系列：

$$f_0(x)=f(x),f_1(x)=f'(x),f_2(x),\cdots,f_{s-1}(x),f_s(x). \tag{6}$$

我们来证明,上面的序列就是 $f(x)$的一个施图姆序列.

因为 $f(x)$在 $\mathbb{R}$ 内无重根,故$(f(x),f'(x))=(f_0(x),f_1(x))=d(x)$无实根,而从上述多项式序列的构造法可知有

$$f_{i-1}(x)=q_i(x)f_i(x)-f_{i+1}(x) \quad (i=1,2,\cdots,s-1). \tag{7}$$

于是我们得出（参看求两个多项式最大公因式的辗转相除法）

$$d(x)=(f_0,f_1)=(f_1,f_2)=\cdots=(f_i,f_{i+1})=\cdots=(f_{s-1},f_s)=kf_s,$$

其中 k 是一非零实数.

1) 因为 $f_s(x)=\dfrac{d(x)}{k}$，故它无实根.

2) 因为 $(f_i(x),f_{i+1}(x))=d(x)$，故存在 $u_i(x),v_i(x)\in\mathbb{R}[x]$，使得

$$u_i(x)f_i(x)+v_i(x)f_{i+1}(x)=d(x).$$

因 $d(x)$ 无实根，由上式立即推知 $f_i(x)$ 与 $f_{i+1}(x)$ 无公共实根，这里 $i=0,1,\cdots,s-1$.

3) 设 α 是 $f_i(x)(1\leqslant i<s)$ 的一个实根，代入(7)，得

$$f_{i-1}(\alpha)=-f_{i+1}(\alpha),$$

即 $f_{i-1}(\alpha)f_{i+1}(\alpha)<0$.

4) 设 α 是 $f(x)$ 的一个实根，则 $f'(\alpha)\neq 0$，而

$$[f_0(x)f_1(x)]'=[f(x)f'(x)]'=[f'(x)]^2+f(x)f''(x).$$

于是 $[f_0(x)f_1(x)]'|_{x=\alpha}=[f'(\alpha)]^2>0$. 这表明 $f_0(x)f_1(x)$ 在 $x=\alpha$ 的某个邻域内为增函数.

这证明多项式序列(6)是 $f(x)$ 的一个施图姆序列. 显然，把 $f_1(x),f_2(x),\cdots,f_s(x)$ 各自乘一个正实数，所得的多项式序列仍为 $f(x)$ 的一个施图姆序列.

如果 $f(x)$ 是一个在 $\mathbb{R}$ 内有重根的实系数多项式，设它在 $\mathbb{R}$ 内的素因式标准分解式为

$$f(x)=a_0p_1(x)^{k_1}\cdots p_r(x)^{k_r}.$$

从§1中对重因式的讨论可知，

$$d(x)=(f(x),f'(x))=p_1(x)^{k_1-1}\cdots p_r(x)^{k_r-1}.$$

令 $f(x)=d(x)\bar{f}(x)$，则

$$\bar{f}(x)=a_0p_1(x)\cdots p_r(x). \tag{8}$$

它和 $f(x)$ 有相同的不可约因式（因而有相同的一次因式，即有相同的实根），但无重不可约因式，即没有重根. 因而只需研究多项式(8)的实根分布就可以了.

例 3.1　考察多项式 $f(x)=x^3+3x^2-1$,并求其实根个数和有根区间.

解　易知$(f(x),f'(x))=1$,故它在 $\mathbb{C}$ 内无重根. 按上述办法,它的施图姆序列可取为

$$
\begin{aligned}
f_0(x)&=x^3+3x^2-1,\\
f_1(x)&=3x^2+6x,\\
f_2(x)&=2x+1,\\
f_3(x)&=1.
\end{aligned}
$$

它们在$-\infty$和$+\infty$处变号数可用下面的表来表示:

	$f_0(x)$	$f_1(x)$	$f_2(x)$	$f_3(x)$	变号数
$-\infty$	$-$	$+$	$-$	$+$	3
$+\infty$	$+$	$+$	$+$	$+$	0

由此表可知,对充分大正数 N,$W(-N)$与 $W(N)$的值是多少,故多项式 $f(x)$有 3 个实根. 根据命题 3.1 可以断定 $f(x)$的实根都位于区间 $(-4,4)$ 之内. 对于这个区间内任一小区间(a,b),应用施图姆定理可以求出(a,b)内 $f(x)$的实根个数. 利用这个办法可以证明: $f(x)$的三个实根分别位于区间$(-3,-2)$,$(-1,0)$,$(0,1)$内. 这就把 $f(x)$ 的实根分布情况完全搞清楚了.

习　题　三

1. 讨论多项式

$$x^3+x^2-2x-1;\quad x^4+x^2-1$$

实根的分布状况.

2. 讨论下列多项式实根的分布状况:

(1) $nx^n-x^{n-1}-x^{n-2}-\cdots-1$;

(2) $x^n+px+q\quad(p,q\in\mathbb{R})$,这里设多项式无重根.

3. 求实系数多项式 $f(x)=x^5-5ax^3+5a^2x+2b$ 的实根的个数,这里设多项式无重根.

4. 证明:实系数多项式 $f(x)=x^5+ax^4+bx^3+c\,(c\neq0)$不能有 5 个不同实根.

5. 设 $f(x)$是 n 次实系数多项式，a,b 是两个实数，$a<b$. 如果 $f(x)-a$ 和 $f(x)-b$ 都有 n 个不同的实根. 证明：对任意实数 λ，$a<\lambda<b$，$f(x)-\lambda$ 也有 n 个不同的实根.

6. 求埃尔米特多项式 $P_n(x)=(-1)^n \mathrm{e}^{\frac{x^2}{2}}\dfrac{\mathrm{d}^n}{\mathrm{d}x^n}\left(\mathrm{e}^{-\frac{x^2}{2}}\right)$ 的实根的个数.

7. 求多项式 $E_n(x)=1+\dfrac{1}{1!}x+\cdots+\dfrac{1}{n!}x^n$ 的实根的个数.

8. 设 $f(x)$是无重根的三次实系数多项式. 令

$$F(x)=2f(x)f''(x)-[f'(x)]^2,$$

证明：$F(x)$恰有两个实根.

9. 求多项式

$$P_n(x)=\frac{(-1)^n}{n!}(x^2+1)^{n+1}\frac{\mathrm{d}^n}{\mathrm{d}x^n}\left(\frac{1}{x^2+1}\right)$$

实根的个数.

*§4 单变量有理函数域

请读者首先回想一下，在初等代数中从整数集合 $\mathbb{Z}$ 出发得到了有理数域 $\mathbb{Q}$. 在 §1 中我们指出：数域 K 上的一元多项式集合 $K[x]$ 和 $\mathbb{Z}$ 有许多共同的地方，因而自然会问，对 $K[x]$能不能参照这个办法，从中得出一些新的东西呢？我们现在就来讨论这个问题.

1. 单变量有理函数域的定义

设 K 是一个数域. 定义集合

$$A(K)=\{[f(x),g(x)]\mid f,g\in K[x],g\neq 0\}.$$

(这里$[f(x),g(x)]$是一个二元有序组的记号，不代表 f,g 的最小公倍式)在 $A(K)$中定义一个关系"～"如下：

$$[f(x),g(x)]\sim[f_1(x),g_1(x)]\Longleftrightarrow f(x)g_1(x)=f_1(x)g(x).$$

容易验证，这个关系具有如下性质：

1) 反身性：$[f,g]\sim[f,g]$；

2）对称性：若$[f,g]\sim[f_1,g_1]$，则$[f_1,g_1]\sim[f,g]$；

3）传递性：若$[f,g]\sim[f_1,g_1]$，$[f_1,g_1]\sim[f_2,g_2]$，则

$$[f,g]\sim[f_2,g_2].$$

这说明"$\sim$"是一个等价关系. 把 $A(K)$ 的元素按照上述等价关系进行分类，凡互相等价的元素放在一个类内，称为一个**等价类**. $A(K)$ 的这种等价类所组成的集合记作 $K(x)$，元素 $[f,g]\in A(K)$ 所属的等价类我们今后记为 $f(x)/g(x)$. 于是

$$K(x)=\left\{\frac{f(x)}{g(x)}\,\middle|\,,f,g\in K[x],g\neq 0\right\}.$$

显然，如果 $[f,g]\sim[f_1,g_1]$，即 $fg_1=f_1g$，则 $f/g=f_1/g_1$；反之亦然. 形式表达式 $f(x)/g(x)(g(x)\neq 0)$ 称为**分式**（或称**有理分式**）. $K(x)$ 内的元素用分式表示时，其表法不是唯一的. 因为将 $A(K)$ 中同一个等价类中的元素写成分式形式时，它们代表 $K(x)$ 的同一个元素. 显然，若 $h(x)\in K[x]$，$h(x)\neq 0$，则 $[f,g]\sim[fh,gh]$，故 $f/g=fh/gh$. 在分式 $f(x)/g(x)$ 中，$f(x)$ 称为**分子**，$g(x)$ 称为**分母**. 上面所述的事实说明：在一个分式中，如果分子分母同乘一个非零多项式（或约去一个非零的公因式），结果不变. 由于这一原因，对 $K(x)$ 内每个元素，我们可以找一个分子与分母互素的分式 $f/g((f,g)=1)$ 来代表它，这样的分式称为**既约分式**. 在一个分式 f/g 中，如果 $\deg f<\deg g$，则称为**真分式**.

定义 $K[x]$ 到 $K(x)$ 的映射如下：

$$\varphi:f(x)\longmapsto f(x)/1=f(x)g(x)/g(x)\quad(\forall\, g(x)\neq 0).$$

如果 $f(x),g(x)\in K[x]$，且 $\varphi(f)=\varphi(g)$，即 $f/1=g/1$，于是 $[f,1]\sim[g,1]$，故 $f(x)=g(x)$. 这表明 φ 是一个单射. 今后，我们把 $f(x)$ 与 $\varphi(f(x))$ 等同起来，于是 $K[x]$ 可以看作 $K(x)$ 的子集，而 $f(x)/1$ 也简单地写成 $f(x)$.

现在，我们在 $K(x)$ 内定义加法和乘法如下：

1）加法

$$\begin{aligned}&f(x)/g(x)+f_1(x)/g_1(x)\\&\qquad=[f(x)g_1(x)+f_1(x)g(x)]/g(x)g_1(x).\end{aligned}$$

2）乘法

$$f(x)/g(x)\cdot f_1(x)/g_1(x)=[f(x)f_1(x)]/g(x)g_1(x).$$

由于 $K(x)$ 内的元素表成分式时，表法不唯一，因而我们必须证明上面的定义在逻辑上没有矛盾. 我们以加法为例对此做一简单的说明. 设 $f/g=\bar{f}/\bar{g}$，$f_1/g_1=\bar{f}_1/\bar{g}_1$，于是有

$$f\bar{g}=\bar{f}g;\quad f_1\bar{g}_1=\bar{f}_1g_1.$$

因为 $g\bar{g}g_1\bar{g}_1\neq 0$，从上面两式得出

$$f\bar{g}g_1\bar{g}_1=\bar{f}gg_1\bar{g}_1;\quad f_1\bar{g}_1g\bar{g}=\bar{f}_1g_1g\bar{g}.$$

上面两式相加，得

$$(fg_1+f_1g)(\bar{g}\bar{g}_1)=(\bar{f}\bar{g}_1+\bar{f}_1\bar{g})(gg_1).$$

这表明

$$[fg_1+f_1g]/gg_1=[\bar{f}\bar{g}_1+\bar{f}_1\bar{g}]/\bar{g}\bar{g}_1.$$

请读者参照上面的办法自行证明乘法定义的合理性.

上面定义的 $K(x)$ 内的加法和乘法运算满足如下几条基本法则：

1）加法满足结合律；

2）对 $K[x]$ 内的零多项式 0，有 $0+f/g=f/g$；

3）对任意 $f/g\in K(x)$，有 $f/g+(-f)/g=0$；

4）加法满足交换律；

5）乘法满足结合律；

6）对 $K[x]$ 内的常数多项式 1，有 $1\cdot f/g=f/g$；

7）对 $f/g\in K(x)$，若 $f/g\neq 0$，则 $f\neq 0$. 于是 $g/f\in K(x)$，此时 $f/g\cdot g/f=1$；

8）乘法满足交换律；

9）加法和乘法之间存在分配律：

$$f/g(f_1/g_1+f_2/g_2)=f/g\cdot f_1/g_1+f/g\cdot f_2/g_2.$$

这九条基本运算法则的验证是很容易的，留给读者作为练习. 它们为我们熟知的分式运算提供了理论依据.

读者不难发现，$K(x)$ 内元素的表达方式及其加法、乘法的定义和九条基本运算法则都和有理数域 $\mathbb{Q}$ 极为相似. 事实上，从 $\mathbb{Z}$ 出发，参照上面所述的办法，我们可以给出有理数域 $\mathbb{Q}$ 的严格定义. 正因

为如此,我们把定义了上述加法和乘法的集合 $K(x)$ 称为数域 K 上的**单变量有理函数域**. 它也是一个代数系统. 应当指出,现在我们已经不把多项式当作函数. 把 $K(x)$ 称作"有理函数"域,乃是沿用历史上的习惯用语.

$K(x)$ 和任一数域一样,具有两种代数运算:加法和乘法,而且这两种运算所满足的运算法则也与数域内的运算法则相同. 因此,以前我们以数域 K 作为出发点所讨论的一些对象,诸如线性代数的一些基本概念和命题(矩阵、线性空间等等),以及 §1 所讨论的数域 K 上的一元多项式及其因式分解理论等,都可以推广到 $K(x)$ 上来,即把出现"数域 K"字样的地方换成"单变量有理函数域 $K(x)$",那么相应的概念和有关的命题仍然成立.

2. 有理分式分解为准素分式

设在分式 $f(x)/g(x)$ 中, $\deg f(x) \geqslant \deg g(x)$, 做带余除法: $f(x)=h(x)g(x)+r(x)$, $r(x)=0$ 或 $\deg r(x)<\deg g(x)$. 若 $r(x)=0$, 则 $f(x)/g(x)=h(x)\in K[x]$. 若 $r(x)\neq 0$, 则

$$f(x)/g(x)=h(x)+r(x)/g(x).$$

于是 f/g 分解成一个多项式 $h(x)$ 和一个真分式 r/g 之和. 下面我们来讨论如何将真分式进一步分解.

Ⅰ. 分母不可约因子的分解

将 $r(x)/g(x)$ 的分子分母同乘一个非零常数,分式没有改变,但可将分母变为首一多项式. 为简单起见,下面我们直接假定 $g(x)$ 为 $K[x]$ 内的首一多项式. 设它的素因式标准分解式为

$$g(x)=p_1(x)^{k_1}p_2(x)^{k_2}\cdots p_r(x)^{k_r}\quad (r\geqslant 2).$$

命 $q(x)=p_2(x)^{k_2}\cdots p_r(x)^{k_r}$, 显然有 $(p_1(x)^{k_1}, q(x))=1$, 于是存在 $\bar{u}(x), \bar{v}_1(x)\in K[x]$, 使

$$\bar{u}(x)p_1(x)^{k_1}+\bar{v}_1(x)q(x)=1.$$

两边同乘 $r(x)$, 得

$$r(x)=r(x)\bar{u}(x)p_1(x)^{k_1}+r(x)\bar{v}_1(x)q(x), \tag{1}$$

做带余除法:

$$r(x)\bar{u}(x)=q_1(x)q(x)+u(x),$$

其中 $u(x)=0$ 或 $\deg u<\deg q$. 代入(1)式,整理之后,得

$$r(x)=u(x)p_1(x)^{k_1}+v_1(x)q(x). \tag{2}$$

因为 $u(x)$ 的次数 $<q(x)$ 的次数(如果 $u\neq 0$), $r(x)$ 的次数 $<g(x)$ 的次数,从(2)式可知 $\deg v_1(x)<\deg p_1(x)^{k_1}$. 此时

$$\begin{aligned} r(x)/g(x) &= [up_1^{k_1}+v_1q]/p_1^{k_1}q \\ &= u(x)/q(x)+v_1(x)/p_1(x)^{k_1}. \end{aligned}$$

上式右端是两个真分式之和. 其中一个的分母已变成不可约多项式的方幂. 如果 $q(x)$ 不是某个不可约多项式的方幂,则按照上面的办法对它再做分解. 经过有限步之后,可得

$$\begin{aligned} r(x)/g(x) = {} & v_1(x)/p_1(x)^{k_1}+v_2(x)/p_2(x)^{k_2} \\ & +\cdots+v_r(x)/p_r(x)^{k_r}, \end{aligned}$$

其中 $\qquad \deg v_i(x)<\deg p_i(x)^{k_i}\ (i=1,2,\cdots,r).$

Ⅱ. 分母的进一步分解

现在设 $p(x)$ 是 $K[x]$ 内一个首一不可约多项式, k 是一个正整数, $v(x)\in K[x]$, $\deg v(x)<\deg p(x)^k$. 我们来对真分式 $v(x)/p(x)^k$ 做分解.

以 $p(x)^{k-1}$ 除 $v(x)$,再以 $p(x)^{k-2}$ 除所得的余式,这种做法继续下去,得到如下一串等式:

$$\begin{aligned} v(x) &= q_1(x)p(x)^{k-1}+v_1(x), \\ v_1(x) &= q_2(x)p(x)^{k-2}+v_2(x), \\ & \cdots\cdots \\ v_{k-2}(x) &= q_{k-1}(x)p(x)+v_{k-1}(x), \end{aligned}$$

比较两边次数知 $\deg q_i(x)<\deg p(x)$, $\deg v_{k-1}(x)<\deg p(x)$. 现在

$$\begin{aligned} v(x) = {} & q_1(x)p(x)^{k-1}+q_2(x)p(x)^{k-2} \\ & +\cdots+q_{k-1}(x)p(x)+v_{k-1}(x), \end{aligned}$$

于是

$$\begin{aligned} v(x)/p(x)^k = {} & q_1(x)/p(x)+q_2(x)/p(x)^2 \\ & +\cdots+q_{k-1}(x)/p(x)^{k-1}+\frac{v_{k-1}(x)}{p(x)^k}. \end{aligned}$$

上式右端各分式的分子次数均小于 $\deg p(x)$(但可能有某些 $q_i(x)$ 等于零或 $v_{k-1}(x)=0$).

在 $K(x)$ 内的一个分式 $q(x)/p(x)^k$，如果其中 $p(x)$ 是首一不可约多项式，而 $\deg q(x)<\deg p(x)$，则称之为**准素分式**. 综合上面的讨论，我们得到如下的结论.

命题 4.1 $K(x)$ 内任一分式可分解为一个多项式和若干准素分式之和. ▌

$\mathbb{C}(x)$ 内的准素分式应为 $b/(x-a)^k$ $(a,b\in\mathbb{C})$. 将命题 4.1 应用于 $\mathbb{C}(x)$，可知 $\mathbb{C}(x)$ 内任一真分式 $r(x)/g(x)$ 可分解为

$$r(x)/g(x)=\sum_{i=1}^{r}\sum_{k_i=1}^{n_i}\frac{b_{ik_i}}{(x-a_i)^{k_i}}\quad(a_i,b_{ik_i}\in\mathbb{C}),$$

其中设

$$g(x)=(x-a_1)^{n_1}(x-a_2)^{n_2}\cdots(x-a_r)^{n_r}.$$

$\mathbb{R}(x)$ 内的准素分式有下列两种类型：

$$b/(x-a)^k,\quad(\bar{a}x+\bar{b})/(x^2+px+q)^l,$$

其中 $a,b,\bar{a},\bar{b},p,q\in\mathbb{R}$，且 $p^2-4q<0$. 如将命题 4.1 应用到 $\mathbb{R}(x)$ 中来，就可以获得数学分析中计算有理分式的不定积分时所需要的准素分式的分解式.

例 4.1 在实数域内将下列有理分式分解为准素分式之和：

$$\frac{f(x)}{g(x)}=\frac{2x^4-10x^3+7x^2+4x+3}{x^5-2x^3+2x^2-3x+2}.$$

解 首先要对分母进行因式分解. 利用第一章 §2 关于整系数代数方程有理根的知识，知分母有两个整根 $-2,1$，故可被 $(x+2)(x-1)$ 整除，利用 §1 介绍的除法格式可算出分母除 $(x+2)(x-1)$ 后的商（为一三次多项式），再将所得的商分解，有

$$\begin{aligned}g(x)&=x^5-2x^3+2x^2-3x+2\\&=(x+2)(x-1)^2(x^2+1).\end{aligned}$$

按命题 4.1，在 $\mathbb{R}[x]$ 内应有分解式

$$\frac{f(x)}{g(x)}=\frac{a}{x+2}+\frac{b}{(x-1)^2}+\frac{c}{x-1}+\frac{dx+e}{x^2+1},$$

其中 a,b,c,d,e 是待定的实数. 从上式得出

$$\begin{aligned}f(x)=&a(x-1)^2(x^2+1)+b(x+2)(x^2+1)\\&+c(x+2)(x-1)(x^2+1)+dx(x+2)(x-1)^2\end{aligned}$$

$$+e(x+2)(x-1)^2. \tag{3}$$

如果把上式展开，比较两边 x 同次方的系数，得到 a,b,c,d,e 的 5 个线性方程，解此方程组可得出 a,b,c,d,e 的值. 这种方法称为**待定系数法**.

但我们可以用另一个较简单的办法来处理这个问题.

在(3)式中令 $x=-2$ 得 $a=3$. 再在(3)式中令 $x=1$ 得 $b=1$. 然后，在(3)中分别令 $x=0$ 和 $x=-1$ 得

$$\begin{cases}-2c+2e=-2,\\ -4c-4d+4e=-8.\end{cases}$$

由此得 $d=1$. 最后，在(3)中令 $x=2$ 得

$$20c+4e=-52.$$

把这些方程联立解得 $c=-2, e=-3$. 故

$$\frac{f(x)}{g(x)}=\frac{3}{x+2}+\frac{1}{(x-1)^2}-\frac{2}{x-1}+\frac{x-3}{x^2+1}.$$

习 题 四

1. 设数域 K 上的有理函数域 $K(x)$ 内的非零既约分式 $f(x)/g(x)$ 满足方程

$$a_0(x)y^n+a_1(x)y^{n-1}+\cdots+a_n(x)=0$$
$$(a_i(x)\in K[x], a_0(x)\neq 0).$$

证明：$f(x)\mid a_n(x), g(x)\mid a_0(x)$.

2. 设 $K(x)$ 内非零既约分式 $f(x)/g(x)$ 满足方程

$$y^n+a_1(x)y^{n-1}+\cdots+a_n(x)=0 \quad (a_i(x)\in K[x], n\geqslant 1).$$

证明：$f(x)/g(x)\in K[x]$.

3. 证明：在有理数域 $\mathbb{Q}$ 上的有理函数域 $\mathbb{Q}(x)$ 内不存在有理分式 $f(x)/g(x)$ 满足如下方程：

$$y^n+y+(x^m+5)=0,$$

其中 m,n 为大于 1 的整数.

4. 证明：$\mathbb{C}(x)[y]$ 中多项式 $y^3+(x^2+1)/x$ 在 $\mathbb{C}(x)[y]$ 内不可约.

5. 将有理分式 $(2x+1)/(x^3-1)$ 分别在 $\mathbb{C}(x)$ 和 $\mathbb{R}(x)$ 内分解

为准素分式之和.

6. 将有理分式 $(-x+1)/(x^4-4)$ 在 $\mathbb{Q}(x)$ 内分解为准素分式之和.

§5　群、环和域的基本概念

前面几章,我们学习了线性空间,有理整数环和一元多项式环的基本理论,对代数学的研究对象和基本思想、基本方法有了初步的了解. 现在我们要从理论上做一个简单的总结,使我们的认识上升到更高的层次.

在代数学理论中,如果一个集合具有一种或几种代数运算,并满足若干运算法则,则称为一个**代数系统**. 在两个代数系统 A,B 中,如果存在 A 到 B 的一个映射 $\varphi: A\to B$,且 φ 保持这两个代数系统之中几种运算之间的对应关系,则称 φ 为两个代数系统 A,B 之间的**态射**. 代数学的研究对象就是各类代数系统和它们之间的态射. 前面几章我们研究各种线性空间和它们之间的线性映射,就是代数学的这一基本研究课题的一个重要体现. 它们是把自然科学和工程技术中大量的感性材料经过加工,提升为深刻的数学理论,从而为处理各种理论和实际问题提供了强有力的工具.

现在,我们把在数学理论以及自然科学、工程技术中有广泛应用的几类重要代数系统作一简单的介绍.

1. 群的基本概念

我们首先介绍最基本的一类代数系统: 群. 但在阐述群的定义之前,我们需要一点准备知识. 设 A,B 是两个非空集合,利用它们定义一个新集合:

$$A\times B=\{(a,b)\mid a\in A,b\in B\}.$$

这个新集合称为 A 与 B 的**笛卡儿乘积**.

对一个非空集合 A,从 $A\times A$ 到 A 的一个映射 f 就称为集合 A 内的一种**代数运算**.

例如，取集合 A 为全体整数所成的集合 $\mathbb{Z}$. 定义映射

$$\mathbb{Z}\times\mathbb{Z}\longrightarrow\mathbb{Z},$$
$$(a,b)\longmapsto a+b.$$

它是 $\mathbb{Z}$ 内的一种代数运算，是我们熟知的整数加法运算. 又定义映射

$$\mathbb{Z}\times\mathbb{Z}\longrightarrow\mathbb{Z},$$
$$(a,b)\longmapsto ab.$$

这也是 $\mathbb{Z}$ 内的一种代数运算，是我们熟知的整数乘法运算. 如果定义映射

$$\mathbb{Z}\times\mathbb{Z}\longrightarrow\mathbb{Z},$$
$$(a,b)\longmapsto a+b+ab.$$

那么它是 $\mathbb{Z}$ 内一种新的代数运算，我们以前未曾见过.

由上述例子可以看出，一个非空集合内可以有许多不同的办法定义其代数运算. 对于一门科学来说，它要研究的代数运算必需是有实际背景的，这样对它的研究才有实际意义. 所以，我们研究一个集合内的代数运算，也要求它满足一定的条件. 这些条件，就是它们所应满足的各种运算法则.

定义 设 G 是一个非空集合，在 G 内定义了一种代数运算，称为**乘法**，即定义了映射

$$G\times G\longrightarrow G,$$
$$(a,b)\longmapsto ab,$$

且此乘法满足如下运算法则：

1) 满足结合律，即对任意 $a,b,c\in G$，有 $a(bc)=(ab)c$；

2) G 内存在一个元素 e，使对一切 $a\in G$，都有 $ea=a$；

3) 对 G 内任一元素 a，存在 $b\in G$，使 $ba=e$，

则 G 称为一个**群**.

由于群的乘法是抽象地定义的，所以关于它的一些基本属性必须从逻辑上给出严格的证明，这主要是下面几条性质.

性质 1 对 $a,b\in G$，若 $ba=e$，则 $ab=e$.

证 我们有 $c\in G$，使 $cb=e$，于是

$$\begin{aligned}ab&=e(ab)=(cb)(ab)=[c(ba)]b\\&=c(eb)=cb=e.\end{aligned}$$ ▌

性质 2　对任意 $a\in G$，有 $ae=a$.

证　因为存在 $b\in G$，使 $ba=e$，按上面推理知此时也有 $ab=e$，于是

$$ae=a(ba)=(ab)a=ea=a. \quad \blacksquare$$

性质 3　G 内具有定义中条件 2)的元素 e 是唯一的.

证　设又有 $e'\in G$ 也满足定义中条件 2)，则由上面的性质 2，有 $e'=e'e=e$. $\blacksquare$

G 内这个唯一元素 e 今后将称为群 G 的**单位元素**.

性质 4　对任意 $a\in G$，G 内满足 $ba=e$ 的元素 b 是唯一的.

证　设又有 $b'\in G$，使 $b'a=e$，那么按性质 1，此时又有 $ab'=e$，故

$$b'=eb'=(ba)b'=b(ab')=be=b. \quad \blacksquare$$

G 内满足 $ba=e$ 的这个唯一元素 b 称为 a 的**逆元素**，记作 a^{-1}. 显然，此时 $(a^{-1})^{-1}=a$，对任意 $b_1\in G$ 有 $(ab_1)^{-1}=b_1^{-1}a^{-1}$.

如果 G 的乘法又满足交换律，即对任意的 $a,b\in G$，有 $ab=ba$，则 G 称为**交换群**或 **Abel 群**. 交换群中的代数运算有时又称为加法，记作 $a+b$，此时单位元素改称**零元素**，记作 0，一个元素 a 的逆元素改称 a 的**负元素**，记作 $-a$，$a+(-b)$ 记作 $a-b$，称为交换群内的**减法运算**.

设 G 是一个群，如果 G 中仅包含有限多个元素，则称它是一个**有限群**，否则称为**无限群**. 对一个有限群 G，其元素的个数称为 G 的**阶**，记作 $|G|$.

对群 G 的任一元素 a，定义 $a^0=e$，对正整数 k，定义

$$a^k=\overbrace{aa\cdots a}^{k\text{个}},\quad a^{-k}=\overbrace{a^{-1}a^{-1}\cdots a^{-1}}^{k\text{个}}=(a^k)^{-1}.$$

此时，对任意整数 m,n，有

$$a^m a^n=a^{m+n},\quad (a^m)^n=a^{mn}.$$

如果 G 是交换群且其代数运算用加法表示，则有

$$0a=0,\quad ka=\overbrace{a+a+\cdots+a}^{k\text{个}},$$

$$(-k)a=\overbrace{(-a)+(-a)+\cdots+(-a)}^{k\text{个}}=-(ka)=k(-a).$$

此时又有

$$(ma)+(na)=(m+n)a, \quad n(ma)=(nm)a,$$
$$n(a+b)=na+nb.$$

显然，一个线性空间关于其向量加法是一个交换群. 线性空间可以认为是在一个交换群上添加数乘运算得出的代数系统. 下面，我们再介绍群的一些浅显的实例，帮助读者理解上述抽象的群定义.

例 5.1 考察全体整数所成的集合 $\mathbb{Z}$，其代数运算定义为整数加法，则 $\mathbb{Z}$ 关于此代数运算成为一个交换群，它是一个无限群.

如果 $\mathbb{Z}$ 中的代数运算定义为整数的乘法，那么 $\mathbb{Z}$ 关于这样的代数运算不构成群. 因为对绝对值大于 1 的整数 k，不存在 $l\in\mathbb{Z}$，使得 $kl=1$(注意 $\mathbb{Z}$ 中满足群定义中的条件 $ea=e$ 的元素只能是 $e=1$).

例 5.2 方程 $x^n=1$ 在复数域 $\mathbb{C}$ 内的全部根所成的集合

$$U_n=\{\mathrm{e}^{\frac{2k\pi}{n}\mathrm{i}}\mid k=0,1,2,\cdots,n-1\}.$$

关于复数的乘法运算构成一个群，这是一个有限交换群，其阶为 n.

例 5.3 考察下列二阶复方阵

$$E=\begin{bmatrix}1&0\\0&1\end{bmatrix},\quad I=\begin{bmatrix}\mathrm{i}&0\\0&-\mathrm{i}\end{bmatrix},\quad J=\begin{bmatrix}0&1\\-1&0\end{bmatrix},\quad K=\begin{bmatrix}0&\mathrm{i}\\\mathrm{i}&0\end{bmatrix},$$

其中 i 为虚单位. 易知有

$$I^2=J^2=K^2=-E,$$
$$IJ=-JI=K,\quad JK=-KJ=I,\quad KI=-IK=J.$$

因而集合 $H=\{\pm E,\pm I,\pm J,\pm K\}$ 关于矩阵乘法构成一个群，它的单位元素为 E. 这是非交换的有限群，其阶为 8.

例 5.4 设数域 $\mathbb{K}$ 上全体 n 阶可逆方阵组成的集合记为 $GL_n(\mathbb{K})$，它关于矩阵乘法构成群，这是一个无限非交换群(当 $n\geqslant 2$ 时). 这个群称为 n **阶全线性群**(或 n **阶全矩阵群**).

例 5.5 设数域 $\mathbb{K}$ 上全体行列式为 1 的 n 阶方阵所成的集合记为 $SL_n(\mathbb{K})$，它关于矩阵乘法也构成一个无限非交换群(当 $n\geqslant 2$ 时). 这个群称为 n **阶特殊线性群**.

从第六章命题 2.2，命题 3.5 以及命题 4.3 可知，n 维欧氏空间中全体正交变换所成集合 $O(n)$ 关于线性变换乘法组成群，称为 n

阶正交群，n 维酉空间中全体酉变换所成集合 $U(n)$ 关于线性变换乘法组成群，称为 n **阶酉群**，四维时空空间内全体洛伦兹变换所成集合关于线性变换乘法也组成群，称为**洛伦兹群**.

上面介绍了群的一些重要例子. 关于群的进一步的知识，将在抽象代数课程中阐述.

2. 环和域的基本概念

我们已经学习了有理整数环和一元多项式环的理论. 读者一定已经发现两者有许多共同或相似之处. 首先，它们都具有两种代数运算：加法和乘法，而且关于加法运算都成为交换群，乘法都满足结合律和交换律，加法与乘法之间有分配律. 很明显，如果从理论上提升一步，把它们的元素的具体背景(有理整数或一元多项式)抛弃，我们就得到更一般，同时又有更大代表性和应用领域的代数系统了. 下面就来介绍这类代数系统的初步概念.

定义　设 R 是一个非空集合，在其中定义了两种代数运算，第一种运算称为加法，记作 $a+b$；第二种运算称为乘法，记作 ab，而且满足下面几条运算法则：

1) R 关于加法组成交换群；

2) 乘法满足结合律：$a(bc)=(ab)c$，$\forall a,b,c\in R$；

3) 加法和乘法之间存在左、右分配律：

$$a(b+c)=ab+ac;\quad (b+c)a=ba+ca.$$

则 R 称为一个**环**.

显然，有理整数环和一元多项式环以及第八章 §3 的模 m 剩余类环都是环的实例. 数域 K 上的全体 n 阶方阵所成的集合 $M_n(K)$ 关于矩阵加法和乘法也组成环，我们把它称为数域 K 上的 n **阶全矩阵环**.

下面再来举出环的几个重要例子.

例 5.6　闭区间 $[a,b]$ 上全体实连续函数所组成的集合 $C[a,b]$ 关于函数的加法和乘法组成一个环.

例 5.7　由有理数组成的无穷序列

$$a_1,a_1,\cdots,a_n,\cdots\quad (a_i\in\mathbb{Q})$$

如果满足柯西条件，即任给 $\varepsilon>0$，都存在正数 N，使得当 $m,n>N$ 时，$|a_m-a_n|<\varepsilon$，则称之为**柯西序列**. 一个柯西序列简记为$\{a_n\}$. 全体有理数柯西序列所成的集合记作 $C(\mathbb{Q})$. 我们在其中定义加法和乘法如下：

$$\{a_n\}+\{b_n\}=\{a_n+b_n\},\quad \{a_n\}\{b_n\}=\{a_nb_n\}.$$

根据数学分析的知识可知，$C(\mathbb{Q})$对上述加法和乘法都是封闭的，环的几条公理显然满足，故 $C(\mathbb{Q})$关于上述加法和乘法运算组成一个环.

一个环 R 关于其加法运算成一交换群，所以前面有关群的一些一般性命题都可以用到环的加法群上来，特别是交换群的运算使用加法记号时的术语和记号，在环论中将要使用(例如加法群的零元素 0，负元素 $-a$ 等等). 在环内，我们把 $a+(-b)$记作 $a-b$，并称之为环内的**减法运算**.

我们有下面几条简单事实.

性质 1　$\forall a\in R, 0a=a0=0$.

证　我们有 $0a+ba=(0+b)a=ba$. 两边同时加$(-ba)$，其左边为

$$\begin{aligned}(0a+ba)+(-ba)&=0a+[ba+(-ba)]\\&=0a+0=0a,\end{aligned}$$

其右边为 $ba+(-ba)=0$. 因而 $0a=0$. 同样，有 $a0=0$. ▌

性质 2　$\forall a,b\in R, (-a)b=a(-b)=-ab$.

证　$(-a)b+ab=(-a+a)b=0b=0$，故$(-a)b=-ab$. 同理有

$$a(-b)=-ab. \quad ▌$$

对于正整数 n，我们定义

$$a^n=\overbrace{a\cdot a\cdot\cdots\cdot a}^{n\text{项}}.$$

显然对正整数 m,n，我们有 $a^ma^n=a^{m+n}$，$(a^m)^n=a^{mn}$.

在环 R 内，如果存在一个元素 e，使对一切 $a\in R$，有 $ea=a$，则称 e 是 R 的一个**左单位元素**. 同样，如果存在 $e'\in R$，使对一切 $a\in R$，$ae'=a$，则称 e'为 R 的一个**右单位元素**. 如果 e 既是左单位元素，

又是右单位元素,则 e 称为环 R 的**单位元素**. 显然,一个环 R 如果有单位元素,则其单位元素是唯一的. 在有单位元素 e 的环内,我们约定

$$a^0 = e \quad (\forall a \in R - \{0\}).$$

设 R 是有单位元素 e 的环. 如果对 $a \in R$,存在 $b \in R$,使 $ba = e$,则 b 称为 a 的一个**左逆元素**. 同样,如果存在 $c \in R$,使 $ac = e$,则 c 称为 a 的一个**右逆元素**. 如果 a 有左逆元素 b,又有右逆元素 c,则

$$b = be = b(ac) = (ba)c = ec = c.$$

故 $ab = e$. 这时 a 称为环 R 的**可逆元素**,而 b 称为 a 的**逆元素**. 容易验证,如果 a 是可逆元素,则其逆元素是唯一的,我们把它记作 a^{-1}. 对正整数 n,我们约定 $a^{-n} = (a^{-1})^n$.

n 阶全矩阵环 $M_n(K)$ 有单位元素 E. n 阶全矩阵群 $GL_n(K)$ 显然是 $M_n(K)$ 内全体可逆元素所成的集合.

如果环的乘法可交换: $ab = ba\ (\forall a, b \in R)$,则称它是一个**交换环**. 有理整数环 $\mathbb{Z}$,一元多项式环 $K[x]$ 都是交换环,而 $M_n(K)\ (n>1)$ 是非交换环.

在一个环 R 内,如果存在 $a, b \in R$, $a \neq 0$, $b \neq 0$,但 $ab = 0$,则 a 称为一个**左零因子**,b 称为一个**右零因子**. 此时 R 称为**有零因子环**. 从线性代数的知识可知,全矩阵环 $M_n(K)\ (n>1)$ 是有零因子环. 如果 R 内不存在零因子,则 R 称**无零因子环**.

一个环 R 如果包含有两个以上的元素,且交换,有单位元素,无零因子,则称为**整环**. 例如,$\mathbb{Z}$, $K[x]$ 都是整环. 有理数柯西序列所成的环 $C(\mathbb{Q})$ 有零因子(请读者自己验证这一点),不是整环. $M_n(K)$ $(n>1)$ 非交换,又有零因子,因而也不是整环. 设 R 是一个整环,若 $a, b, c \in R$, $ab = ac$,则当 $a \neq 0$ 时,必有 $b = c$. 即整环内乘法满足消去律.

例 5.8　考察实数域上如下 n 阶方阵所成的集合

$$R = \left\{ \begin{bmatrix} a_1 & 0 & \cdots & 0 \\ a_2 & 0 & \cdots & 0 \\ \vdots & \vdots & & \vdots \\ a_n & 0 & \cdots & 0 \end{bmatrix} \middle| \, a_i \in \mathbb{R} \right\}.$$

容易看出 R 关于矩阵加法和乘法组成环. 令

$$I=\begin{bmatrix}1 & 0 & \cdots & 0\\ a_2 & 0 & \cdots & 0\\ \vdots & \vdots & & \vdots\\ a_n & 0 & \cdots & 0\end{bmatrix},\quad a_i\in\mathbb{R}.$$

对任意 $A\in R$,有 $AI=A$. 于是对任意实数 $a_2,\cdots,a_n$,I 都是环 R 的右单位元,但不是左单位元,故 R 无单位元素(这里设 $n\geqslant 2$).

一个整环中如果所有非零元素都可逆,则它称为一个**域**. 域的单位元素记作 1.

现在把域的两种运算:加法和乘法所满足的运算法则汇总于下:

(1) 加法满足结合律:$(a+b)+c=a+(b+c)$;

(2) 加法满足交换律:$a+b=b+a$;

(3) 有个元素 0,使对域内任何元素 a,有 $0+a=a$;

(4) 对域内任一元素 a,有一域内元素 b,使 $b+a=0$;

(5) 域内有元素 1,使对域内任意元素 a,有 $1a=a$;

(6) 乘法满足结合律:$(ab)c=a(bc)$;

(7) 乘法满足交换律:$ab=ba$;

(8) 对域内任意非 0 元素 a,有域内元素 b,使 $ba=1$;

(9) 加法与乘法满足分配律:$a(b+c)=ab+ac$.

请读者把这九条运算法则和第一章§1 中所列举的数域的九条运算法则比较一下就知道. 两者完全一样,只是把具体的数域换成抽象的代数系统:域.

设 K 是一个域,K 中全体非零元素组成的集合 K^* 关于 K 的乘法运算组成一个群,称为 K 的**非零元素乘法群**. 这样,K 实际上有两个群结构: K 关于加法组成交换群,K^* 关于乘法组成交换群,这两个群之间用加法、乘法的分配律相互联系. 若 $a,b\in K$,$b\neq 0$,则 b 有逆元素 b^{-1},今后 b^{-1} 也写成$\frac{1}{b}$. 而 $a\cdot b^{-1}=a\ \frac{1}{b}$写成$\frac{a}{b}$,称为 K 中的**除法运算**.

数域内分式运算的基本法则现在对任意域也成立. 实际上,对任意域 K,我们有

1) $\forall c\in K^*$, $\frac{ac}{bc}=(ac)(bc)^{-1}=acc^{-1}b^{-1}=ab^{-1}=\frac{a}{b}$;

2) $$\frac{a}{b}+\frac{c}{d}=\frac{ad}{bd}+\frac{cb}{db}=(ad)(bd)^{-1}+(cb)(bd)^{-1}$$
$$=(ad+bc)(bd)^{-1}=\frac{ad+bc}{bd};$$

3) $$\frac{a}{b}\cdot\frac{c}{d}=(ab^{-1})(cd^{-1})=(ac)(b^{-1}d^{-1})$$
$$=(ac)(bd)^{-1}=\frac{ac}{bd}.$$

数域是一类典型的域. 第八章 §3 介绍的 $\mathbb{F}_p$ 是域的另一类例子，本章 §4 阐述的单变量有理函数域 $K(x)$ 也是域的重要例子. 在线性代数(或高等代数)课程中讲授的数域上的一元多项式环 $K[x]$ 及向量空间、矩阵、行列式、抽象线性空间与线性变换等理论，现在都可以推广到一般的域上来，只要把数域换成一般的域，则所有概念和命题、定理等仍然成立(但要求域中包含无限多个元素的那些命题除外).

习　题　五

1. 证明：群 G 内有消去律，即由 $ab=ac$ 可推出 $b=c$.

2. 证明：在群 G 内方程 $ax=b$ 和 $ya=b$(x,y 为未知元素)都有唯一解，且当 $ax=e$ 时，$x=a^{-1}$.

3. 设 G 是一个有限集合，其中定义了一种代数运算，称为乘法，且满足

1) 结合律：$a(bc)=(ab)c$, $\forall a,b,c\in G$;

2) 左、右消去律：
$$ab=ac \Longrightarrow b=c,\quad ac=bc \Longrightarrow a=b.$$
证明：G 关于这种代数运算成为一个群.

4. 判断下列集合关于所指出的运算是否组成群：

(1) $n\mathbb{Z}=\{nk\mid k\in\mathbb{Z}\}$ (n 为固定整数)关于数的加法；

(2) 非负整数集合关于数的加法；

(3) 有理数集合 $\mathbb{Q}$ 关于数的乘法；

(4) 行列式等于 1 的 n 阶整数矩阵所成集合关于矩阵乘法；

(5) 正实数集合 $\mathbb{R}^+$ 关于运算 $a\cdot b=a^b$.

5. 如果群 G 中任意元素 a 都满足 $a^2=e$，证明：G 是交换群.

6. 设 H 包含 n 个非零复数，关于复数乘法组成 n 阶群，证明：

$$H=\{\mathrm{e}^{\frac{2k\pi\mathrm{i}}{n}}\mid k=0,1,2,\cdots,n-1\}.$$

7. 设 G 是偶数阶有限群，证明：在 G 中存在一个不等于 e 的元素 a，满足 $a^2=e$.

8. 设 k 是一个固定正整数，如果在群 G 中任意元素 a,b 都满足

$$(ab)^i=a^ib^i\quad(i=k,k+1,k+2).$$

证明：G 是交换群.

9. 判断下列集合关于所指定的运算是否组成环.

(1) $R=\{a+b\sqrt{2}\mid a,b\in\mathbb{Z}\}$，关于数的加法和乘法.

(2) $R=\{a+b\sqrt[3]{2}\mid a,b\in\mathbb{Q}\}$，关于数的加法和乘法.

(3) n 阶整数矩阵所成集合关于矩阵加法和乘法.

(4) 下列二阶矩阵集合关于矩阵加法和乘法：

$$R=\left\{\begin{bmatrix}a & b\\ 2b & a\end{bmatrix}\middle| a,b\in\mathbb{Q}\right\}.$$

10. 在闭区间 $[a,b]$ 上的连续函数环 $C[a,b]$ 内举出零因子的例子.

11. 定义集合 $R=\{(a,b)\mid a,b\in\mathbb{Z}\}$. 在 R 内定义运算：

$$(a_1,b_1)+(a_2,b_2)=(a_1+a_2,b_1+b_2),$$
$$(a_1,b_1)(a_2,b_2)=(a_1a_2,b_1b_2).$$

证明：R 关于上述运算组成环，求出它的所有零因子.

12. 试找出一个环 R，它有无穷多个左单位元素，但是没有单位元素.

本章小结

在第二章研讨 m 维向量空间时曾指出：m 维向量空间的概念和命题、定理实际上只依赖于向量加法、数乘所满足的八条运算法则

而与向量的 m 元有序数组的具体表达式无关. 基于这种认识，我们在第四章引入了抽象线性空间的理论，从而使研究的领域更宽广，应用的范围更广泛. 现在我们又遇到相似的情况. 在第八章讨论了有理整数环 $\mathbb{Z}$，本章研究了一元多项式环，两者的元素是完全不同的，但读者可能已经发现，这两章所探讨的概念、命题和定理却是十分相似的. 现在把它们的相似之处作一简要的概括.

1) $\mathbb{Z}$ 和 $K[x]$都有两种代数运算：加法和乘法. 它们满足相同的运算法则，对加法组成交换群，乘法满足交换律和结合律，乘法都有单位元素 1，加法和乘法之间有分配律.

2) $\mathbb{Z}$ 和 $K[x]$内乘法都没有逆运算，即没有除法运算. 但它们都有类似的整除理论，其中重要的是有带余除法，在 $\mathbb{Z}$ 内是

$$a=bq+r,\quad 0\leqslant r<|b|,$$

在 $K[x]$内是

$$g(x)=q(x)f(x)+r(x),\quad r(x)=0 \text{ 或 } \deg r(x)<\deg f(x).$$

同时它们都有最大公因子和最小公倍数的概念.

3) 对 $\mathbb{Z}$ 的乘法运算，素数是一个基础，而在 $K[x]$内类似的概念是不可约多项式. 有这两个基础性概念，就导出了它们的素因子标准分解式. 在这基础上产生了大致相似的因子分解理论.

4) $\mathbb{Z}$ 内和 $K[x]$内都可以引进理想的概念，它们是 $\mathbb{Z}$ 和 $K[x]$ 的子系统，类似于线性空间中的子空间. 我们已经知道，线性空间对其子空间可以构作商空间. 同样 $\mathbb{Z}$ 对它的理想可以构作商系统，即模 m 的剩余类环. 对 $K[x]$ 的相应概念留待抽象代数课再讨论.

5) 在 $\mathbb{Z}$ 内和 $K[x]$ 内都有中国剩余定理.

6) 由 $\mathbb{Z}$ 可以构造出有理数域 $\mathbb{Q}$，由 $K[x]$ 类似地可构造单变量有理函数域 $K(x)$，它们都是域的具体例子.

在第四章我们曾指出，K^m 和 $C[a,b]$ 是线性空间这一抽象概念的两类具体例子. 上面的分析告诉我们：$\mathbb{Z}$ 和 $K[x]$ 应当是某种一般性抽象代数系统的两类具体例子. 在本章 §5 我们对这种代数系统——环——做了初步的介绍. 通过这些分析，我们已可清晰地认识代数学的基本思想，即从大量具体事物中探寻其共性，然后抛弃具体躯壳，提升出更深刻、更广泛的一般性研究对象. 这种基本思想实际

上是科学技术和其他社会实践中通用的方法,通过代数学的学习,可以使我们对这种方法有较深的认识.

在本章中我们又介绍了经典代数学中一项重要的成果,即实系数多项式实根的分布理论,读者对此也应予以重视.

第十章　多元多项式环

学习了一元多项式的理论之后，读者自然会想到把它推广为多个不定元的多项式，本章就来研讨这个问题. 但是应当指出，多元多项式的理论比一元多项式要复杂得多，也深刻得多，我们在这里仅限于讨论一些最基本也相对较简单的课题.

§1　多元多项式环的基本概念

定义　设 K 是一个域，$x_1,x_2,\cdots,x_n$ 是 n 个不定元，下面的形式表达式

$$f(x_1,x_2,\cdots,x_n)=\sum_{i_1=0}^{N}\sum_{i_2=0}^{N}\cdots\sum_{i_n=0}^{N}a_{i_1i_2\cdots i_n}x_1^{i_1}x_2^{i_2}\cdots x_n^{i_n},$$

其中 $a_{i_1i_2\cdots i_n}\in K$ 而 N 为任意非负整数，称为域 K 上的一个 **n 元多项式**. 域 K 上全体 n 元多项式所成的集合记作 $K[x_1,x_2,\cdots,x_n]$.

和一元多项式一样，在所给的 $f(x_1,x_2,\cdots,x_n)$ 的形式表达式中，$a_{00\cdots0}x_1^0x_2^0\cdots x_n^0$ 写成 $a_{00\cdots0}\in K$，$0x_1^{i_1}x_2^{i_2}\cdots x_n^{i_n}$ 可省略不写，$1x_1^{i_1}x_2^{i_2}\cdots x_n^{i_n}$ 可写为 $x_1^{i_1}x_2^{i_2}\cdots x_n^{i_n}$. 因此，上面求和号的上限 N 可换为任意 $\geqslant N$ 的整数 M（下角标超出 N 的系数认为都是零）. 因此，两 n 元多项式的表达式中求和上限都可写为同一个整数 N.

现在对 $K[x_1,x_2,\cdots,x_n]$ 定义加法、乘法运算.

加法　定义

$$\sum_{i_1=0}^{N}\cdots\sum_{i_n=0}^{N}a_{i_1\cdots i_n}x_1^{i_1}\cdots x_n^{i_n}+\sum_{i_1=0}^{N}\cdots\sum_{i_n=0}^{N}b_{i_1\cdots i_n}x_1^{i_1}\cdots x_n^{i_n}$$

$$=\sum_{i_1=0}^{N}\cdots\sum_{i_n=0}^{N}(a_{i_1\cdots i_n}+b_{i_1\cdots i_n})x_1^{i_1}\cdots x_n^{i_n}.$$

乘法　设

$$f(x_1,x_2,\cdots,x_n)=\sum_{i_1=0}^{N}\cdots\sum_{i_n=0}^{N}a_{i_1\cdots i_n}x_1^{i_1}\cdots x_n^{i_n},$$

$$g(x_1,x_2,\cdots,x_n)=\sum_{j_1=0}^{M}\cdots\sum_{j_n=0}^{M}b_{j_1\cdots j_n}x_1^{j_1}\cdots x_n^{j_n}.$$

令

$$c_{k_1k_2\cdots k_n}=\sum_{i_1+j_1=k_1}\cdots\sum_{i_n+j_n=k_n}a_{i_1\cdots i_n}b_{j_1\cdots j_n},$$

则定义

$$f(x_1,\cdots,x_n)g(x_1,\cdots,x_n)=\sum_{k_1=0}^{M+N}\cdots\sum_{k_n=0}^{M+N}c_{k_1\cdots k_n}x_1^{k_1}\cdots x_n^{k_n}.$$

容易验证,上面的运算满足如下运算法则:

1) 加法满足结合律;

2) 加法满足交换律;

3) 有一多项式

$$0(x_1,\cdots,x_n)=\sum_{i_1=0}^{N}\cdots\sum_{i_n=0}^{N}0x_1^{i_1}\cdots x_n^{i_n},$$

使对一切 $f(x_1,\cdots,x_n)\in K[x_1,\cdots,x_n]$, $f(x_1,\cdots,x_n)+0(x_1,\cdots,x_n)=f(x_1,\cdots,x_n)$, $0(x_1,\cdots,x_n)$称为**零多项式**,记为 0;

4) 对

$$f(x_1,\cdots,x_n)=\sum_{i_1=0}^{N}\cdots\sum_{i_n=0}^{N}a_{i_1\cdots i_n}x_1^{i_1}\cdots x_n^{i_n},$$

令

$$-f(x_1,\cdots,x_n)=\sum_{i_1=0}^{N}\cdots\sum_{i_n=0}^{N}(-a_{i_1\cdots i_n})x_1^{i_1}\cdots x_n^{i_n},$$

则 $f(x_1,\cdots,x_n)+(-f(x_1,\cdots,x_n))=0$;

5) 乘法满足结合律;

6) 乘法满足交换律;

7) 加法与乘法之间有分配律;

8) 有一多项式 $I(x_1,\cdots,x_n)=1$,使对一切多项式 $f(x_1,\cdots,x_n)\in K[x_1,\cdots,x_n]$,有

$$\begin{aligned}I(x_1,\cdots,x_n)f(x_1,\cdots,x_n)&=f(x_1,\cdots,x_n)I(x_1,\cdots,x_n)\\&=f(x_1,\cdots,x_n),\end{aligned}$$

此多项式简记为 1.

于是 $K[x_1,\cdots,x_n]$关于上面定义的加法与乘法组成一个交换的有单位元素的环,这个环称为域 K 上的 n **元多项式环**.

$K[x_1,\cdots,x_n]$内的多项式 $ax_1^{i_1}x_2^{i_2}\cdots x_n^{i_n}$ $(a\neq 0)$称为一个**单项式**,而 $i_1+i_2+\cdots+i_n$ 称为此单项式的**次数**. 显然,任一非 0 多项式 $f(x_1,\cdots,x_n)$为有限个单项式连加而成,而上述单项式则是由 0 次单项式 a 和一次单项式 $x_1,x_2,\cdots,x_n$ 连乘得出. 因此,定义中 $f(x_1,\cdots,x_n)$ 的表达式现在具有加法和方幂的含义. 一个非 0 多项式 $f(x_1,\cdots,x_n)$中,其单项式次数的最高值称为此多项式的**次数**,记做 $\deg f(x_1,\cdots,x_n)$. 零多项式的次数没有定义.

在一个次数为 d 的 n 元多项式中,次数为 d 的单项式一般不止一个,这样,我们不能像一元多项式那样把次数最高的单项式称为首项. 但首项的概念在多项式理论中很有用,我们要另外想办法来给出多元多项式的首项的概念. 这依赖于下面所介绍的**字典排列法**.

一本英语词典,其排列单词的原则是首先按第一个字母的顺序排列先后. 第一个字母相同时就按第二个字母排列先后,依此类推. 现在按这个办法来排列一个多元多项式中各个单项式的先后顺序. 设在 n 元多项式 $f(x_1,\cdots,x_n)$内任取两个单项式

$$ax_1^{i_1}x_2^{i_2}\cdots x_n^{i_n},bx_1^{j_1}x_2^{j_2}\cdots x_n^{j_n}.$$

如果序列 $i_1-j_1,i_2-j_2,\cdots,i_n-j_n$ 自左至右第一个非零的数为正,则我们规定在 $f(x_1,\cdots,x_n)$的字典排列法中,$ax_1^{i_1}\cdots x_n^{i_n}$ 排在 $bx_1^{j_1}\cdots x_n^{j_n}$ 之前. 这样,$f(x_1,\cdots,x_n)$中的单项式就被排定了先后顺序. 排在最前面的单项式称为 $f(x_1,\cdots,x_n)$的**首项**.

命题 1.1　设 $f(x_1,\cdots,x_n),g(x_1,\cdots,x_n)\in K[x_1,\cdots,x_n]$, $f\neq 0,g\neq 0$,则 $f\cdot g$ 的首项等于 f 的首项和 g 的首项的乘积.

证　设 f 和 g 的首项分别是

$$ax_1^{k_1}\cdots x_n^{k_n},\quad bx_1^{l_1}\cdots x_n^{l_n}.$$

$f\cdot g$ 的每个单项式都是由形如

$$cx_1^{i_1}\cdots x_n^{i_n}\cdot dx_1^{j_1}\cdots x_n^{j_n}=cdx_1^{i_1+j_1}\cdots x_n^{i_n+j_n}$$

(其中左端两个单项式因子分别是 f 和 g 中的单项式)的同类单项式合并而成的. 考察序列

$$(k_1+l_1)-(i_1+j_1),(k_2+l_2)-(i_2+j_2),$$
$$\cdots,(k_n+l_n)-(i_n+j_n). \tag{1}$$

因为下列序列

$$k_1-i_1,k_2-i_2,\cdots,k_n-i_n;$$
$$l_1-j_1,l_2-j_2,\cdots,l_n-j_n$$

自左至右第一个非零的数为正，故序列(1)自左至右第一个非零的数也为正. 这表明 $abx_1^{k_1+l_1}\cdots x_n^{k_n+l_n}$ 为 fg 的首项. ▌

推论 设 $f,g\in K[x_1,\cdots,x_n]$，$f\neq 0$，$g\neq 0$，则 $fg\neq 0$.

证 $f\neq 0$，$g\neq 0$，则它们的首项都为系数非零的单项式. 于是 fg 的首项也是系数非零的单项式，故 $fg\neq 0$. ▌

从上面的推论即知在 $K[x_1,\cdots,x_n]$内有消去律，即若：

$$fg=fh,\ f\neq 0,\quad 则\quad g=h.$$

上面的推论说明 $K[x_1,\cdots,x_n]$是一个交换的，有单位元素且无零因子的环，其中包含无穷多个元素. 因而 $K[x_1,\cdots,x_n]$是一个整环.

如果一个非零多项式，其中所有单项式都是 d 次的，则此多项式称为 d **次齐次多项式**.

我们已知一元多项式环 $K[x]$可以看作域 K 上的线性空间，同样地，n 元多项式环 $K[x_1,\cdots,x_n]$也可以看作域 K 上的线性空间，其加法为多项式的加法，与 K 中元素 k 的数乘为把 k 看作多项式做多项式的乘法(实为把 k 乘该多项式所有系数). 令 M_i 为零多项式与全体 i 次齐次多项式所成的集合，则 M_i 为 $K[x_1,\cdots,x_n]$的一个子空间.

命题 1.2 设 $f,g\in K[x_1,\cdots,x_n]$，$f\neq 0$，$g\neq 0$，则

$$\deg(fg)=\deg(f)+\deg(g).$$

证 将 f 与 g 中次数相同的单项式归并在一起，有

$$f=f_0+f_1+\cdots+f_N\quad (f_i\in M_i),$$
$$g=g_0+g_1+\cdots+g_M\quad (g_j\in M_j),$$

其中 $f_N\neq 0$，$g_M\neq 0$，从而 $\deg f=N$，$\deg g=M$. 易知当 $f_i\neq 0$，$g_j\neq 0$ 时有 f_ig_j 为 $i+j$ 次齐次多项式，于是

$$fg=h_0+h_1+\cdots+h_{N+M},\quad h_k=\sum_{i+j=k}f_ig_j,$$

其中 $h_{N+M}=f_N g_M\neq 0$. 故 $\deg(fg)=N+M=\deg f+\deg g$. ▌

和一元多项式一样，在某些情况下也把多元多项式当作函数来处理，即若 $a_1,\cdots,a_n\in K$，而

$$f(x_1,\cdots,x_n)=\sum_{i_1,\cdots,i_n} a_{i_1\cdots i_n} x_1^{i_1}\cdots x_n^{i_n}\in K[x_1,\cdots,x_n],$$

则称

$$f(a_1,\cdots,a_n)=\sum_{i_1,\cdots,i_n} a_{i_1\cdots i_n} a_1^{i_1}\cdots a_n^{i_n}\in K$$

为 $f(x_1,\cdots,x_n)$ 在点 $(a_1,\cdots,a_n)$ 处的**值**. 如果 $f(a_1,\cdots,a_n)=0$，则称 $(a_1,\cdots,a_n)$ 是 $f(x_1,\cdots,x_n)$ 的一个**零点**.

命题 1.3 设 K 是一个含无穷多元素的域，$f(x_1,\cdots,x_n)\in K[x_1,\cdots,x_n]$，$f\neq 0$，则存在 $a_1,\cdots,a_n\in K$，使 $f(a_1,\cdots,a_n)\neq 0$.

证 对 n 做数学归纳法. $n=1$ 时，在第九章 §1 中已指出一元非零多项式只有有限个零点，而 K 中包含无限多个元素，故命题显然成立. 设命题对 $K[x_1,\cdots,x_{n-1}]$ 中的元素已经成立. 对 $f\in K[x_1,\cdots,x_n]$，我们把它写成

$$\begin{aligned}f=&a_0(x_1,\cdots,x_{n-1})x_n^m+a_1(x_1,\cdots,x_{n-1})x_n^{m-1}\\&+\cdots+a_m(x_1,\cdots,x_{n-1}),\end{aligned}$$

其中 $a_i\in K[x_1,\cdots,x_{n-1}]$，且 $a_0\neq 0$. 按归纳假设，存在 $b_1,\cdots,b_{n-1}\in K$，使 $a_0(b_1,\cdots,b_{n-1})\neq 0$. 现在 $K[x_n]$ 内多项式

$$a_0(b_1,\cdots,b_{n-1})x_n^m+a_1(b_1,\cdots,b_{n-1})x_n^{m-1}+\cdots+a_m(b_1,\cdots,b_{n-1})$$

只有有限多个零点，而 K 中有无限多个元素，故存在 $b_n\in K$，使

$$\begin{aligned}&a_0(b_1,\cdots,b_{n-1})b_n^m+a_1(b_1,\cdots,b_{n-1})b_n^{m-1}+\cdots+a_m(b_1,\cdots,b_{n-1})\\&=f(b_1,\cdots,b_n)\neq 0.\end{aligned}$$ ▌

注意，在上面命题的证明中用到了 K 中包含无穷多个元素这一事实，没有这个条件，命题不成立.

下面举一个利用命题 1.3 处理问题的例子.

例 1.1 设 A,B 是数域 K 上的两个 n 阶方阵. 如果已知 A,B 在复数域 $\mathbb{C}$ 内相似，证明：它们在数域 K 内也相似.

解 设 $T=(t_{ij})$，考察 n^2 个未知量 $t_{ij}(i,j=1,\cdots,n)$ 的齐次线性方程组：$AT=TB$. 这个方程组系数矩阵属于数域 K. 因为已知

A,B 在 $\mathbb{C}$ 上相似,故知此方程组在 $\mathbb{C}$ 上有非零解. 根据第七章 §3 的引理可知,它们在 K 上也有非零解. 设 $T_1,T_2,\cdots,T_s(s\geqslant 1)$ 是它在 K 上的一个基础解系(显然也是它在 $\mathbb{C}$ 上的一个基础解系). 令

$$T=t_1T_1+t_2T_2+\cdots+t_sT_s.$$

对于任意的 $t_1,t_2,\cdots,t_s\in K$,上式的 $T\in M_n(K)$,且满足 $AT=TB$. 我们考察行列式 $|T|=f(t_1,\cdots,t_s)\in K[t_1,\cdots,t_s]$. 因为在 $\mathbb{C}$ 上存在 $a_1,\cdots,a_s$,使 $f(a_1,\cdots,a_s)\neq 0$,故知 $f\neq 0$. 根据命题 1.3 知,存在 $b_1,\cdots,b_s\in K$,使 $f(b_1,\cdots,b_s)\neq 0$. 此时 $T=b_1T_1+\cdots+b_sT_s$ 是 $M_n(K)$ 内一个可逆矩阵,使得 $AT=BT$,即 $T^{-1}AT=B$,于是 A 与 B 在 K 上相似.

1. 整除性与因式分解

在 $K[x_1,\cdots,x_n]$内,乘法没有逆运算,即一般不能做除法运算. 而且,当 $n\geqslant 2$ 时,它也没有带余除法. 所以,在有理整数环 $\mathbb{Z}$ 及一元多项式环 $K[x]$内依赖于带余除法确立的一系列重要结果对多元多项式不再成立. 这就使多元多项式远比一元多项式复杂. 在这里,我们仅限于介绍一些基本概念,深入的研讨要留待专门的课程去进行.

首先介绍 $K[x_1,\cdots,x_n]$内的整除理论. 设有 $f(x_1,\cdots,x_n)$, $g(x_1,\cdots,x_n)\in K[x_1,\cdots,x_n]$且 $f\neq 0$. 若存在 $q(x_1,\cdots,x_n)\in K[x_1,\cdots,x_n]$, 使 $g=qf$,则称 f **整除** g,记作 $f\mid g$. 否则称 f **不整除** g,记作 $f\nmid g$. 我们有下面明显的事实:

1) 若 $f\mid g$,则对任意 $a\in K,a\neq 0,(af)\mid g$. 特别地,$a$ 整除 $K[x_1,\cdots,x_n]$ 内任意多项式;

2) 若 $f\mid g_i(i=1,2,\cdots,k)$,则对任意 $u_i\in K[x_1,\cdots,x_n]$,

$$f\mid (u_1g_1+\cdots+u_kg_k);$$

3) 若 $f\mid g,g\mid f$,则 $g=cf$,其中 $c\in K$ 且 $c\neq 0$.

当 $f\mid g$ 时,f 称为 g 的一个**因式**,g 称为 f 的一个**倍式**.

设 $f,g\in K[x_1,\cdots,x_n]$,f,g 不全为零. 若 $d\in K[x_1,\cdots,x_n]$, $d\neq 0$,且 $d\mid f,d\mid g$,则 d 称为 f,g 的一个**公因式**. 若 d 为 f,g 的一个公因式,且对 f,g 的任意公因式 d_1,都有 $d_1\mid d$,则 d 称为 f,g 的一个**最大公因式**. 如果 d 是 f,g 的一个最大公因式,则对任意 $a\in$

$K, a\neq 0$，ad 仍为 f,g 的最大公因式. 反之，若 d' 为 f,g 的一个最大公因式，按定义，应有 $d'|d$ 及 $d|d'$，从而 $d'=ad$. 于是 f,g 的全部最大公因式为集合 $\{ad \mid a\in K, a\neq 0\}$. 如果 f,g 的全部最大公因式为 $\{a \mid a\in K, a\neq 0\}$，则称 f 与 g **互素**，记作 $(f,g)=1$.

定义　设 $f(x_1,\cdots,x_n)\in K[x_1,\cdots,x_n]$，$\deg f\geqslant 1$. 若存在 $g, h\in K[x_1,\cdots,x_n]$，$\deg g\geqslant 1$，$\deg h\geqslant 1$，使 $f=gh$，则称 f 为 $K[x_1,\cdots,x_n]$ 内的**可约多项式**，否则称 f 为 $K[x_1,\cdots,x_n]$ 内的**不可约多项式**.

注意一个多项式可约或不可约与把它看作那一个域 K 上的多项式有关. 不能脱离其系数所属的域来谈论多项式的可约与不可约.

如果 f 为 $K[x_1,\cdots,x_n]$ 内的不可约多项式，这就等价于说 f 的因式只有 a 和 af 两种，其中 a 为数域 K 内任意非零元素. 如果 f 为 $K[x_1,\cdots,x_n]$ 内一不可约多项式，则对任意 $g\in K[x_1,\cdots,x_n]$，若 $f\nmid g$，则 $(f,g)=1$. 这是因为设 d 为 f,g 的一个公因子，则 $d|f$，而 f 不可约，故 $d=a$ 或 af，其中 $a\in K, a\neq 0$. 但 $f\nmid g$，从而 $(af)\nmid g$，但 $d|g$，故 $d=a$，这表明 f,g 的最大公因式为集合 $\{a \mid a\in K, a\neq 0\}$，即 $(f,g)=1$.

定理 1.1（因式分解唯一定理）　设 K 是一个域，则对任意 $f(x_1,\cdots,x_n)\in K[x_1,\cdots,x_n]$，$\deg f\geqslant 1$，都可分解为

$$f=ap_1^{e_1}p_2^{e_2}\cdots p_k^{e_k}\quad (a\in K),$$

其中 $p_1,p_2,\cdots,p_k$ 为 $K[x_1,\cdots,x_n]$ 内的不可约多项式，$p_i\nmid p_j$ $(i\neq j)$，$e_1,e_2,\cdots,e_k$ 为正整数；且若又有分解式

$$f=bq_1^{f_1}q_2^{f_2}\cdots q_l^{f_l}\quad (b\in K),$$

其中 $q_1,q_2,\cdots,q_l$ 为 $K[x_1,\cdots,x_n]$ 内的不可约多项式，$q_i\nmid q_j$ $(i\neq j)$，$f_1,f_2,\cdots,f_l$ 为正整数，则必有 $k=l$，且适当排列次序后，有 $q_i=a_ip_i$ $(a_i\in K, a_i\neq 0, i=1,2,\cdots,k)$ 及 $f_i=e_i$.

这个定理的证明与第九章 §2 中证明 $\mathbb{Z}[x]$ 内的因式分解唯一定理的方法大致相同，此处不详述. 在抽象代数的课程中将从更一般的角度来证明这个定理.

2. 多变量有理函数域

对 $K[x_1,\cdots,x_n]$ 可仿照 $K[x]$ 的办法构造出多变量有理函数

域.现在对此做一简要的叙述.

定义集合

$$A(K)=\{(f,g)\mid f,g\in K[x_1,\cdots,x_n],g\neq 0\}.$$

在 $A(K)$ 内定义等价关系如下:

$$(f,g)\sim(f_1,g_1)\Longleftrightarrow fg_1=f_1g.$$

于是 $A(K)$ 的元素被划分为等价类.等价类所成的集合记为 $K(x_1,\cdots,x_n)$.(f,g) 所在的等价类记为 f/g,并称之为**有理分式**,f 称为**分子**,g 称为**分母**.$\dfrac{f}{g}=\dfrac{f_1}{g_1}\Longleftrightarrow fg_1=f_1g$.若 f 与 g 互素,我们把 f/g 称为**既约分式**.显然,对任意 $h\in K[x_1,\cdots,x_n]$,$h\neq 0$,有 $f/g=fh/gh$.因此,任一有理分式等于某个既约分式.

在 $K(x_1,\cdots,x_n)$ 内定义加法和乘法运算如下:

加法

$$f/g+f_1/g_1=[fg_1+f_1g]/gg_1;$$

乘法

$$f/g\cdot f_1/g_1=ff_1/gg_1.$$

容易验证,上面的定义在逻辑上无矛盾,且与 $K(x)$ 内的加法、乘法一样,满足域的基本运算法则.因此,我们可以对 $K(x_1,\cdots,x_n)$ 的元素作与数域内相似的加、减、乘、除四则运算.$K(x_1,\cdots,x_n)$ 称为 n 个不定元(或变元)$x_1,\cdots,x_n$ 的**有理函数域**.此时 $K[x_1,\cdots,x_n]$ 看作 $K(x_1,\cdots,x_n)$ 的子集,多项式 f 看作 $f/1\in K(x_1,\cdots,x_n)$.

在数域 K 上建立起来的线性代数的一般理论以及第九章§1中关于数域 K 上一元多项式的理论,现在可以平行地推移到 $K(x_1,\cdots,x_n)$ 上来.

习 题 一

1. 将下列多项式按字典排列法排列各单项式的顺序:

$$f(x_1,x_2,x_3,x_4)=-x_2^5+3x_1x_2x_3x_4+2x_1^3x_3^2-7x_1^2x_2^2x_4;$$

$$f(x_1,x_2,x_3,x_4)=x_1^3+x_2^3+x_3^3+x_4^3-6x_1x_2-7x_1x_3+x_1^2x_2^2x_3^2x_4^2.$$

2. 在域 K 上的线性空间 $K[x_1,\cdots,x_n]$ 内求由零多项式和全体

i 次齐次多项式所组成的子空间 M_i 的维数.

3. 设整数 $n\geqslant 3$. 证明:数域 K 上多项式

$$f(x_1,\cdots,x_n)=x_1^3+x_2^3+\cdots+x_n^3-3\sigma_3(x_1,x_2,\cdots,x_n)$$

是可约的,其中 $\sigma_3(x_1,x_2,\cdots,x_n)$ 为 $x_1,x_2,\cdots,x_n$ 每次取 3 个不同元素连乘(不计次序),最后再把它们连加所得的 K 上 n 元多项式.

4. 设 $f,g\in K[x_1,\cdots,x_n]$, $g\neq 0$. 如果对使 $g(a_1,\cdots,a_n)\neq 0$ 的 K 内任意一组元素 $a_1,a_2,\cdots,a_n$,都有 $f(a_1,\cdots,a_n)=0$,又已知 K 包含无穷多个元素,证明:f 为零多项式.

5. 证明:$K[x_1,\cdots,x_n]$内齐次多项式 $f(x_1,\cdots,x_n)$的因子仍为齐次多项式.

6. 设 $p(x_1,\cdots,x_r)$为 $K[x_1,\cdots,x_r]$ 内的不可约多项式,$n\geqslant r$. 证明:$p(x_1,\cdots,x_r)$也是 $K[x_1,\cdots,x_n]$ 内的不可约多项式.

7. 设 $f=a_1x_1+\cdots+a_nx_n+b\in K[x_1,\cdots,x_n]$,$a_i$ 不全为 0,证明:f 为 $K[x_1,\cdots,x_n]$ 内不可约多项式.

8. 设 $f(x_1,\cdots,x_r)\in K[x_1,\cdots,x_r]$, $g(x_{r+1},\cdots,x_n)\in K[x_{r+1},\cdots,x_n]$,证明:$f$ 与 g 看作 $K[x_1,\cdots,x_n]$ 内的多项式是互素的.

9. 在 $K[x,y]$ 内给定两个多项式

$$f(x,y)=a_0(x)y^n+a_1(x)y^{n-1}+\cdots+a_n(x)\neq 0,$$

$$g(x,y)=b_0(x)y^m+b_1(x)y^{m-1}+\cdots+b_m(x)\neq 0,$$

其中 $a_i(x),b_j(x)\in K[x]$. 设

$$fg=c_0(x)y^{m+n}+c_1(x)y^{m+n-1}+\cdots+c_{m+n}(x).$$

证明:

$$\max \deg a_i(x)\leqslant \max \deg c_k(x),$$

(零多项式次数定义为$-\infty$).

10. 给定域 K 上的多项式

$$f(x_1,x_2,x_3)=-3x_1^3+2x_1x_3+3x_2^2+7x_1^6,$$

令 $g(x_1,x_2,x_3)=f(x_3,x_2,x_1)$,$h(x_1,x_2,x_3)=f(x_2,x_3,x_1)$,试写出 g,h 的具体表达式.

11. 设 K 是一个包含无穷多元素的域,n 是正整数. 给定 K 上 n^2 个不定元$\{x_{ij}\mid i,j=1,2,\cdots,n\}$的多项式 $f(x_{11},x_{12},\cdots,x_{nn})$. 若

对 K 上任意可逆方阵 $A=(a_{ij})$ 都有 $f(a_{11},a_{12},\cdots,a_{nn})=0$，证明：$f$ 为零多项式.

12. 设 K 是一个包含无穷多个元素的域，A,B 是 K 上两个 n 阶方阵，证明：$(AB)^*=B^*A^*$，这里 A^* 表示 A 的伴随矩阵(参看第三章§3).

13. 给定复数域上二次多项式

$$f(x,y)=ax^2+2bxy+cy^2+2dx+2ey+f.$$

证明：$f(x,y)$ 在 $\mathbb{C}[x,y]$ 内可约的充要条件是

$$\begin{vmatrix} a & b & d \\ b & c & e \\ d & e & f \end{vmatrix}=0.$$

14. 举例说明 $f,g\in K[x_1,\cdots,x_n]$ $(n\geqslant 2)$ 且 $(f,g)=1$ 时，未必有 $u,v\in K[x_1,\cdots,x_n]$，使 $uf+vg=1$.

§2 对称多项式

在多元多项式中，有一类多项式在应用中特别重要，我们在这一节中将对它作一个系统的阐述.

考察前 n 个自然数所组成的集合 $\Omega=\{1,2,\cdots,n\}$. Ω 到自身的一个一一对应称为一个 n **阶置换**. 描述一个 n 阶置换 σ，只要指明它把每个 $k(1\leqslant k\leqslant n)$ 映射为 Ω 中的什么元素就可以了. 因而 σ 可由下面的表来描述：

$$\sigma=\begin{pmatrix} 1 & 2 & 3 & \cdots & n \\ i_1 & i_2 & i_3 & \cdots & i_n \end{pmatrix}.$$

上面的表的含意是：σ 把 k 变为 $i_k(k=1,2,\cdots,n)$. 因为 σ 是单射，$i_1,i_2,\cdots,i_n$ 两两不等，从而 $i_1i_2\cdots i_n$ 是前 n 个自然数的一个排列. 反之，给定前 n 个自然数的任一排列，也可按此办法定义 Ω 到自身的一个一一映射，即确定出一个 n 阶置换. 全体 n 阶置换组成的集合记作 S_n，它里面包含 $n!$ 个元素，恰与前 n 个自然数的排列一一对应. 在第一章§1 中已指出，一个集合内任两变换可做乘法. 所以，对 $\sigma,\tau\in S_n$，其乘积 $\sigma\tau$ 有定义，为 Ω 连续用 τ,σ 作置换后所得的置换.

现设 $f(x_1,\cdots,x_n)\in K[x_1,\cdots,x_n]$，$\sigma\in S_n$，定义

$$\sigma f(x_1,\cdots,x_n)=f(x_{\sigma(1)},\cdots,x_{\sigma(n)}).$$

显然有 $\sigma f(x_1,\cdots,x_n)\in K[x_1,\cdots,x_n]$，故 σ 定义了 $K[x_1,\cdots,x_n]$ 内的一个变换. 例如，令

$$f(x_1,x_2,x_3,x_4)=-3x_1^2x_3+2x_2x_4^2+7x_1x_2^2x_4,$$

而

$$\sigma=\begin{pmatrix}1 & 2 & 3 & 4\\ 4 & 1 & 2 & 3\end{pmatrix},$$

则

$$\begin{aligned}&\sigma f(x_1,x_2,x_3,x_4)\\ &\quad=-3x_{\sigma(1)}^2x_{\sigma(3)}+2x_{\sigma(2)}x_{\sigma(4)}^2+7x_{\sigma(1)}x_{\sigma(2)}^2x_{\sigma(4)}\\ &\quad=-3x_2x_4^2+2x_1x_3^2+7x_1^2x_3x_4.\end{aligned}$$

我们有如下简单事实：

1) $\sigma(f+g)=\sigma(f)+\sigma(g)$，$\sigma(fg)=\sigma(f)\sigma(g)$；

2) 若 $\sigma,\tau\in S_n$，则 $\sigma(\tau(f))=(\sigma\tau)(f)$.

定义 设 $f(x_1,\cdots,x_n)\in K[x_1,\cdots,x_n]$. 如果对一切 $\sigma\in S_n$，$\sigma f(x_1,\cdots,x_n)=f(x_1,\cdots,x_n)$，则称 $f(x_1,\cdots,x_n)$是 $K[x_1,\cdots,x_n]$ 内的一个**对称多项式**.

对称多项式概念的重要性可以从它与高次代数方程的根之间的密切关系看出来. 为了说清楚这个问题，我们考察 $n+1$ 个不定元 $x_1,\cdots,x_n,x$ 的多项式：

$$\begin{aligned}f&=(x-x_1)(x-x_2)\cdots(x-x_n)\\ &=x^n-\sigma_1x^{n-1}+\cdots+(-1)^n\sigma_n,\end{aligned}$$

其中

$$\begin{aligned}&\sigma_1=x_1+x_2+\cdots+x_n,\\ &\sigma_2=x_1x_2+x_1x_3+\cdots+x_{n-1}x_n,\\ &\cdots\cdots\cdots\cdots\cdots\cdots\\ &\sigma_n=x_1x_2\cdots x_n.\end{aligned}$$

$\sigma_i(i=1,2,\cdots,n)$恰为从 $x_1,\cdots,x_n$ 中每次取 i 个(不计排列顺序)连乘，然后再连加所得到的 $K[x_1,\cdots,x_n]$内的多项式. 设 $\sigma\in S_n$，显然有

$$
\begin{aligned}
&(x-x_{\sigma(1)})(x-x_{\sigma(2)})\cdots(x-x_{\sigma(n)})\\
&=x^n-\sigma(\sigma_1)x^{n-1}+\cdots+(-1)^n\sigma(\sigma_n)\\
&=(x-x_1)(x-x_2)\cdots(x-x_n)\\
&=x^n-\sigma_1x^{n-1}+\cdots+(-1)^n\sigma_n.
\end{aligned}
$$

由此知，$\sigma(\sigma_i)=\sigma_i(i=1,2,\cdots,n)$，即 $\sigma_1,\sigma_2,\cdots,\sigma_n$ 都是 $K[x_1,\cdots,x_n]$ 内的对称多项式. 我们把这 n 个特殊的对称多项式称为**初等对称多项式**.

现在设 $F(x)$ 是数域 K 上一个 n 次首一多项式，根据第九章§2，它在复数域内可分解为一次因式的乘积：

$$F(x)=(x-\alpha_1)(x-\alpha_2)\cdots(x-\alpha_n).$$

若 $F(x)=x^n+a_1x^{n-1}+\cdots+a_n(a_i\in K)$. 按第一章命题 2.3，我们有

$$\sigma_i(\alpha_1,\alpha_2,\cdots,\alpha_n)=(-1)^ia_i\in K.$$

$F(x)$ 的 n 个根(零点)$\alpha_1,\alpha_2,\cdots,\alpha_n$ 一般不属于 K，且是未知的，但把它们的值代入初等对称多项式 $\sigma_i(x_1,x_2,\cdots,x_n)\in K[x_1,x_2,\cdots,x_n]$ 后其值却是 K 内的已知数.

一般地，设 $g(y_1,y_2,\cdots,y_n)\in K[y_1,y_2,\cdots,y_n]$，把 y_i 换成 $\sigma_i(x_1,x_2,\cdots,x_n)$，则 g 变为 $K[x_1,x_2,\cdots,x_n]$ 内的多项式

$$f(x_1,x_2,\cdots,x_n)=g(\sigma_1,\sigma_2,\cdots,\sigma_n).$$

现设

$$g(y_1,y_2,\cdots,y_n)=\sum_{i_1,\cdots,i_n}b_{i_1\cdots i_n}y_1^{i_1}\cdots y_n^{i_n},$$

那么

$$f(x_1,x_2,\cdots,x_n)=\sum_{i_1,\cdots,i_n}b_{i_1\cdots i_n}\sigma_1^{i_1}\cdots\sigma_n^{i_n}.$$

对任意 $\sigma\in S_n$，我们有 $\sigma(\sigma_i(x_1,\cdots,x_n))=\sigma_i(x_1,\cdots,x_n)$，而

$$
\begin{aligned}
\sigma f&=\sum_{i_1,\cdots,i_n}b_{i_1\cdots i_n}\sigma(\sigma_1^{i_1}\cdots\sigma_n^{i_n})\\
&=\sum_{i_1,\cdots,i_n}b_{i_1\cdots i_n}(\sigma\sigma_1)^{i_1}\cdots(\sigma\sigma_n)^{i_n}\\
&=\sum_{i_1,\cdots,i_n}b_{i_1\cdots i_n}\sigma_1^{i_1}\cdots\sigma_n^{i_n}=f(x_1,\cdots,x_n).
\end{aligned}
$$

这表明现在 f 是 $K[x_1,\cdots,x_n]$内一个对称多项式.

如果把 $F(x)$在 $\mathbb{C}$ 内的 n 个根 $\alpha_1,\alpha_2,\cdots,\alpha_n$ 代入 $f(x_1,\cdots,x_n)$，因 $\sigma_i(\alpha_1,\alpha_2,\cdots,\alpha_n)=(-1)^i a_i$，故

$$\begin{aligned}f(\alpha_1,\alpha_2,\cdots,\alpha_n)&=\sum_{i_1,\cdots,i_n} b_{i_1\cdots i_n}(-a_1)^{i_1}\cdots((-1)^n a_n)^{i_n}\\&=g(-a_1,a_2,\cdots,(-1)^n a_n)\in K.\end{aligned}$$

上面的讨论说明，尽管 $\alpha_1,\alpha_2,\cdots,\alpha_n$ 是 $\mathbb{C}$ 内 n 个未知量，但以其值代入对称多项式 $f(x_1,x_2,\cdots,x_n)$后所得的函数值却是 K 内的已知数. 这样，就为我们提供了一个利用 K 内对称多项式来研究 K 上 n 次代数方程的根(是 $\mathbb{C}$ 内未知数)的途径.

上面的对称多项式是把 K 上的多项式 $g(y_1,\cdots,y_n)$中的 y_i 换为初等对称多项式 $\sigma_i(x_1,\cdots,x_n)$得出的. 一个自然的问题是：是否 $K[x_1,\cdots,x_n]$内任一对称多项式都可以这样得出呢? 回答是肯定的. 下面就来证明这个事实.

引理 1 将 $a\sigma_1^{i_1}\sigma_2^{i_2}\cdots\sigma_n^{i_n}\ (a\in K)$展开成 $x_1,x_2,\cdots,x_n$ 的多项式后，其按字典排列法的首项是

$$ax_1^{i_1+i_2+\cdots+i_n}x_2^{i_2+i_3+\cdots+i_n}\cdots x_n^{i_n}.$$

证 因 $\sigma_i(x_1,\cdots,x_n)$的首项是 $x_1x_2\cdots x_i\ (i=1,2,\cdots,n)$，按命题 1.1，$\sigma_i^k$ 的首项是 $x_1^k x_2^k\cdots x_i^k$，因而，按同一命题即知引理成立. ▍

引理 2 给定 $K[x_1,\cdots,x_n]$ 的两个不同的单项式 $x_1^{i_1}x_2^{i_2}\cdots x_n^{i_n}$，$x_1^{j_1}x_2^{j_2}\cdots x_n^{j_n}$，则对任意 $\sigma\in S_n$，$\sigma(x_1^{i_1}x_2^{i_2}\cdots x_n^{i_n})\neq\sigma(x_1^{j_1}x_2^{j_2}\cdots x_n^{j_n})$.

证 设

$$\sigma=\begin{pmatrix}1&2&\cdots&n\\k_1&k_2&\cdots&k_n\end{pmatrix}.$$

若 $\sigma(x_1^{i_1}x_2^{i_2}\cdots x_n^{i_n})=x_{k_1}^{i_1}x_{k_2}^{i_2}\cdots x_{k_n}^{i_n}=\sigma(x_1^{j_1}x_2^{j_2}\cdots x_n^{j_n})=x_{k_1}^{j_1}x_{k_2}^{j_2}\cdots x_{k_n}^{j_n}$. 按 $K[x_1,\cdots,x_n]$内两个多项式相等(为同一元素)的要求可知应有 $i_1=j_1,i_2=j_2,\cdots,i_n=j_n$，与假设矛盾. ▍

由引理 2 即知，对任意 $f(x_1,\cdots,x_n)\in K[x_1,\cdots,x_n]$，因为 σf 为对 f 的每个单项式用 σ 作变换，此时 f 中不同的单项式变为 σf 中不同单项式，互相之间不会抵消.

引理 3 给定正整数 t,定义集合

$$N(t)=\{(i_1,i_2,\cdots,i_n)\mid i_k\in\mathbb{Z},0\leqslant i_n\leqslant i_{n-1}\leqslant\cdots\leqslant i_1\leqslant t\},$$

则 $N(t)$是一个有限集合.

证 $N(t)$中每个元素均为整数分量的 n 维向量,且 i_k 仅能取集合$\{0,1,2,\cdots,t\}$内的值,故 $N(t)$最多含$(t+1)^n$ 个元素. ▌

引理 4 设 $f(x_1,\cdots,x_n)$是一个对称多项式,它按字典排列法的首项是 $ax_1^{i_1}x_2^{i_2}\cdots x_n^{i_n}$,则有 $i_1\geqslant i_2\geqslant\cdots\geqslant i_n$.

证 如果不然,设 $i_1\geqslant i_2\geqslant\cdots\geqslant i_{k-1}$,但 $i_k>i_{k-1}$. 令

$$\sigma=\begin{pmatrix}1 & 2 & \cdots & k-1 & k & \cdots & n\\ 1 & 2 & \cdots & k & k-1 & \cdots & n\end{pmatrix},$$

即 σ 为互换 Ω 内 $k-1$ 与 k 两个元素,其他保持不动的变换. $\sigma(f)$是将 f 中各单项式中 x_{k-1} 与 x_k 互换位置所得出的多项式. f 的首项经这样互换后变为

$$ax_1^{i_1}\cdots x_k^{i_{k-1}}x_{k-1}^{i_k}\cdots x_n^{i_n}=ax_1^{i_1}\cdots x_{k-1}^{i_k}x_k^{i_{k-1}}\cdots x_n^{i_n}.$$

因 f 是对称多项式,$\sigma(f)=f$,故 $ax_1^{i_1}\cdots x_{k-1}^{i_k}x_k^{i_{k-1}}\cdots x_n^{i_n}$ 也是 f 中的一个单项式(因为按引理 2,f 中单项式在 σ 作用下并不会互相抵消),但 $i_k>i_{k-1}$,按字典排列法它应先于 $ax_1^{i_1}\cdots x_n^{i_n}$,与假设矛盾. ▌

定理 2.1(对称多项式的基本定理) 设多项式 $f(x_1,\cdots,x_n)$是 $K[x_1,\cdots,x_n]$内的一个对称多项式,则存在唯一的 $\varphi(y_1,\cdots,y_n)\in K[y_1,\cdots,y_n]$,使 $f(x_1,\cdots,x_n)=\varphi(\sigma_1,\cdots,\sigma_n)$.

证 *存在性* 设 $f(x_1,\cdots,x_n)$的首项为 $a_0x_1^{i_{01}}\cdots x_n^{i_{0n}}$. 令

$$f_1=f-a_0\sigma_1^{j_1}\sigma_2^{j_2}\cdots\sigma_n^{j_n},$$

$$j_k=i_{0k}-i_{0k+1}\,(k<n),$$

$$j_n=i_{0n}.$$

从引理 1 知 $a_0\sigma_n^{j_1}\cdots\sigma_n^{j_n}$ 和 f 首项相同,因而上式右端两项相减后恰把 f 的首项消去. 若 $f_1=0$,命题已成立. 若 $f_1\neq0$,设其首项为 $a_1x_1^{i_{11}}\cdots x_n^{i_{1n}}$. 这个首项是从 f 和 $a_0\sigma_1^{j_1}\cdots\sigma_n^{j_n}$ 的单项式中产生出来的,因为 f 和 $a_0\sigma_1^{j_1}\cdots\sigma_n^{j_n}$ 的首项已相消,故 f_1 的首项在字典排列法中应后于 f 的首项,即 $i_{01}-i_{11},i_{02}-i_{12},\cdots,i_{0n}-i_{1n}$ 序列中第一个不为零的数为正. 特别地,我们有 $i_{01}\geqslant i_{11}$. 现在用 f_1 取代 f 重复上

述步骤(因 f_1 显然也是对称多项式)得 f_2. 若 $f_2\neq 0$,则因 f_2 仍为对称多项式,可以对 f_2 重复这个步骤. 这样下去,我们得到一串对称多项式 $f_1,f_2,\cdots$. 它们具有下列性质:

(i) $f_{i+1}=f_i-a_i\sigma_1^{k_1}\cdots\sigma_n^{k_n}$　$(i=0,1,2,\cdots;f_0=f)$,f_{i+1} 的首项按字典排列法应后于 f_i 的首项;

(ii) 若设 f_k 的首项为 $a_k x_1^{i_{k1}}x_2^{i_{k2}}\cdots x_n^{i_{kn}}$,则

$$i_{01}\geqslant i_{11}\geqslant i_{21}\geqslant\cdots.$$

又因 f_k 为对称多项式,根据引理 4,有

$$i_{k1}\geqslant i_{k2}\geqslant\cdots\geqslant i_{kn}\geqslant 0\quad(k=0,1,2,\cdots).$$

由于$(i_{01},i_{02},\cdots,i_{0n})$是 f 首项的不定元的方幂,是给定的,按引理 3,满足条件(ii)的整数组$(i_{k1},i_{k2},\cdots,i_{kn})$只有有限多个. 于是必有某个 $f_r=0$. 再根据性质(i)逐步上推,即知 $f=f_0$ 可表为初等对称多项式 $\sigma_1,\cdots,\sigma_n$ 的多项式.

唯一性　设 $g(y_1,\cdots,y_n)\in K[y_1,\cdots,y_n]$. 我们来证明:若 $g(\sigma_1,\cdots,\sigma_n)=0$,则必有 $g(y_1,\cdots,y_n)=0$. 用反证法. 设 $g(y_1,\cdots,y_n)\neq 0$,那么对于 $g(y_1,\cdots,y_n)$中任意两个单项式

$$ay_1^{i_1}\cdots y_n^{i_n},\quad by_1^{j_1}\cdots y_n^{j_n}\quad(ab\neq 0),$$

若以初等对称多项式代入,从引理 1 可知其首项分别为

$$a\sigma_1^{i_1}\cdots\sigma_n^{i_n}=ax_1^{i_1+\cdots+i_n}x_2^{i_2+\cdots+i_n}\cdots x_n^{i_n}+\cdots,$$

$$b\sigma_1^{j_1}\cdots\sigma_n^{j_n}=bx_1^{j_1+\cdots+j_n}x_2^{j_2+\cdots+j_n}\cdots x_n^{j_n}+\cdots.$$

当$(i_1,\cdots,i_n)\neq(j_1,\cdots,j_n)$时,上面两个多项式的首项中不定元 $x_1,\cdots,x_n$ 的方幂不能都相同,因而不能相互抵消. 既然 $\sigma_1,\cdots,\sigma_n$ 代入 g 的各单项式后展开所得的首项各不相同,不能相消,从这些首项中按字典排列法又可选出一个非零的单项式先于其他首项,它即是 $g(\sigma_1,\cdots,\sigma_n)=f(x_1,\cdots,x_n)$的首项,故 $f\neq 0$.

现在设存在 $\varphi,\varphi_1\in K[y_1,\cdots,y_n]$,使

$$f(x_1,\cdots,x_n)=\varphi(\sigma_1,\cdots,\sigma_n)=\varphi_1(\sigma_1,\cdots,\sigma_n),$$

令 $g(y_1,\cdots,y_n)=\varphi(y_1,\cdots,y_n)-\varphi_1(y_1,\cdots,y_n)$,则有 $g(\sigma_1,\cdots,\sigma_n)=0$,于是 $g=0$,即 $\varphi=\varphi_1$. 唯一性证毕. ▍

在定理证明的第一部分中,事实上已经给出了将 f 表成 $\sigma_1,\cdots,\sigma_n$

的多项式的一个具体方法，只要遵循证明中指出的步骤逐步计算下去，就可以找到所需要的多项式 φ.

现在考察 n 元多项式

$$\Delta(x_1,\cdots,x_n)=\prod_{1\leqslant j<i\leqslant n}(x_i-x_j)^2$$

$$=\begin{vmatrix}1 & 1 & \cdots & 1\\ x_1 & x_2 & \cdots & x_n\\ \vdots & \vdots & & \vdots\\ x_1^{n-1} & x_2^{n-1} & \cdots & x_n^{n-1}\end{vmatrix}^2\in\mathbb{Q}[x_1,\cdots,x_n].$$

对于任意 $\sigma\in S_n$，有

$$\sigma(\Delta)=\begin{vmatrix}1 & 1 & \cdots & 1\\ x_{\sigma(1)} & x_{\sigma(2)} & \cdots & x_{\sigma(n)}\\ \vdots & \vdots & & \vdots\\ x_{\sigma(1)}^{n-1} & x_{\sigma(2)}^{n-1} & \cdots & x_{\sigma(n)}^{n-1}\end{vmatrix}^2=\begin{vmatrix}1 & 1 & \cdots & 1\\ x_1 & x_2 & \cdots & x_n\\ \vdots & \vdots & & \vdots\\ x_1^{n-1} & x_2^{n-1} & \cdots & x_n^{n-1}\end{vmatrix}^2=\Delta.$$

故 Δ 是一个对称多项式. 按照上面所述的基本定理，存在 $\varphi(y_1,\cdots,y_n)\in\mathbb{Q}[y_1,\cdots,y_n]$，使 $\Delta(x_1,\cdots,x_n)=\varphi(\sigma_1,\cdots,\sigma_n)$.

给定 $K[x]$内一个 n 次多项式

$$F(x)=a_0x^n+a_1x^{n-1}+\cdots+a_n\quad(a_0\neq 0).$$

设 $\alpha_1,\alpha_2,\cdots,\alpha_n$ 是它的 n 个根，令

$$D(F)=a_0^{2n-2}\Delta(\alpha_1,\cdots,\alpha_n),$$

称其为 $F(x)$的**判别式**. 显然，$F(x)$有重根(即 $\alpha_1,\cdots,\alpha_n$ 中有相同的)，其充要条件是 $D(F)=0$. 我们前面已指出：

$$\sigma_i(\alpha_1,\cdots,\alpha_n)=(-1)^ia_i/a_0\quad(i=1,2,\cdots,n).$$

于是

$$D(F)=a_0^{2n-2}\varphi(-a_1/a_0,\cdots,(-1)^na_n/a_0).$$

这样，我们不必求出 $F(x)$的根，只根据上式即可由 $F(x)$的系数来判断 $F(x)$有无重根. 例如，当 $n=2$ 时，我们有

$$F(x)=a_0x^2+a_1x+a_2,$$

而

$$\Delta(x_1,x_2)=(x_2-x_1)^2=x_1^2+x_2^2-2x_1x_2$$

$$=(x_1+x_2)^2-4x_1x_2=\sigma_1^2-4\sigma_2=\varphi(\sigma_1,\sigma_2).$$

于是

$$D(F)=a_0^2\varphi(-a_1/a_0,a_2/a_0)$$
$$=a_0^2[(-a_1/a_0)^2-4a_2/a_0]=a_1^2-4a_0a_2.$$

这正是我们熟知的二次多项式(二次方程)的判别式.

下面讨论一类特殊的对称多项式

$$s_k(x_1,\cdots,x_n)=x_1^k+x_2^k+\cdots+x_n^k\quad(k=0,1,2,\cdots).$$

s_k 称为 k 次**方幂和**. 我们来导出用初等对称多项式表示 s_k 的公式. 这就是如下递推公式:

牛顿公式

$$s_k-\sigma_1s_{k-1}+\sigma_2s_{k-2}+\cdots+(-1)^{k-1}\sigma_{k-1}s_1$$
$$+(-1)^kk\sigma_k=0\quad(1\leqslant k\leqslant n);$$
$$s_k-\sigma_1s_{k-1}+\cdots+(-1)^n\sigma_ns_{k-n}=0\quad(k>n).$$

证 设 $F=K(x_1,\cdots,x_n)$,考虑有理函数域 F 上的一元多项式

$$f(x)=(x-x_1)(x-x_2)\cdots(x-x_n)$$
$$=x^n-\sigma_1x^{n-1}+\cdots+(-1)^n\sigma_n.\tag{1}$$

在有理函数域 $F(x)$ 上,对任意正整数 k,利用等比级数的求和公式,有

$$f'(x)/f(x)=\sum_{i=1}^n\frac{1}{x-x_i}=\sum_{i=1}^n\frac{1}{x}\frac{1}{1-x_i/x}$$
$$=\sum_{i=1}^n\frac{1}{x}\left[1+\frac{x_i}{x}+\cdots+\left(\frac{x_i}{x}\right)^k+\frac{(x_i/x)^{k+1}}{1-(x_i/x)}\right].$$

于是

$$x^{k+1}f'(x)/f(x)=\sum_{i=1}^n\left[x^k+x_ix^{k-1}+\cdots+x_i^k+\frac{x_i^{k+1}}{x-x_i}\right].$$

两边同乘 $f(x)$,求和,因$(x-x_i)\mid f(x)$,有

$$x^{k+1}f'(x)=(s_0x^k+s_1x^{k-1}+\cdots+s_k)f(x)+g(x),\tag{2}$$

其中 $\deg g(x)<\deg f(x)=n$. 另一方面,从(1)式可得(设 $\sigma_0=1$)

$$x^{k+1}f'(x)=\sum_{i=0}^n(-1)^i(n-i)\sigma_ix^{n+k-i}.$$

取定正整数 m,令 $k>m$,则 $n+k-m>n$. 比较上式与(2)式右端中 x^{n+k-m} 的系数(因为 $\deg g(x)<n$,此系数与 $g(x)$ 无关),有

$$\sum_{i+j=m}s_i(-1)^j\sigma_j=(-1)^m(n-m)\sigma_m\quad(1\leqslant m\leqslant n);$$

$$\sum_{i+j=m} s_i(-1)^j\sigma_j = 0 \quad (m > n). \tag{3}$$

注意上面两个和式中，$0\leqslant j\leqslant n$. 第一个和式展开后为

$$\begin{aligned} &s_m - s_{m-1}\sigma_1 + \cdots + s_1(-1)^{m-1}\sigma_{m-1} + s_0(-1)^m\sigma_m \\ &\quad = (-1)^m(n-m)\sigma_m, \end{aligned}$$

以 $s_0 = n$ 代入，移项后，得

$$s_m - s_{m-1}\sigma_1 + \cdots + (-1)^{m-1}s_1\sigma_{m-1} + (-1)^m m\sigma_m = 0$$
$$(1\leqslant m\leqslant n).$$

这就是牛顿公式中的第一个公式.(3)中第二个和式即为牛顿公式中的第二个公式. ▌

例 2.1 设 C 是数域 K 上的一个 n 阶方阵，又设存在 K 上 n 阶方阵 $A_1,\cdots,A_k,B_1,\cdots,B_k$，使 $C=\sum\limits_{i=1}^{k}(A_iB_i-B_iA_i)$，而且 C 与每个 $A_i(i=1,2,\cdots,k)$ 可交换，则存在正整数 m 使 $C^n=0$.

解 设 C 的特征多项式为 $f(\lambda)=|\lambda E-C|$，则由哈密顿-凯莱定理，有 $f(C)=0$. 如果我们能证明 C 的特征值(即 $f(\lambda)$ 的所有复根)全为零，则 $f(\lambda)=\lambda^n$，于是 $C^n=0$.

我们不难验证：对任意两个 n 阶方阵 A,B，迹 $\mathrm{Tr}(AB-BA)=0$. 由于 C 与 A_i 可交换，故对任意正整数 m，有

$$\begin{aligned} C^m &= \sum_{i=1}^{k} C^{m-1}(A_iB_i - B_iA_i) \\ &= \sum_{i=1}^{k} [A_i(C^{m-1}B_i) - (C^{m-1}B_i)A_i]. \end{aligned}$$

于是从上式可知

$$\mathrm{Tr}C^m = 0 \quad (m=1,2,\cdots).$$

如果 C 的 n 个特征值为 $\lambda_1,\lambda_2,\cdots,\lambda_n$，则 C^m 的 n 个特征值为 λ_1^m，$\lambda_2^m,\cdots,\lambda_n^m$. 此时

$$\mathrm{Tr}C^m = \lambda_1^m + \lambda_2^m + \cdots + \lambda_n^m.$$

现令 $s_m=\mathrm{Tr}C^m=\lambda_1^m+\lambda_2^m+\cdots+\lambda_n^m(m=1,2,\cdots)$，而

$$\sigma_i(\lambda_1,\cdots,\lambda_n) = \lambda_1\lambda_2\cdots\lambda_i + \cdots$$

为初等对称多项式 $\sigma_i(x_1,\cdots,x_n)$ 在 $(\lambda_1,\cdots,\lambda_n)$ 处的值，代入牛顿公

式

$$s_m-\sigma_1 s_{m-1}+\sigma_2 s_{m-2}+\cdots+(-1)^{m-1}\sigma_{m-1}s_1$$
$$+(-1)^m m\sigma_m=0,$$

令 $m=1,2,\cdots,n$,由于 $s_1=s_2=\cdots=s_n=0$,逐次递推得 $\sigma_1=\sigma_2=\cdots=\sigma_n=0$,但 $(-1)^i\sigma_i$ 为 $f(\lambda)$ 的 λ^{n-i} 的系数,由此即知 $f(\lambda)=\lambda^n$,于是 $C^n=0$.

习 题 二

1. 用初等对称多项式表出下列对称多项式:

(1) $x_1^2x_2+x_1x_2^2+x_1^2x_3+x_1x_3^2+x_2^2x_3+x_2x_3^2$;

(2) $(x_1-x_2)^2(x_1-x_3)^2(x_2-x_3)^2$;

(3) $(x_1x_2+x_3)(x_2x_3+x_1)(x_3x_1+x_2)$;

(4) $x_1^2x_2^2+x_1^2x_3^2+x_1^2x_4^2+x_2^2x_3^2+x_3^2x_4^2+x_2^2x_4^2$.

2. 设 $\alpha_1,\alpha_2,\alpha_3$ 是方程 $5x^3-6x^2+7x-8=0$ 的三个根,计算

$$(\alpha_1^2+\alpha_1\alpha_2+\alpha_2^2)(\alpha_2^2+\alpha_2\alpha_3+\alpha_3^2)(\alpha_1^2+\alpha_1\alpha_3+\alpha_3^2).$$

3. 证明:三次方程 $x^3+a_1x^2+a_2x+a_3=0$ 的三个根成等差级数的充要条件是 $2a_1^3-9a_1a_2+27a_3=0$.

4. 设 $x_1,x_2,\cdots,x_n$ 是方程 $x^n+a_1x^{n-1}+\cdots+a_n=0$ 的根,证明:$x_2,\cdots,x_n$ 的对称多项式可以表成 x_1 与 $a_1,a_2,\cdots,a_n$ 的多项式.

5. 当不定元数目 $n\geqslant 6$ 时,用初等对称多项式表示 s_2,s_3,s_4,s_5,s_6.

6. 证明:如果对某个 6 次方程有 $s_1=s_3=0$(其中 s_k 表示该方程 6 个根的 k 次方之和),则

$$s_7/7=(s_5/5)(s_2/2).$$

7. 求一个 n 次方程,使其根的 k 次方之和 s_k 满足

$$s_1=s_2=\cdots=s_{n-1}=0.$$

8. 求多项式 $f(x)=x^3+px+q$ 的判别式 $D(f)$.

9. 设 p 是一个素数,证明

$$\sum_{i=1}^{p-1} i^m\equiv\begin{cases}-1\ (\mathrm{mod}\ p), & 若(p-1)\mid m\\ 0\ (\mathrm{mod}\ p), & 若(p-1)\nmid m.\end{cases}$$

10. 证明:若 s_m 是多项式 $f(x)=x^n-a$ 的 n 个根的 m 次方之

和(此处设 $a\in\mathbb{C}$),则 $s_m=\begin{cases}0, & 若\ n\nmid m,\\ na^{\frac{m}{n}}, & 若\ n\mid m.\end{cases}$

11. 设 A 是域 K 上的 n 阶方阵. 若存在 K 上 n 阶方阵 B,使 $AB-BA=aE+A(a\in K)$,试求 A 的特征多项式.

12. 在域 K 上 n 元多项式环 $K[x_1,x_2,\cdots,x_n]$ 内证明初等对称多项式 $\sigma_1,\sigma_2,\cdots,\sigma_n$ 与方幂和 $s_1,s_2,\cdots,s_n$ 满足

$$s_m=\begin{vmatrix}\sigma_1 & 1 & & & & \\ 2\sigma_2 & \sigma_1 & \ddots & & 0 & \\ 3\sigma_3 & \sigma_2 & \ddots & \ddots & & \\ 4\sigma_4 & \sigma_3 & \ddots & \ddots & \ddots & \\ \vdots & \vdots & \ddots & \ddots & \ddots & 1\\ m\sigma_m & \sigma_{m-1} & \cdots & \sigma_3 & \sigma_2 & \sigma_1\end{vmatrix}_{m\times m},\quad 其中\ m=1,2,\cdots,n.$$

13. 设 $f(x)$ 是无重根的 n 次实系数多项式,它的 n 个根的 k 次方之和记为 s_k. 证明 $f(x)$ 的实根个数等于下面实二次型的符号差:

$$f(x_1,\cdots,x_n)=\sum_{i=1}^{n}\sum_{j=1}^{n}s_{i+j-2}x_ix_j.$$

14. 设 A 是数域 K 上的 n 阶方阵. 如果

$$\mathrm{Tr}(A^k)=0\quad (k=1,2,\cdots,n),$$

证明:A 是幂零矩阵.

§3 结　　式

1. 结式的概念

在第九章 §1 中我们指出:给定域 K 上两个多项式 $f(x)$, $g(x)$,我们可以用辗转相除法来求它们的最大公因式. 但在许多问题中,常常只需要判断 f 与 g 是否互素就可以了,并不需要真正把它们的最大公因式求出来. 于是自然要问,能不能直接根据 f 与 g 的系数来判断它们是否互素呢? 现在我们就来讨论这个问题.

考察域 K 上的多项式

$$f(x)=a_0x^n+a_1x^{n-1}+\cdots+a_n,$$

$$g(x)=b_0x^m+b_1x^{m-1}+\cdots+b_m.$$

这里对系数 a_i,b_j 未做任何限制(可以是 0). 设$(f(x),g(x))=d(x)$,令 $f(x)=d(x)q_1(x),g(x)=d(x)q_2(x)$,于是 $f(x)q_2(x)=g(x)q_1(x)$. 若 $\deg d(x)\geqslant 1$,则

$$q_1(x)=y_1x^{n-1}+y_2x^{n-2}+\cdots+y_n,$$
$$q_2(x)=x_1x^{m-1}+x_2x^{m-2}+\cdots+x_m.$$

这里系数 y_i,x_j 是待定的. 那么,$f(x)q_2(x)=g(x)q_1(x)$的充要条件是下面等式成立:

$$\begin{cases}a_0x_1 = b_0y_1,\\ a_1x_1+a_0x_2 = b_1y_1+b_0y_2,\\ a_2x_1+a_1x_2+a_0x_3 = b_2y_1+b_1y_2+b_0y_3,\\ \cdots\cdots\cdots\cdots\cdots\cdots\cdots\cdots\cdots\cdots\cdots\cdots\\ a_nx_{m-1}+a_{n-1}x_m = b_my_{n-1}+b_{m-1}y_n,\\ a_nx_m = b_my_n.\end{cases}\tag{1}$$

将 $x_1,\cdots,x_m;(-y_1),\cdots,(-y_n)$看作未知量,上面是一个齐次线性方程组($m+n$ 个未知量,$m+n$ 个方程),其系数矩阵(取转置)的行列式,记为

$$R(f,g)=\begin{vmatrix}a_0 & a_1 & a_2 & \cdots & a_n & & & \\ & a_0 & a_1 & a_2 & \cdots & a_n & & \\ & & \ddots & \ddots & \ddots & & \ddots & \\ & & & a_0 & a_1 & a_2 & \cdots & a_n\\ b_0 & b_1 & b_2 & \cdots & b_m & & & \\ & b_0 & b_1 & b_2 & \cdots & b_m & & \\ & & \ddots & \ddots & \ddots & & \ddots & \\ & & & b_0 & b_1 & b_2 & \cdots & b_m\end{vmatrix}\begin{matrix}\left.\begin{matrix}\\ \\ \\ \\ \end{matrix}\right\}m\text{ 行}\\ \left.\begin{matrix}\\ \\ \\ \\ \end{matrix}\right\}n\text{ 行}\end{matrix}$$

(空白处为零). 称 $R(f,g)$为多项式 f,g 的**结式**.

命题 3.1 给定 $K[x]$内两个一元多项式

$$f(x)=a_0x^n+a_1x^{n-1}+\cdots+a_n\quad(n\geqslant 1),$$
$$g(x)=b_0x^m+b_1x^{m-1}+\cdots+b_m\quad(m\geqslant 1)$$

(此处允许 a_0,b_0 为零),则 $R(f,g)=0$ 的充要条件是 $a_0=b_0=0$ 或 f 与 g 不互素.

证 充分性 若 $a_0=b_0=0$,则显见有 $R(f,g)=0$. 今设 a_0,b_0 不全为零,不妨设 $a_0\neq 0$,且 f 与 g 不互素,即有公因子 $d(x)$,$\deg d(x)\geqslant 1$. 于是 $f=dq_1,g=dq_2$. 因 $f\neq 0$,故 $q_1\neq 0$,且 $\deg q_1<n$. 若 $g\neq 0$,则 $\deg q_2<m$;若 $g=0$,则令 $q_2=0x^{m-1}+0x^{m-2}+\cdots+0$. 易知此时 $fq_2=gq_1$,且 $q_1\neq 0$,故齐次线性方程组(1)有非零解,于是 $R(f,g)=0$.

必要性 若 $R(f,g)=0$,而 a_0,b_0 不全为零,我们来证明 f 与 g 不互素. 因为此时齐次线性方程组(1)有非零解. 故存在不全为零的 $q_1(x),q_2(x)\in K[x]$,使 $fq_2=gq_1$,而且当 q_1(或 q_2)不为零时,其次数小于 n(小于 m). 不妨设 $a_0\neq 0$,即 $f\neq 0$. 若 $g=0$,则 f,g 显见不互素. 今设 $g\neq 0$. 因 $f\mid gq_1$,若 $(f,g)=1$,则有 $f\mid q_1$,与 $\deg q_1<n$ 矛盾(因 $g\neq 0$,故 $q_1\neq 0,q_2\neq 0$). ▌

根据命题 3.1,在 $a_0b_0\neq 0$ 时,f 与 g 互素的充要条件是它们的结式 $R(f,g)\neq 0$.

2. 结式的计算

两个多项式 f,g 的结式就是它们的系数所组成的行列式 $R(f,g)$. 由于这个行列式阶数较高,直接计算有困难,我们这里介绍一种计算 $R(f,g)$ 的有效方法.

考察 $m+n+2$ 个不定元 $x_0,x_1,\cdots,x_n,y_0,y_1,\cdots,y_m$.

设 K 是一个域. 定义有理函数域 $K(x_0,x_1,\cdots,x_n,y_0,y_1,\cdots,y_m)$ 上的两个一元多项式

$$\begin{aligned}f(x)&=x_0(x-x_1)(x-x_2)\cdots(x-x_n)\\&=a_0x^n+a_1x^{n-1}+\cdots+a_n,\\g(x)&=y_0(x-y_1)(x-y_2)\cdots(x-y_m)\\&=b_0x^m+b_1x^{m-1}+\cdots+b_m.\end{aligned}$$

考察 $m+n$ 阶方阵

$$A=\begin{bmatrix} a_0 & a_1 & a_2 & \cdots & a_n & & & \\ & a_0 & a_1 & a_2 & \cdots & a_n & & \\ & & \ddots & \ddots & \ddots & & \ddots & \\ & & & a_0 & a_1 & a_2 & \cdots & a_n \\ b_0 & b_1 & b_2 & \cdots & b_m & & & \\ & b_0 & b_1 & b_2 & \cdots & b_m & & \\ & & \ddots & \ddots & \ddots & & \ddots & \\ & & & b_0 & b_1 & b_2 & \cdots & b_m \end{bmatrix}\begin{matrix} \left.\vphantom{\begin{matrix}a\\a\\a\\a\end{matrix}}\right\} m\text{ 行} \\ \left.\vphantom{\begin{matrix}a\\a\\a\\a\end{matrix}}\right\} n\text{ 行} \end{matrix}$$

(空白处元素为零). 为了计算 A 的行列式,我们定义下面 $m+n$ 维列向量

$$X_i=\begin{bmatrix} x_i^{m+n-1} \\ x_i^{m+n-2} \\ \vdots \\ x_i \\ 1 \end{bmatrix},\quad Y_j=\begin{bmatrix} y_j^{m+n-1} \\ y_j^{m+n-2} \\ \vdots \\ y_j \\ 1 \end{bmatrix},$$

其中 $i=1,2,\cdots,n$;$j=1,2,\cdots,m$. 将矩阵 A 的前 m 个行向量记为 $A_1,\cdots,A_m$,后 n 个行向量记为 $B_1,\cdots,B_n$. 我们把行向量、列向量都看作矩阵,做乘法:

$$\begin{aligned} A_iX_k &= \sum_{s=0}^{n} a_s x_k^{m+n-i-s} = x_k^{m-i}\sum_{s=0}^{n} a_s x_k^{n-s} = x_k^{m-i} f(x_k) \\ &= x_k^{m-i} a_0 \prod_{s=1}^{n}(x_k - x_s) = 0 \quad (k=1,2,\cdots,n); \end{aligned}$$

$$A_iY_k = \sum_{s=0}^{n} a_s y_k^{m+n-i-s} = y_k^{m-i}\sum_{s=0}^{n} a_s y_k^{n-s} = y_k^{m-i} f(y_k),$$

其中 $k=1,2,\cdots,m$;

$$\begin{aligned} B_iY_k &= \sum_{s=0}^{m} b_s y_k^{m+n-i-s} = y_k^{n-i}\sum_{s=0}^{m} b_s y_k^{m-s} = y_k^{m-i} g(y_k) \\ &= y_k^{n-i} b_0 \prod_{s=1}^{m}(y_k - y_s) = 0 \quad (k=1,2,\cdots,m); \end{aligned}$$

$$B_i X_k = \sum_{s=0}^{m} b_s x_k^{m+n-i-s} = x_k^{n-i} \sum_{s=0}^{m} b_s x_k^{m-s} = x_k^{n-i} g(x_k),$$

其中 $k=1,2,\cdots,n$.

把 $Y_1,\cdots,Y_m,X_1,\cdots,X_n$ 作为列向量依次排列成矩阵 B，其前 m 列组成一个小块，记为 $\overline{B}_1$，其后 n 列组成一个小块，记为 $\overline{B}_2$，又把 A 的前 m 行作为一个小块，记为 $\overline{A}_1$，后 n 行作为一个小块，记为 $\overline{A}_2$，从上面的计算可知，有

$$AB = \begin{bmatrix} \overline{A}_1 \\ \overline{A}_2 \end{bmatrix} [\overline{B}_1 \ \overline{B}_2] = \begin{bmatrix} \overline{A}_1\overline{B}_1 & \overline{A}_1\overline{B}_2 \\ \overline{A}_2\overline{B}_1 & \overline{A}_2\overline{B}_2 \end{bmatrix} = \begin{bmatrix} \overline{A}_1\overline{B}_1 & 0 \\ 0 & \overline{A}_2\overline{B}_2 \end{bmatrix}$$

$$= \begin{bmatrix} y_1^{m-1}f(y_1) & y_2^{m-1}f(y_2) & \cdots & y_m^{m-1}f(y_m) & & & \\ y_1^{m-2}f(y_1) & y_2^{m-2}f(y_2) & \cdots & y_m^{m-2}f(y_m) & & 0 & \\ \vdots & \vdots & & \vdots & & & \\ f(y_1) & f(y_2) & \cdots & f(y_m) & & & \\ & & & & x_1^{n-1}g(x_1) & \cdots & x_n^{n-1}g(x_n) \\ & & 0 & & x_1^{n-2}g(x_1) & \cdots & x_n^{n-2}g(x_n) \\ & & & & \vdots & & \vdots \\ & & & & g(x_1) & \cdots & g(x_n) \end{bmatrix}.$$

利用范德蒙德行列式的表达式可得

$$\begin{vmatrix} y_1^{m-1}f(y_1) & y_2^{m-1}f(y_2) & \cdots & y_m^{m-1}f(y_m) \\ y_1^{m-2}f(y_1) & y_2^{m-2}f(y_2) & \cdots & y_m^{m-2}f(y_m) \\ \vdots & \vdots & & \vdots \\ f(y_1) & f(y_2) & \cdots & f(y_m) \end{vmatrix}$$

$$= \prod_{j=1}^{m} f(y_j) \begin{vmatrix} y_1^{m-1} & y_2^{m-1} & \cdots & y_m^{m-1} \\ y_1^{m-2} & y_2^{m-2} & \cdots & y_m^{m-2} \\ \vdots & \vdots & & \vdots \\ 1 & 1 & \cdots & 1 \end{vmatrix}$$

$$=\prod_{j=1}^{m}f(y_j)\cdot(-1)^{\frac{m(m-1)}{2}}\begin{vmatrix}1 & 1 & \cdots & 1\\ y_1 & y_2 & \cdots & y_m\\ \vdots & \vdots & & \vdots\\ y_1^{m-1} & y_2^{m-1} & \cdots & y_m^{m-1}\end{vmatrix}$$

$$=\prod_{j=1}^{m}f(y)\cdot\prod_{1\leqslant j<i\leqslant m}(y_j-y_i)$$

类似地有

$$\begin{vmatrix}x_1^{n-1}g(x_1) & \cdots & x_n^{n-1}g(x_n)\\ x_1^{n-2}g(x_1) & \cdots & x_n^{n-2}g(x_n)\\ \vdots & & \vdots\\ g(x_1) & \cdots & g(x_n)\end{vmatrix}=\prod_{i=1}^{n}g(x_i)\cdot\prod_{1\leqslant j<i\leqslant n}(x_j-x_i).$$

因此,我们有

$$|A||B|=|AB|=\prod_{j=1}^{m}f(y_j)\cdot\prod_{1\leqslant j<i\leqslant m}(y_j-y_i)\cdot\prod_{i=1}^{n}g(x_i)\cdot\prod_{1\leqslant j<i\leqslant n}(x_j-x_i).$$

同样地,有

$$|B|=\prod_{1\leqslant j<i\leqslant n}(x_j-x_i)\cdot\prod_{1\leqslant j<i\leqslant m}(y_j-y_i)\cdot\prod_{i=1}^{n}\prod_{j=1}^{m}(y_j-x_i).$$

注意到

$$\prod_{j=1}^{m}f(y_j)=\prod_{j=1}^{m}a_0\prod_{i=1}^{n}(y_j-x_i)=a_0^m\prod_{i=1}^{n}\prod_{j=1}^{m}(y_j-x_i),$$

$$\prod_{i=1}^{n}g(x_i)=\prod_{i=1}^{n}b_0\prod_{j=1}^{m}(x_i-y_j)=(-1)^{mn}b_0^n\prod_{i=1}^{n}\prod_{j=1}^{m}(y_j-x_i).$$

我们有(利用 $K[x_1,\cdots,x_n,y_1,\cdots,y_n]$内有消去律,注意这里 $a_0=x_0,b_0=y_0$ 为不定元):

$$|A|=x_0^m\prod_{i=1}^{n}g(x_i)=(-1)^{m\cdot n}y_0^n\prod_{j=1}^{m}f(y_j).\tag{2}$$

现在设

$$f(x)=a_0x^n+a_1x^{n-1}+\cdots+a_n \quad (a_0\neq 0),$$
$$g(x)=b_0x^m+b_1x^{m-1}+\cdots+b_m \quad (b_0\neq 0)$$
是数域 K 上的两个一元多项式. 设 f 在 $\mathbb{C}$ 内的 n 个根是 $\alpha_1,\cdots,\alpha_n$, g 在 $\mathbb{C}$ 内的 m 个根是 $\beta_1,\cdots,\beta_m$. 在公式(2)中令 $x_0=a_0, x_i=\alpha_i(i=1,2,\cdots,n)$, $y_0=b_0$, $y_j=\beta_j(j=1,2,\cdots,m)$, 那么我们有
$$R(f,g)=a_0^m\prod_{i=1}^n g(\alpha_i)=(-1)^{mn}b_0^n\prod_{j=1}^m f(\beta_j). \tag{3}$$
这就是我们所要的结式 $R(f,g)$ 的计算公式.

说明 如果令
$$F(x_1,x_2,\cdots,x_n)=g(x_1)g(x_2)\cdots g(x_n)$$
它是 $K[x_1,\cdots,x_n]$ 内一个对称多项式. 按上一节的论述, 我们可以找到 $\varphi(y_1,\cdots,y_n)\in K[y_1,\cdots,y_n]$, 使 $F(x_1,\cdots,x_k)=\varphi(\sigma_1,\cdots,\sigma_n)$. 我们已知
$$\sigma_i(\alpha_1,\cdots,\alpha_n)=(-1)^i\frac{a_i}{a_0},$$
于是
$$\prod_{i=1}^n g(\alpha_i)=F(\alpha_1,\cdots,\alpha_n)$$
$$=\varphi\left(-\frac{a_1}{a_0},\cdots,(-1)^n\frac{a_n}{a_0}\right),$$
这是 K 内一个已知数. 同样可知 $\prod\limits_{j=1}^m f(\beta_j)$ 也是 K 内一已知数.

现在设
$$f(x)=a_0x^n+a_1x^{n-1}+\cdots+a_n \quad (a_0\neq 0)$$
是数域 K 上的一个一元多项式. 在§2中我们定义它的判别式为
$$D(f)=a_0^{2n-2}\cdot\prod_{1\leqslant i<j\leqslant n}(\alpha_j-\alpha_i)^2. \tag{4}$$
因为
$$f(x)=a_0\prod_{i=1}^n(x-\alpha_i),$$
故
$$f'(x)=a_0\sum_{i=1}^n(x-\alpha_1)\cdots(x-\alpha_{i-1})(x-\alpha_{i+1})\cdots(x-\alpha_n).$$

以 $x=\alpha_i$ 代入上式，我们有

$$f'(\alpha_i)=a_0\prod_{\substack{j=1\\j\neq i}}^{n}(\alpha_i-\alpha_j),$$

$$\prod_{i=1}^{n}f'(\alpha_i)=a_0^n\prod_{\substack{i,j=1\\i\neq j}}^{n}(\alpha_i-\alpha_j)$$

$$=(-1)^{\frac{n(n-1)}{2}}a_0^n\prod_{1\leqslant i<j\leqslant n}(\alpha_j-\alpha_i)^2.$$

因 $f'(x)$ 是 $n-1$ 次多项式，从(3)式和(4)式我们有

$$R(f,f')=a_0^{n-1}\prod_{i=1}^{n}f'(\alpha_i)$$

$$=(-1)^{\frac{n(n-1)}{2}}a_0^{2n-1}\prod_{1\leqslant i<j\leqslant n}(\alpha_j-\alpha_i)^2$$

$$=(-1)^{\frac{n(n-1)}{2}}a_0D(f).$$

这就是 f 的判别式与 f,f' 的结式之间的关系式.

结式可以用于求二元高次联立方程组的解. 给定数域 K 上两个二元多项式 $f(x,y),g(x,y)$，按 y 的降幂写成

$$f(x,y)=a_0(x)y^n+a_1(x)y^{n-1}+\cdots+a_n(x),$$

$$g(x,y)=b_0(x)y^m+b_1(x)y^{m-1}+\cdots+b_m(x).$$

把 $f(x,y)$ 看作 K 上单变量 x 的有理函数域 $K(x)$ 上一个不定元 y 的多项式，即 $f(x,y),g(x,y)\in K(x)[y]$，那么，f 与 g 的结式现在是 x 的一元多项式，即 $R(f,g)=F(x)$. 考察 K 上二元高次联立方程

$$\begin{cases}f(x,y)=a_0(x)y^n+a_1(x)y^{n-1}+\cdots+a_n(x)=0,\\g(x,y)=b_0(x)y^m+b_1(x)y^{m-1}+\cdots+b_m(x)=0.\end{cases}$$

如果这个方程组在复数域内有一组解 (x_0,y_0)，此时

$$\bar{f}(y)=a_0(x_0)y^n+a_1(x_0)y^{n-1}+\cdots+a_n(x_0),$$

$$\bar{g}(y)=b_0(x_0)y^m+b_1(x_0)y^{m-1}+\cdots+b_m(x_0)$$

有一公共根 y_0，上两多项式或全为零多项式，或有非常数公因式 $d(y)$ (即不互素)，按命题 3.1，在这两种情况都有 $F(x_0)=R(\bar{f},\bar{g})=0$，即 x_0

应为 $R(f,g)$ 的一个零点.

反之,若有 $x_0\in\mathbb{C}$,使 $F(x_0)=R(f,g)=0$,则按命题 3.1,应有 $a_0(x_0)=b_0(x_0)=0$,或 $\bar{f}(y)$ 与 $\bar{g}(y)$ 不互素.在后一种情况下,设它们最大公因式为 $d(y)$,$\deg d(y)\geqslant 1$,则 $d(y)$ 在 $\mathbb{C}$ 内有根 $y_1,y_2,\cdots,y_k$,此时 $(x_0,y_1),(x_0,y_2),\cdots,(x_0,y_k)$ 即为上述 K 上二元联立方程组的解.

习 题 三

1. 设 $f,g\in K[x]$,$\deg f=n$,$\deg g=m$,证明:
$$R(f,g)=(-1)^{mn}R(g,f).$$
2. 试求下面两个多项式 f,g 的判别式:
$$f=x^n-a,\quad g=x^n+ax+b\quad (a,b\in\mathbb{C}).$$
3. 求结式 $R(f,g)$:

(1) $f=(x^5-1)/(x-1)$, $g=(x^7-1)/(x-1)$;

(2) $f=x^n+x+1$, $g=x^2-3x+2$;

(3) $f=x^n+1$, $g=(x-1)^n$.

4. 利用结式求下列曲线的直角坐标方程:

(1) $x=t^2-t+1$, $y=2t^2+t-3$;

(2) $x=(2t+1)/(t^2+1)$, $y=(t^2+2t-1)/(t^2+1)$.

5. 求下列二元联立方程组的整数解:

(1) $\begin{cases}y^2-7xy+4x^2+13x-2y-3=0,\\ y^2-14xy+9x^2+28x-4y-5=0;\end{cases}$

(2) $\begin{cases}5y^2-6xy+5x^2-16=0,\\ y^2-xy+2x^2-y-5x=0;\end{cases}$

(3) $\begin{cases}x^2+y^2+4x-2y+3=0,\\ x^2+4xy-y^2+10y-9=0.\end{cases}$

6. 设 f,g,h 是数域 K 上三个一元多项式,证明:
$$R(fg,h)=R(f,h)\cdot R(g,h).$$
7. 设 f,g 是数域 K 上两个一元多项式,证明:

$$D(fg)=D(f)D(g)(R(f,g))^2.$$

8. 求 $R(f(x),x-a)$.

9. 设 $f(x)=x^{n-1}+x^{n-2}+\cdots+1$. 证明：

$$D(f)=(-1)^{\frac{(n-1)(n-2)}{2}}n^{n-2}.$$

本章小结

在第八、九、十这三章中，我们向读者介绍了三类代数系统：有理整数环，一元多项式环，多元多项式环. 这些内容使我们对在代数学中处于重要地位的一类代数系统：环有了初步认识. 这三种具体的环都是整环，在它们里面的基本研究课题都是相似的，就是整除理论和因式分解理论. 通过对这三种具体环的研究，向我们展示了整环一般理论的基本研究课题和处理问题的基本方法，为今后进一步学习抽象代数学的理论作了必要的准备. 同时，我们也看到，有理整数环和一元多项式环比较接近，多元多项式环则跟它们有相当大的不同. 其所以如此，一个重要原因是多元多项式环内没有带余除法. 由于这一带根本性的不同点，使多元多项式环的理论变得复杂，但也变得更深刻，为代数学的研究展现了一片更广阔的天地. 读者在今后的学习中将会对它有进一步的认识.

本章的另一个重要内容，是向读者介绍了一种十分有力的代数工具. 在高等代数课程中，有两种数学工具是数学各领域广泛应用的，这就是矩阵和多项式，特别是多元多项式. 如果我们能巧妙地运用这两种工具，常能使许多困难问题迎刃而解. 本章 §2 和 §3 所讲的对称多项式和结式理论，就是巧妙地运用多元多项式去讨论高次代数方程的良好范例. 一般说，高次代数方程的根是很难求出(或根本无法求出)来的. 但利用对称多项式和结式的理论，使我们得到许多有用的信息，从而能解决许多理论和实际问题. 读者在学习这些内容时，应当细心领会这些理论的精神实质，从中学习处理问题的方法，以提高自己的能力.

*第十一章　n 维仿射空间与 n 维射影空间

在解析几何中，我们在三维空间中取定一个直角坐标系，使空间的每一个点对应于实数的三元有序组 (a_1,a_2,a_3)（该点在取定的直角坐标系下的坐标）. 在这基础上，我们可以利用代数的工具来研究几何图形. 本章的目的，是要将这个思想抽象化和一般化. 本章的内容可以看作是前面所讲的一些代数学知识在几何学和数学分析中的应用. 通过本章的内容，读者可以更清楚地认识前面所论述的某些代数学知识的直观背景.

§1　n 维仿射空间

在三维几何空间中取定一个直角坐标系之后，每个实数三元有序组 (a_1,a_2,a_3) 可以有两方面的含意：1) 代表一个以 (a_1,a_2,a_3) 为坐标的点；2) 代表一个以坐标原点为起点，以点 (a_1,a_2,a_3) 为终点的向量. 当把实数的三元有序组当点看时，我们不考虑其加法和数乘；而把它们当向量看时，就要同时考虑其加法和数乘运算了. 在线性代数中，我们从上面所述的第二个方面推广实数的三元有序组的概念，获得了域 K 上的 n 维向量空间的新概念. 现在，我们要从上面所述的第一方面推广实数的三元有序组，以获得一般的 n 维仿射空间的概念. 这个概念可以看作是三维几何空间概念的一种抽象化.

定义　设 K 是一个域，令

$$K^n=\{(a_1,\cdots,a_n)\mid a_i\in K\},$$

称其为域 K 上的 n **维仿射空间**. K^n 的每个元素 $(a_1,\cdots,a_n)$ 称为空间中的一个**点**，$a_i(i=1,2,\cdots,n)$ 称为该点的**坐标**.

现在记号 K^n 可有两种意义：1) 代表 K 上 n 维向量空间，其元素为向量，有加法、数乘运算；2) 代表 K 上 n 维仿射空间，其元素为点，无加法、数乘运算. 具体含意可由上、下文看出，或给予特别说明.

与此相应地,我们把三维几何空间中的几何图形的概念也进行抽象化.设 Γ 为仿射空间 K^n 的任一子集(即 K^n 中某些点所组成的集合).我们称 Γ 为 K^n 中的一个**图形**.

在域 K 上的 n 元多项式环 $K[x_1,\cdots,x_n]$ 内取定多项式 $f(x_1,\cdots,x_n)$,定义

$$V(f)=\{(a_1,\cdots,a_n)\in K^n \mid f(a_1,\cdots,a_n)=0\},$$

$V(f)$是 f 在 K^n 中的全体零点所组成的图形,称为 K^n 中的一个**仿射代数曲面**.若 $n=2$,则 $V(f)$称为**仿射代数曲线**.

例 1.1 设 $f(x,y)=x^2+y^2-1\in K[x,y]$,则 $V(f)$是 K^2(域 K 上的仿射平面,即二维仿射空间)内的一个"单位圆".

解 (i) 取 $K=\mathbb{R}$,则 $V(f)$是普通几何平面内的单位圆.

(ii) 取 $K=\mathbb{Q}$.我们来找出 $V(f)$中的所有点.设$(x_0,y_0)\in V(f)$,显然,只要讨论 $x_0>0,y_0>0$ 的情况.令

$$x_0=\frac{n}{m},\quad y_0=\frac{k}{m}\quad (m,n,k \text{ 为正整数}).$$

由 $x_0^2+y_0^2=1$ 推知 $n^2+k^2=m^2$.如果$(n,k)=d$,则必有 $d\mid m$.设 $m=dm'$,$n=dn'$,$k=dk'$,则有

$$x_0=\frac{n}{m}=\frac{n'}{m'},$$

$$y_0=\frac{k}{m}=\frac{k'}{m'}.$$

所以我们不妨设$(n,k)=1$.此时 m 必为奇数(因为,如果 m 是偶数,则 $4\mid(n^2+k^2)$.容易看出,此时 n 与 k 必同为偶数,这与$(n,k)=1$ 的假设矛盾).m 为奇数时,n 与 k 应当一奇一偶,不妨设 n 为偶数.于是我们的问题变为求下列不定方程的整数解:

$$u^2+v^2=w^2\ (u,v,w>0),\quad (u,v)=1,\quad 2\mid u.$$

在初等数论中已经求出这个问题的解答,就是

$$u=2ab,\quad v=a^2-b^2,\quad w=a^2+b^2\quad (a,b\in\mathbb{Z}),$$

其中 $a>b>0$,$(a,b)=1$,且 a,b 中一奇一偶(参看华罗庚《数论导引》第十一章§6).此时

$$x_0 = 2ab/(a^2 + b^2),$$
$$y_0 = (a^2 - b^2)/(a^2 + b^2).$$

这样，$V(f)$上的点就被完全确定出来了.

(iii) 取 $K = \mathbb{F}_p$. 令$(\bar{i}, \bar{j}) \in V(f)$，则

$$\bar{i}^2 = \bar{1} - \bar{j}^2 = (\bar{1} + \bar{j})(\bar{1} - \bar{j}),$$

其中 $\bar{1} = 1 + p\mathbb{Z}, \bar{i} = i + p\mathbb{Z}, \bar{j} = j + p\mathbb{Z} (0 \leqslant i, j < p)$. 于是

$$\begin{aligned} i^2 + p\mathbb{Z} &= [(1 + j) + p\mathbb{Z}][(1 - j) + p\mathbb{Z}] \\ &= (1 + j)(1 - j) + p\mathbb{Z}. \end{aligned}$$

上面的式子可以用有理整数环$\mathbb{Z}$内的同余式写出来：

$$i^2 \equiv (1 + j)(1 - j) \pmod p. \tag{1}$$

在 $\mathbb{Z}$ 内，给定 a，若存在 $u \in \mathbb{Z}$，使 $u^2 \equiv a \pmod p$，则称 a 为模 p 的**平方剩余**；否则称 a 为模 p 的**平方非剩余**. 从(1)式可知，我们令 $j = 0, 1, 2, \cdots, p - 1$，找出$(1 + j)(1 - j)$中的平方剩余，即可求出 $V(f)$中的所有点. 因为 p 是一个固定的素数，所以经过有限个步骤后就能做到这一点. 例如，取 $p = 5$. 模 5 的平方剩余显然为集合$\{k^2 \mid 0 \leqslant k \leqslant 4\}$中模 5 互不同余的那些数所在的模 5 剩余类，即

$$0 + p\mathbb{Z},\ 1 + p\mathbb{Z},\ 4 + p\mathbb{Z}. \tag{2}$$

以 $j = 0, 1, 2, 3, 4$ 代入$(1 + j)(1 - j)$，得到序列

$$1,\ 0,\ -3,\ -8,\ -15.$$

它们模 5 的剩余类要等于(2)式中的某一个时，只能是 $j = 0, 1, 4$. 此时对应的$V(f)$中的点是

$$(\pm \bar{1}, \bar{0}),\quad (\bar{0}, \bar{1}),\quad (\bar{0}, \bar{4}) = (\bar{0}, -\bar{1}).$$

上面四个点，就是 $\mathbb{F}_5^2$ 内的"单位圆"$V(f)$上的全部点.

1. $\mathbb{R}^n$ 内的仿射变换与正交变换

定义 设 $A = (a_{ij})$是实数域上的 n 阶可逆方阵，$B' = (b_1, b_2, \cdots, b_n) \in \mathbb{R}^n$. 在 $\mathbb{R}$ 上 n 维仿射空间 $\mathbb{R}^n$ 内定义变换如下：对任意 $X' = (x_1, x_2, \cdots, x_n) \in \mathbb{R}^n$，令

$$X \longmapsto Y = AX + B,$$

这里 $Y' = (y_1, y_2, \cdots, y_n)$. 具体写出来就是

$$
\begin{cases}
y_1 = a_{11}x_1 + a_{12}x_2 + \cdots + a_{1n}x_n + b_1, \\
y_2 = a_{21}x_1 + a_{22}x_2 + \cdots + a_{2n}x_n + b_2, \\
\cdots\cdots\cdots\cdots\cdots\cdots\cdots\cdots\cdots\cdots \\
y_n = a_{n1}x_1 + a_{n2}x_2 + \cdots + a_{nn}x_n + b_n,
\end{cases}
$$

则称此变换为 $\mathbb{R}^n$ 内一个**仿射变换**. 如令

$$
\overline{A} = \begin{bmatrix} A & B \\ 0 & 1 \end{bmatrix}
$$

为 $n+1$ 阶分块方阵,而

$$
\overline{X} = \begin{bmatrix} x_1 \\ x_2 \\ \vdots \\ x_n \\ 1 \end{bmatrix}, \quad \overline{Y} = \begin{bmatrix} y_1 \\ y_2 \\ \vdots \\ y_n \\ 1 \end{bmatrix},
$$

则上面的仿射变换公式可以写成

$$
\overline{Y} = \overline{A}\,\overline{X}.
$$

$\overline{A}$ 是 $n+1$ 阶可逆方阵,且

$$
\overline{A}^{-1} = \begin{bmatrix} A^{-1} & -A^{-1}B \\ 0 & 1 \end{bmatrix},
$$

所以上面变换公式也可以写成

$$
\overline{X} = \overline{A}^{-1}\overline{Y}.
$$

在上面定义的 $\mathbb{R}^n$ 中的仿射变换中,如果 A 是一个正交矩阵,则它称为 $\mathbb{R}^n$ 中的**正交变换**.

$\mathbb{R}^n$ 中的一个几何图形 Γ 在任意仿射变换下保持不变的性质称为该图形的**仿射性质**. 研究 $\mathbb{R}^n$ 中图形的仿射性质的数学理论称为**仿射几何**. $\mathbb{R}^n$中图形在任意正交变换下都保持不变的性质称为该图形的**度量性质**. 研究图形的度量性质的数学理论称为**度量几何**或**欧几里得几何**. 读者在中学中所学的平面几何学就是 $\mathbb{R}^2$ 内的欧几里得几何,中学所学的立体几何就是 $\mathbb{R}^3$ 内的欧几里得几何.

命题 1.1　$\mathbb{R}^n$ 内的仿射变换具有如下性质:

(i) $\mathbb{R}^n$ 内的恒等变换为仿射变换;

(ii) 两个仿射变换的乘积仍为仿射变换；

(iii) 每个仿射变换都可逆，且其逆变换仍为 $\mathbb{R}^n$ 内的仿射变换.

证 如上所述，$\mathbb{R}^n$ 内一仿射变换由一个 n 阶实可逆矩阵 A 及 $B\in\mathbb{R}^n$ 按如下办法决定：

$$\overline{A}=\begin{bmatrix}A & B\\ 0 & 1\end{bmatrix},$$

变换公式为 $\overline{Y}=\overline{A}\,\overline{X}$. 如取 $A=E_n$，$B=0$，则 $\overline{A}=E_{n+1}$ 即为 $\mathbb{R}^n$ 内恒等变换. 又给定 n 阶实可逆方阵 A_1 及 $B_1\in\mathbb{R}^n$，此时

$$\overline{A_1}\,\overline{A}=\begin{bmatrix}A_1 & B_1\\ 0 & 1\end{bmatrix}\begin{bmatrix}A & B\\ 0 & 1\end{bmatrix}=\begin{bmatrix}A_1A & A_1B+B_1\\ 0 & 1\end{bmatrix}.$$

而 $(\overline{A_1}\,\overline{A})\overline{X}=\overline{A_1}(\overline{A}\,\overline{X})$ 即为由 A_1，B_1 及 A，B 定义的仿射变换的乘积，按上面的计算知它恰为由 A_1A（仍为 n 阶实可逆方阵）以及 $A_1B+B_1\in\mathbb{R}^n$ 所决定的仿射变换.

最后，因 A 可逆，易知

$$\overline{A}^{-1}=\begin{bmatrix}A^{-1} & -A^{-1}B\\ 0 & 1\end{bmatrix}.$$

它代表 $\mathbb{R}^n$ 的一仿射变换，而

$$\overline{A}^{-1}\overline{A}=\begin{bmatrix}A^{-1} & -A^{-1}B\\ 0 & 1\end{bmatrix}\begin{bmatrix}A & B\\ 0 & 1\end{bmatrix}=\begin{bmatrix}E & 0\\ 0 & 1\end{bmatrix},$$

即 $(\overline{A}^{-1}\overline{A})\overline{X}=\overline{A}^{-1}(\overline{A}\,\overline{X})=\overline{E}\,\overline{X}=\overline{X}$，也就是说，$\overline{A}^{-1}$ 为 $\overline{A}$ 的逆变换. ∎

从这命题可知：$\mathbb{R}^n$ 内全体仿射变换所成集合关于变换乘法组成群，称为 $\mathbb{R}^n$ 的**仿射变换群**.

对 $\mathbb{R}^n$ 内两个图形 Γ_1 及 Γ_2，如果存在 $\mathbb{R}^n$ 内的仿射变换把 Γ_1 变为 Γ_2，则称 Γ_2 与 Γ_1 **仿射等价**，记作 $\Gamma_2\sim\Gamma_1$. 根据命题 1.1，仿射等价是 $\mathbb{R}^n$ 内图形之间的一个等价关系：

1）反身性：对 $\mathbb{R}^n$ 中任意图形 Γ，$\Gamma\sim\Gamma$；

2）对称性：若 $\Gamma_2\sim\Gamma_1$，则 $\Gamma_1\sim\Gamma_2$；

3）传递性：若 $\Gamma_1\sim\Gamma_2$，$\Gamma_2\sim\Gamma_3$，则 $\Gamma_1\sim\Gamma_3$.

这三条性质只要分别把命题 1.1 的三条结论用上去，即可证明. 具体论证留给读者作为练习.

现在，$\mathbb{R}^n$ 中的全体图形按仿射等价关系划分为等价类，属于同一等价类的图形具有相同的仿射性质，从仿射几何的观点看，它们之间没有区别.

对 $\mathbb{R}^n$ 内的正交变换，也有相同的结论.

命题 1.2 $\mathbb{R}^n$ 内的正交变换具有如下性质：

(i) $\mathbb{R}^n$ 内的恒等变换是正交变换；

(ii) 两个正交变换的乘积仍是正交变换；

(iii) 每个正交变换都可逆，其逆变换仍为 $\mathbb{R}^n$ 内的正交变换.

这个命题的证明方法与命题 1.1 一样(利用第六章命题 2.2)，留给读者作为练习. 由此命题也推知：$\mathbb{R}^n$ 内全体正交变换所成集合关于变换乘法组成群，称为 $\mathbb{R}^n$ 的**正交变换群**.

现在，在 $\mathbb{R}^n$ 中的图形之间定义一个关系：若有正交变换把图形 Γ_1 变为图形 Γ_2，则称 Γ_2 与 Γ_1 为**度量等价**. 度量等价同样是 $\mathbb{R}^n$ 中图形之间的等价关系，$\mathbb{R}^n$ 内全体图形所成的集合关于这个等价关系划分为等价类. 同一个等价类的图形具有相同的度量性质，从欧氏几何的观点看，它们之间没有区别.

2. $\mathbb{R}^n$ 中二次超曲面的分类

现在我们来具体讨论 $\mathbb{R}^n$ 中一类重要几何图形如何按度量等价关系和仿射等价关系进行分类. 本段的内容，是上面一般理论的一个具体例子. 本段的结果在数学分析，几何学以及自然科学的一些领域都是有用的.

定义 由 $\mathbb{R}[x_1,\cdots,x_n]$ 中的二次多项式

$$f(x_1,\cdots,x_n)=\sum_{i=1}^{n}\sum_{j=1}^{n}a_{ij}x_ix_j+2\sum_{k=1}^{n}b_kx_k+c \quad (a_{ij}=a_{ji}) \tag{3}$$

所定义的 $\mathbb{R}^n$ 中的超曲面 $V(f)$ 称为**二次超曲面**.

如果 $n=2$，则 $V(f)$ 就是平面上的二次曲线；当 $n=3$ 时，$V(f)$ 是三维几何空间中的二次曲面.

令 $A=(a_{ij})$，$B=(b_1,\cdots,b_n)$，$\overline{X}=(x_1,\cdots,x_n,1)$，以及

$$\overline{A}=\begin{bmatrix}A & B' \\ B & c\end{bmatrix}_{(n+1)\times(n+1)},$$

则有

$$f(x_1,\cdots,x_n)=\overline{X}\,\overline{A}\,\overline{X}'.$$

考察 $\mathbb{R}^n$ 中的仿射变换 $\overline{Y}'=\overline{P}\,\overline{X}'$. 它也可以写成 $\overline{X}'=\overline{Q}\,\overline{Y}'$. 我们有

$$\overline{X}\,\overline{A}\,\overline{X}'=\overline{Y}(\overline{Q}'\overline{A}\,\overline{Q})\overline{Y}'=g(y_1,\cdots,y_n).$$

$\overline{A}$ 是实对称矩阵,故 $\overline{Q}'\overline{A}\,\overline{Q}$ 也是实对称矩阵. 如设

$$\overline{Q}=\begin{bmatrix}Q & H' \\ 0 & 1\end{bmatrix},\quad H=(h_1,\cdots,h_n),$$

则

$$\overline{Q}'\overline{A}\,\overline{Q}=\begin{bmatrix}Q'AQ & Q'AH'+Q'B' \\ HAQ+BQ & HAH'+BH'+HB'+c\end{bmatrix}.$$

当 f 是二次多项式时,$A\neq 0$,故 $Q'AQ\neq 0$. 于是 $g(y_1,\cdots,y_n)$也是二次多项式,即 $V(g)$是 $\mathbb{R}^n$ 中的二次超曲面. 这说明仿射变换把二次超曲面仍变为二次超曲面. 因而,以 $V(f)$为代表的仿射等价类中的几何图形全由二次超曲面组成. 我们的目的,是要在 $V(f)$所在的仿射等价类或度量等价类中找出一个方程最简单的二次超曲面来. 用它作为该等价类的代表.

Ⅰ. $\mathbb{R}^n$ 中二次超曲面的度量分类

为了下面讨论的需要,这里先给出一个事实.

引理 1 在欧氏空间 $\mathbb{R}^m$ 中给定非零向量 $\alpha=(a_1,a_2,\cdots,a_m)$,令 $\beta=(d,0,\cdots,0)$,这里 $d=\sqrt{a_1^2+a_2^2+\cdots+a_m^2}$. 则存在 m 阶正交矩阵 T,使 $T'\alpha'=\beta'$(这里把 α,β 看作 $1\times m$ 矩阵,α',β'为其转置).

证 令 $\varepsilon_1=\frac{1}{d}\alpha$,$\varepsilon_1$ 为 $\mathbb{R}^m$ 中单位向量,可扩充为 $\mathbb{R}^m$ 的一组标准正交基 $\varepsilon_1,\varepsilon_2,\cdots,\varepsilon_m$. 现在$(\varepsilon_1,\alpha)=(\varepsilon_1,d\varepsilon_1)=d$. 当 $i\geqslant 2$ 时,我们有 $(\varepsilon_i,\alpha)=(\varepsilon_i,d\varepsilon_1)=0$. 以 $\varepsilon_1,\varepsilon_2,\cdots,\varepsilon_m$ 为列向量排成 m 阶正交矩阵 T,那么,按矩阵乘法的定义,我们有

$$T'\alpha' = \begin{bmatrix} (\varepsilon_1, \alpha) \\ (\varepsilon_2, \alpha) \\ \vdots \\ (\varepsilon_m, \alpha) \end{bmatrix} = \begin{bmatrix} d \\ 0 \\ \vdots \\ 0 \end{bmatrix} = \beta'. \quad \blacksquare$$

根据线性代数的理论，对于一个实对称矩阵 A，存在正交矩阵 T，使

$$T'AT = \begin{bmatrix} \lambda_1 & & & \\ & \lambda_2 & & 0 \\ & & \ddots & \\ & 0 & & \lambda_n \end{bmatrix},$$

其中 $\lambda_1, \cdots, \lambda_n$ 是 A 的 n 个实特征值. 不妨假定

$$\lambda_1 \geqslant \lambda_2 \geqslant \cdots \geqslant \lambda_p > 0 > \lambda_{p+1} \geqslant \cdots \geqslant \lambda_r, \quad \lambda_{r+1} = \cdots = \lambda_n = 0.$$

于是，在正交变换

$$\overline{X}' = \begin{bmatrix} T & 0 \\ 0 & 1 \end{bmatrix} \overline{Y}'$$

下，由(3)式表示的二次多项式 f 变为

$$g(y_1, \cdots, y_n) = \sum_{i=1}^{r} \lambda_i y_i^2 + 2(b'_1 y_1 + \cdots + b'_n y_n) + c.$$

此时 $V(f)$ 与 $V(g)$ 度量等价. 因为 $V(g) = V(-g)$，故在上式中不妨假设正平方项个数 $p \geqslant$ 负平方项个数 $r-p$.

1) 如果 $b'_{r+1} = \cdots = b'_n = 0$，我们再做正交变换

$$\begin{cases} z_i = y_i + b'_i/\lambda_i & (i = 1, 2, \cdots, r), \\ z_j = y_j & (j = r+1, \cdots, n). \end{cases}$$

多项式 g 变为

$$h(z_1, \cdots, z_n) = \lambda_1 z_1^2 + \cdots + \lambda_p z_p^2 + \lambda_{p+1} z_{p+1}^2 + \cdots + \lambda_r z_r^2 + c'.$$

若 $c' = 0$，则我们得到如下一类二次超曲面的标准方程

$$\mu_1 z_1^2 + \cdots + \mu_p z_p^2 - \mu_{p+1} z_{p+1}^2 - \cdots - \mu_r z_r^2 = 0, \tag{4}$$

其中 $\mu_i > 0, p \geqslant r-p$；

若 $c'\neq0$，因 $V(h)=V(h/|c'|)$，可得第二类二次超曲面标准方程

$$\mu_1 z_1^2+\cdots+\mu_p z_p^2-\mu_{p+1}z_{p+1}^2-\cdots-\mu_r z_r^2\pm1=0, \tag{5}$$

其中 $\mu_i>0, p>r-p$. 而如果 $p=r-p$，则方程为

$$\mu_1 z_1^2+\cdots+u_p z_p^2-\mu_{p+1}z_{p+1}^2-\cdots-\mu_{2p}z_{2p}^2+1=0. \tag{6}$$

2) 如果 $b'_{r+1},\cdots,b'_n$ 不全为零，设

$$d=\sqrt{b'^2_{r+1}+\cdots+b'^2_n}.$$

按上面的引理 1，存在一个 $n-r$ 阶正交矩阵 T_0，使

$$T'_0\begin{bmatrix}b'_{r+1}\\ \vdots\\ b'_n\end{bmatrix}=\begin{bmatrix}d\\0\\ \vdots\\0\end{bmatrix},$$

令

$$T=\begin{bmatrix}E_r & 0\\ 0 & T_0\end{bmatrix},\quad H=\left[-\frac{b'_1}{\lambda_1},\cdots,-\frac{b'_r}{\lambda_r},0,\cdots,0\right]$$

(其中 E_r 表示 r 阶单位矩阵). 做正交变换

$$\begin{bmatrix}y_1\\ \vdots\\ y_n\\ 1\end{bmatrix}=\begin{bmatrix}T & H'\\ 0 & 1\end{bmatrix}\begin{bmatrix}z_1\\ \vdots\\ z_n\\ 1\end{bmatrix},$$

多项式 g 变成(请读者代入上面 $\overline{Q}'\overline{A}\,\overline{Q}$ 的公式计算一下)

$$h(z_1,\cdots,z_n)=\lambda_1 z_1^2+\cdots+\lambda_p z_p^2+\lambda_{p+1}z_{p+1}^2+\cdots+\lambda_r z_r^2+2dz_{r+1}+c'.$$

若 $c'=0$，我们得到二次超曲面的一类标准方程(注意 $d>0$)

$$\mu_1 z_1^2+\cdots+\mu_p z_p^2-\mu_{p+1}z_{p+1}^2-\cdots-\mu_r z_r^2+2z_{r+1}=0. \tag{7}$$

若 $c'\neq0$，只要再做正交变换：

$$\begin{cases}\overline{z}_i=z_i \quad (i\neq r+1),\\ \overline{z}_{r+1}=z_{r+1}+c'/2d,\end{cases}$$

我们就得到与(7)式相同的标准方程. 注意(7)式中 $\mu_i>0, p\geqslant r-p$.

在上面的讨论中，我们证明了：$\mathbb{R}^n$ 中任意二次超曲面都和由方

程(4)～(7)之一所定义的二次超曲面度量等价. 不难证明：这四类方程所定义的二次超曲面互相之间不度量等价. 具体的证明此处从略. 到此为止，我们已经把二次超曲面的度量等价类完全弄清楚了.

当 $n=2$ 时，互不相同的度量等价类是(设 $\lambda_i>0,\mu_i>0$)：

$\lambda_1 z_1^2+\lambda_2 z_2^2=0$ (一个点)；

$\lambda_1 z_1^2-\mu_2 z_2^2=0$ (两条相交直线)；

$\lambda_1 z_1^2+\lambda_2 z_2^2=1$ (椭圆)；

$\lambda_1 z_1^2+\lambda_2 z_2^2=-1$ (无轨迹)；

$\lambda_1 z_1^2-\mu_2 z_2^2=1$ (双曲线)；

$\lambda_1 z_1^2+2z_2=0$ (抛物线)；

$\lambda_1 z_1^2-1=0$ (两条平行的直线)；

$\lambda_1 z_1^2+1=0$ (无轨迹)；

$z_1^2=0$ (两条重合的直线).

因此，从欧几里得几何学的观点来看，平面上的二次曲线只有以上九大类.

当 $n=3$ 时，互不相同的度量等价类是(设 $\lambda_i>0,\mu_i>0$)：

$\lambda_1 z_1^2+\lambda_2 z_2^2+\lambda_3 z_3^2=0$ (一个点)；

$\lambda_1 z_1^2+\lambda_2 z_2^2+\lambda_3 z_3^2+1=0$ (无轨迹)；

$\lambda_1 z_1^2+\lambda_2 z_2^2+\lambda_3 z_3^2-1=0$ (椭球面)；

$\lambda_1 z_1^2+\lambda_2 z_2^2-\mu_3 z_3^2=0$ (锥面)；

$\lambda_1 z_1^2+\lambda_2 z_2^2-\mu_3 z_3^2+1=0$ (双叶双曲面)；

$\lambda_1 z_1^2+\lambda_2 z_2^2-\mu_3 z_3^2-1=0$ (单叶双曲面)；

$\lambda_1 z_1^2+\lambda_2 z_2^2=0$ (一条直线)；

$\lambda_1 z_1^2+\lambda_2 z_2^2+1=0$ (无轨迹)；

$\lambda_1 z_1^2+\lambda_2 z_2^2-1=0$ (椭圆柱面)；

$\lambda_1 z_1^2+\lambda_2 z_2^2+2z_3=0$ (椭圆抛物面)；

$\lambda_1 z_1^2-\mu_2 z_2^2=0$ (两张相交的平面)；

$\lambda_1 z_1^2-\mu_2 z_2^2+1=0$ (双曲柱面)；

$\lambda_1 z_1^2-\mu_2 z_2^2+2z_3=0$ (双曲抛物面)；

$z_1^2=0$ （两张重合的平面）；

$\lambda_1 z_1^2+1=0$ （无轨迹）；

$\lambda_1 z_1^2-1=0$ （两张平行的平面）；

$\lambda_1 z_1^2+2z_2=0$ （抛物柱面）.

因此，从欧几里得几何学的观点来看，空间中的二次曲面只有以上十七个大类.

Ⅱ. $\mathbb{R}^n$ 中二次超曲面的仿射分类

因为正交变换都是仿射变换，所以讨论二次超曲面的仿射分类可以从度量分类中所得到的标准方程出发，对它们再做仿射变换.

对于标准方程(4)，(5)，(6)，做仿射变换

$$\begin{cases} u_i=\sqrt{\mu_i}z_i & (i=1,\cdots,r), \\ u_j=z_j & (j=r+1,\cdots,n). \end{cases}$$

我们分别得出如下三个标准方程：

$$u_1^2+\cdots+u_p^2-u_{p+1}^2-\cdots-u_r^2=0 \quad (p\geqslant r-p),$$

$$u_1^2+\cdots+u_p^2-u_{p+1}^2-\cdots-u_r^2\pm 1=0 \quad (p>r-p),$$

$$u_1^2+\cdots+u_p^2-u_{p+1}^2-\cdots-u_{2p}^2+1=0.$$

对于标准方程(7)，做仿射变换

$$\begin{cases} u_i=\sqrt{\mu_i}z_i & (i=1,\cdots,r), \\ u_{r+1}=2z_{r+1}, \\ u_j=z_j & (j=r+2,\cdots,n). \end{cases}$$

我们得出第四个标准方程

$$u_1^2+\cdots+u_p^2-u_{p+1}^2-\cdots-u_r^2+u_{r+1}=0 \quad (p\geqslant r-p).$$

于是，$\mathbb{R}^n$ 中任意一个二次超曲面必与上面四个方程中的某一个方程所确定的二次超曲面仿射等价. 同样地，可以证明上述四类标准方程所确定的二次超曲面彼此之间不仿射等价. 这样，我们就把二次超曲面的仿射等价类完全搞清楚了.

令 $n=2,3$，我们就分别得到平面上的二次曲线和空间中的二次曲面的仿射分类. 此处不再一一列举出来.

3. 多元函数的极值

现在介绍实二次型理论在数学分析中的一个应用. 设 D 是实数

域上 n 维仿射空间 $\mathbb{R}^n$ 的一个区域，$f(x_1,x_2,\cdots,x_n)$ 是定义在 D 内一个 n 元实函数. 对 $\mathbb{R}^n$ 中一个点 $P=(a_1,a_2,\cdots,a_n)$，设 R 为一个正实数，定义

$$O(R)=\left\{(x_1,x_2,\cdots,x_n)\in\mathbb{R}^n \,\middle|\, \sum_{i=1}^{n}(x_i-a_i)^2<R^2\right\},$$

称之为 P 点的一个**球形邻域**.

根据数学分析的理论，我们有如下结论.

引理 2 设 n 元实函数 $f(x_1,\cdots,x_n)$ 定义在 $\mathbb{R}^n$ 的一个区域 D 内，$P=(a_1,a_2,\cdots,a_n)\in D$. 如果 P 点有一个球形邻域 $O(R)\subseteq D$，且 $f(x_1,\cdots,x_n)$ 在 $O(R)$ 内存在三阶连续偏微商，则

$$f(x_1,\cdots,x_n)=f(a_1,\cdots,a_n)+\sum_{i=1}^{n}f'_{x_i}(a_1,\cdots,a_n)\Delta x_i$$
$$+\sum_{i=1}^{n}\sum_{j=1}^{n}f''_{x_ix_j}(a_1,\cdots,a_n)\Delta x_i\Delta x_j+o(\rho^2),$$

其中 $\Delta x_i=x_i-a_i$，$\rho^2=\Delta x_1^2+\Delta x_2^2+\cdots+\Delta x_n^2$.

我们知道，如果 P 点是函数 $f(x_1,\cdots,x_n)$ 的极值点，则有

$$f'_{xi}(a_1,a_2,\cdots,a_n)=0\quad(i=1,2,\cdots,n).$$

但这并非极值的充分条件. 下面利用实二次型的理论来阐明在何种情况下满足上述条件的点 P 是 $f(x_1,\cdots,x_n)$ 的极值点.

引理 3 设 $g=X'AX(A'=A)$ 是一个 n 元非零实二次型，则下面结论成立：

(i) 若 g 是正定二次型，则存在正实数 c，使对一切 $X\in\mathbb{R}^n$，有

$$X'AX\geqslant c(X'X);$$

(ii) 若 g 是负定二次型，则存在正实数 c，使对一切 $X\in\mathbb{R}^n$，有

$$X'AX\leqslant -c(X'X);$$

(iii) 若 g 是不定二次型，则存在正实数 c_1 及 $X_1\in\mathbb{R}^n$，$X_1\neq 0$，使 $X_1'AX_1=c_1(X_1'X_1)$，又存在正实数 c_2 及 $X_2\in\mathbb{R}^n$，$X_2\neq 0$，使

$$X_2'AX_2=-c_2(X_2'X_2).$$

证 根据第六章定理 2.3，存在 n 阶正交矩阵 T，使

$$g=X'AX\xlongequal{X=TY}\lambda_1y_1^2+\lambda_2y_2^2+\cdots+\lambda_ny_n^2.$$

(i) 若 g 正定，则 $\lambda_i>0(i=1,2,\cdots,n)$. 令 $c=\min\{\lambda_1,\lambda_2,\cdots,\lambda_n\}$，

则

$$X'AX \geqslant c(y_1^2+y_2^2+\cdots+y_n^2)=c(Y'Y).$$

而 $X'X=(TY)'(TY)=Y'(T'T)Y=Y'Y$. 得证.

(ii) 若 g 负定, 则 $\lambda_i<0(i=1,2,\cdots,n)$. 若令 $c=\min\{|\lambda_1|, |\lambda_2|,\cdots,|\lambda_n|\}$, 则

$$\begin{aligned}X'AX &\leqslant -c(y_1^2+y_2^2+\cdots+y_n^2)\\ &=-c(Y'Y)=-c(X'X).\end{aligned}$$

(iii) 若 g 为不定型, 可设 $\lambda_1,\lambda_2,\cdots,\lambda_p>0$, 而 $\lambda_{p+1},\cdots,\lambda_r<0$, $\lambda_{r+1}=\cdots=\lambda_n=0$, 其中 $1\leqslant p<r$. 分别取 $c_1=\lambda_1, c_2=-\lambda_{p+1}$, 及

$$Y_1=\begin{bmatrix}1\\0\\\vdots\\0\end{bmatrix},\quad Y_2=\begin{bmatrix}0\\\vdots\\0\\1\\0\\\vdots\\0\end{bmatrix}\ p+1\text{ 行},$$

又令 $X_1=TY_1, X_2=TY_2$, 则

$$X'_1AX_1 \xlongequal{X_1=TY_1} \lambda_1=\lambda_1(Y'_1Y_1)=c_1(X'_1X_1),$$

$$X'_2AX_2 \xlongequal{X_2=TY_2} \lambda_{p+1}=\lambda_{p+1}(Y'_2Y_2)=-c_2(X'_2X_2). \quad \blacksquare$$

当 n 元实函数 $f(x_1,\cdots,x_n)$ 在点 $P=(a_1,a_2,\cdots,a_n)$ 的一个球形邻域 $O(R)$ 内存在三阶连续偏微商时,

$$f''_{x_ix_j}(a_1,a_2,\cdots,a_n)=f''_{x_jx_i}(a_1,a_2,\cdots,a_n).$$

若令

$$a_{ij}=f''_{x_ix_j}(a_1,a_2,\cdots,a_n),$$

则 $A=(a_{ij})$ 是一个 n 阶实对称矩阵.

命题 1.3 设 n 元实函数 $f(x_1,\cdots,x_n)$ 定义在 $\mathbb{R}^n$ 的区域 D 内, 点 $P=(a_1,\cdots,a_n)\in D$. 又设 P 点有一个球形邻域 $O(R)\subseteq D$, $f(x_1,\cdots,x_n)$ 在 $O(R)$ 内存在三阶连续偏微商, 且

$$f'_{x_i}(a_1,\cdots,a_n)=0 \quad (i=1,2,\cdots,n).$$

如令 $a_{ij}=f''_{x_ix_j}(a_1,\cdots,a_n)$, $\Delta x_i=x_i-a_i$. 又

$$A=\begin{bmatrix}a_{11}&a_{12}&\cdots&a_{1n}\\a_{21}&a_{22}&\cdots&a_{2n}\\\vdots&\vdots&&\vdots\\a_{n1}&a_{n2}&\cdots&a_{nn}\end{bmatrix},\quad \Delta X=\begin{bmatrix}x_1-a_1\\x_2-a_2\\\vdots\\x_n-a_n\end{bmatrix}.$$

当 $A\neq 0$ 时,我们有如下结论:

(i) 若$(\Delta X)'A(\Delta X)$为正定二次型,则 P 点为 $f(x_1,\cdots,x_n)$的极小值点;

(ii) 若$(\Delta X)'A(\Delta X)$为负定二次型,则 P 点为 $f(x_1,\cdots,x_n)$的极大值点;

(iii) 若$(\Delta X)'A(\Delta X)$为不定二次型,则 P 点不是 $f(x_1,\cdots,x_n)$的极值点.

证 根据引理 2,我们有

$$\Delta f=f(x_1,\cdots,x_n)-f(a_1,\cdots,a_n)=(\Delta X)'A(\Delta X)+o(\rho^2),$$

这里 $\rho^2=\Delta x_1^2+\Delta x_2^2+\cdots+\Delta x_n^2=(\Delta X)'(\Delta X)$.

(i) 若$(\Delta X)'A(\Delta X)$正定,按上述的引理 3,存在正实数 c,使$(\Delta X)'A(\Delta X)\geqslant c(\Delta X)'(\Delta X)=c\rho^2$. 而

$$\Delta f=(\Delta x)'A(\Delta X)+o(\rho^2)=\left[\frac{1}{\rho^2}(\Delta X)'A(\Delta X)+o(1)\right]\rho^2.$$

当 $\rho\neq 0$ 时,有$\frac{1}{\rho^2}(\Delta X)'A(\Delta X)\geqslant c>0$. 当 $\rho\to 0$ 时 $o(1)$为无穷小,故存在 P 点的一个球形邻域,对此邻域内任意点 $X=(x_1,\cdots,x_n)$,有

$$\frac{1}{\rho^2}(\Delta X)'A(\Delta X)+o(1)>0,$$

于是在此球形邻域内任意点 $X=(x_1,\cdots,x_n)$,必有 $f(x_1,\cdots,x_n)>f(a_1,\cdots,a_n)$(设 $X\neq P$). 于是 P 点为 $f(x_1,\cdots,x_n)$的极小值点.

(ii) 若$(\Delta X)'A(\Delta X)$负定,按引理 3,存在正实数 c,使

$$(\Delta X')A(\Delta X)\leqslant -c(\Delta X)'(\Delta X)=-c\rho^2.$$

此时(设 $\rho\neq 0$)有

$$\frac{1}{\rho^2}(\Delta X)'A(\Delta X)\leqslant -c,$$

于是存在 P 点一个球形邻域,对此邻域内任意点 $X=(x_1,\cdots,x_n)$,

有

$$\Delta f=\left[\frac{1}{\rho^2}(\Delta X)'A(\Delta X)+o(1)\right]\rho^2<0,$$

即 $f(x_1,\cdots,x_n)<f(a_1,\cdots,a_n)$. 故 P 为 $f(x_1,\cdots,x_n)$的一个极大值点.

(iii) 若$(\Delta X')A(\Delta X)$为不定二次型,按引理 3,存在正实数 c_1,c_2 及 $X_1,X_2\in\mathbb{R}^n(X_1\neq0,X_2\neq0)$,使

$$X'_1AX_1=c_1X'_1X_1,\quad X'_2AX_2=-c_2X'_2X_2.$$

令 $\Delta X=\varepsilon X_1,\rho^2=(\Delta X)'(\Delta X)=\varepsilon^2(X'_1X_1)=b_1\varepsilon^2$($b_1$ 为正实数).此时

$$(\Delta X)'A(\Delta X)=\varepsilon^2X'_1AX_1=\varepsilon^2c_1X'_1X_1=b_1c_1\varepsilon^2.$$

而

$$\begin{aligned}\Delta f&=(\Delta X)'A(\Delta X)+o(\rho^2)=b_1c_1\varepsilon^2+o(\varepsilon^2)\\&=(b_1c_1+o(1))\varepsilon^2.\end{aligned}$$

当 $\rho\to0$,即 $\varepsilon\to0$ 时,$o(1)$为无穷小,而 b_1c_1 为正实数.故当 ε 充分小时,$f(x_1,\cdots,x_n)>f(a_1,\cdots,a_n)$,这里 $X=P+\varepsilon X_1$(现在把 X,P,X_1 看作 $\mathbb{R}^n$ 中向量).

再令 $\Delta X=\varepsilon X_2$,则 $\rho^2=b_2\varepsilon^2$,b_2 为正实数.此时

$$(\Delta X)'A(\Delta X)=-b_2c_2\varepsilon^2,$$

而

$$\Delta f=(\Delta X)'A(\Delta X)+o(\rho^2)=(-b_2c_2+o(1))\varepsilon^2.$$

当 $\rho\to0$,即 $\varepsilon\to0$ 时,$o(1)$为无穷小,而 b_2c_2 为正实数.故当 ε 充分小时,$f(x_1,\cdots,x_n)<f(a_1,\cdots,a_n)$,这里 $X=P+\varepsilon X_2$(现在也把 X,P,X_2 看作 $\mathbb{R}^n$中向量).

综合上面两方面的结果知:当 X 沿向量 X_1 方向趋向 P 点时,$f(x_1,\cdots,x_n)$的值都大于 $f(a_1,\cdots,a_n)$,而 X 沿 X_2 方向趋向 P 点时,$f(x_1,\cdots,x_n)$的值却都小于 $f(a_1,\cdots,a_n)$,故 P 点不是 $f(x_1,\cdots,x_n)$的极值点. ▎

习 题 一

1. 设 $f(x,y)=x^2+y^2+1$.求在 $\mathbb{F}_5^2$ 内 $V(f)$的所有点.

2. 列举平面二次曲线和空间二次曲面的仿射等价类，并说明每一类的几何图形是什么？

3. 证明：平面上的椭圆、双曲线、抛物线彼此不仿射等价.

4. 设 f 是域 K 上的 n 元一次多项式，$V(f)$ 称为 K^n 内的**仿射超平面**. 试求 K^n 内仿射超平面的所有仿射等价类.

5. 设 $f(x_1,x_2,x_3,x_4)=-2x_1+x_2-x_3-4x_4$. 试求 $\mathbb{F}_3^4$ 内 $V(f)$ 的所有点.

6. 给定两个实系数 n 元一次多项式

$$f(x_1,\cdots,x_n)=a_0+a_1x_1+a_2x_2+\cdots+a_nx_n \quad (a_i\in\mathbb{R}),$$

$$g(x_1,\cdots,x_n)=b_0+b_1x_1+b_2x_2+\cdots+b_nx_n \quad (b_i\in\mathbb{R}),$$

则 $V(f)$，$V(g)$ 为 $\mathbb{R}^n$ 内的两个仿射超平面. 如果

$$(b_1,b_2,\cdots,b_n)=k(a_1,a_2,\cdots,a_n) \quad (k\in\mathbb{R})$$

（上式为把 $\mathbb{R}^n$ 看作 $\mathbb{R}$ 上 n 维向量空间），但 $b_0\neq ka_0$，则称 $V(f)$ 与 $V(g)$ **平行**.

(1) 证明：$\mathbb{R}^n$ 内的仿射超平面在任意仿射变换下仍变为仿射超平面.

(2) 如果两仿射超平面 Γ_1,Γ_2 互相平行，设它们在某一仿射变换下变为仿射超平面 Γ_1',Γ_2'，证明：Γ_1' 与 Γ_2' 仍然平行.

7. 试求函数 $f(x,y)=y^3-x^3+3x^2+3y^2-9y$ 的全部极值点.

§2 n 维射影空间

根据解析几何的知识，数轴上的点与实数一一对应，所以数轴是一维仿射空间 $\mathbb{R}$. 在平面上取定直角坐标系后，平面上的点与 $\mathbb{R}^2$ 的点一一对应，所以平面是二维仿射空间 $\mathbb{R}^2$. 在空间中取定直角坐标系后，空间的点与 $\mathbb{R}^3$ 中的点一一对应，所以现实的几何空间为三维仿射空间 $\mathbb{R}^3$. 但是，直线，平面，空间都向外无限延伸，这样，一些图形的几何性质就不能被完全弄清楚. 例如平面上的椭圆，双曲线，抛物线，就其图形看，椭圆是封闭曲线，而双曲线，抛物线却都是开口伸向无穷远. 但从代数观点看，这三种曲线的方程都是二次的，从几何观点看，这三种曲线都是用平面切割圆锥时的截线，仅是切割的角度

有不同.由此看来,它们应当有某些共同的几何属性.为了搞清它们的共同点,自然就想到能否从数学理论的角度设法把"无穷远点"添加到直线,平面和空间中去,这样,一些在仿射空间中向无穷远处伸展的几何图形就可以得到完整的刻画.引进射影空间的概念就是为了解决这个问题.

考虑域 K 上的 $n+1$ 维仿射空间 K^{n+1}.令

$$A=\{(a_1,\cdots,a_{n+1})\in K^{n+1}\mid(a_1,\cdots,a_{n+1})\neq(0,\cdots,0)\}.$$

在集合 A 内定义一个关系"$\sim$"如下:

$$(a_1,\cdots,a_{n+1})\sim(a'_1,\cdots,a'_{n+1})\Longleftrightarrow \text{存在}\ \lambda\in K,\lambda\neq 0,\text{使}$$
$$a'_i=\lambda a_i\quad(i=1,\cdots,n+1).$$

显然,这是集合 A 内的一个等价关系,A 关于这个等价关系划分为等价类.$(a_1,\cdots,a_{n+1})$所在的等价类就是集合

$$\{(\lambda a_1,\cdots,\lambda a_{n+1})\mid\lambda\in K,\lambda\neq 0\}.$$

全体等价类所组成的集合称为域 K 上的 n **维射影空间**,记作 $P(K)^n$. $P(K)^n$ 的每个元素$\{(\lambda a_1,\cdots,\lambda a_{n+1})\}$称为一个**点**,而 λa_i $(i=1,2,\cdots,n+1,\lambda\neq0)$称为该点的**齐次坐标**.

例如,考虑实数域上的一维射影空间 $P(\mathbb{R})^1$,其元素(点)为$(\lambda a_1,\lambda a_2)$,其中 $\lambda\in\mathbb{R},\lambda\neq0,a_1,a_2\in\mathbb{R},a_1,a_2$ 不全为零.如果 $a_2\neq0$,定义映射 $(\lambda a_1,\lambda a_2)\longmapsto a_1/a_2\in\mathbb{R}$. 这是 $P(\mathbb{R})^1$ 中第 2 个坐标不为零的点到实数轴 $\mathbb{R}$ 上的一个满、单映射,即一一对应. 我们把数轴上坐标为 a_1/a_2 的点等同于 $P(\mathbb{R})^1$ 中的点$\{(\lambda a_1,\lambda a_2)\}$,坐标原点等同于点$\{(0,\lambda a_2)\}=\{(0,\lambda)\}$. 如令 $a_2\to0$,那么 $a_1/a_2\to\infty$(设 $a_1\neq0$),在极限情况下,即 $a_2=0$ 时,它是数轴上的"无穷远点",此时它为 $P(\mathbb{R})^1$ 上的点$\{(\lambda a_1,0)\}=\{(\lambda,0)\}$. 于是 $P(\mathbb{R})^1$ 可以形象地看作把无穷远点添加到数轴 $\mathbb{R}$ 上去(也就是把数轴的两端在无穷远处相"粘合"成为 $\mathbb{R}$ 上的一个"无穷远点")所得的封闭"直线". 由于这个原因,$P(\mathbb{R})^1$ 通常也称为**射影直线**.

现在考察实数域上的二维射影空间 $P(\mathbb{R})^2$,定义其子集

$$M=\{(\lambda a_1,\lambda a_2,\lambda a_3)\mid\lambda a_3\neq0\}.$$

又定义 M 到几何平面 $\mathbb{R}^2$ 的映射

$$\varphi:(\lambda a_1,\lambda a_2,\lambda a_3)\longmapsto(a_1/a_3,a_2/a_3).$$

φ 显然是满射. 若又有 $(\lambda a'_1, \lambda a'_2, \lambda a'_3)$ 在 φ 下映到同一点 $(a_1/a_3, a_2/a_3)$，则 $a'_1/a'_3, = a_1/a_3, a'_2/a'_3 = a_2/a_3$. 于是当 $a_1a_2 \neq 0$ 时，有

$$a'_1/a_1 = a'_2/a_2 = a'_3/a_3 = \lambda \neq 0,$$

即 $a'_1 = \lambda a_1, a'_2 = \lambda a_2, a'_3 = \lambda a_3$，如果 a_1, a_2 中有等于零的，则相应的 a'_1, a'_2 也为零，这关系仍然成立. 这表明 $(a'_1, a'_2, a'_3) = (\lambda a_1, \lambda a_2, \lambda a_3)$，故 φ 是一个单射. 由此知 $P(\mathbb{R})^2$ 的子集 M 上的点和平面 $\mathbb{R}^2$ 内的点一一对应. 我们把平面 $\mathbb{R}^2$ 内坐标为 $(a_1/a_3, a_2/a_3)$ 的点等同于 $P(\mathbb{R})^2$ 内的点 $\{(\lambda a_1, \lambda a_2, \lambda a_3)\} = \{(\lambda a_1/a_3, \lambda a_2/a_3, \lambda)\}$. 当 $a_1 = a_2 = 0$ 时它是 $\mathbb{R}^2$ 内的坐标原点.

现设 a_1, a_2 是两个不全为零的固定实数，a_3 是一个实变量，则 $(a_1/a_3, a_2/a_3)$ 代表平面上过原点 $(0,0)$ 和点 (a_1, a_2) 的一条直线（除去原点不计）. 当 $a_3 \to 0$ 时，动点 $(a_1/a_3, a_2/a_3)$ 沿此直线趋向无穷远，在极限的情况下，即 $a_3 = 0$ 时，它就是 $P(\mathbb{R})^2$ 内的点 $\{(\lambda a_1, \lambda a_2, 0)\}$，它相应于这条直线上的无穷远点. 于是 $P(\mathbb{R})^2$ 可以看作是把 $\mathbb{R}^2$ 内过原点的所有直线上的无穷远点（它们组成一条无穷远直线）添加到 $\mathbb{R}^2$ 内所得出的扩充平面. 由于这个原因，$P(\mathbb{R})^2$ 通常也称为**射影平面**.

对于域 K 上的 $n+1$ 元多项式环 $K[x_1, \cdots, x_{n+1}]$ 内一个齐次多项式 $f(x_1, \cdots, x_{n+1})$，定义

$$\mathrm{PV}(f) = \{(\lambda a_1, \cdots, \lambda a_{n+1}) \in P(K)^n \mid f(a_1, \cdots, a_{n+1}) = 0\},$$

称其为 $P(K)^n$ 内的一个**射影代数曲面**.

由于 f 为齐次多项式（设为 d 次），我们有

$$f(\lambda a_1, \cdots, \lambda a_{n+1}) = \lambda^d f(a_1, \cdots, a_n) = 0.$$

故上面的定义在逻辑上无矛盾.

给定 K 上一次齐次多项式 $f = a_1x_1 + \cdots + a_{n+1}x_{n+1}$，则 $\mathrm{PV}(f)$ 称为 $P(K)^n$ 内的一张**射影平面**. 又给定 K 上二次齐次多项式

$$f = \sum_{i=1}^{n+1} \sum_{j=1}^{n+1} a_{ij} x_i x_j \quad (a_{ij} = a_{ji}),$$

则 $\mathrm{PV}(f)$ 称为 $P(K)^n$ 内的一个**二次射影代数曲面**. 如取 $K = \mathbb{R}$，则当 $n = 2$ 时，$\mathrm{PV}(f)$ 称为射影平面 $P(\mathbb{R})^2$ 内的一条**射影二次曲线**；而 $n = 3$ 时，$\mathrm{PV}(f)$ 称为射影空间 $P(\mathbb{R})^3$ 中的一个**射影二次曲面**. 和

$P(\mathbb{R})^2$ 一样，$P(\mathbb{R})^3$ 可以看作是普通几何空间 $\mathbb{R}^3$ 添加了过原点(0,0,0)的所有直线上的无穷远点(它们的全体组成一张无穷远平面)后所得的扩充空间.

在域 K 上 n 维仿射空间 K^n 内，一个 n 元多项式 $f(x_1,\cdots,x_n)\in K[x_1,\cdots,x_n]$定义一个仿射超曲面 $V(f)$. 如果我们按上面所说的办法把无穷远点“添加”到 K^n 中使它变成一个射影空间，那么仿射超曲面 $V(f)$“添加”了无穷远点后应成为这个射影空间内一个射影代数曲面，这时它的定义多项式应当是一个齐次多项式，这个多项式应当是由原来的多项式 $f(x_1,\cdots,x_n)$演变过来的. 但是怎样把一个一般为非齐次的多项式演变为一个齐次多项式呢？下面就来阐述这一方法.

对 $K[x_1,\cdots,x_n]$内一个单项式 $ax_1^{i_1}x_2^{i_2}\cdots x_n^{i_n}$，设其次数 $i_1+i_2+\cdots+i_n=d$. 设整数 $m\geqslant d$，则

$$x_{n+1}^m\cdot a\left(\frac{x_1}{x_{n+1}}\right)^{i_1}\left(\frac{x_2}{x_{n+1}}\right)^{i_2}\cdots\left(\frac{x_n}{x_{n+1}}\right)^{i_n}=ax_1^{i_1}x_2^{i_2}\cdots x_n^{i_n}x_{n+1}^{m-d}$$

为 $n+1$ 个不定元 $x_1,\cdots,x_n,x_{n+1}$ 的 m 次单项式. 现设 $f(x_1,\cdots,x_n)$为 K 上一个 m 次多项式，令

$$\widetilde{f}(x_1,\cdots,x_n,x_{n+1})=x_{n+1}^m f\left(\frac{x_1}{x_{n+1}},\frac{x_2}{x_{n+1}},\cdots,\frac{x_n}{x_{n+1}}\right),$$

则多项式 $\widetilde{f}$ 为 $n+1$ 个不定元 $x_1,\cdots,x_n,x_{n+1}$ 的 m 次齐次多项式. $\widetilde{f}(x_1,\cdots,x_n,x_{n+1})$称为 $f(x_1,\cdots,x_n)$的**齐次化**. 此时，对任意 $\lambda\in K$，有

$$\widetilde{f}(\lambda x_1,\cdots,\lambda x_n,\lambda x_{n+1})=\lambda^m\widetilde{f}(x_1,\cdots,x_n,x_{n+1}).$$

对于 $K[x_1,\cdots,x_n]$内一个 n 元多项式 $f(x_1,\cdots,x_n)$，设其次数为 m. 我们把它齐次化：

$$\widetilde{f}(x_1,\cdots,x_{n+1})=x_{n+1}^m f(x_1/x_{n+1},\cdots,x_n/x_{n+1}),$$

此时 $\mathrm{PV}(\widetilde{f})$可以看作是 K^n 内的仿射代数曲面 $V(f)$的一个扩充. 事实上，若$(\lambda a_1,\cdots,\lambda a_{n+1})\in\mathrm{PV}(\widetilde{f})$，且 $\lambda a_{n+1}\neq 0$，则

$$f(a_1/a_{n+1},\cdots,a_n/a_{n+1})=\widetilde{f}(a_1,\cdots,a_{n+1})/a_{n+1}^m=0,$$

即$(a_1/a_{n+1},\cdots,a_n/a_{n+1})\in V(f)$. 反之，若$(a_1,\cdots,a_m)\in V(f)$，则

对任意 $\lambda\in K,\lambda\neq 0$，有

$$\widetilde{f}(\lambda a_1,\cdots,\lambda a_n,\lambda)=\lambda^m f(a_1,\cdots,a_n)=0,$$

即 $(\lambda a_1,\cdots,\lambda a_n,\lambda)\in \mathrm{PV}(\widetilde{f})$. 于是 $\mathrm{PV}(\widetilde{f})$ 中第 $n+1$ 个坐标不为零的点与 $V(f)$ 中的点之间存在一一对应，而 $\mathrm{PV}(\widetilde{f})$ 中多出来的，是第 $n+1$ 个坐标为零的那些点. 故 $\mathrm{PV}(\widetilde{f})$ 可以看作是将"无穷远点"添加到 $V(f)$ 上去之后所得出的扩充代数曲面. 由于这个原因，$\mathrm{PV}(\widetilde{f})$ 通常称为 $V(f)$ 的**射影完备化**.

例如，对 $K[x_1,\cdots,x_n]$ 中的二次多项式

$$f(x_1,\cdots,x_n)=\sum_{i=1}^{n}\sum_{j=1}^{n}a_{ij}x_ix_j+2\sum_{k=1}^{n}b_kx_k+c\quad(a_{ij}=a_{ji}),$$

其齐次化是

$$\widetilde{f}(x_1,\cdots,x_{n+1})=\sum_{i,j=1}^{n}a_{ij}x_ix_j+2\sum_{k=1}^{n}b_kx_kx_{n+1}+cx_{n+1}^2,$$

而 $\mathrm{PV}(\widetilde{f})$ 是 $V(f)$ 的射影完备化.

上一节我们在仿射空间 $\mathbb{R}^n$ 内定义仿射变换，现在对射影空间 $P(\mathbb{R})^n$，我们也来定义类似的变换.

设 $A=(a_{ij})$ 是 $n+1$ 阶实可逆方阵，又设

$$A\begin{bmatrix}a_1\\a_2\\\vdots\\a_n\\a_{n+1}\end{bmatrix}=\begin{bmatrix}a_1'\\a_2'\\\vdots\\a_n'\\a_{n+1}'\end{bmatrix}\quad(a_i\in\mathbb{R},\ a_i\text{ 不全为 }0),$$

则定义 $P(\mathbb{R})^n$ 内变换如下：

$$\{(\lambda a_1,\lambda a_2,\cdots,\lambda a_{n+1})\}\longmapsto\{(\lambda a_1',\lambda a_2',\cdots,\lambda a_{n+1}')\}.$$

当 a_i 不全为 0 时，因 A 可逆，故 a_i' 也不全为 0，上面的定义确为 $P(\mathbb{R})^n$ 内的一个变换. 此变换称为由 $n+1$ 阶方阵 A 决定的**射影变换**.

任取 $\rho\in\mathbb{R},\rho\neq 0$，令 $B=\rho A$，则 B 也是 $n+1$ 阶实可逆方阵，它也定义 $P(\mathbb{R})^n$ 内一个射影变换：

$$\{(\lambda a_1,\cdots,\lambda a_{n+1})\}\longmapsto\{(\lambda\rho a'_1,\cdots,\lambda\rho a'_{n+1})\}.$$

在 $P(\mathbb{R})^n$ 内 $\{(\lambda\rho a'_1,\cdots,\lambda\rho a'_{n+1})\}=\{(\lambda a'_1,\cdots,\lambda a'_{n+1})\}$，故 $B=\rho A$ 定义出的射影变换与 A 定义的射影变换相同.

命题 2.1 设 A,B 是两个 $n+1$ 阶可逆实方阵，则它们定义 $P(\mathbb{R})^n$ 内同一个射影变换的充要条件是存在 $\rho\in\mathbb{R}$，使 $B=\rho A$.

证 充分性已在上面阐明，下面证明必要性. 设 B 与 A 定义 $P(\mathbb{R})^n$ 内同一射影变换. 令

$$\varepsilon_i=(0,\cdots,0,\overset{i}{1},0,\cdots,0)\quad(i=1,2,\cdots,n+1).$$

设

$$A\varepsilon_i=\begin{bmatrix}a_{i1}\\ \vdots\\ a_{in+1}\end{bmatrix},\quad B\varepsilon_i=\begin{bmatrix}b_{i1}\\ \vdots\\ b_{in+1}\end{bmatrix},$$

则

$$\{(\lambda a_{i1},\cdots,\lambda a_{in+1})\}=\{(\lambda b_{i1},\cdots,\lambda b_{in+1})\}.$$

这表明存在 $\rho_i\in\mathbb{R},\rho_i\neq 0$，使 $b_{ik}=\rho_i a_{ik}(k=1,2,\cdots,n+1)$，于是 $B\varepsilon_i=\rho_i A\varepsilon_i$. 令 $\varepsilon=(1,1,\cdots,1)$，同样的推理可知存在 $\rho\in\mathbb{R}$，使 $B\varepsilon=\rho A\varepsilon$. 这表明

$$\begin{aligned}B\varepsilon&=B(\varepsilon_1+\varepsilon_2+\cdots+\varepsilon_{n+1})=B\varepsilon_1+B\varepsilon_2+\cdots+B\varepsilon_{n+1}\\&=\rho_1A\varepsilon_1+\rho_2A\varepsilon_2+\cdots+\rho_{n+1}A\varepsilon_{n+1}\\&=\rho A\varepsilon=\rho A\varepsilon_1+\rho A\varepsilon_2+\cdots+\rho A\varepsilon_{n+1}.\end{aligned}$$

因 $\varepsilon_1,\varepsilon_2,\cdots,\varepsilon_{n+1}$ 为向量空间 $\mathbb{R}^{n+1}$ 的一组基，而 A 为 $n+1$ 阶可逆方阵，所以 $A\varepsilon_1,A\varepsilon_2,\cdots,A\varepsilon_{n+1}$ 仍为 $\mathbb{R}^{n+1}$ 的一组基，由上述等式立即推出 $\rho_i=\rho(i=1,2,\cdots,n+1)$. 即 $B\varepsilon_i=\rho A\varepsilon_i(i=1,2,\cdots,n+1)$. 现在 $\varepsilon_1,\varepsilon_2,\cdots,\varepsilon_{n+1}$ 为 $\mathbb{R}^{n+1}$ 的一组基，这表明 $B=\rho A$（因 B 与 ρA 定义 $\mathbb{R}^{n+1}$ 内同一个线性变换）. ▌

和 $\mathbb{R}^n$ 中的仿射变换一样，$P(\mathbb{R})^n$ 内的射影变换也具有如下性质.

命题 2.2 $P(\mathbb{R})^n$ 内的射影变换具有如下性质：

(i) 恒等变换为射影变换；

(ii) 两个射影变换的乘积还是射影变换；

(iii) 任一射影变换可逆，其逆变换仍为射影变换.

证 (i) 由 $n+1$ 阶单位矩阵确定的射影变换为 $P(\mathbb{R})^n$ 内的恒等变换.

(ii) 设 A,B 为两个 $n+1$ 阶实可逆矩阵. 按第二章 §5 所述矩阵乘法的直观意义,由 A,B 确定的 $P(\mathbb{R})^n$ 内两个射影变换的乘积是由 AB 所确定的射影变换.

(iii) 设 A 为 $n+1$ 阶实可逆矩阵,则由 A^{-1} 确定的 $P(\mathbb{R})^n$ 内的射影变换为由 A 确定的 $P(\mathbb{R})^n$ 内射影变换的逆变换. ▍

由此命题即知: $P(\mathbb{R})^n$ 内全体射影变换所成集合关于变换乘法组成群,称为 $P(\mathbb{R})^n$ 的**射影变换群**.

$P(\mathbb{R})^n$ 的一个子集称为射影空间 $P(\mathbb{R})^n$ 的一个**图形**. 设 Γ_1,Γ_2 是 $P(\mathbb{R})^n$ 内两个图形,如果存在 $P(\mathbb{R})^n$ 内一个射影变换把 Γ_1 变为 Γ_2,则称 Γ_2 与 Γ_1 **射影等价**. 根据命题 2.2,射影等价是 $P(\mathbb{R})^n$ 内图形之间的一个等价关系,$P(\mathbb{R})^n$ 内的图形关于这个等价关系划分为等价类. $P(\mathbb{R})^n$ 内的图形在射影变换下保持不变的性质称为该图形的**射影性质**. 显然,同一等价类的图形具有相同的射影性质. 研究图形的射影性质的几何学称为**射影几何**.

我们来讨论 $P(\mathbb{R})^n$ 中射影二次代数曲面的射影分类. 令

$$f=\sum_{i=1}^{n+1}\sum_{j=1}^{n+1}a_{ij}x_ix_j \quad (a_{ij}=a_{ji})$$

是 $\mathbb{R}[x_1,\cdots,x_{n+1}]$ 中的一个二次齐次多项式. 根据线性代数的知识,我们知道存在一个 $n+1$ 阶实可逆方阵 T,使

$$T'AT=\begin{bmatrix} 1 &&&&&&&& \\ & \ddots &&&&&&& \\ && 1 &&&&&& \\ &&& -1 &&&&& \\ &&&& \ddots &&&& \\ &&&&& -1 &&& \\ &&&&&& 0 && \\ &&&&&&& \ddots & \\ &&&&&&&& 0 \end{bmatrix}_{(n+1)\times(n+1)} \begin{matrix} \left.\vphantom{\begin{matrix}1\\ \ddots\\ 1\end{matrix}}\right\} p \\ \left.\vphantom{\begin{matrix}1\\ \ddots\\ 1\end{matrix}}\right\} r-p \\ \vphantom{\begin{matrix}1\\ \ddots\\ 1\end{matrix}} \end{matrix}$$

其中 $A=(a_{ij})$ 为 f 的系数所组成的 $n+1$ 阶实对称矩阵. 做射影变

换(略去非零因子 λ 不写)：

$$X' = \begin{bmatrix} x_1 \\ \vdots \\ x_{n+1} \end{bmatrix} = T \begin{bmatrix} y_1 \\ \vdots \\ y_{n+1} \end{bmatrix} = TY'.$$

我们有

$$\begin{aligned} f &= XAX' = Y(T'AT)Y' \\ &= y_1^2 + \cdots + y_p^2 - y_{p+1}^2 - \cdots - y_r^2 \\ &= g(y_1, \cdots, y_{n+1}). \end{aligned}$$

显然，$PV(f)$与 $PV(g)$射影等价. 因为 $PV(g) = PV(-g)$，在上式中我们不妨设 $p \geqslant r - p$. 这样，$P(\mathbb{R})^n$ 内任意一个射影二次曲面都与由方程

$$y_1^2 + \cdots + y_p^2 - y_{p+1}^2 - \cdots - y_r^2 = 0 \quad (p \geqslant p - r)$$

所定义的某个射影二次代数曲面射影等价. 在线性代数中已证明，上式中的 r, p 是射影变换的唯一不变量，故对不同的(r, p)，上面的方程定义出互不射影等价的射影二次代数曲面. 这就把 $P(\mathbb{R})^n$ 中射影二次代数曲面的射影等价类完全弄清楚了.

如令 $n = 2$，我们得到如下五个标准方程：

1) $y_1^2 + y_2^2 + y_3^2 = 0$；　　2) $y_1^2 + y_2^2 - y_3^2 = 0$；

3) $y_1^2 + y_2^2 = 0$；　　4) $y_1^2 - y_2^2 = 0$；

5) $y_1^2 = 0$.

因此从射影几何观点看，射影平面内的射影二次曲线只有上述五类.

在§1中，我们对平面上的二次曲线做了仿射分类，共有九种，其中椭圆，双曲线，抛物线的标准方程是

$$y_1^2 + y_2^2 - 1 = 0 \text{ (椭圆)},$$

$$y_1^2 - y_2^2 - 1 = 0 \text{ (双曲线)},$$

$$y_1^2 + y_2 = 0 \text{ (抛物线)}.$$

如果我们将这些方程齐次化，得到的是

$$y_1^2 + y_2^2 - y_3^2 = 0, \quad y_1^2 - y_2^2 - y_3^2 = 0, \quad y_1^2 + y_2 y_3 = 0.$$

将第二个方程乘-1，再重排变量次序(这相当于作一个射影变换)，就变成第一个方程的形式. 对第三个方程做射影变换

$$y_1=z_1,\quad y_2=z_2+z_3,\quad y_3=z_2-z_3,$$

该方程化做

$$z_1^2+z_2^2-z_3^2=0.$$

这说明,在射影平面 $P(\mathbb{R})^2$ 内,椭圆、双曲线、抛物线都合并为同一类射影二次曲线了.从直观上说,这是由于在普通几何平面内添加了无穷远直线,使双曲线及抛物线在无穷远处都"粘合"成"椭圆".于是,在射影平面内,这三种二次曲线合并为一.

习 题 二

1. 在 $P(\mathbb{R})^3$ 内定义子集

$$V=\{(\lambda a_1,\lambda a_2,\lambda a_3,\lambda a_4)\mid \lambda a_4\neq 0\}.$$

证明 V 与三维几何空间 $\mathbb{R}^3$ 中的点之间存在一一对应. $P(\mathbb{R})^3$ 可以看作是在过 $\mathbb{R}^3$ 中原点 $(0,0,0)$ 的所有直线上添加了无穷远点后所得到的扩充空间.

2. 试将平面二次曲线的每个仿射等价类的标准方程齐次化,再作射影变换使成射影二次曲线的标准方程.指出平面上哪些仿射二次曲线在射影平面内合并为同一个射影等价类.

3. 试列举出 $P(\mathbb{R})^3$ 中射影二次曲面的所有等价类.

4. 设 $f(x_1,x_2,x_3,x_4)=-2x_1+x_2-3x_3+2x_4$. 试求 $P(\mathbb{F}_3)^3$ 内 $\mathrm{PV}(f)$ 的所有点.

*第十二章　张量积与外代数

在前几章讨论线性代数理论时，我们都是讨论单个线性空间. 但在许多理论与实际问题中还需要同时讨论多个线性空间，这类课题称为**多重线性代数**. 本章的内容是介绍多重线性代数的一些基础知识.

§1　多重线性映射

在展开多重线性代数理论之前，我们需要一些基本知识，下面对此做一简要的阐述.

1. 线性空间的对偶空间

设 V 是域 K 上的线性空间，在第五章§1我们已经介绍过 V 上线性函数 $f(\alpha)$ 的概念，它是 V 到 K 上一维线性空间 K 的一个线性映射. 因此，第四章§3所阐述的线性映射的基本理论对 V 上线性函数也适用. 在这里再把要点作一概述.

1) 设 V 是 K 上 n 维线性空间，在 V 内取定一组基 $\varepsilon_1,\varepsilon_2,\cdots,\varepsilon_n$，那么我们有如下两条基本性质：

(i) V 内任一线性函数 $f(\alpha)$ 由它在此组基处函数值 $f(\varepsilon_1)$, $f(\varepsilon_2)$, $\cdots$, $f(\varepsilon_n)$ 唯一决定；

(ii) 任给 K 内 n 个元素 $a_1,a_2,\cdots,a_n$，则存在 V 内唯一的线性函数 $f(\alpha)$，使 $f(\varepsilon_i)=a_i(i=1,2,\cdots,n)$.

2) 设 V 内全体线性函数所成的集合记为 V^*，则在 V^* 内有加法及与 K 中元素 k 的数乘，其定义如下：

(i) $f,g\in V^*$，则

$$(f+g)(\alpha)=f(\alpha)+g(\alpha);$$

(ii) $f\in V^*$，$k\in K$，则

$$(kf)(\alpha)=kf(\alpha).$$

V^* 关于上述加法、数乘组成 K 上的线性空间，称为 V 的**对偶空间**.

现设 V 是 K 上的 n 维线性空间. 在 V 内取基

$$\varepsilon_1,\varepsilon_2,\cdots,\varepsilon_n.$$

我们可以定义 V 内 n 个线性函数

$$f_i(\varepsilon_j)=\delta_{ij}\quad(i,j=1,2,\cdots,n)\tag{1}$$

(按照上面所指出的线性函数的两条基本性质，$f_i(\alpha)$ 是存在而且唯一的). 我们来证明这 n 个线性函数

$$f_1(\alpha),f_2(\alpha),\cdots,f_n(\alpha)$$

组成 V^* 的一组基.

1) $f_1,f_2,\cdots,f_n$ 线性无关. 设

$$k_1f_1(\alpha)+k_2f_2(\alpha)+\cdots+k_nf_n(\alpha)\equiv 0,$$

上式表示以 V 中任一 α 代入等式均成立. 现以 $\alpha=\varepsilon_j$ 代入，由(1)式可知有

$$k_j=k_jf_j(\varepsilon_j)=0\quad(j=1,2,\cdots,n).$$

这就证明了 $f_1,f_2,\cdots,f_n$ 是线性无关的.

2) 再证任一 $f\in V^*$ 均可被 $f_1,f_2,\cdots,f_n$ 线性表示. 设

$$f(\varepsilon_1)=a_1,\ f(\varepsilon_2)=a_2,\ \cdots,\ f(\varepsilon_n)=a_n.$$

考察

$$\tilde{f}(\alpha)=a_1f_1(\alpha)+a_2f_2(\alpha)+\cdots+a_nf_n(\alpha).$$

因为 V^* 是一线性空间，V^* 内的向量 $f_1,f_2,\cdots,f_n$ 的线性组合 $\tilde{f}\in V^*$. 再由(1)式，有

$$\tilde{f}(\varepsilon_j)=a_jf_j(\varepsilon_j)=a_j=f(\varepsilon_j)\quad(j=1,2,\cdots,n).$$

根据线性函数的基本性质，有 $\tilde{f}(\alpha)\equiv f(\alpha)$，故

$$f(\alpha)=a_1f_1(\alpha)+a_2f_2(\alpha)+\cdots+a_nf_n(\alpha).$$

定义 在 V 内取定一组基 $\varepsilon_1,\varepsilon_2,\cdots,\varepsilon_n$，则由(1)式所定义的 $f_1,f_2,\cdots,f_n$ 构成 V^* 的一组基，称这组基为 V 内 $\varepsilon_1,\varepsilon_2,\cdots,\varepsilon_n$ 这组基的**对偶基**.

从上面的分析可知，V^* 也是数域 K 上的 n 维线性空间. 因为 $\dim V^*=\dim V$，所以 V^* 和 V 是同构的线性空间.

现对任意 $\alpha\in V$ 定义 V^* 上一个函数(V^* 到 K 的一个映射)如下：$\alpha^*(f)=f(\alpha)\in K$. 我们有：

1) $\forall f,g\in V^*$,

$\alpha^*(f+g)=(f+g)(\alpha)=f(\alpha)+g(\alpha)=\alpha^*(f)+\alpha^*(g)$;

2) $\forall f\in V^*, k\in K, \alpha^*(kf)=kf(\alpha)=k\alpha^*(f)$.

这表明 α^* 是 V^* 上的一个线性函数，即 $\alpha^*\in(V^*)^*$. $(V^*)^*$ 当然也是 K 上的线性空间，即 V^* 的对偶空间.

这样，我们得到 V 到 $(V^*)^*$ 的一个映射 σ，即 $\sigma(\alpha)=\alpha^*$. 我们来证明 σ 是 K 上线性空间 $V,(V^*)^*$ 之间的线性映射：

1) $\forall\alpha,\beta\in V, \sigma(\alpha+\beta)(f)=(\alpha+\beta)^*(f)=f(\alpha+\beta)=f(\alpha)+f(\beta)=\alpha^*(f)+\beta^*(f)=(\alpha^*+\beta^*)(f)$(这里利用了 $(V^*)^*$ 内的加法定义)$=(\sigma(\alpha)+\sigma(\beta))(f)$ $(\forall f\in V^*)$. 故 $\sigma(\alpha+\beta)=\sigma(\alpha)+\sigma(\beta)$;

2) $\forall\alpha\in V, k\in K, \sigma(k\alpha)(f)=(k\alpha)^*(f)=f(k\alpha)=kf(\alpha)=k\alpha^*(f)=(k\sigma(\alpha))(f)$ $(\forall f\in V^*)$，故 $\sigma(k\alpha)=k\sigma(\alpha)$.

现设 V 是 K 上 n 维线性空间，于是 $V^*,(V^*)^*$ 也都是 K 上的 n 维线性空间. 在 V 上取定一组基 $\varepsilon_1,\varepsilon_2,\cdots,\varepsilon_n$，设它在 V^* 内的对偶基为 $f_1,f_2,\cdots,f_n$，此时我们有

$$\varepsilon_i^*(f_j)=f_j(\varepsilon_i)=\delta_{ij}\quad(i,j=1,2,\cdots,n).$$

这表明 $\varepsilon_1^*,\varepsilon_2^*,\cdots,\varepsilon_n^*$ 是 V^* 内一组基 $f_1,f_2,\cdots,f_n$ 在 $(V^*)^*$ 内的对偶基. 而 $\sigma(\varepsilon_i)=\varepsilon_i^*(i=1,2,\cdots,n)$，于是 σ 把 V 的一组基 $\varepsilon_1,\varepsilon_2,\cdots,\varepsilon_n$ 映射为 $(V^*)^*$ 的一组基 $\varepsilon_1^*,\varepsilon_2^*,\cdots,\varepsilon_n^*$，这表明 σ 是 V 到 $(V^*)^*$ 的一个线性空间同构(很容易证明此时 σ 必为单射又为满射，具体推理留给读者作为练习).

2. 多重线性映射

现在，我们对第四章§3所阐述的线性映射的概念作一个推广. 首先介绍一个名词. 设 $A_1,A_2,\cdots,A_k$ 是 k 个非空集合，定义一个新集合如下：

$$A_1\times A_2\times\cdots\times A_k=\{(a_1,a_2,\cdots,a_k)\mid a_i\in A_i\}.$$

这个新的集合称为集合 $A_1,A_2,\cdots,A_k$ 的**笛卡儿乘积**.

定义 设 $V_1,\cdots,V_k,W$ 是域 K 上的线性空间. 又设 f 是从笛

卡儿乘积 $V_1\times\cdots\times V_k$ 到 W 的一个集合间的映射,满足如下条件:对任意 $\lambda,\mu\in K$ 及任意 $i(1\leqslant i\leqslant k)$,有

$$\begin{aligned}&f(\alpha_1,\cdots,\lambda\alpha_i+\mu\beta_i,\cdots,\alpha_k)\\&\quad=\lambda f(\alpha_1,\cdots,\alpha_i,\cdots,\alpha_k)+\mu f(\alpha_1,\cdots,\beta_i,\cdots,\alpha_k),\end{aligned}$$

即映射 f 对每个变元 $\alpha_i\in V_i$ 来说都是线性的,则称 f 是从 $V_1\times\cdots\times V_k$ 到 W 的一个**多线性映射**. 当 $k=2$ 时,也称 f 是**双线性映射**. 如果 $W=K$(看作 K 上的一维线性空间),则称 f 为定义在集合 $V_1\times\cdots\times V_k$ 上的**多线性函数**. 而当 $k=2$ 时,就称 f 是定义在 $V_1\times V_2$ 上的**双线性函数**.

多线性映射(函数)有与线性映射(函数)类似的两条基本性质.

1) 设 $V_1,\cdots,V_k$ 是域 K 上有限维线性空间,在 V_i 内取一组基 $\varepsilon_{i1},\varepsilon_{i2},\cdots,\varepsilon_{in_i}(i=1,2,\cdots,k)$. 则多线性映射 f 由它在取定基下的作用

$$f(\varepsilon_{1i_1},\varepsilon_{2i_2},\cdots,\varepsilon_{ki_k})=\alpha_{i_1i_2\cdots i_k}\in W$$

唯一决定.

2) 在 W 内任取 $n_1n_2\cdots n_k$ 个向量(当 $W=K$ 时为 K 中 $n_1n_2\cdots n_k$ 个元素)$\alpha_{i_1i_2\cdots i_k}$,则存在 $V_1\times V_2\times\cdots\times V_k$ 到 W 的唯一多线性映射 f,使

$$f(\varepsilon_{1i_1},\varepsilon_{2i_2},\cdots,\varepsilon_{ki_k})=\alpha_{i_1i_2\cdots i_k},$$

这里 $i_1=1,2,\cdots,n_1;i_2=1,2,\cdots,n_2;\cdots,i_k=1,2,\cdots,n_k$.

这两条性质的证明与第四章 §3 对线性映射同样性质的证明相同,此处不再重复.

记 $V_1\times V_2\times\cdots\times V_k$ 到 W 的全体多线性映射所成的集合为 $\mathscr{L}(V_1,V_2,\cdots,V_k;W)$,在其上定义加法及与 K 中元素 k 的数乘如下:

1) 加法:若 $f,g\in\mathscr{L}(V_1,V_2,\cdots,V_k;W)$,则令

$$(f+g)(\alpha_1,\alpha_2,\cdots,\alpha_k)=f(\alpha_1,\alpha_2,\cdots,\alpha_k)+g(\alpha_1,\alpha_2,\cdots,\alpha_k);$$

2) 数乘:若 $f\in\mathscr{L}(V_1,V_2,\cdots,V_k;W)$,$a\in K$,则令

$$(af)(\alpha_1,\alpha_2,\cdots,\alpha_k)=af(\alpha_1,\alpha_2,\cdots,\alpha_k).$$

容易验证,关于上述加法、数乘,$\mathscr{L}(V_1,V_2,\cdots,V_k;W)$成为 K 上的线性空间. 当 $W=K$ 时,我们简记此线性空间为 $\mathscr{L}(V_1,V_2,\cdots,V_k)$,它是定义在 $V_1\times V_2\times\cdots\times V_k$ 上全体多线性函数所组成的 K 上线性空间.

命题 1.1 设 U 是域 K 上的 m 维线性空间，V 是 K 上的 n 维线性空间. 在 U 内取一组基 $\varepsilon_1,\varepsilon_2,\cdots,\varepsilon_m$，在 V 内取一组基 $\eta_1,\eta_2,\cdots,\eta_n$，定义 $U\times V$ 上双线性函数 $f_{ij}(\alpha,\beta)$ $(i=1,2,\cdots,m;j=1,2,\cdots,n)$ 如下：

$$f_{ij}(\varepsilon_k,\eta_l)=\delta_{ik}\delta_{jl}\quad(k=1,2,\cdots,m;l=1,2,\cdots,n),\tag{2}$$

则 $\{f_{ij}(\alpha,\beta)\}$ 组成 $\mathscr{L}(U,V)$ 的一组基.

证 根据上面指出的多线性映射的两条基本性质可知满足命题要求的双线性函数 f_{ij} 是存在唯一的.

(i) $f_{i,j}$ 为 $\mathscr{L}(U,V)$ 内线性无关向量组. 因若有

$$\sum_{i=1}^{m}\sum_{j=1}^{n}a_{ij}f_{ij}(\alpha,\beta)=0.$$

令 $\alpha=\varepsilon_k,\beta=\eta_l$ 代入，由(2)式得 $a_{kl}=0$，这里 $k=1,2,\cdots,m;l=1,2,\cdots,n$.

(ii) 任给 $f(\alpha,\beta)\in\mathscr{L}(U,V)$，设 $f(\varepsilon_k,\eta_l)=a_{kl}$. 定义 $U\times V$ 上一双线性函数

$$\widetilde{f}(\alpha,\beta)=\sum_{i=1}^{m}\sum_{j=1}^{n}a_{ij}f_{ij}(\alpha,\beta),$$

则由(2)式知 $\widetilde{f}(\varepsilon_k,\eta_l)=a_{kl}=f(\varepsilon_k,\eta_l)$，根据多线性映射的基本性质知 $f(\alpha,\beta)\equiv\widetilde{f}(\alpha,\beta)$，从而 f 可被 $\{f_{ij}\}$ 线性表示. ▌

给定域 K 上线性空间 U,V，取 $\alpha\in U,\beta\in V$，我们定义 $U^*\times V^*$ 上的函数如下：

$$\begin{aligned}\varphi(\alpha,\beta)(f,g)&=\alpha^*(f)\beta^*(g)\\&=f(\alpha)g(\beta)\quad(\forall f\in U^*,g\in V^*).\end{aligned}$$

显然有

1) $\varphi(\alpha,\beta)(\lambda f_1+\mu f_2,g)=(\lambda f_1+\mu f_2)(\alpha)g(\beta)$
$=\lambda f_1(\alpha)g(\beta)+\mu f_2(\alpha)g(\beta)$
$=\lambda\varphi(\alpha,\beta)(f_1,g)+\mu\varphi(\alpha,\beta)(f_2,g)$;

2) $\varphi(\alpha,\beta)(f,\lambda g_1+\mu g_2)=\lambda\varphi(\alpha,\beta)(f,g_1)+\mu\varphi(\alpha,\beta)(f,g_2)$.

这表明 $\varphi(\alpha,\beta)$ 为 $U^*\times V^*$ 上的双线性函数，就是说 $\varphi(\alpha,\beta)\in\mathscr{L}(U^*,V^*)$. 于是 φ 定义了如下映射：

$$\varphi:U\times V\longrightarrow\mathscr{L}(U^*,V^*)$$

$$(\alpha,\beta)\longmapsto\varphi(\alpha,\beta).$$

命题 1.2 记号如上. $\varphi(\alpha,\beta)$ 为 $U\times V$ 到 K 上线性空间 $\mathscr{L}(U^*,V^*)$ 的双线性映射. 如果 $\varepsilon_1,\varepsilon_2,\cdots,\varepsilon_m$ 为 U 的一组基, $\eta_1,\eta_2,\cdots,\eta_n$ 为 V 的一组基, 则 $\varphi(\varepsilon_i,\eta_j)$ $(i=1,2,\cdots,m;j=1,2,\cdots,n)$ 为 $\mathscr{L}(U^*,V^*)$ 的一组基.

证 首先, 我们有

(i) $$\begin{aligned}\varphi(\lambda\alpha_1+\mu\alpha_2,\beta)(f,g)&=f(\lambda\alpha_1+\mu\alpha_2)g(\beta)\\&=\lambda f(\alpha_1)g(\beta)+\mu f(\alpha_2)g(\beta)\\&=\lambda\varphi(\alpha_1,\beta)(f,g)+\mu\varphi(\alpha_2,\beta)(f,g)\\&=(\lambda\varphi(\alpha_1,\beta)+\mu\varphi(\alpha_2,\beta))(f,g)\\&\qquad(\forall f\in U^*,g\in V^*).\end{aligned}$$

上式表明 $\varphi(\lambda\alpha_1+\mu\alpha_2,\beta)=\lambda\varphi(\alpha_1,\beta)+\mu\varphi(\alpha_2,\beta)$.

(ii) 同理有 $\varphi(\alpha,\lambda\beta_1+\mu\beta_2)=\lambda\varphi(\alpha,\beta_1)+\mu\varphi(\alpha,\beta_2)$.

这证明 $\varphi(\alpha,\beta)$ 为 $U\times V$ 到 $\mathscr{L}(U^*,V^*)$ 的双线性映射.

现设 $\varepsilon_1,\varepsilon_2,\cdots,\varepsilon_m$ 在 U^* 的对偶基为 $f_1,f_2,\cdots,f_m$; $\eta_1,\eta_2,\cdots,\eta_n$ 在 V^* 的对偶基为 $g_1,g_2,\cdots,g_n$, 则有

$$\varphi(\varepsilon_i,\eta_j)(f_k,g_l)=f_k(\varepsilon_i)g_l(\eta_j)=\delta_{ik}\delta_{jl}.$$

按命题 1.1, 即知 $\{\varphi(\varepsilon_i,\eta_j)\}$ 组成 $\mathscr{L}(U^*,V^*)$ 的一组基. ▍

习 题 一

1. 设 V 是三维几何空间, 定义 $V\times V$ 到 V 的映射

$$f:(a,b)\longmapsto a\times b\text{(向量叉乘)},$$

证明: f 是一个双线性映射.

2. 设 K 是一个域. 定义 $M_{m,n}(K)\times M_{n,s}(K)$ 到 $M_{m,s}(K)$ 的映射 $f:(A,B)\longmapsto AB$ (矩阵乘积), 证明: f 是一个双线性映射.

3. 设 K 是一个域. 定义 $\overbrace{K^n\times K^n\times\cdots\times K^n}^{n\text{项}}$ 到 K 的映射 f: $(\alpha_1,\alpha_2,\cdots,\alpha_n)\longmapsto\det(\alpha_1\ \alpha_2\ \cdots\ \alpha_n)$ (以 $\alpha_1,\alpha_2,\cdots,\alpha_n$ 为列向量的 n 阶方阵的行列式), 证明: f 是一个多线性函数.

4. 设 K 是一个域. 定义 $M_{m,n}(K)\times M_{n,m}(K)$ 到 K 的映射 f: $(A,B)\longmapsto\operatorname{Tr}(AB)$, 证明: f 是一个双线性函数.

5. 设 K 是一个域. 在 $M_n(K)$ 内取基 $\{E_{ij} \mid i=1,2,\cdots,n; j=1,2,\cdots,n\}$，试求它在 $M_n(K)^*$ 内的对偶基.

6. 设 K 是一个域. 试求 $\mathscr{L}(M_{m,n}(K), M_{n,m}(K))$ 的一组基.

7. 试找出 $(\mathbb{F}_3^4)^*$ 及 $\mathscr{L}(\mathbb{F}_2^3, \mathbb{F}_3^2)$ 的一组基.

§2　线性空间的张量积

本节介绍多重线性代数中一个重要的基本概念.

1. 张量积的定义

定义　设 U,V,W 是域 K 上的线性空间. 如果存在 $U\times V$ 到 W 的双线性映射 φ，使对于 $U\times V$ 到 K 上任意线性空间 P 的任意双线性映射 f，都存在 W 到 P 的唯一线性映射 τ，使下图交换：

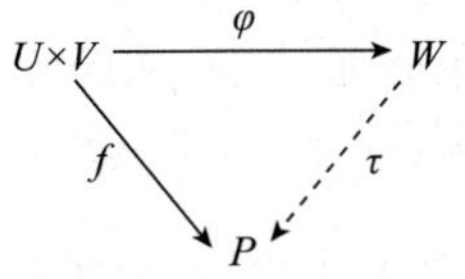

亦即 $f=\tau\varphi$，那么 W 及双线性映射 φ 所成的二元组 (W,φ) 称为 U 与 V 的一个**张量积**.

上面的定义是以抽象的形式出现的，在本书中将对 U,V 为有限维线性空间的情况做详细讨论. 我们首先证明张量积在同构的意义下是唯一的.

命题 2.1　设 U,V 是域 K 上的线性空间. 如果 (W,φ) 和 (W',φ') 是 U,V 的两个张量积，则存在 W 到 W' 的唯一线性空间同构 τ，使下图交换：

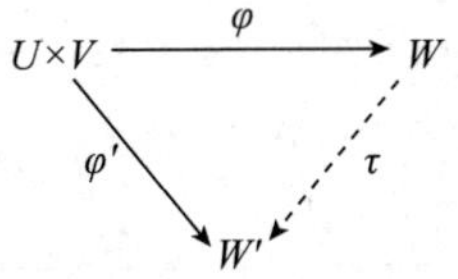

亦即 $W'=\tau(W)$，$\varphi'=\tau\varphi$，从而 $(W',\varphi')=(\tau(W),\tau\varphi)$.

证　按张量积的定义，有 W 到 W' 的唯一线性映射 τ，使下图交换：

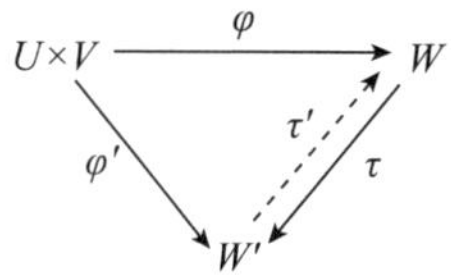

亦即 $\varphi'=\tau\varphi$，只需证 τ 为线性空间同构. 因为(W',φ')也是 U,V 的张量积，所以应有 W'到 W 的线性映射 τ'，使 $\varphi=\tau'\varphi'$. 于是我们有 $\varphi=\tau'(\tau\varphi)=(\tau'\tau)\varphi$. 再观察下图：

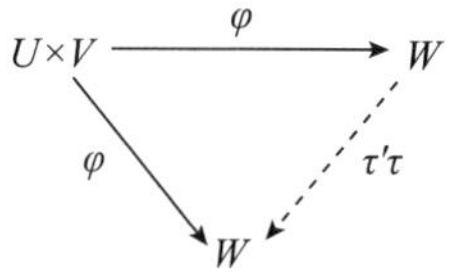

它表示 W 到 W 的线性映射 $\tau'\tau$ 使上图交换. 但 W 内恒等映射 id_W 显然也使上图交换：$\varphi=\mathrm{id}_W\varphi$. 由张量积$(W,\varphi)$的定义，从 W 到 W，且使上图交换的线性映射是唯一的，从而知 $\tau'\tau=\mathrm{id}_W$.

同理，由于又有 $\varphi'=(\tau\tau')\varphi'$，考察下图

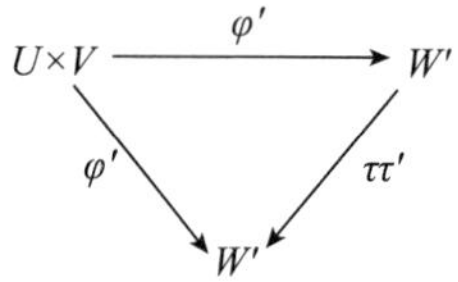

可知应有 $\tau\tau'=\mathrm{id}_{W'}$.

综合上面两方面结果知 τ 可逆，即 τ 为 W 到 W'的线性空间同构，且 $\varphi'=\tau\varphi$. ▌

今后我们用 $U\otimes V$ 来表示 U 与 V 的唯一张量积(在同构意义下)(W,φ). 这时，对任意 $u\in U,v\in V$，$\varphi(u,v)$记作 $u\otimes v$. 我们有下面简单性质：

1) $(a_1u_1+a_2u_2)\otimes v=\varphi(a_1u_1+a_2u_2,v)$
$$=a_1\varphi(u_1,v)+a_2\varphi(u_2,v)$$
$$=a_1u_1\otimes v+a_2u_2\otimes v;$$

2) $u\otimes(b_1v_1+b_2v_2)=b_1u\otimes v_1+b_2u\otimes v_2$;

3) $a(u\otimes v)=(au)\otimes v=u\otimes(av)$ $(\forall a\in K)$.

对域 K 上任意两个线性空间 U,V，张量积 $U\otimes V$ 是否都存在

呢？回答是肯定的.但我们这里将只对 U,V 为有限维线性空间来证明其张量积的存在性.

命题 2.2 设 U,V 是域 K 上的有限维线性空间，在 U 中取一组基 $\varepsilon_1,\varepsilon_2,\cdots,\varepsilon_m$，在 V 中取一组基 $\eta_1,\eta_2,\cdots,\eta_n$. 如果存在 $U\times V$ 到 K 上线性空间 W 的双线性映射 φ，使 $\{\varphi(\varepsilon_i,\eta_j)\mid i=1,2,\cdots,m;j=1,2,\cdots,n\}$ 成为 W 的一组基，则 (W,φ) 为 U 与 V 的一个张量积.

证 设有 $U\times V$ 到 K 上线性空间 P 的双线性映射 f. 我们来证明：存在 W 到 P 的唯一线性映射 τ，使 $f=\tau\varphi$. 因 $w_{ij}=\varphi(\varepsilon_i,\eta_j)$ 为 W 的一组基，按第四章命题 3.6，只需定义 $\tau(w_{ij})=f(\varepsilon_i,\eta_j)\in P$，则 τ 为 W 到 P 的一个线性映射. 此时，对任意 $\varepsilon\in U,\eta\in V$，有

$$\varepsilon=\sum_{i=1}^{m}a_i\varepsilon_i,\quad \eta=\sum_{j=1}^{n}b_i\eta_j,$$

那么，由于 τ,φ 的线性性质，我们有

$$\begin{aligned}\tau\varphi(\varepsilon,\eta)&=\tau\varphi\left(\sum_{i=1}^{m}a_i\varepsilon_i,\sum_{j=1}^{n}b_j\eta_j\right)=\sum_{i=1}^{m}\sum_{j=1}^{n}a_ib_j\tau\varphi(\varepsilon_i,\eta_j)\\&=\sum_{i=1}^{m}\sum_{j=1}^{n}a_ib_j\tau(\omega_{ij})=\sum_{i=1}^{m}\sum_{j=1}^{n}a_ib_jf(\varepsilon_i,\eta_j)\\&=f\left(\sum_{i=1}^{m}a_i\varepsilon_i,\sum_{j=1}^{n}b_j\eta_j\right)=f(\varepsilon,\eta).\end{aligned}$$

这表明 $f=\tau\varphi$. 现设又有 W 到 P 的线性映射 τ'，使 $f=\tau'\varphi$，则 $\tau'(w_{ij})=\tau'(\varphi(\varepsilon_i,\eta_j))=(\tau'\varphi)(\varepsilon_i,\eta_j)=f(\varepsilon_i,\eta_j)=\tau(w_{ij})$. 现在按第四章命题 3.6，因 τ 与 τ' 在 W 的一组基 $\{w_{ij}\}$ 处作用相同，故 $\tau'=\tau$. 根据张量积的定义，即知 (W,φ) 为 U 与 V 的一个张量积. ▎

推论 设 U,V 是域 K 上的有限维线性空间. 令 $W=\mathscr{L}(U^*,V^*)$，又知 $\varphi(\alpha,\beta)$ 为命题 1.2 中的 $U\times V$ 到 W 的双线性映射，则 (W,φ) 为 U 与 V 的一个张量积. 如设 $\varepsilon_1,\varepsilon_2,\cdots,\varepsilon_m$ 为 U 的一组基，$\eta_1,\eta_2,\cdots,\eta_n$ 为 V 的一组基，则 $\varphi(\varepsilon_i,\eta_j)=\varepsilon_i\otimes\eta_j\ (i=1,2,\cdots,m;j=1,2,\cdots,n)$ 为 $U\otimes V=W$ 的一组基，从而

$$\dim(U\otimes V)=(\dim U)(\dim V).$$

证 由命题 1.2 及命题 2.2 即知结论成立. ▎

这样，对有限维线性空间，其张量积的存在性已获证明. 特别是，

如(W,φ)为上述张量积，则φ为$U\times V$到$W=U\otimes V$的双线性映射，且φ的像集$\varphi(U\times V)$中包含$U\otimes V$的一组基，于是$U\otimes V$中任意向量可表为$\varphi(U\times V)$中有限向量的线性组合：

$$\sum_{i=1}^{k}a_i(u_i\otimes v_i)=\sum_{i=1}^{k}(a_iu_i)\otimes v_i=\sum_{i=1}^{k}u'_i\otimes v_i$$

(其中$u'_i\in U,v_i\in V$). 但注意φ并非$U\times V$到$U\otimes V$的满射，故$U\otimes V$中向量不一定都是$u\otimes v$ $(u\in U,v\in V)$的形式. 特别要注意，$U\otimes V$中向量表成$u_i\otimes v_i$形状的向量的线性组合时，其表法一般是不唯一的.

另外还需提请读者注意，当$U=V$时，在张量积$U\otimes U$中，向量$u_1\otimes u_2(u_1,u_2\in U)$一般不等于$u_2\otimes u_1$，这是因为$U\times U$到$U\otimes U$的双线性映射$\varphi$并不具有对称性，即

$$u_1\otimes u_2=\varphi(u_1,u_2)\neq\varphi(u_2,u_1)=u_2\otimes u_1.$$

下面是张量积的一个基本性质.

命题 2.3 设U,V,W是域K上的有限维线性空间. 我们有如下结果：

(i) 存在$U\otimes V$到$V\otimes U$的一个线性空间同构σ，使对任意$u\in U,v\in V$，有$\sigma(u\otimes v)=v\otimes u$.

(ii) 存在$U\otimes(V\otimes W)$到$(U\otimes V)\otimes W$的一个线性空间同构τ，使对任意$u\in U,v\in V,w\in W$，有

$$\tau(u\otimes(v\otimes w))=(u\otimes v)\otimes w.$$

证 在U中取一组基$\varepsilon_1,\varepsilon_2,\cdots,\varepsilon_m$，在$V$中取一组基$\eta_1,\eta_2,\cdots,\eta_n$，在$W$中取一组基$\omega_1,\omega_2,\cdots,\omega_k$. 则$\{\varepsilon_i\otimes\eta_j\}$为$U\otimes V$的一组基，而$\{\eta_j\otimes\varepsilon_i\}$为$V\otimes U$的一组基. 按第四章命题 3.6，存在$U\otimes V$到$V\otimes U$的线性空间同构$\sigma$，使$\sigma(\varepsilon_i\otimes\eta_j)=\eta_j\otimes\varepsilon_i(i=1,2,\cdots,m;j=1,2,\cdots,n)$. 此时对任意$u\in U,v\in V$，有

$$u=\sum_{i=1}^{m}a_i\varepsilon_i,\quad v=\sum_{j=1}^{n}b_j\eta_j,$$

按张量积的基本性质，有

$$\begin{aligned}\sigma(u\otimes v)&=\sigma\left(\left(\sum_{i=1}^{m}a_i\varepsilon_i\right)\otimes\left(\sum_{j=1}^{n}b_j\eta_j\right)\right)\\&=\sigma\left(\sum_{i=1}^{m}\sum_{j=1}^{n}a_ib_j\varepsilon_i\otimes\eta_j\right)=\sum_{i=1}^{m}\sum_{j=1}^{n}a_ib_j\sigma(\varepsilon_i\otimes\eta_j)\end{aligned}$$

$$=\sum_{i=1}^{m}\sum_{j=1}^{n}a_ib_j\eta_j\otimes\varepsilon_i=\left(\sum_{j=1}^{n}b_j\eta_j\right)\otimes\left(\sum_{i=1}^{m}a_i\varepsilon_i\right)$$
$$=v\otimes u.$$

同样，现在$\{\varepsilon_i\otimes(\eta_j\otimes w_t)\}(i=1,2,\cdots,m;j=1,2,\cdots,n;t=1,2,\cdots,k)$为$U\otimes(V\otimes W)$的一组基，而$\{(\varepsilon_i\otimes\eta_j)\otimes w_t\}$为$(U\otimes V)\otimes W$的一组基，定义$U\otimes(V\otimes W)$到$(U\otimes V)\otimes W$的线性空间同构

$$\tau(\varepsilon_i\otimes(\eta_j\otimes w_t))=(\varepsilon_i\otimes\eta_j)\otimes w_t,$$

则τ即为所求. ▌

如设$U\times V$到$U\otimes V$的双线性映射为φ，又定义$U\times V$到$V\otimes U$的映射$f(u,v)=v\otimes u(\forall u\in U,v\in V)$，由张量积的性质知$f$为双线性映射，且$f(\varepsilon_i,\eta_j)=\eta_j\otimes\varepsilon_i$为$V\otimes U$的一组基，按命题2.2，$(V\otimes U,f)$也是$U$与$V$的一个张量积. 又按命题2.3，有如下交换图：

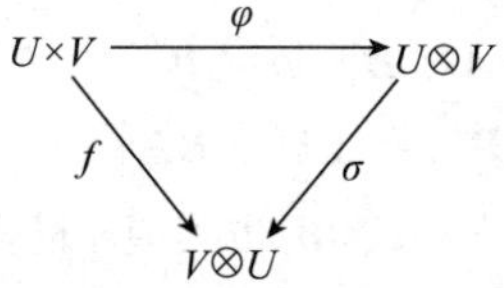

于是$(V\otimes U,f)=(\sigma(U\otimes V),\sigma\varphi)$. 因为张量积在同构意义下是唯一的，故$V\otimes U=U\otimes V$，即两个线性空间的张量积可交换，且此时$v\otimes u=u\otimes v(\forall u\in U,v\in V)$. 但注意这里$U\otimes V$与$V\otimes U$是两个不同的线性空间，$u\otimes v$与$v\otimes u$本来是分属这两个不同线性空间中的向量，只是在同构$\sigma$下把它们看作相同，所以$v\otimes u=u\otimes v$并不是同一线性空间内交换次序，与上面所说的$U\otimes U$内$u_1\otimes u_2\neq u_2\otimes u_1$并不矛盾.

同样，在同构τ下认为$U\otimes(V\otimes W)=(U\otimes V)\otimes W$，简单写成$U\otimes V\otimes W$. 此时$u\otimes(v\otimes w)=(u\otimes v)\otimes w$，简单写成$u\otimes v\otimes w$. 于是，我们可以有任意$l$个有限维线性空间$V_1,V_2,\cdots,V_l$的张量积$V_1\otimes V_2\otimes\cdots\otimes V_l$，而且当$V_i$与$V_j$不同时$V_i\otimes V_j=V_j\otimes V_i$. 而$V_1\otimes V_2\otimes\cdots\otimes V_l$中任意向量均可表为形如$v_1\otimes v_2\otimes\cdots\otimes v_l(v_i\in V_i)$的向量的线性组合(但注意此时表法不是唯一的).

2. 线性变换的张量积

设 V_1,V_2 是域 K 上两个有限维线性空间，$\boldsymbol{A},\boldsymbol{B}$ 分别是 V_1,V_2 内的两个线性变换. 定义 $V_1\times V_2$ 到 $V_1\otimes V_2$ 的映射 g 如下

$$g:(u,v)\longmapsto \boldsymbol{A}u\otimes \boldsymbol{B}v \quad (u\in V_1,v\in V_2).$$

g 显然是一个双线性映射. 根据张量积的定义，存在 $V_1\otimes V_2$ 上的唯一线性变换 σ，使 $\sigma(u\otimes v)=\boldsymbol{A}u\otimes\boldsymbol{B}v$. 我们把 σ 称为 $\boldsymbol{A}$ 与 $\boldsymbol{B}$ 的**张量积**，记作 $\boldsymbol{A}\otimes\boldsymbol{B}$. 于是

$$\boldsymbol{A}\otimes\boldsymbol{B}(u\otimes v)=\boldsymbol{A}u\otimes\boldsymbol{B}v \quad (u\in V_1,v\in V_2).$$

命题 2.4 设 $\boldsymbol{A},\boldsymbol{A}'$ 是 V_1 内的线性变换，$\boldsymbol{B},\boldsymbol{B}'$ 是 V_2 内的线性变换，则

(i) $(\boldsymbol{A}+\boldsymbol{A}')\otimes\boldsymbol{B}=\boldsymbol{A}\otimes\boldsymbol{B}+\boldsymbol{A}'\otimes\boldsymbol{B}$,

$\boldsymbol{A}\otimes(\boldsymbol{B}+\boldsymbol{B}')=\boldsymbol{A}\otimes\boldsymbol{B}+\boldsymbol{A}\otimes\boldsymbol{B}'$;

(ii) $(\boldsymbol{A}\otimes\boldsymbol{B})(\boldsymbol{A}'\otimes\boldsymbol{B}')=\boldsymbol{A}\boldsymbol{A}'\otimes\boldsymbol{B}\boldsymbol{B}'$.

(iii) 如 $\boldsymbol{A},\boldsymbol{B}$ 可逆，则 $\boldsymbol{A}\otimes\boldsymbol{B}$ 也可逆，且 $(\boldsymbol{A}\otimes\boldsymbol{B})^{-1}=\boldsymbol{A}^{-1}\otimes\boldsymbol{B}^{-1}$.

证 因为 $V_1\otimes V_2$ 中每个向量都可由 $u\otimes v$ 型的向量线性表示，所以只要将上述等式两边都作用在 $u\otimes v$ 上，证明所得结果相同就可以了. 例如

$$\begin{aligned}(\boldsymbol{A}\otimes\boldsymbol{B})(\boldsymbol{A}'\otimes\boldsymbol{B}')(u\otimes v)&=(\boldsymbol{A}\otimes\boldsymbol{B})(\boldsymbol{A}'u\otimes\boldsymbol{B}'v)\\&=\boldsymbol{A}\boldsymbol{A}'u\otimes\boldsymbol{B}\boldsymbol{B}'v=(\boldsymbol{A}\boldsymbol{A}'\otimes\boldsymbol{B}\boldsymbol{B}')(u\otimes v).\end{aligned}$$

其他等式的证明留给读者作为练习. ▍

现在取定 V_1 的一组基 $e_1,\cdots,e_m$，V_2 的一组基 $f_1,\cdots,f_n$. 又设

$$(\boldsymbol{A}e_1,\cdots,\boldsymbol{A}e_m)=(e_1,\cdots,e_m)(A),$$
$$(\boldsymbol{B}f_1,\cdots,\boldsymbol{B}f_n)=(f_1,\cdots,f_n)(B).$$

已知 $V_1\otimes V_2$ 的一组基为 $\{e_i\otimes f_j\}$，令 $A=(a_{ij})$，$B=(b_{ij})$，则

$$(\boldsymbol{A}\otimes\boldsymbol{B})(e_i\otimes f_j)=(\boldsymbol{A}e_i)\otimes(\boldsymbol{B}f_j)=\sum_{k=1}^{m}\sum_{l=1}^{n}a_{ki}b_{lj}e_k\otimes f_l.$$

如果约定 $V_1\otimes V_2$ 中这组基的排列次序是

$$e_1\otimes f_1,\cdots,e_1\otimes f_n,e_2\otimes f_1,\cdots,e_2\otimes f_n,\cdots,e_m\otimes f_1,\cdots,e_m\otimes f_n,$$

则 $\boldsymbol{A}\otimes\boldsymbol{B}$ 在这组基下的矩阵可表示为如下的分块形式：

$$A \otimes B = \begin{bmatrix} a_{11}B & a_{12}B & \cdots & a_{1m}B \\ a_{21}B & a_{22}B & \cdots & a_{2m}B \\ \vdots & \vdots & & \vdots \\ a_{m1}B & a_{m2}B & \cdots & a_{mm}B \end{bmatrix}_{mn\times mn}.$$

$A\otimes B$ 称为矩阵 A 与矩阵 B 的**张量积**. 显然,命题 2.4 所列举的线性变换张量积的几条性质可以平行地推到矩阵的张量积上,此处不再重复罗列了.

习 题 二

1. 设 V_1 和 V_2 是实数域上的两个有限维线性空间. 如果 $u\in V_1$, $v\in V_2$, 而 $u\otimes v=0$, 证明:$u=0$ 或 $v=0$.

2. 设 V_1 和 V_2 是实数域上的两个有限维线性空间, $\{e_i\}$, $\{f_j\}$ 分别是 V_1 和 V_2 的一组基(设 $\dim V_1$, $\dim V_2$ 都$\geqslant 2$). 证明: $e_1\otimes f_1+e_2\otimes f_2$ 不能写成 $u\otimes v(u\in V_1, v\in V_2)$的形式.

3. 设 V_1, V_2 是实数域上的线性空间, 维数分别是 2 和 3. V_1 内线性变换 $\boldsymbol{A}$ 在基 e_1, e_2 下的矩阵 A 和 V_2 内线性变换 $\boldsymbol{B}$ 在基 f_1, f_2, f_3 下的矩阵 B 各为

$$A=\begin{bmatrix} 2 & -1 \\ 3 & 0 \end{bmatrix}, \quad B=\begin{bmatrix} 1 & -1 & 1 \\ 0 & 3 & 2 \\ -5 & 1 & 2 \end{bmatrix}.$$

试写出 $\boldsymbol{A}\otimes\boldsymbol{B}$ 在 $V_1\otimes V_2$ 的基

$$e_1f_1,\ e_1f_2,\ e_1f_3,\ e_2f_1,\ e_2f_2,\ e_2f_3$$

下的矩阵.

4. 设 $\boldsymbol{A}$, $\boldsymbol{B}$ 分别是域 K 上有限维线性空间 V 内的两个线性变换. 证明:在 $V\otimes V$ 内存在唯一的线性变换 $\boldsymbol{A}\circ\boldsymbol{B}$, 使

$$(\boldsymbol{A}\circ\boldsymbol{B})(u\otimes v)=\boldsymbol{B}u\otimes\boldsymbol{A}v \quad (u, v\in V).$$

5. 设 $\boldsymbol{A}$, $\boldsymbol{B}$ 分别是复数域 $\mathbb{C}$ 上线性空间 V_1, V_2 内的线性变换, $\dim V_1=m$, $\dim V_2=n$. 如果 $\boldsymbol{A}$ 有 m 个互不相同的特征值 $\lambda_1,\cdots,\lambda_m$, $\boldsymbol{B}$ 有 n 个互不相同的特征值 $\mu_1,\cdots,\mu_n$. 试求 $\boldsymbol{A}\otimes\boldsymbol{B}$ 的全部特征值.

6. 设 A 为域 K 上的 m 阶方阵, B 为域 K 上的 n 阶方阵. 证明:

(1) $A\otimes B$ 与 $B\otimes A$ 相似； (2) $|A\otimes B|=|A|^n\cdot|B|^m$.

§3 张　　量

在这一节里，我们利用向量空间张量积的概念来阐述各种类型的张量.

1. 张量的基本概念

在讨论张量及其运算时，将出现许多和式. 为了简单起见，在张量理论里通常采用一种特殊的记号来表示一个和式. 在一般数学式子中，和号表示为

$$\sum_{i=1}^{n} a_i b_i = a_1 b_1 + a_2 b_2 + \cdots + a_n b_n .$$

而在张量理论中，将某一个量（例如 a_i）的下角标改为上角标，写成 a^i（注意这不是 a 的 i 次方），同时省略和号，即令

$$a^i b_i = a^1 b_1 + a^2 b_2 + \cdots + a^n b_n .$$

在下面，我们将使用这种特殊记号. 读者应当记住，在本节的一个式子中，凡是一个角标（i，j 等等）同时出现，且一个是上角标一个是下角标，那就意味着将该式对此角标的所有可能值求和，而和号不再写出.

现在设 V 是域 K 上的 n 维线性空间，$\varepsilon_1,\cdots,\varepsilon_n$ 和 $\eta_1,\cdots,\eta_n$ 是 V 的两组基，且

$$(\eta_1,\cdots,\eta_n)=(\varepsilon_1,\cdots,\varepsilon_n)T .$$

按照上面的记号，我们将过渡矩阵 T 写成

$$T=\begin{bmatrix} t_1^1 & t_2^1 & \cdots & t_n^1 \\ t_1^2 & t_2^2 & \cdots & t_n^2 \\ \vdots & \vdots & & \vdots \\ t_1^n & t_2^n & \cdots & t_n^n \end{bmatrix},$$

于是有 $\eta_i = t_i^k \varepsilon_k$.

现在考察 V 的对偶空间 V^*. $\varepsilon_1,\cdots,\varepsilon_n$ 在 V^* 的对偶基记为 f^1，

$\cdots, f^n$,此时有 $f^i(\varepsilon_j)=\delta_{ij}$. $\eta_1, \cdots, \eta_n$ 在 V^*的对偶基记为 $g^1, \cdots, g^n$,则有 $g^i(\eta_j)=\delta_{ij}$. 如果设

$$(g^1, \cdots, g^n)=(f^1, \cdots, f^n)S,$$

此时 S 应写成

$$S=\begin{bmatrix} s_1^1 & s_1^2 & \cdots & s_1^n \\ s_2^1 & s_2^2 & \cdots & s_2^n \\ \vdots & \vdots & & \vdots \\ s_n^1 & s_n^2 & \cdots & s_n^n \end{bmatrix},$$

而 $g^i=s_k^i f^k$. 现在以 η_j 代入 $g^i(\alpha)$,得

$$\begin{aligned} \delta_{ij} &= g^i(\eta_j)=s_k^i f^k(\eta_j)=s_k^i f^k(t_j^l \varepsilon_l) \\ &= s_k^i t_j^l f^k(\varepsilon_l)=s_k^i t_j^l \delta_{kl}=s_k^i t_j^k. \end{aligned}$$

上面的式子表示 $S'T=E$. 于是 $S=(T')^{-1}$. 此时有 $TS'=E$,由此推知 $t_k^i s_j^k=\delta_{ij}$. 这给出了 V 内基变换和 V^*内基变换之间的关系,可概括如下:

1) $\eta_i=t_i^k \varepsilon_k$,而 $\varepsilon_i=s_i^k \eta_k$;

2) $g^i=s_k^i f^k$,而 $f^i=t_k^i g^k$.

对任意 $\alpha \in V$,设

$$\alpha=x^i \varepsilon_i=y^j \eta_j.$$

我们有

$$x^i \varepsilon_i=x^i(s_i^k \eta_k)=s_i^k x^i \eta_k=y^k \eta_k.$$

由此得到 V 内的坐标变换公式: $y^j=s_i^j x^i$.

现在考察

$$\overbrace{V \otimes \cdots \otimes V}^{p\text{项}}=V(p).$$

它有相应的两组基:

$$\varepsilon_{i_1} \otimes \cdots \otimes \varepsilon_{i_p} \quad (i_1, \cdots, i_p \text{ 分别取值 } 1,2, \cdots, n);$$

$$\eta_{j_1} \otimes \cdots \otimes \eta_{j_p} \quad (j_1, \cdots, j_p \text{ 分别取值 } 1,2, \cdots, n).$$

对于 $V(p)$内任意向量 α,它在这两组基下的坐标分别设为

$$\begin{aligned} \alpha &= a^{i_1 i_2 \cdots i_p} \varepsilon_{i_1} \otimes \varepsilon_{i_2} \otimes \cdots \otimes \varepsilon_{i_p} \\ &= \bar{a}^{j_1 j_2 \cdots j_p} \eta_{j_1} \otimes \eta_{j_2} \otimes \cdots \otimes \eta_{j_p}. \end{aligned}$$

将 V 内的基变换公式 $\varepsilon_i=s_i^k\eta_k$ 代入上式，得

$$a^{i_1i_2\cdots i_p}\varepsilon_{i_1}\otimes\varepsilon_{i_2}\otimes\cdots\otimes\varepsilon_{i_p}$$
$$=a^{i_1\cdots i_p}(s_{i_1}^{j_1}\eta_{j_1})\otimes\cdots\otimes(s_{i_p}^{j_p}\eta_{j_p})$$
$$=s_{i_1}^{j_1}s_{i_2}^{j_2}\cdots s_{i_p}^{j_p}a^{i_1i_2\cdots i_p}(\eta_{j_1}\otimes\eta_{j_2}\otimes\cdots\otimes\eta_{j_p}).$$

于是我们得到 α 在两组不同基下的坐标的变换关系：

$$\bar{a}^{j_1j_2\cdots j_p}=s_{i_1}^{j_1}s_{i_2}^{j_2}\cdots s_{i_p}^{j_p}a^{i_1i_2\cdots i_p}. \tag{1}$$

在 V 内取定一组基 $\varepsilon_1,\cdots,\varepsilon_n$，让它对应于域 K 内一组元素

$$\{a^{i_1i_2\cdots i_p}\mid i_1,i_2,\cdots,i_p\text{ 分别取值 }1,2,\cdots,n\}.$$

如果这组元素随 V 内的基变换 $\varepsilon_i=s_i^k\eta_k$ 而按公式(1)变换时，就称它为 V 上的一个 p **秩逆变张量**. 从上面的讨论可知，一个 p 秩逆变张量实际上是 $V(p)$ 内一个向量在取定的一组基 $\varepsilon_{i_1}\otimes\cdots\otimes\varepsilon_{i_p}$ 下的坐标. 当基变换时，其坐标按公式(1)变换.

下面考察 V^* 的张量积

$$\overbrace{V^*\otimes\cdots\otimes V^*}^{q\text{项}}=V^*(q).$$

对于 $V^*(q)$ 内任意向量 f，它在 $V^*(q)$ 的两组基

$$f^{i_1}\otimes f^{i_2}\otimes\cdots\otimes f^{i_q}\quad(i_1,i_2,\cdots,i_q\text{ 分别取值 }1,2,\cdots,n),$$
$$g^{j_1}\otimes g^{j_2}\otimes\cdots\otimes g^{j_q}\quad(j_1,j_2,\cdots,j_q\text{ 分别取值 }1,2,\cdots,n)$$

下的坐标分别设为

$$f=b_{i_1i_2\cdots i_q}f^{i_1}\otimes f^{i_2}\otimes\cdots\otimes f^{i_q}$$
$$=\bar{b}_{j_1j_2\cdots j_q}g^{j_1}\otimes g^{j_2}\otimes\cdots\otimes g^{j_q}.$$

现在将 V^* 内基变换公式 $f^i=t_k^ig^k$ 代入，得

$$b_{i_1i_2\cdots i_q}f^{i_1}\otimes f^{i_2}\otimes\cdots\otimes f^{i_q}=b_{i_1i_2\cdots i_q}(t_{j_1}^{i_1}g^{j_1})\otimes\cdots\otimes(t_{j_q}^{i_q}g^{j_q})$$
$$=t_{j_1}^{i_1}t_{j_2}^{i_2}\cdots t_{j_q}^{i_q}b_{i_1i_2\cdots i_q}(g^{j_1}\otimes g^{j_2}\otimes\cdots\otimes g^{j_q}).$$

于是我们得到 f 在两组不同基下的坐标关系：

$$\bar{b}_{j_1j_2\cdots j_q}=t_{j_1}^{i_1}t_{j_2}^{i_2}\cdots t_{j_q}^{i_q}b_{i_1i_2\cdots i_q}. \tag{2}$$

取定 V^* 内一组基：$f^1,\cdots,f^n$，让它对应于域 K 内一组元素

$$\{b_{i_1i_2\cdots i_q}\mid i_1,i_2,\cdots,i_q\text{ 分别取值 }1,2,\cdots,n\},$$

如果这组元素随V^*内的基变换$f^i=t_k^i g^k$而按公式(2)变换时，就称它为V上的一个q**秩协变张量**. 从上面的讨论可知，一个q秩协变张量实际上是$V^*(q)$内一个向量在取定的一组基$f^{i_1}\otimes\cdots\otimes f^{i_q}$下的坐标. 当基变换时，其坐标按公式(2)变换.

最后，我们来考察张量积$V(p)\otimes V^*(q)$，它有两组基

$$\varepsilon_{i_1}\otimes\cdots\otimes\varepsilon_{i_p}\otimes f^{j_1}\otimes\cdots\otimes f^{j_q}$$
$$(i_1,\cdots,i_p,j_1,\cdots j_q \text{ 分别取值 } 1,\cdots,n),$$
$$\eta_{k_1}\otimes\cdots\otimes\eta_{k_p}\otimes g^{l_1}\otimes\cdots\otimes g^{l_q}$$
$$(k_1,\cdots k_p,l_1,\cdots,l_q \text{ 分别取值 } 1,\cdots,n).$$

$V(p)\otimes V^*(q)$内一个向量可表示成

$$a_{j_1j_2\cdots j_q}^{i_1i_2\cdots i_p}\varepsilon_{i_1}\otimes\cdots\otimes\varepsilon_{i_p}\otimes f^{j_1}\otimes\cdots\otimes f^{j_q}$$
$$=\bar{a}_{l_1l_2\cdots l_q}^{k_1k_2\cdots k_p}\eta_{k_1}\otimes\cdots\otimes\eta_{k_p}\otimes g^{l_1}\otimes\cdots\otimes g^{l_q}.$$

在基变换$\varepsilon_i=s_i^k\eta_k$，$f^j=t_l^j g^l$下，有

$$\bar{a}_{l_1l_2\cdots l_q}^{k_1k_2\cdots k_p}=s_{i_1}^{k_1}\cdots s_{i_p}^{k_p}t_{l_1}^{j_1}\cdots t_{l_q}^{j_q}a_{j_1j_2\cdots j_q}^{i_1i_2\cdots i_p}. \tag{3}$$

域K内一组元素$\{a_{j_1\cdots j_q}^{i_1\cdots i_p}\mid i_1,\cdots,i_p,j_1,\cdots,j_q \text{ 分别取值 } 1,\cdots,n\}$在$V$和$V^*$的上述基变换下按公式(3)变换时，就称它为$V$上的一个$p$秩逆变，$q$秩协变的**混合张量**，或简称为$(p,q)$**型张量**. 从上面的讨论可知，一个$(p,q)$型混合张量实际上就是张量积$V(p)\otimes V^*(q)$内一个向量在基$\varepsilon_{i_1}\otimes\cdots\otimes\varepsilon_{i_p}\otimes f^{j_1}\otimes\cdots\otimes f^{j_q}$下的坐标.

2. 张量的加法和乘法

下面我们介绍张量的两种基本运算.

1）加法.

给定两个(p,q)型张量：$a_{j_1\cdots j_q}^{i_1\cdots i_p}$和$b_{j_1\cdots j_q}^{i_1\cdots i_p}$，定义

$$c_{j_1\cdots j_q}^{i_1\cdots i_p}=a_{j_1\cdots j_q}^{i_1\cdots i_p}+b_{j_1\cdots j_q}^{i_1\cdots i_p},$$

称为两个张量的**和**. 显然，这相当于在$V(p)\otimes V^*(q)$内两个向量相加. 所以，两个(p,q)型张量的和仍是一个(p,q)型张量.

2）乘法.

给定一个(p,q)型张量$a_{j_1\cdots j_q}^{i_1\cdots i_p}$，把它看作张量积$V(p)\otimes V^*(q)$

内向量 α 在基 $\varepsilon_{i_1}\otimes\cdots\otimes\varepsilon_{i_p}\otimes f^{j_1}\otimes\cdots\otimes f^{j_q}$ 下的坐标；又给定一个 (r,s) 型张量 $b^{k_1\cdots k_r}_{l_1\cdots l_s}$，把它看作 $V(r)\otimes V^*(s)$ 内一个向量 β 在基 $\varepsilon_{k_1}\otimes\cdots\otimes\varepsilon_{k_r}\otimes f^{l_1}\otimes\cdots\otimes f^{l_s}$ 下的坐标. 我们考察张量积（注意两不同线性空间张量积可交换）

$$(V(p)\otimes V^*(q))\otimes(V(r)\otimes V^*(s))=\overbrace{V\otimes\cdots\otimes V}^{p+r\text{项}}\otimes\overbrace{V^*\otimes\cdots\otimes V^*}^{q+s\text{项}}.$$

它里面有一组基为

$$\varepsilon_{i_1}\otimes\cdots\otimes\varepsilon_{i_p}\otimes\varepsilon_{k_1}\otimes\cdots\otimes\varepsilon_{k_r}\otimes f^{j_1}\otimes\cdots\otimes f^{j_q}\otimes f^{l_1}\otimes\cdots\otimes f^{l_s}$$
$$(i_1,\cdots,i_p,k_1,\cdots,k_r,j_1,\cdots,j_q,l_1,\cdots,l_s=1,2,\cdots,n). \tag{4}$$

我们有

$$\begin{aligned}\alpha\otimes\beta&=(a^{i_1\cdots i_p}_{j_1\cdots j_q}\varepsilon_{i_1}\otimes\cdots\otimes\varepsilon_{i_p}\otimes f^{j_1}\otimes\cdots\otimes f^{j_q})\\&\quad\otimes(b^{k_1\cdots k_r}_{l_1\cdots l_s}\varepsilon_{k_1}\otimes\cdots\otimes\varepsilon_{k_r}\otimes f^{l_1}\otimes\cdots\otimes f^{l_s})\\&=a^{i_1\cdots i_p}_{j_1\cdots j_q}b^{k_1\cdots k_r}_{l_1\cdots l_s}\varepsilon_{i_1}\otimes\cdots\otimes\varepsilon_{i_p}\otimes\varepsilon_{k_1}\otimes\cdots\otimes\varepsilon_{k_r}\\&\quad\otimes f^{j_1}\otimes\cdots\otimes f^{j_q}\otimes f^{l_1}\otimes\cdots\otimes f^{l_s}.\end{aligned}$$

我们定义

$$c^{i_1\cdots i_p k_1\cdots k_r}_{j_1\cdots j_q l_1\cdots l_s}=a^{i_1\cdots i_p}_{j_1\cdots j_q}b^{k_1\cdots k_r}_{l_1\cdots l_s},$$

称它为两个张量 $a^{i_1\cdots i_p}_{j_1\cdots j_q}$ 和 $b^{k_1\cdots k_r}_{l_1\cdots l_s}$ 的**乘积**. $c^{i_1\cdots i_p k_1\cdots k_r}_{j_1\cdots j_q l_1\cdots l_s}$ 是张量积

$$(V(p)\otimes V(r))\otimes(V^*(q)\otimes V^*(s))=V(p+r)\otimes V^*(q+s)$$

内一个向量在所取定的基(4)下的坐标，所以它是一个 $(p+r,q+s)$ 型的张量.

上面我们介绍了张量的概念和两种简单的张量运算. 张量是几何学、力学、物理学中常用的工具，对它们的进一步讨论留待今后具体运用时再进行.

习 题 三

1. 设 V 是一个 n 维欧氏空间，证明：对 V 的任一组基 $\varepsilon_1,\cdots,\varepsilon_n$，存在 V 的另一组基 $\eta^1,\cdots,\eta^n$，使 $(\varepsilon_i,\eta^j)=\delta_{ij}$. $\eta^1,\cdots,\eta^n$ 称为 $\varepsilon_1,\cdots,\varepsilon_n$ 的对偶基.

2. 续上题. 设 V 内另一组基 $\bar{\varepsilon}_1,\cdots,\bar{\varepsilon}_n$，其对偶基为 $\bar{\eta}^1,\cdots,\bar{\eta}^n$. 令

$$(\bar{\varepsilon}_1,\cdots,\bar{\varepsilon}_n)=(\varepsilon_1,\cdots,\varepsilon_n)T,$$

$$(\bar{\eta}^1,\cdots,\bar{\eta}^n)=(\eta_1,\cdots,\eta_n)S.$$

试找出矩阵 T 与 S 的关系.

3. 续上题. 设在张量积空间 $V(p+q)$ 内取定两组基

$$\varepsilon_{i_1}\otimes\cdots\otimes\varepsilon_{i_p}\otimes\eta^{j_1}\otimes\cdots\otimes\eta^{j_q},\ \bar{\varepsilon}_{k_1}\otimes\cdots\otimes\bar{\varepsilon}_{k_p}\otimes\bar{\eta}^{l_1}\otimes\cdots\otimes\eta^{l_q}.$$

试求 $V(p+q)$ 内一个向量在这两组基下坐标之间的变换关系.

§4 外 代 数

本节的内容是阐述在分析、几何、代数三个方面都很重要的概念：外代数. 在前面几章中，我们研究了线性空间的理论. 在当时曾一再指出：线性空间涉及两种运算，即加法和数乘，但是在其中向量与向量之间没有乘法运算. 而实际上，在许多理论与实际问题中都需要把线性空间中的这一不足之处给予适当的弥补，即根据需要，在线性空间的向量之间定义某种乘法运算，使之成为一类新的代数系统. 在我们已经学习过的知识中，已经有这样的例子. 比如域 K 上全体 n 阶方阵所成的集合 $M_n(K)$，关于矩阵加法与数乘它是域 K 上的线性空间，同时其中的向量，即 K 上 n 阶方阵，却又有乘法运算. 又比如三维几何空间是实数域上的三维线性空间，其中向量也有乘法运算，即向量之间的叉乘运算. 本节所要介绍的外代数，就是在某些线性空间中定义向量之间的乘法运算（称为外积）使之成为一个新的代数系统——外代数.

在第四章§2，我们引进了线性空间中子空间的直和的概念，这是在一个线性空间内部讨论其子空间的合并问题. 现在我们需要介绍代数学中另一种重要方法，这就是把若干个（有限个或无限个）线性空间拼装成一个更大的新线性空间.

设 $V_0,V_1,V_2,\cdots$ 为域 K 上的线性空间，利用它们定义一个新集合

$$V=\{(\alpha_0,\alpha_1,\alpha_2,\cdots)\mid\alpha_i\in V_i,\text{且仅有有限个 }\alpha_i\text{ 不为 }0\}.$$

我们规定：$(\alpha_0,\alpha_1,\alpha_2,\cdots)=(\beta_0,\beta_1,\beta_2,\cdots)$ 仅当 $\alpha_i=\beta_i\,(i=0,1,2,\cdots)$. 在 V 的元素之间定义加法及 K 中元素与 V 中元素的数乘如下：

1）加法.

$$(\alpha_0,\alpha_1,\alpha_2,\cdots)+(\beta_0,\beta_1,\beta_2,\cdots)=(\alpha_0+\beta_0,\alpha_1+\beta_1,\alpha_2+\beta_2,\cdots).$$

显然,右边的表达式中仍然仅有有限个 $\alpha_i+\beta_i$ 不为 0,故它也是 V 中一个元素；

2）数乘.

对任意 $k\in K$,令

$$k(\alpha_0,\alpha_1,\alpha_2,\cdots)=(k\alpha_0,k\alpha_1,k\alpha_2,\cdots).$$

现在也仅有有限个 $k\alpha_i$ 不为 0,故右边亦为 V 中元素.

容易验证,V 关于上述运算成为 K 上线性空间. V 称为线性空间 $V_0,V_1,V_2,\cdots$的**外直和**.

现在定义 V_i 到 V 的映射如下：

$$\sigma: V_i \longrightarrow V,$$

$$\alpha \longmapsto (0,\cdots,0,\overset{i\text{项}}{\alpha},0,\cdots).$$

显然 σ 是 V_i 到 V 的线性映射,且为单射.我们今后约定：对任意 $\alpha\in V_i$,令 $\alpha \overset{\text{def}}{=\!=\!=} (0,\cdots,0,\alpha,0,\cdots)$. 于是 V_i 成为 V 的子空间,那么,如果按第四章§2 子空间直和的概念(在那里仅对有限个子空间给出直和的概念,但它显然对无限个子空间也成立,只要要求 V 中每个向量可唯一表为子空间 M_i 中向量之和,且其中仅有有限个不为 0 即可),我们即知 V 为子空间 $V_0,V_1,V_2,\cdots$的直和.因而,我们记

$$V=V_0\oplus V_1\oplus V_2\oplus\cdots=\bigoplus_{i=0}^{+\infty}V_i,$$

并简称 V 为 $V_0,V_1,V_2,\cdots$的**直和**.

在进入正题之前,我们先介绍一个一般的概念：

定义 设 V 是域 K 上的线性空间,如果在 V 内定义了向量乘法运算,即定义一个映射

$$V\times V \longrightarrow V,$$

$$(\alpha,\beta)\longmapsto \alpha\beta,$$

且满足如下运算法则：

1）对任意 $\alpha,\beta,\gamma\in V$,有 $\alpha(\beta\gamma)=(\alpha\beta)\gamma$；

2）对任意 $\alpha,\beta\in V$ 及 $\lambda\in K$,有 $(\lambda\alpha)\beta=\alpha(\lambda\beta)=\lambda(\alpha\beta)$；

3）对任意 $\alpha,\beta,\gamma\in V$，有

$$\alpha(\beta+\gamma)=\alpha\beta+\alpha\gamma,$$
$$(\alpha+\beta)\gamma=\alpha\gamma+\beta\gamma,$$

则 V 称为域 K 上的一个**线性结合代数**.

例如，域 K 上全体 n 阶方阵所成集合 $M_n(K)$ 关于矩阵加法、数乘和乘法组成域 K 上一个线性结合代数. 另一方面，三维空间全体向量所成集合关于向量加法、数乘和叉乘则不构成线性结合代数，因为叉乘不满足结合律.

下面开始讨论外代数的基础理论. 请读者注意，本节中将仅讨论数域 K 上的线性空间而不讨论一般域上的线性空间.

定义 设 V 是数域 K 上的 n 维线性空间，又设 W 也是 K 上的一个线性空间. 从

$$\overbrace{V\times\cdots\times V}^{r\text{项}}$$

到 W 的一个多线性映射 f 如果满足如下条件

$$f(\alpha_1,\cdots,\alpha_i,\alpha_i,\cdots,\alpha_r)=0\quad(i=1,2,\cdots,r-1)$$

（即第 $i,i+1$ 两个变元取 V 内同一个向量 α_i），则称为一个 r **重交错映射**.

如果 f 是一个 r 重交错映射，那么我们有下列性质：

性质 1 $f(\alpha_1,\cdots,\alpha_i,\cdots,\alpha_j,\cdots,\alpha_r)=-f(\alpha_1,\cdots,\alpha_j,\cdots,\alpha_i,\cdots,\alpha_r)$，即交换 f 中两个变元的位置时应改变符号.

证 首先证明交换相邻两个变元 α_i,α_{i+1} 时函数值反号. 按交错映射的定义，有

$$\begin{aligned}0&=f(\alpha_1,\cdots,\alpha_i+\alpha_{i+1},\alpha_i+\alpha_{i+1},\cdots,\alpha_r)\\&=f(\alpha_1,\cdots,\alpha_i,\alpha_i,\cdots,\alpha_r)+f(\alpha_1,\cdots,\alpha_i,\alpha_{i+1},\cdots,\alpha_r)\\&\quad+f(\alpha_1,\cdots,\alpha_{i+1},\alpha_i,\cdots,\alpha_r)+f(\alpha_1,\cdots,\alpha_{i+1},\alpha_{i+1},\cdots,\alpha_r)\\&=f(\alpha_1,\cdots,\alpha_i,\alpha_{i+1},\cdots,\alpha_r)+f(\alpha_1,\cdots,\alpha_{i+1},\alpha_i,\cdots,\alpha_r).\end{aligned}$$

移项后即得

$$f(\alpha_1,\cdots,\alpha_i,\alpha_{i+1},\cdots,\alpha_r)=-f(\alpha_1,\cdots,\alpha_{i+1},\alpha_i,\cdots,\alpha_r).$$

对于交换 α_i,α_j（设 $i<j$）两个变元的情况，可由逐次交换相邻两变元位置 $(j-i)+(j-i-1)=2(j-i)-1$ 次来实现. 每次交换

函数值都变号,共改变奇数次号,故最后两个函数值反号. ▍

性质 2 如果 f 中两个变元取 V 中同一向量,则其函数值为零.

证 设 $f(\alpha_1,\cdots,\alpha_r)$中 $\alpha_i=\alpha_j=\alpha$,则交换 α_i,α_j 位置时函数值应反号,但此时函数值实际上未变化,故必为零. ▍

性质 3 当 $r>n$ 时,r 重交错映射 $f(\alpha_1,\cdots,\alpha_r)\equiv 0$.

证 在 V 中取一组基 $\varepsilon_1,\varepsilon_2,\cdots,\varepsilon_n$. 设

$$\alpha_i=\sum_{j=1}^{n}a_{ij}\varepsilon_j.$$

因 $f(\alpha_1,\cdots,\alpha_r)$为多线性映射,我们有

$$\begin{aligned}f(\alpha_1,\cdots,\alpha_r)&=f\Big(\sum_{j_1=1}^{n}a_{1j_1}\varepsilon_{j_1},\cdots,\sum_{j_r=1}^{n}a_{rj_r}\varepsilon_{j_r}\Big)\\&=\sum_{j_1=1}^{n}\cdots\sum_{j_r=1}^{n}a_{1j_1}\cdots a_{rj_r}f(\varepsilon_{j_1},\cdots,\varepsilon_{j_r}).\end{aligned}$$

现在已知 $r>n$,故 $j_1,j_2,\cdots,j_r$ 中必有两个相同,按上述性质 2,所有 $f(\varepsilon_{j_1},\varepsilon_{j_2},\cdots,\varepsilon_{j_r})=0$. 从而 $f(\alpha_1,\alpha_2,\cdots,\alpha_r)=0$. ▍

命 $\Omega=\{1,2,\cdots,n\}$. 以 Ω_r 表示 Ω 的一个包含 r 个元素的子集. 显然,一共有 $\begin{pmatrix}n\\r\end{pmatrix}$ 个这样的子集. 对每个子集 $\Omega_r=(i_1,i_2,\cdots,i_r)$,我们约定按自然数的大小排列其次序:$i_1<i_2<\cdots<i_r$. 对于 K 上一个 $r\times n$ 矩阵 A,取 A 的第 $i_1,i_2,\cdots,i_r$ 列所组成的 $r\times r$ 矩阵记作 $A(\Omega_r)$. 又用 $|A(\Omega_r)|$ 表示它的行列式.

对每个子集 Ω_r,考察集合 $\{1,\cdots,r\}$ 到 Ω_r 的单射 σ: $k\longmapsto\sigma(k)\in\Omega_r$. 此时 $\sigma(1),\cdots,\sigma(r)$为 Ω_r 内两两不同的元素,恰为 Ω_r 的元素的一个排列,它可写成如下形式:

$$\begin{bmatrix}1&2&\cdots&r\\\sigma(1)&\sigma(2)&\cdots&\sigma(r)\end{bmatrix}.$$

排列 $\sigma(1)\sigma(2)\cdots\sigma(r)$的反序数 $N(\sigma(1)\sigma(2)\cdots\sigma(r))$的奇偶性决定了 σ 的"符号",即令

$$\operatorname{sgn}\sigma=(-1)^{N(\sigma(1)\sigma(2)\cdots\sigma(r))}.$$

如果

$$A=\begin{bmatrix} a_{11} & a_{12} & \cdots & a_{1n} \\ a_{21} & a_{22} & \cdots & a_{2n} \\ \vdots & \vdots & & \vdots \\ a_{r1} & a_{r2} & \cdots & a_{rn} \end{bmatrix},$$

那么，根据行列式的理论，我们有

$$|A(\Omega_r)|=\sum_{\sigma}(\operatorname{sgn}\sigma)a_{1\sigma(1)}a_{2\sigma(2)}\cdots a_{r\sigma(r)},$$

其中和号是对所有可能的映射 σ 求和.

命题 4.1 设 V 是数域 K 上的 n 维线性空间，$\varepsilon_1,\cdots,\varepsilon_n$ 是它的一组基. 又设 f 是 $V\times\cdots\times V$ 到 K 上线性空间 W 的一个 r 重交错映射. 对于 V 内任意 r 个向量 $\alpha_1,\cdots,\alpha_r$，设

$$\alpha_i=a_{i1}\varepsilon_1+a_{i2}\varepsilon_2+\cdots+a_{in}\varepsilon_n \quad (i=1,2,\cdots,r),$$

而 $A=(a_{ij})_{r\times n}$. 则

$$f(\alpha_1,\cdots,\alpha_r)=\sum_{\Omega_r}|A(\Omega_r)|f(\varepsilon_{i_1},\varepsilon_{i_2},\cdots,\varepsilon_{i_r}),$$

其中和号是对所有可能的 $\begin{pmatrix} n \\ r \end{pmatrix}$ 个子集 $\Omega_r=\{i_1,\cdots,i_r\}$ 求和.

证 因为 f 是多线性的和交错的映射，利用多线性映射的性质以及交错映射的性质 2，我们有

$$\begin{aligned} f(\alpha_1,\cdots,\alpha_r) &= \sum_{k_1=1}^{n}\cdots\sum_{k_r=1}^{n}a_{1k_1}\cdots a_{rk_r}f(\varepsilon_{k_1},\cdots,\varepsilon_{k_r}) \\ &= \sum_{\Omega_r}\sum_{(k_1\cdots k_r)\in\Omega_r}a_{1k_1}\cdots a_{rk_r}f(\varepsilon_{k_1},\cdots,\varepsilon_{k_r}). \end{aligned}$$

上面第一个和号表示对所有可能的子集 Ω_r 求和，而第二个和号表示对一个固定的子集 Ω_r，让 $(k_1\cdots k_r)$ 取 Ω_r 内元素的所有可能排列（共有 $r!$ 项），然后求和. 利用交错映射的性质 1，我们有（设 $\sigma(1)=k_1,\cdots,\sigma(r)=k_r$）：

$$f(\varepsilon_{k_1},\cdots,\varepsilon_{k_r})=\operatorname{sgn}\sigma\cdot f(\varepsilon_{i_1},\cdots,\varepsilon_{i_r})$$

（其中 $i_1<i_2<\cdots<i_r$）. 以 $|A(\Omega_r)|$ 的展开式代入，得

$$f(\alpha_1,\cdots,\alpha_r)=\sum_{\Omega_r}|A(\Omega_r)|f(\varepsilon_{i_1},\cdots,\varepsilon_{i_r}). \quad \blacksquare$$

现在我们来指出，对每个正整数 $r\leqslant n$，r 重交错映射都存在. 为

此,取一个 K 上的 $\binom{n}{r}$ 维线性空间,记为 $E_r(V)$. 在 $E_r(V)$ 内取定一组基,并且把每个子集 Ω_r 对应于一个基向量 $\eta(\Omega_r)$. 对于 V 内任意 r 个向量 $\alpha_1,\cdots,\alpha_r$,设

$$\alpha_i = a_{i1}\varepsilon_1 + \cdots + a_{in}\varepsilon_n \quad (i=1,2,\cdots,r).$$

我们定义 $\overbrace{V\times\cdots\times V}^{r\text{项}}$ 到 $E_r(V)$ 的映射 f 如下:

$$f(\alpha_1,\cdots,\alpha_r) = \sum_{\Omega_r} |A(\Omega_r)|\,\eta(\Omega_r). \tag{1}$$

命题 4.2 由(1)式所定义的映射 f 是 $V^r = \overbrace{V\times\cdots\times V}^{r\text{项}}$ 到 $E_r(V)$ 的 r 重交错映射.

证 设对某个 i, $\alpha_i = \lambda\beta_i + \mu\gamma_i$, 而

$$\beta_i = b_1\varepsilon_1 + \cdots + b_n\varepsilon_n, \quad \gamma_i = c_1\varepsilon_1 + \cdots + c_n\varepsilon_n,$$

令

$$A = \begin{bmatrix} a_{11} & \cdots & a_{1n} \\ \vdots & & \vdots \\ \lambda b_1 + \mu c_1 & \cdots & \lambda b_n + \mu c_n \\ \vdots & & \vdots \\ a_{r1} & \cdots & a_{rn} \end{bmatrix},$$

$$A_1 = \begin{bmatrix} a_{11} & \cdots & a_{1n} \\ \vdots & & \vdots \\ b_1 & \cdots & b_n \\ \vdots & & \vdots \\ a_{r1} & \cdots & a_{rn} \end{bmatrix}, \quad A_2 = \begin{bmatrix} a_{11} & \cdots & a_{1n} \\ \vdots & & \vdots \\ c_1 & \cdots & c_n \\ \vdots & & \vdots \\ a_{r1} & \cdots & a_{rn} \end{bmatrix}.$$

显然有 $|A(\Omega_r)| = \lambda|A_1(\Omega_r)| + \mu|A_2(\Omega_r)|$. 代入(1)式,得

$$\begin{aligned} f(\alpha_1,\cdots,\lambda\beta_i+\mu\gamma_i,\cdots,\alpha_r) &= \sum_{\Omega_r} |A(\Omega_r)|\,\eta(\Omega_r) \\ &= \lambda\sum_{\Omega_r} |A_1(\Omega_r)|\eta(\Omega_r) + \mu\sum_{\Omega_r} |A_2(\Omega_r)|\,\eta(\Omega_r) \\ &= \lambda f(\alpha_1,\cdots,\beta_i,\cdots,\alpha_r) + \mu f(\alpha_1,\cdots,\gamma_i,\cdots,\alpha_r). \end{aligned}$$

所以 f 是 V^r 到 $E_r(V)$ 的多线性映射.

注意到如果 $\alpha_1,\cdots,\alpha_r$ 中有两个向量相同时，矩阵 A 有相应的两行相同，于是 $|A(\Omega_r)|=0$，故 f 是交错映射. ▌

定义 对任意 $\alpha_1,\cdots,\alpha_r\in V$，由(1)式定义的 $f(\alpha_1,\cdots,\alpha_r)$ 称为这 r 个向量的**外积**，记作 $\alpha_1\wedge\alpha_2\wedge\cdots\wedge\alpha_r$.

于是外积有如下几条性质：

1) $\alpha_1\wedge\cdots\wedge(\lambda\beta_i+\mu\gamma_i)\wedge\cdots\wedge\alpha_r$

$$=\lambda\alpha_1\wedge\cdots\wedge\beta_i\wedge\cdots\wedge\alpha_r+\mu\alpha_1\wedge\cdots\wedge\gamma_i\wedge\cdots\wedge\alpha_r.$$

2) $\alpha_1\wedge\cdots\wedge\alpha_i\wedge\cdots\wedge\alpha_j\wedge\cdots\wedge\alpha_r$

$$=-\alpha_1\wedge\cdots\wedge\alpha_j\wedge\cdots\wedge\alpha_i\wedge\cdots\wedge\alpha_r.$$

3) $\alpha_1\wedge\cdots\wedge\alpha_i\wedge\cdots\wedge\alpha_i\wedge\cdots\wedge\alpha_r=0.$

显然，上述三条性质是 r 重交错映射 f 的基本性质的直接推论.

从(1)式又可以看出，对于 V 内预先取定的基 $\varepsilon_1,\cdots,\varepsilon_n$，有

$$\varepsilon_{i_1}\wedge\cdots\wedge\varepsilon_{i_r}=f(\varepsilon_{i_1},\cdots,\varepsilon_{i_r})=\eta(\Omega_r).$$

命题 4.3 设 $\eta_1,\cdots,\eta_n$ 是 V 内任一组基，则让 $\Omega_r=\{j_1,\cdots,j_r\}$ 取遍 Ω 的所有 r 个元素的子集 $(j_1<j_2<\cdots<j_r)$ 时，集合 $\{\eta_{j_1}\wedge\cdots\wedge\eta_{j_r}\}$ 组成 $E_r(V)$ 的一组基.

证 设 $(\varepsilon_1,\cdots,\varepsilon_n)=(\eta_1,\cdots,\eta_n)(t_{ij})$，则

$$\eta(\Omega_r)=\varepsilon_{i_1}\wedge\cdots\wedge\varepsilon_{i_r}=\left(\sum_{k_1=1}^{n}t_{k_1i_1}\eta_{k_1}\right)\wedge\cdots\wedge\left(\sum_{k_r=1}^{n}t_{k_ri_r}\eta_{k_r}\right)$$

$$=\sum_{k_1=1}^{n}\cdots\sum_{k_r=1}^{n}t_{k_1i_1}\cdots t_{k_ri_r}(\eta_{k_1}\wedge\cdots\wedge\eta_{k_r})$$

$$=\sum_{\Omega_r}\sum_{(k_1\cdots k_r)\in\Omega_r}(-1)^{N(k_1\cdots k_r)}t_{k_1i_1}\cdots t_{k_ri_r}(\eta_{j_1}\wedge\cdots\wedge\eta_{j_r}).$$

由于 $\{\eta(\Omega_r)\}$ 是 $E_r(V)$ 的一组基，而 $\{\eta_{j_1}\wedge\cdots\wedge\eta_{j_r}\}$ 中向量个数为 $\begin{pmatrix}n\\r\end{pmatrix}=\dim E_r(V)$，故它是 $E_r(V)$ 的一组基. ▌

当 $r>n$ 时，从交错映射 f 的性质 3，可知 $f(\alpha_1,\cdots,\alpha_r)=0$. 因而，对 $r>n$，我们约定 $E_r(V)=\{0\}$. 此时，对任意 $\alpha_1,\cdots,\alpha_r\in V$，令

$$\alpha_1\wedge\cdots\wedge\alpha_r=0\in E_r(V).$$

外积具有一个类似于张量积的重要性质.

命题 4.4 设 g 是从 V^r 到 K 上线性空间 W 的一个交错映射，

则存在 $E_r(V)$ 到 W 的唯一线性映射 σ，使下图交换：

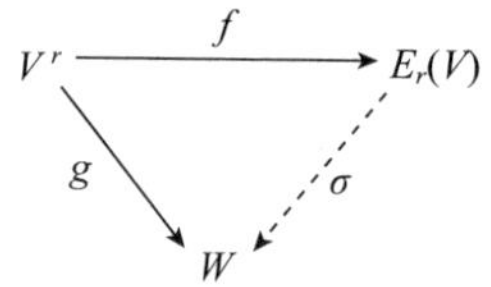

证 若 $r>n$，则 $E_r(V)=\{0\}$，又 g 为零映射，故命题显然成立. 下面设 $r\leqslant n$. 对于 V 内取定的一组基 $\varepsilon_1,\cdots,\varepsilon_n$. 已知 $\{\varepsilon_{i_1}\wedge\cdots\wedge\varepsilon_{i_r}\mid i_1<i_2<\cdots<i_r\}$ 组成 $E_r(V)$ 的一组基，且 $f(\varepsilon_{i_1},\cdots,\varepsilon_{i_r})=\varepsilon_{i_1}\wedge\cdots\wedge\varepsilon_{i_r}$. 所以我们只要定义 σ 在这组基下的像就可以了. 命

$$\sigma(\varepsilon_{i_1}\wedge\cdots\wedge\varepsilon_{i_r})=g(\varepsilon_{i_1},\cdots,\varepsilon_{i_r}). \tag{2}$$

对于任意 $\alpha_1,\cdots,\alpha_r\in V$，设

$$\alpha_i=a_{i_1}\varepsilon_1+\cdots+a_{i_n}\varepsilon_n \quad (i=1,2,\cdots,n).$$

我们有

$$\begin{aligned}\sigma f(\alpha_1,\cdots,\alpha_r)&=\sigma\Big(\sum_{\Omega_r}|A(\Omega_r)|f(\varepsilon_{i_1},\cdots,\varepsilon_{i_r})\Big)\\&=\sum_{\Omega_r}|A(\Omega_r)|\sigma(\varepsilon_{i_1}\wedge\cdots\wedge\varepsilon_{i_r})\\&=\sum_{\Omega_r}|A(\Omega_r)|g(\varepsilon_{i_1},\cdots,\varepsilon_{i_r})=g(\alpha_1,\cdots,\alpha_r).\end{aligned}$$

这说明由(2)式所定义的线性映射 σ 满足 $g=\sigma f$，故它使命题中的图交换.

反之，任何满足命题要求的映射 σ 在 $E_r(V)$ 的基处的作用要满足(2)式，而线性映射由它在一组基处的作用唯一决定，故 σ 是唯一的. ▌

命题 4.5 对于整数 $r,s\geqslant 1$，存在 $E_r(V)\times E_s(V)$ 到 $E_{r+s}(V)$ 的唯一双线性映射 φ，使对任意 $\alpha_1,\cdots,\alpha_r\in V$ 及任意 $\beta_1,\cdots,\beta_s\in V$，都有

$$\varphi(\alpha_1\wedge\cdots\wedge\alpha_r,\beta_1\wedge\cdots\wedge\beta_s)=\alpha_1\wedge\cdots\wedge\alpha_r\wedge\beta_1\wedge\cdots\wedge\beta_s.$$

证 取定 $\alpha_1,\cdots,\alpha_r\in V$，定义 V^s 到 $E_{r+s}(V)$ 的映射

$$g:(\beta_1,\cdots,\beta_s)\longmapsto\alpha_1\wedge\cdots\wedge\alpha_r\wedge\beta_1\wedge\cdots\wedge\beta_s.$$

这显然是一个 s 重交错映射. 根据命题 4.4，存在 $E_s(V)$ 到 $E_{r+s}(V)$ 的唯一线性映射 $\sigma(\alpha_1,\cdots,\alpha_r)$，使

$$\sigma(\alpha_1,\cdots,\alpha_r)(\beta_1\wedge\cdots\wedge\beta_s)=\alpha_1\wedge\cdots\wedge\alpha_r\wedge\beta_1\wedge\cdots\wedge\beta_s.$$

现在考察 K 上线性空间 $W=\mathrm{Hom}(E_s(V),E_{r+s}(V))$，显然，$\sigma(\alpha_1,\cdots,\alpha_r)\in W$. 我们定义 V^r 到 W 的映射 h 如下：

$$h(\alpha_1,\cdots,\alpha_r)=\sigma(\alpha_1,\cdots,\alpha_r).$$

这显然是一个 r 重交错映射. 再根据命题 4.4，存在 $E_r(V)$ 到 W 的唯一线性映射 τ，使 $\tau(\alpha_1\wedge\cdots\wedge\alpha_r)=\sigma(\alpha_1,\cdots,\alpha_r)$.

现在定义 $E_r(V)\times E_s(V)$ 到 $E_{r+s}(V)$ 的映射如下：

$$\varphi(x,y)=\tau(x)(y)\quad(x\in E_r(V),y\in E_s(V)).$$

此时有（注意 $\forall x\in E_r(V),\tau(x)\in\mathrm{Hom}(E_s(V),E_{r+s}(V))$）：

(i) $\varphi(\lambda_1x_1+\lambda_2x_2,y)=\tau(\lambda_1x_1+\lambda_2x_2)(y)$

$=(\lambda_1\tau(x_1)+\lambda_2\tau(x_2))(y)=\lambda_1\tau(x_1)(y)+\lambda_2\tau(x_2)(y)$

$=\lambda_1\varphi(x_1,y)+\lambda_2\varphi(x_2,y)$.

(ii) $\varphi(x,\mu_1y_1+\mu_2y_2)=\tau(x)(\mu_1y_1+\mu_2y_2)$

$=\mu_1\tau(x)(y_1)+\mu_2\tau(x)(y_2)=\mu_1\varphi(x,y_1)+\mu_2\varphi(x,y_2)$.

(iii) $\varphi(\alpha_1\wedge\cdots\wedge\alpha_r,\beta_1\wedge\cdots\wedge\beta_s)=\tau(\alpha_1\wedge\cdots\wedge\alpha_r)(\beta_1\wedge\cdots\wedge\beta_s)$

$=\sigma(\alpha_1,\cdots,\alpha_r)(\beta_1\wedge\cdots\wedge\beta_s)$

$=\alpha_1\wedge\cdots\wedge\alpha_r\wedge\beta_1\wedge\cdots\wedge\beta_s$.

故 φ 满足命题的要求. 由于 $\{\varepsilon_{i_1}\wedge\cdots\wedge\varepsilon_{i_r}\}$ 和 $\{\varepsilon_{j_1}\wedge\cdots\wedge\varepsilon_{j_s}\}$ $(i_1<i_2<\cdots<i_r;j_1<j_2<\cdots<j_s)$ 分别是 $E_r(V)$ 和 $E_s(V)$ 的基，而满足命题要求的 φ 应当使

$$\varphi(\varepsilon_{i_1}\wedge\cdots\wedge\varepsilon_{i_r},\varepsilon_{j_1}\wedge\cdots\wedge\varepsilon_{j_s})=\varepsilon_{i_1}\wedge\cdots\wedge\varepsilon_{i_r}\wedge\varepsilon_{j_1}\wedge\cdots\wedge\varepsilon_{j_s},$$

故 φ 是唯一的. ▌

现在我们做向量空间的直和，令 $E_0(V)=K$，而

$$E(V)=E_0(V)\oplus E_1(V)\oplus E_2(V)\oplus\cdots.$$

由于 $\dim K=1$，$\dim E_r(V)=\begin{pmatrix}n\\r\end{pmatrix}(r\leqslant n)$，$\dim E_r(V)=0(r>n)$，故

$\dim E(V)=\sum\limits_{r=0}^{n}\begin{pmatrix}n\\r\end{pmatrix}=2^n$. 现在我们在 $E(V)$ 的向量间定义**外积**.

1) 对于 $\lambda\in E_0(V)$，$x\in E_r(V)$，定义

$$\lambda\wedge x=x\wedge\lambda=\lambda x\quad(r=0,1,\cdots).$$

2) 对于 $x\in E_r(V)$，$y\in E_s(V)$，定义 $x\wedge y=\varphi(x,y)$（见命题 4.5），此处 $r,s\geqslant 1$.

3) 对于

$$x=x_0+x_1+\cdots+x_n\quad(x_r\in E_r(V)),$$
$$y=y_0+y_1+\cdots+y_n\quad(y_r\in E_r(V)),$$

定义

$$x\wedge y=z_0+z_1+\cdots+z_n,$$

其中

$$z_k=\sum_{i+j=k}x_i\wedge y_j.$$

根据命题 4.5，对于 V 内三组向量 $\alpha_1,\cdots,\alpha_r$；$\beta_1,\cdots,\beta_s$；$\gamma_1,\cdots,\gamma_t$，有

$$\begin{aligned}&[(\alpha_1\wedge\cdots\wedge\alpha_r)\wedge(\beta_1\wedge\cdots\wedge\beta_s)]\wedge(\gamma_1\wedge\cdots\wedge\gamma_t)\\&=(\alpha_1\wedge\cdots\wedge\alpha_r)\wedge[(\beta_1\wedge\cdots\wedge\beta_s)\wedge(\gamma_1\wedge\cdots\wedge\gamma_t)]\\&=\alpha_1\wedge\cdots\wedge\alpha_r\wedge\beta_1\wedge\cdots\wedge\beta_s\wedge\gamma_1\wedge\cdots\wedge\gamma_t.\end{aligned}$$

由此不难证明 $E(V)$ 内的外积满足结合律. 同时容易看出，外积满足分配律，即对任意 $x,y,z\in E(V)$，有

$$(x+y)\wedge z=x\wedge z+y\wedge z;$$
$$x\wedge(y+z)=x\wedge y+x\wedge z.$$

另外，对任意 $x,y\in E(V)$ 及 $\lambda\in K$，有

$$(\lambda x)\wedge y=x\wedge(\lambda y)=\lambda(x\wedge y).$$

所以 $E(V)$ 组成一个数域 K 上的线性结合代数，称为 V 上的**外代数**或**格拉斯曼**(Grassmann)**代数**.

习　题　四

1. 设 A 是域 K 上的 n 阶反对称矩阵. 证明：对于域 K 上的 n 维向量空间 K^n，从 $K^n\times K^n$ 到 K 的映射 $(X,Y)\longmapsto X'AY$（$X,Y\in K^n$，看作 $n\times 1$ 矩阵）是一个交错映射.

2. 设 V 是数域 K 上的 n 维线性空间，$\varepsilon_1,\cdots,\varepsilon_n$ 是它的一组基，$\lambda\in K$.

(1) 证明：从 V^n 到 K 存在唯一的交错映射 f_λ，使

$$f_\lambda(\varepsilon_1,\cdots,\varepsilon_n)=\lambda.$$

（2）设 f_1 是从 V^n 到 K 的唯一交错映射，使

$$f_1(\varepsilon_1, \cdots, \varepsilon_n) = 1,$$

而 g 是 V^n 到 K 的交错映射，使

$$g(\varepsilon_1, \cdots, \varepsilon_n) = \lambda \in K.$$

证明：$g = \lambda f_1$.

3. 设 V 是数域 K 上的 n 维线性空间，$\boldsymbol{A}$ 是 V 内的一个线性变换. f 是 V^n 到 K 的交错映射. 又定义 V^n 到 K 的映射 g 如下：

$$g(\alpha_1, \cdots, \alpha_n) = f(\boldsymbol{A}\alpha_1, \cdots, \boldsymbol{A}\alpha_n) \quad (\alpha_1, \cdots, \alpha_n \in V).$$

证明：g 是一个交错映射.

4. 设 V, W 是数域 K 上的有限维线性空间，$\boldsymbol{A}$ 是 V 到 W 的一个线性映射. 又设 f 是 W^n 到 K 上线性空间 U 的交错映射，定义 V^n 到 U 的映射 g 如下：

$$g(\alpha_1, \cdots, \alpha_n) = f(\boldsymbol{A}\alpha_1, \cdots, \boldsymbol{A}\alpha_n) \quad (\alpha_1, \cdots, \alpha_n \in V).$$

证明：g 是交错映射.

5. 设 V 是数域 K 上的 n 维线性空间，$\boldsymbol{A}$ 是 V 内的一个线性变换，$\alpha_1, \cdots, \alpha_n \in V$. 又设 f 是 V^n 到 K 上线性空间 W 的交错映射. 证明：

$$f(\boldsymbol{A}\alpha_1, \cdots, \boldsymbol{A}\alpha_n) = |A| f(\alpha_1, \cdots, \alpha_n),$$

其中 A 是 $\boldsymbol{A}$ 在 V 的某一组基下的矩阵.

习题答案与提示

第　六　章

习　题　一

3. (1) $\frac{\pi}{2}$.　(2) $\frac{\pi}{4}$.　(3) $\arccos \frac{3}{\sqrt{77}}$.

6. $\pm \frac{1}{\sqrt{26}}(-4,0,-1,3)$.

9. $\eta_1 = \frac{1}{\sqrt{2}}(\varepsilon_1 + \varepsilon_5)$,

$\eta_2 = \frac{1}{\sqrt{10}}(\varepsilon_1 - 2\varepsilon_2 + 2\varepsilon_4 - \varepsilon_5)$,

$\eta_3 = \frac{1}{2}(\varepsilon_1 + \varepsilon_2 + \varepsilon_3 - \varepsilon_5)$.

10. $\eta_1 = \frac{1}{\sqrt{2}}(0,1,1,0,0)$,

$\eta_2 = \frac{1}{\sqrt{10}}(-2,1,-1,2,0)$,

$\eta_3 = \frac{1}{\sqrt{315}}(7,-6,6,13,5)$.

13. (1) $\eta_1 = \left(\frac{1}{\sqrt{6}}, \frac{2}{\sqrt{6}}, \frac{-1}{\sqrt{6}}, 0\right)$,

$\eta_2 = \left(\frac{4}{\sqrt{30}}, \frac{-1}{\sqrt{30}}, \frac{2}{\sqrt{30}}, \frac{3}{\sqrt{30}}\right)$,

$\eta_3 = \left(\frac{-36}{\sqrt{5670}}, \frac{39}{\sqrt{5670}}, \frac{42}{\sqrt{5670}}, \frac{33}{\sqrt{5670}}\right)$.

(2) $\eta_1 = \left(\frac{2}{\sqrt{6}}, \frac{1}{\sqrt{6}}, 0, \frac{1}{\sqrt{6}}\right)$,

$\eta_2 = \left(\frac{-2}{\sqrt{30}}, \frac{1}{\sqrt{30}}, \frac{4}{\sqrt{30}}, \frac{3}{\sqrt{30}}\right)$,

$$\eta_3=\left(\frac{-2}{\sqrt{21}},\frac{2}{\sqrt{21}},\frac{-3}{\sqrt{21}},\frac{2}{\sqrt{21}}\right).$$

16. $T=\begin{bmatrix}\frac{1}{3} & -\frac{2}{\sqrt{6}} & 0 & \frac{\sqrt{2}}{3}\\ -\frac{2}{3} & 0 & \frac{1}{\sqrt{3}} & \frac{\sqrt{2}}{3}\\ 0 & \frac{1}{\sqrt{6}} & -\frac{1}{\sqrt{3}} & \frac{\sqrt{2}}{2}\\ \frac{2}{3} & \frac{1}{\sqrt{6}} & \frac{1}{\sqrt{3}} & \frac{\sqrt{2}}{6}\end{bmatrix}.$

18. 将 A 的列向量组看作欧氏空间 $\mathbb{R}^n$ 内的一组标准正交基，利用施密特正交化方法将其正交化再单位化.

19. A 合同于单位矩阵：$A=B'B$，再对 B 使用第 18 题的结果.

23. 利用积分公式

$$\int_a^b u(x)v^{(n+1)}(x)\mathrm{d}x=[uv^{(n)}-u'v^{(n-1)}+\cdots+(-1)^n u^{(n)}v]\Big|_a^b+(-1)^{n+1}\int_a^b u^{(n+1)}(x)v(x)\mathrm{d}x.$$

证明对 $0\leqslant l<k$，有

$$\int_{-1}^1 P_k(x)x^l\mathrm{d}x=0.$$

24. 因为 $P_0(x),P_1(x),\cdots,P_n(x)$ 是 $\mathbb{R}[x]_{n+1}$ 的一组正交基，有

$$xP_n(x)=b_0P_{n+1}(x)+b_1P_n(x)+b_2P_{n-1}(x)+\cdots.$$

利用正交性决定上面系数 b_0,b_1,b_2. 最后导出关系式

$$(n+1)P_{n+1}(x)-(2n+1)P_n(x)+nP_{n-1}(x)=0.$$

再由 $P_0(x)=1,P_1(x)=x$ 递推出 $P_n(x)$ 的表达式.

习　题　二

5. 对 n 做数学归纳法，并利用第 4 题及第 1 题的结果.

14. (1) $T=\begin{bmatrix}\frac{2}{3} & \frac{1}{3} & -\frac{2}{3}\\ \frac{1}{3} & \frac{2}{3} & \frac{2}{3}\\ -\frac{2}{3} & \frac{2}{3} & -\frac{1}{3}\end{bmatrix}.$　　(2) $T=\begin{bmatrix}-\frac{2}{\sqrt{5}} & \frac{2}{3\sqrt{5}} & -\frac{1}{3}\\ \frac{1}{\sqrt{5}} & \frac{4}{3\sqrt{5}} & -\frac{2}{3}\\ 0 & \frac{5}{3\sqrt{5}} & \frac{2}{3}\end{bmatrix}.$

(3) $T=\begin{bmatrix} \frac{1}{2} & -\frac{1}{2} & -\frac{1}{2} & \frac{1}{2} \\ \frac{1}{2} & -\frac{1}{2} & \frac{1}{2} & -\frac{1}{2} \\ \frac{1}{2} & \frac{1}{2} & -\frac{1}{2} & -\frac{1}{2} \\ \frac{1}{2} & \frac{1}{2} & \frac{1}{2} & \frac{1}{2} \end{bmatrix}$.

(4) $T=\begin{bmatrix} \frac{1}{\sqrt{2}} & -\frac{1}{\sqrt{6}} & \frac{\sqrt{3}}{6} & \frac{1}{2} \\ \frac{1}{\sqrt{2}} & \frac{1}{\sqrt{6}} & -\frac{\sqrt{3}}{6} & -\frac{1}{2} \\ 0 & \frac{2}{\sqrt{6}} & \frac{\sqrt{3}}{6} & \frac{1}{2} \\ 0 & 0 & \frac{\sqrt{3}}{2} & -\frac{1}{2} \end{bmatrix}$.

(5) $T=\begin{bmatrix} \frac{1}{\sqrt{2}} & \frac{1}{\sqrt{6}} & \frac{\sqrt{3}}{6} & \frac{1}{2} \\ -\frac{1}{\sqrt{2}} & \frac{1}{\sqrt{6}} & \frac{\sqrt{3}}{6} & \frac{1}{2} \\ 0 & -\frac{2}{\sqrt{6}} & \frac{\sqrt{3}}{6} & \frac{1}{2} \\ 0 & 0 & -\frac{\sqrt{3}}{2} & \frac{1}{2} \end{bmatrix}$.

15. (1) $\begin{cases} x_1=\frac{2}{3}y_1-\frac{2}{3}y_2-\frac{1}{3}y_3, \\ x_2=\frac{2}{3}y_1+\frac{1}{3}y_2+\frac{2}{3}y_3, \\ x_3=\frac{1}{3}y_1+\frac{2}{3}y_2-\frac{2}{3}y_3. \end{cases}$

标准形：$-y_1^2+2y_2^2+5y_3^2$.

(2) $\begin{cases} x_1=-\frac{2}{5}\sqrt{5}y_1+\frac{2\sqrt{5}}{15}y_2-\frac{1}{3}y_3, \\ x_2=\frac{1}{5}\sqrt{5}y_1+\frac{4\sqrt{5}}{15}y_2-\frac{2}{3}y_3, \\ x_3=\frac{\sqrt{5}}{3}y_2+\frac{2}{3}y_3. \end{cases}$

标准形：$2y_1^2+2y_2^2-7y_3^2$.

(3) $$\begin{cases} x_1=\frac{1}{\sqrt{2}}y_2+\frac{1}{\sqrt{2}}y_4, \\ x_2=\frac{1}{\sqrt{2}}y_2-\frac{1}{\sqrt{2}}y_4, \\ x_3=\frac{1}{\sqrt{2}}y_1+\frac{1}{\sqrt{2}}y_3, \\ x_4=\frac{1}{\sqrt{2}}y_1-\frac{1}{\sqrt{2}}y_3. \end{cases}$$

标准形：$y_1^2+y_2^2-y_3^2-y_4^2$.

(4) $$\begin{cases} x_1=\frac{1}{2}y_1+\frac{1}{2}y_2-\frac{1}{2}y_3-\frac{1}{2}y_4, \\ x_2=\frac{1}{2}y_1-\frac{1}{2}y_2-\frac{1}{2}y_3+\frac{1}{2}y_4, \\ x_3=\frac{1}{2}y_1-\frac{1}{2}y_2+\frac{1}{2}y_3-\frac{1}{2}y_4, \\ x_4=\frac{1}{2}y_1+\frac{1}{2}y_2+\frac{1}{2}y_3+\frac{1}{2}y_4. \end{cases}$$

标准形：$y_1^2-3y_2^2-y_3^2+7y_4^2$.

19. (2) 存在正交矩阵 T,使

$$T^{-1}AT=D=\begin{bmatrix} \lambda_1 & & 0 \\ & \ddots & \\ 0 & & \lambda_n \end{bmatrix} \quad (\lambda_i>0).$$

此时 $T^{-1}A'BT=(T^{-1}AT)'(T^{-1}BT)=D'B_1=T^{-1}BT(T^{-1}AT)'=B_1D'$. 由此推出 $DB_1=B_1D$,再推出 $AB=BA$.

25. 只要证：$(A'X-\bar{\lambda}_0X)'\overline{(A'X-\bar{\lambda}_0X)}=0$. 展开,再利用 A,A' 可交换.

27. 利用 25 题及 26 题的结果或利用 28 题.

28. 利用第二章习题六第 11 题.

习　题　三

6. 当 $\beta\neq0$ 时,令 $\gamma=\alpha-\frac{(\alpha,\beta)}{(\beta,\beta)}\beta$,利用不等式$(\gamma,\gamma)\geqslant0$.

24. 证明 $\boldsymbol{AA}^*=\boldsymbol{BB}^*$,即 $\boldsymbol{A}^2=\boldsymbol{B}^2$,利用第 19 题.

25. 当 $\boldsymbol{A}=\boldsymbol{B}_1\boldsymbol{U}_1$ 成立时,有 $\boldsymbol{AA}^*=\boldsymbol{B}_1^2$. 利用第 19,20 两题.

28. 令 $\boldsymbol{A}=\boldsymbol{A}_1^2,\boldsymbol{B}=\boldsymbol{B}_1^2,\boldsymbol{C}=\boldsymbol{A}_1\boldsymbol{B}_1$，则 $\boldsymbol{C}\boldsymbol{C}^*=\boldsymbol{A}_1^{-1}(\boldsymbol{A}\boldsymbol{B})\boldsymbol{A}_1$.

习　题　四

6. 若 $\boldsymbol{R}\alpha=\lambda\alpha$，$\boldsymbol{R}\beta=\mu\beta$ 且 $(\alpha,\beta)\neq 0$ 时，有 $\mu=\dfrac{1}{\lambda}$.

第　七　章

习　题　一

13. (3) 设 $\boldsymbol{T}^k=\boldsymbol{0}$，则 $(T^k)'XT^k=0$ $(\forall X\in M_n(K))$. 于是对一切 E_{ij}（i 行 j 列为 1，其余元素为 0 的 n 阶方阵），利用 $T_1'E_{ij}T_1=0$ 推出 $T_1=0$，即 $T^k=T_1=0$.

习　题　二

6. (1) $\begin{bmatrix}-1 & 1 & 0\\ 0 & -1 & 0\\ 0 & 0 & -1\end{bmatrix}$；　(2) $\begin{bmatrix}1 & 1 & 0\\ 0 & 1 & 0\\ 0 & 0 & 1\end{bmatrix}$；

(3) $\begin{bmatrix}1 & 1 & 0\\ 0 & 1 & 1\\ 0 & 0 & 1\end{bmatrix}$；　(4) $\begin{bmatrix}1 & 1 & 0 & 0\\ 0 & 1 & 1 & 0\\ 0 & 0 & 1 & 0\\ 0 & 0 & 0 & 1\end{bmatrix}$；

(5) $\begin{bmatrix}2 & 1 & 0 & 0\\ 0 & 2 & 0 & 0\\ 0 & 0 & 2 & 1\\ 0 & 0 & 0 & 2\end{bmatrix}$；　(6) $\begin{bmatrix}1 & 1 & 0 & 0\\ 0 & 1 & 0 & 0\\ 0 & 0 & -1 & 1\\ 0 & 0 & 0 & -1\end{bmatrix}$；

(7) $\begin{bmatrix}1 & 1 & & & \\ & 1 & 1 & & 0\\ & & \ddots & \ddots & \\ & 0 & & \ddots & 1\\ & & & & 1\end{bmatrix}$；　(8) $\begin{bmatrix}\alpha\varepsilon_1^{n-1} & & & \\ & \alpha\varepsilon_2^{n-1} & & 0\\ 0 & & \ddots & \\ & & & \alpha\varepsilon_n^{n-1}\end{bmatrix}$ $(\varepsilon_k=\mathrm{e}^{\frac{2k\pi\mathrm{i}}{n}})$.

11. 由第四章命题 4.7 知 $\boldsymbol{A}$ 的特征多项式为

$$f(\lambda)=|\lambda E-I_1|\cdots|\lambda E-I_r||\lambda E-L_1|\cdots|\lambda E-L_s|.$$

故 $f(\lambda)$ 的根均属于 K，于是 $\boldsymbol{A}$ 在某组基下矩阵成若尔当形，利用第 11 题

证明 $V=M\oplus N$，且 N 为 $\mathbf{A}$ 的不变子空间. $\mathbf{A}|_N$ 的特征多项式为 $|\lambda E-J_2|$. $\mathbf{A}|_N$ 的矩阵在 N 的某一组基下的矩阵为若尔当形 J_3. 于是在 V/M 内 $\mathbf{A}$ 的诱导变换的若尔当形也为 J_3，由若尔当形的唯一性知 $J_3=J_2$.

12. 充分性　考察 $\mathbf{A}$ 的若尔当形，由所给条件知其若尔当形必为对角矩阵. 于是 V 分解为 $\mathbf{A}$ 的不变子空间的直和

$$V=V_{\lambda 1}\oplus V_{\lambda 2}\oplus\cdots\oplus V_{\lambda_k}.$$

证明 $(V_{\lambda_i},V_{\lambda_j})=0\ (i\neq j)$，为此，取 $\alpha\in V_{\lambda_i}$，$\beta\in V_{\lambda_j}$. $\alpha\neq 0$，$\beta\neq 0$. 令 $M=L(\alpha,\beta)$ 为 $\mathbf{A}$ 的二维不变子空间，再对 M 使用定理中的条件知 $(\alpha,\beta)=0$.

13. 证明 F 与 G 有相同的若尔当标准形.

第　八　章

习　题　二

9. 设 $f(a_1)\equiv 0(\mathrm{mod}\ m_1)$，$f(a_2)\equiv 0(\mathrm{mod}\ m_2)$. 利用中国剩余定理，有 $a\equiv a_1(\mathrm{mod}\ m_1)$，$a\equiv a_2(\mathrm{mod}\ m_2)$，则 $f(a)\equiv 0(\mathrm{mod}\ m_1m_2)$.

10. 令

$$f(x)-(x-b_1)\cdots(x-b_n)=c_0+c_1x+\cdots+c_{n-1}x^{n-1}.$$

以 $x=b_i$ 代入，利用克拉默法则解出 c_j. 以之证 $p|c_j$.

11. 设 $f(x)=x^{p-1}-1$(当 $p\neq 2$ 时)，利用费马小定理及第 10 题的结果，最后考察 $x=0$ 的情况.

第　九　章

习　题　一

1. (1) $q(x)=\frac{1}{3}x-\frac{7}{9}$，　$r(x)=-\frac{26}{9}x-\frac{2}{9}$.

(2) $q(x)=x^2+x-1$，　$r(x)=-5x+7$.

2. (1) $p=-m^2-1$，　$q=m$.

(2) $p=2-m^2$，　$q=1$　或　$m=0$，　$p=q+1$.

3. (1) $q(x)=2x^4-6x^3+13x^2-39x+109$，　$r(x)=-327$.

(2) $q(x)=x^2-2\mathrm{i}x-(5+2\mathrm{i})$，　$r(x)=-9+8\mathrm{i}$.

4. (1) $f(x)=(x-1)^5+5(x-1)^4+10(x-1)^3+10(x-1)^2+5(x-1)+1$.

(2) $f(x)=(x+2)^4-8(x+2)^3+22(x+2)^2-24(x+2)+11$.

(3) $f(x)=(x+\mathrm{i})^4-2\mathrm{i}(x+\mathrm{i})^3-(1+\mathrm{i})(x+\mathrm{i})^2-5(x+\mathrm{i})+7+5\mathrm{i}$.

5. (1) $(f(x),g(x))=x+1$.

(2) $(f(x),g(x))=1$.

(3) $(f(x),g(x))=x^2-2\sqrt{2}x-1$.

6. (1) $u(x)=-x-1$, $v(x)=x+2$.

(2) $u(x)=-\frac{1}{3}x+\frac{1}{3}$, $v(x)=\frac{2}{3}x^2-\frac{2}{3}x-1$.

(3) $u(x)=-x-1$, $v(x)=x^3+x^2-3x-2$.

7. $t=-4$, $u=0$. **16.** $t=3,-\frac{15}{4}$.

17. $4p^3+27q^2=0$. **18.** $A=1,B=-2$.

21. 将根与因式的关系应用于 n 次单位根.

22. 注意两个不为 1 的三次单位根都是 x^2+x+1 的根.

习 题 二

1. 都不可约.

提示：对于(3)作替换 $x=y+1$,再利用艾森斯坦判别法.

(4)和(5)仿上.

2. 利用命题 2.2,证明 $f(x)$的实根重数必为偶数. x^2+px+q(其中 $p^2-4q<0$)可表为$\left(x+\frac{p}{2}\right)^2+\left(\frac{1}{2}\sqrt{4q-p^2}\right)^2$,再利用等式

$$\begin{aligned}(g_1^2+h_1^2)(g_2^2+h_2^2)&=(g_1+\mathrm{i}h_1)(g_1-\mathrm{i}h_1)(g_2+\mathrm{i}h_2)(g_2-\mathrm{i}h_2)\\&=[(g_1g_2-h_1h_2)+(g_1h_2+g_2h_1)\mathrm{i}][(g_1g_2-h_1h_2)-(g_1h_2+g_2h_1)\mathrm{i}]\\&=(g_1g_2-h_1h_2)^2+(g_1h_2+g_2h_1)^2.\end{aligned}$$

6. 设 $f(x)=\varphi(x)g(x)$,$\varphi(x)$不可约. 令 $\varphi(x)=b_0x^m+b_1x^{m-1}+\cdots+b_m$ 且 $p\mid b_m$,又令 $g(x)=c_0x^h+c_1x^{h-1}+\cdots+c_h$. 设 $p\mid b_{m-i}\ (i=0,1,\cdots,l-1)$,但 $p\nmid b_{m-l}$. 证明 $h+m-l\leqslant k$,从而 $m\geqslant m+h+m-l-k=n+(m-l)-k\geqslant n-k$.

8. (1) 因为

$$\frac{x^{2(2n+1)}-1}{x-1}=\left\{\prod_{k=1}^{n}\left(x^2-2\cos\frac{k\pi}{2n+1}\cdot x+1\right)\right\}\cdot\left\{\prod_{l=1}^{n}\left(x^2-2\cos\frac{(n+l)\pi}{2n+1}\cdot x+1\right)\right\}(x+1).$$

令 $n+l=2n+1-k$,则 $\cos\frac{n+l}{2n+1}\pi=-\cos\frac{k\pi}{2n+1}$. 再以 $x=\mathrm{i}$ 代入.

(2) 因为

$$\frac{x^{4n}-1}{x^4-1}=\left\{\prod_{k=1}^{n-1}\left(x^2-2\cos\frac{k\pi}{2n}\cdot x+1\right)\right\}\left\{\prod_{k=1}^{n-1}\left(x^2+2\cos\frac{k\pi}{2n}\cdot x+1\right)\right\}$$

$$=(x^4)^{n-1}+(x^4)^{n-2}+\cdots+x^4+1.$$

以 $x=1$ 代入.

10. 设 α 为 $f(x)$ 一复数根,则必有 $|\alpha|>1$. 若

$$f(x)=(b_0+b_1x+\cdots+b_mx^m)(c_0+c_1x+\cdots+c_kx^k),$$

则 $a_0=b_0c_0$. 若 $\beta_1,\cdots,\beta_m$ 为 $b_0+b_1x+\cdots+b_mx^m=0$ 的全部复根,则 $|\beta_i|>0$. 而由根与系数的关系知

$$|b_0|=|b_m||\beta_1|\cdots|\beta_m|>|b_m|\geqslant 1.$$

同理, $|c_0|>1$, 这与 a_0 为素数矛盾.

习 题 三

2. (1) $f(x)=nx^n-x^{n-1}-x^{n-2}-\cdots-1$ 有一实根 $x_0=1$. 令 $F(x)=(x-1)f(x)=nx^{n+1}-(n+1)x^n+1$. 因 $F'(x)=n(n+1)(x-1)x^{n-1}$, 分别对 n 为奇数及偶数讨论函数 $F(x)$ 图像变化以确定其实根的分布.

(2) 由多项式组

$$x^n+px+q,\ nx^{n-1}+p,\ -(n-1)px-nq,\ -p-n\left(\frac{-nq}{(n-1)p}\right)^{n-1}$$

组成其施图姆序列,分别对 n 为奇、偶数时讨论 $\Delta=-(n-1)^{n-1}p^n-n^nq^{n-1}$(其符号与最后一个式子相同)的值的正、负.

3. 令 $f_0=x^5-5ax^3+5a^2x+2b$, $f_1=x^4-3ax^2+a^2$, $f_2=ax^3-2a^2x-b$, $f_3=a(a^2x^2-bx-a^3)$, $f_4=a(a^5-b^2)x$, $f_5=1$ 为其施图姆序列. 当 $\Delta=a^5-b^2>0$ 时, $a>0$, f 有 5 个实根;当 $\Delta<0$ 时, f 有 1 个实根.

5. 设 $f(x)-a$ 的 n 个实根按大小排列为 $a_1,a_2,\cdots,a_n$, 则 $f'(x)$ 有 $n-1$ 个实根 $b_1,b_2,\cdots,b_{n-1}$, 且 $a_1<b_1<a_2<b_2<a_3<\cdots<a_{n-1}<b_{n-1}<a_n$. 于是在区间 $(-\infty,b_1)$, (b_i,b_{i+1}), $(b_{n-1},+\infty)$ 内 $f(x)$ 为单调函数. 讨论 $f(x)$ 图像与直线 $y=a$, $y=\lambda$, $y=b$ 的交点.

6. 因为

$$\frac{\mathrm{d}^n}{\mathrm{d}x^n}\mathrm{e}^{-\frac{x^2}{2}}=-\frac{\mathrm{d}^{n-1}}{\mathrm{d}x^{n-1}}\left(x\mathrm{e}^{-\frac{x^2}{2}}\right)=-x\frac{\mathrm{d}^{n-1}}{\mathrm{d}x^{n-1}}\mathrm{e}^{-\frac{x^2}{2}}-(n-1)\frac{\mathrm{d}^{n-2}}{\mathrm{d}x^{n-2}}\mathrm{e}^{-\frac{x^2}{2}},$$

故有 $P_n(x)=xP_{n-1}(x)-(n-1)P_{n-2}(x)$. 又易知 $P'_n(x)=xP_n(x)-P_{n+1}(x)$. 由此证: (i) $P_k(x)$ 与 $P_{k+1}(x)$ 无公共根($k=0,1,2,\cdots$); (ii) $P_k(x)$ 无重根; (iii) 若 a 为 $P_n(x)$ 的根,则 $(P_n(x)P_{n-1}(x))'|_{x=a}>0$. 由此得 $P_n(x)$ 的一个施图姆序列为 $P_n(x),P_{n-1}(x),\cdots,P_1(x)=x,P_0(x)=1$.

7. 其施图姆序列可取为 $E_n(x),E_{n-1}(x),-\dfrac{x^n}{n!},-1$.

8. 其施图姆序列可取为 $F(x)$, $F'(x)=12a_0f(x)$, 1, 其中 a_0 为 $f(x)$ 之首项系数.

9. 利用

$$\frac{d^n}{dx^n}\left(\frac{x^2}{x^2+1}\right) = -\frac{d^n}{dx^n}\left(\frac{1}{x^2+1}\right) \quad (n=1,2,\cdots)$$

导出公式

$$P_n(x) = 2xP_{n-1}(x) - (x^2+1)P_{n-2}(x).$$

又有 $P_n'(x)=(n+1)P_{n-1}(x)$. 故

$$P_n(x),\ P_{n-1}(x),\ \cdots,\ P_1(x),\ P_0(x)$$

是一个施图姆序列.

第 十 章

习 题 一

11. 用反证法. 设 $X=(x_{ij})$, $f(X)=f(x_{11},x_{12},\cdots,x_{nn})\neq 0$, 由命题 1.3, 有 $A\in M_n(K)$, 使 $f(A)\neq 0$. 令 $A(t)=tE+A(t\in K)$, $F(t)=f(A(t))\in K[t]$. 因 $F(0)=f(A)\neq 0$, 故 $F(t)$ 为 K 上非零多项式, 仅有有限个根. 而 $|A(t)|=t^n+\cdots$ 也仅有有限个根, 故必存在 $F(t_0)=f(A(t_0))\neq 0$, 及 $|A(t_0)|\neq 0$. 与假设矛盾.

12. 应用第 11 题. 当 A, B 均可逆时显见正确. A 可逆, B 不可逆时, 考察 $(AX)^*-X^*A^*$, 因对一切可逆 X 有 $(AX)^*-X^*A^*=0$, 即 $(AX)^*-X^*A^*$ 元素皆为 $x_{11},x_{12},\cdots,x_{nn}$ 的零多项式, 于是 $(AB)^*-B^*A^*=0$. A, B 均不可逆时, 考察 $(XB)^*-B^*X^*$, 对一切可逆 X 有 $(XB)^*-B^*X^*=0$, 故 $(XB)^*-B^*X^*$ 为零矩阵(对一切 $x_{11},x_{12},\cdots,x_{nn}$), 从而

$$(AB)^*-B^*A^*=0.$$

习 题 二

1. (1) $\sigma_1\sigma_2-3\sigma_3$.

(2) $\sigma_1^2\sigma_2^2-4\sigma_1^3\sigma_3-4\sigma_2^3+18\sigma_1\sigma_2\sigma_3-27\sigma_3^2$.

(3) $\sigma_3^2+\sigma_3+\sigma_1^2\sigma_3-2\sigma_2\sigma_3+\sigma_2^2-2\sigma_1\sigma_3$.

(4) $\sigma_2^2-2\sigma_1\sigma_3+2\sigma_4$.

2. $-\dfrac{1679}{625}$.

3. 设三个根为 x_1,x_2,x_3, 它们成等差级数的充要条件是

$$(x_1+x_2-2x_3)(x_1+x_3-2x_2)(x_2+x_3-2x_1)=0.$$

4. 设 $x_1,x_2,\cdots,x_n$ 是 $x^n+a_1x^{n-1}+\cdots+a_n=0$ 的 n 个根, 则

$$x^n+a_1x^{n-1}+\cdots+a_n=(x-x_1)q(x).$$

而

$$q(x)=(x-x_2)\cdots(x-x_n)=b_1x^{n-1}+\cdots+b_n.$$

显见 $b_1=1, b_i=x_1b_{i-1}+a_{i-1}, b_i=(-1)^i\sigma_{i-1}(x_2,\cdots,x_n)$.

7. $x^n+a=0$, a 为任意复数.

9. 在 $\mathbb{F}_p[x]$ 内考察多项式 $x^{p-1}-1$ 并利用根与系数的关系及第八章 §2 的费马小定理.

11. 因 $A(A^{k-1}B)-(A^{k-1}B)A=aA^{k-1}+A^k$. 故 $\mathrm{Tr}(aA^{k-1}+A^k)=0$. 于是 $as_{k-1}+s_k=0$, 则 $s_k=(-1)^kna^k$. 利用数学归纳法证

$$\sum_{i=0}^{k-1}(-1)^i\binom{n}{i}=(-1)^{k+1}\frac{k}{n}\binom{n}{k}.$$

由此推出 $\sigma_i=(-1)^i\binom{n}{i}a^i$, 于是 $f(\lambda)=(\lambda+a)^n$ (上面 s_k 及 σ_i 均为 $f(\lambda)$ 根的方幂和及初等对称多项式). 或利用本节例 2.1.

12. 将行列式对最后一行展开, 再利用牛顿公式.

13. 设 $f(x)$ 在 $\mathbb{C}$ 内的 n 个根为 $\alpha_1,\cdots,\alpha_n$, 则

$$S=\begin{bmatrix} s_0 & s_1 & \cdots & s_{n-1}\\ s_1 & s_2 & \cdots & s_n\\ \vdots & \vdots & & \vdots\\ s_{n-1} & s_n & \cdots & s_{2n-2}\end{bmatrix}=\begin{bmatrix} 1 & 1 & \cdots & 1\\ \alpha_1 & \alpha_2 & \cdots & \alpha_n\\ \vdots & \vdots & & \vdots\\ \alpha_1^{n-1} & \alpha_2^{n-2} & \cdots & \alpha_n^{n-1}\end{bmatrix}\begin{bmatrix} 1 & \alpha_1 & \cdots & \alpha_1^{n-1}\\ 1 & \alpha_2 & \cdots & \alpha_2^{n-1}\\ \vdots & \vdots & & \vdots\\ 1 & \alpha_2 & \cdots & \alpha_n^{n-1}\end{bmatrix}=A'A$$

于是 $f=X'SX=(AX)'(AX)=y_1^2+y_2^2+\cdots+y_n^2$, 而

$$y_j=x_1+\alpha_jx_2+\alpha_j^2x_3+\cdots+\alpha_j^{n-1}x_n=l_j(X)+\mathrm{i}m_j(X),$$

其中 i 为虚单位, $l_j(X), m_j(X)$ 为 $x_1,x_2,\cdots,x_n$ 的实系数线性型. 因 $f(x)$ 的复根成对出现, 设 α_j,α_k 为 $f(x)$ 一对共轭复根, 则 $y_k=\overline{y}_j$, 从而 $y_k^2+y_j^2=l_j^2(X)-m_j^2(X)$. 注意 $|S|\neq 0$ (因 $\alpha_1,\cdots,\alpha_n$ 两两不等), 故 f 为满秩实二次型. 将 f 按上述办法表成实系数线性型的 $\pm$ 平方和, 再利用第五章习题三第 5 题的结果, 求其正、负惯性指数.

习　题　三

2. $f(x)=x^n+ax+b$ 的判别式 $D(f)=(-1)^{\frac{n(n-1)}{2}}R(f,f')$. 令

$$A=\begin{bmatrix} a & b & & & 0\\ & a & b & & \\ & & \ddots & \ddots & \\ 0 & & & a & b\end{bmatrix}_{(n-1)\times n},\quad B=\begin{bmatrix} n & & & 0\\ 0 & n & & \\ \vdots & \ddots & \ddots & \\ \vdots & \ddots & \ddots & n\\ 0 & \cdots & \cdots & 0\end{bmatrix}_{n\times(n-1)},$$

$$C=\begin{bmatrix} a & & & & 0 \\ 0 & \ddots & & & \\ \vdots & \ddots & \ddots & & \\ 0 & \ddots & \ddots & \ddots & \\ n & 0 & \cdots & 0 & a \end{bmatrix}_{n\times n},$$

则

$$R(f,f')=\begin{vmatrix} E_{n-1} & A \\ B & C \end{vmatrix},$$

$$\begin{bmatrix} E_{n-1} & 0 \\ -B & E_n \end{bmatrix}\begin{bmatrix} E_{n-1} & A \\ B & C \end{bmatrix}=\begin{bmatrix} E_{n-1} & A \\ 0 & C-BA \end{bmatrix}.$$

故

$$R(f,f')=|C-BA|=n^n b^{n-1}+(-1)^{n-1}(n-1)^{n-1}a^n.$$

9. 利用第 2 题和第 7 题.